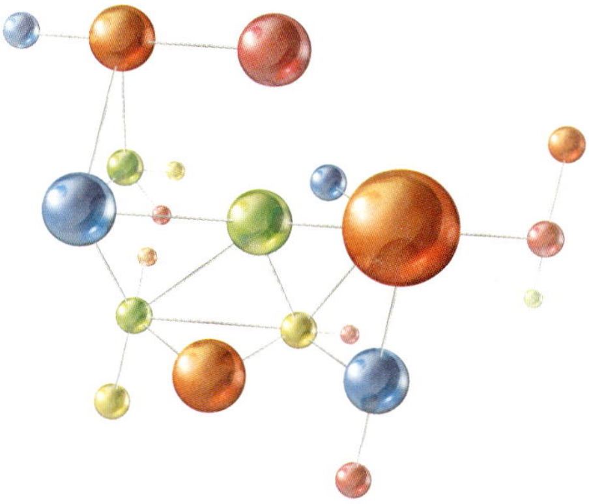

유기화학

Organic Chemistry

개정판

대학화학교재연구회

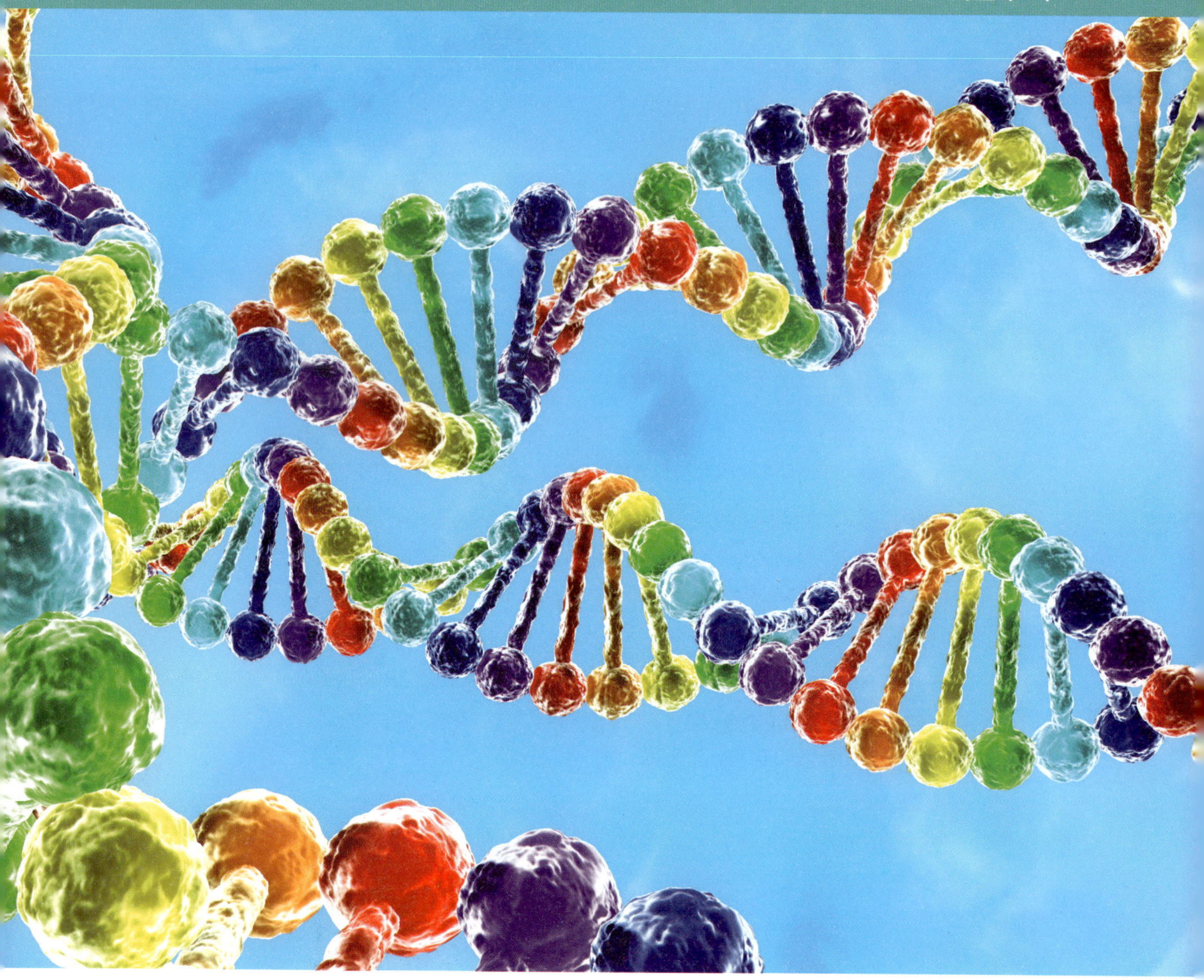

도서출판 동화기술

머리말

유기화학이란 무엇이며, 왜 여러분은 유기화학을 공부해야 하는가? 그 대답은 여러분의 주위에서 찾을 수 있다. 살아있는 유기체는 유기화합물로 구성되어 있다. 동식물 등의 생체에서 얻어지는 자연 물질들은 모두 유기화합물이며, 이러한 물질들의 끊임없는 변화에 의하여 생명체가 유지되고 있다. 머리털, 피부 및 근육을 만드는 단백질, 영양분을 공급하는 음식물, 치료용 의약품 모두가 유기화합물이다.

유기화학은 화학전공자 외에도 학문 가정학, 역학, 의학, 농학, 생물학, 환경공학, 화학공학 등 자연과학의 여러 분야에서 가장 중요한 기초가 되는 학문이다. 유기화학은 유기화합물의 성질과 화학변화를 연구하는 학문이므로 생명과학을 공부하는 사람들과는 밀접한 관계가 있는 것이다. 또한 우리들이 일상생활에서 사용하고 있는 플라스틱, 비누, 합성세제, 합성섬유 등의 수많은 제품들이 모두 유기화학공업과 밀접한 관계가 있다.

이 책은 화학을 전공하지 않는 학생들이 한 학기 과정으로 유기화학을 공부하는 데 도움을 주기 위하여 쓰였다. 지금까지 많은 종류의 유기화학교재가 나와 있으나 날이 갈수록 책의 내용이 방대해져서 유기화학을 부전공으로 하는 학생들에게는 적합하지 않았기에 한 학기 과정으로 꾸며 보았다. 유기화학을 시작하기 위해서는 우선 화합물의 명명규칙을 알아야 한다. 유기화학은 수백만 개의 화합물과 수십 종의 작용기 및 수많은 화학반응들을 다루지만, 명명의 기초가 되는 기본 개념만 알면 이해하는데 큰 도움이 될 것이다.

본 책에서는 화학물질의 이름을 원어 그대로 사용하여 처음 유기화학을 접하는 학생들에게 어려움이 있을 것으로 생각한다. 그러나 이름의 체계를 이해하고 더 수준 높은 분야로 공부하려면 처음부터 원어를 익히는 것이 도움이 될 것으로 생각하여 결정한 것이다. 성의를 다하여 이 책을 만들었지만 틀린 곳, 미숙한 부분도 많으리라 생각되니 이 점에 대해서도 앞으로 많은 지적 해 주기를 바란다.

목 차

1장 화학구조와 결합

2장 알케인과 사이클로알케인

3장 알켄과 알카인

4장 입체화학

5장 할로젠화 알킬

6장 벤젠과 방향족성

7장 알코올과 페놀

8장 에터

9장 알데하이드와 케톤

10장 카복실산과 유도체

11장 아 민

12장 생화학

01 화학구조와 결합

연금술사의 기술에서 발전된 유기화학은 1700년대에 그 기틀이 마련되었다. 그 당시에는 식물이나 동물로부터 얻은 화합물을 때로 분리하거나 정제하기가 어려웠는데, 광물질로부터 얻은 화합물보다 다루기가 어려웠다. 1770년에 스위스의 화학자 Torbern Bergman이 처음으로 "유기(organic)"와 "무기(inorganic)" 물질 사이의 차이를 표현하였고, 유기화학이란 용어가 생명체로부터 얻어지는 화합물 화학 이라는 의미를 갖게 되었다. 그 당시의 많은 화학자들은 유기화합물과 무기화합물 사이의 거동 차이를 설명하기 위해, 유기화합물은 생명체로부터 기인하므로 "생명력"을 가지고 있는 화합물이라 정의하였다. 그러나 1816년 초 Michel Chevreul이 동물성 지방과 알칼리를 반응시켜 비누를 만들었는데, 비누에서 여러 가지 유기화합물을 분리하였고 이것을 "지방산"이라 명명하였다. 처음으로 하나의 유기물질(지방)이 외부 생명력의 간섭 없이 다른 유기물질인 지방산과 글리세린으로 전환된 것이다.

$$\textbf{동물성지방} + \text{알칼리} \xrightarrow{H_2O} \text{비누} + \textbf{글리세린}$$

$$\text{비누} \xrightarrow{H_3O^+} \textbf{지방산}$$

1828년 Friedrich Wöhler가 무기염인 시안산 암모늄을 단순히 가열함으로써 동물의 오줌 속에 들어 있는 대표적인 유기화합물인 요소(urea)를 시험관 속에서 만드는 데 성공하였다.

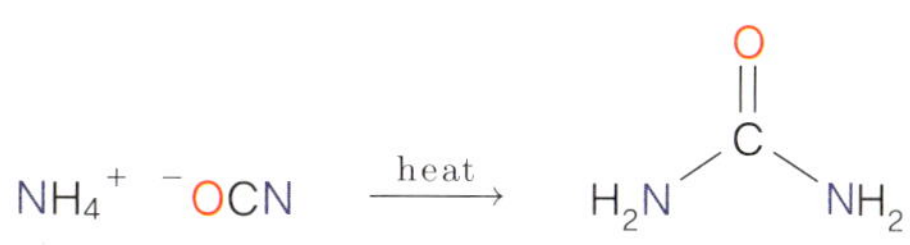

Ammonium cyanate　　　　　Urea

이 실험을 계기로 하여 그 후 많은 유기화합물들이 무기화합물로부터 만들어졌으며, 그로 말미암아 유기화합물과 무기화합물을 구별해오던 바탕이 완전히 무너지게 되었고, 무기물과 유기물 사이에는 근본적으로 차이가 없음이 밝혀졌다. 그럼에도 불구하고 화학자들은 편의상 물질들을 크게 유기화합물과 무기화합물로 구분하여 부르고 있다.

유기화학(Organic chemistry)은 탄소화합물에 대한 학문으로, 현재까지 알려진 화합물 중 99% 이상이 탄소를 포함한다. 탄소의 최외각전자는 네 개로, 네 개의 다른 원자와 전자를 공유할 수 있다(**공유결합**). 더욱이 탄소는 탄소 원자들끼리 결합하여 긴 사슬과 고리를 만들 수 있다. 탄소는 메테인(methane), CH_4와 같은 매우 간단한 화합물에서부터 수십억 개의 탄소를 함유하는 매우 복잡한 물질인 DNA에 이르기까지 엄청난 수의 화합물을 이룬다. 오늘날에는 의약품, 염료, 고분자물질, 플라스틱, 농약 및 기타 많은 물질들이 실험실에서 합성되고 있으며, 환경을 오염시키는 오염물질 또한 대부분이 유기화합물이다.

1.1 원자의 구조

원자는 핵이라 불리는 작고 압축된 중심부를 전자구름이 둘러싸고 있는 형태이다. 핵(nucleus)은 양성자(proton)와 중성자(neutron)로 이루어져 있으며, 전자(electron)는 핵에 비해 아주 많은 공간을 차지한다. 그림 1.1은 양성자, 중성자, 전자의 상대적인 위치를 보여준 것으로 실제 전자는 양성자로부터 훨씬 멀리 떨어져 있다. 이 그림에서 전자는 핵을 중심으로 규칙적인 궤도를 돌고 있지만, 핵 주위를 둘러싼 음전자 구름으로 표현하는 것이 맞다.

실험을 통해 알게 된 양성자와 전자의 전하량은 양성자의 경우 $+1.6\times10^{-19}$ C이며, 전자는 -1.6×10^{-19} C이다. 원자는 전체적으로 중성이기 때문에 핵 속의 양전기를 띠는 양성자의 수와 핵 주위의 음전하를 띠는 전자의 수는 같다. 중성자는 전하량이 없기 때문에 중성자의 수는 전기중성도에 영향을 미치지 않으며, 원자마다 중성자 수가 다르다.

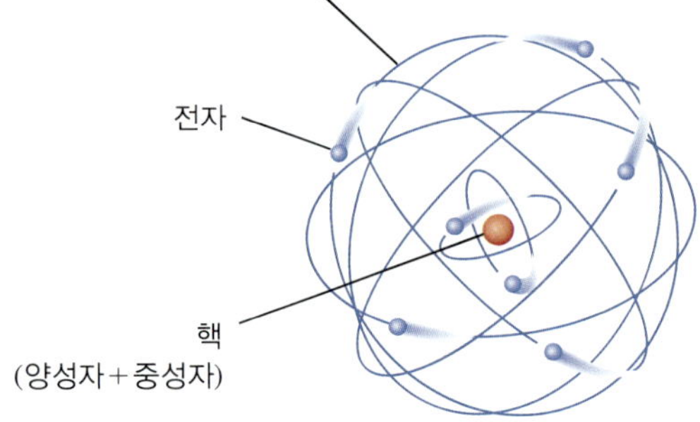

그림 1.1 원자의 구조 : 양으로 하전된 핵은 원자질량의 대부분을 차지하며, 이 핵은 음으로 하전된 전자들에 의해 둘러싸여 있다.

원자는 원소의 원자기호 E, 양성자수로 나타내는 원자번호 Z와 양성자와 중성자의 합인 질량수 A로 표현된다(^A_ZE). 주어진 모든 원자들은 특정의 원자번호를 갖지만(수소 1번, 탄소 6번) 이 원소들이 몇 개의 중성자를 포함하고 있는가에 따라 다른 질량수를 갖게 된다. 이처럼 원자번호는 동일하지만 질량수가 다른 원자들을 **동위원소**(isotope)라고 한다. 원소의 **원자량**(atomic weight)은 원소가 자연에 존재하는 동위원소들의 원자질량단위[1)](atomic mass unit ; amu)를 평균하여 구한다. 예로 탄소의 원자량은 12.01인데, 이는 탄소가 두 개의 안정된 동위원소를 갖기 때문이다. 각각의 질량은 12.000000과 13.003355 amu이며, 상대적 존재비는 각각 98.93%, 1.07%이다.

$$\text{탄소의 원자량} = 12.000000 \times 0.9893 + 13.003355 \times 0.0107 = 12.01$$

1.2 원자의 궤도함수

원자 내의 전자들은 어떻게 분포되어 있는가? 원자의 양자역학적 모델에 따르면 전자들은 입자가 아닌 **파동**(wave)으로 묘사되는데, 이들 파동이 **궤도함수**(orbital)라 불리는 공간 영역에 퍼져있거나 비편재화되어 있는 것으로 간주다. 양자역학모델에 따르면 원자 내의 특정 전자의 움직임은 파동방정식의 수학적 표현으로 나타낼 수 있다. 이 파동방정식의 해가 궤도함수로, Ψ로 표현된다. Ψ^2은 특정위치에서 **전자가 발견될 확률**이다. 전자의 움직임을 저속도로 촬영한다고 생각해 보자. 아래 사진에 보이는 핵 주변의 흐릿한 구름모양은 뚜렷한 경계선을 갖진 않지만 전자가 주로 머무르는 공간으로, 이를 **전자구름**이라 한다.

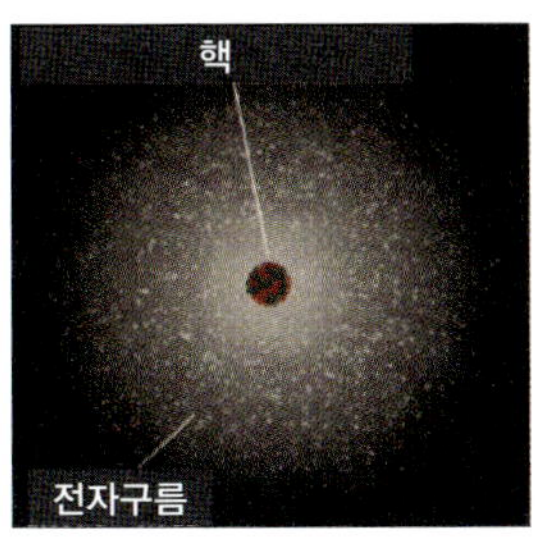

여러 개의 전자를 포함하는 원자는 크기와 에너지가 다른 **껍질**(shell)로 구성되며 하나의 원자껍질은 하나 이상의 부껍질(subshell)로 구성된다. 그리고 원자의 전자는 다음의 네 가지 양자수로 조합된다: 주양자수(n), 부양자수(ℓ), 자기양자수(m_ℓ), 스핀양자수(m_s). **주양자수**는 궤도

1) 원자질량단위 : 원자의 질량은 매우 작고 가볍기 때문에, 원자 규모의 단위를 사용한다.
$1\ \text{amu} = 1.6605 \times 10^{-24}\ \text{g}$

함수들이 존재하는 껍질을 의미하며, **부양자수**는 0부터 $n-1$의 값을 가지며 궤도함수의 모양을 결정한다(s, p, d, f).

표 1.1 부양자수 ℓ

ℓ 값	0	1	2	3
지정된 문자	s	p	d	f

원자를 자기장에 놓고 스펙트럼을 관찰하면, 방출선이 셋, 다섯 또는 일곱 개로 나뉘는데, 이를 보고 **자기양자수**의 필요성을 알게 되었다($m_\ell=-\ell$, ⋯, 0, ⋯, $+\ell$). **스핀양자수**는 전자의 회전방향을 표시한 것으로 ↑ 방향은 +1/2, ↓ 방향은 −1/2로 표시한다.

예를 들면, 양자수 $n=2$, $\ell=1$, $m_\ell=0$으로 표시되는 궤도함수는 두 번째 원자껍질에 들어 있는 p 부껍질의 세 궤도함수($2p_x$, $2p_y$, $2p_z$) 중 한 궤도함수를 뜻한다. 원자껍질 중에 들어 있는 궤도함수의 양자수를 표 1.2에 나타내었다.

표 1.2 양자수 n, ℓ, m_ℓ의 관계. 각각의 껍질에 속한 오비탈의 총 개수는 n^2이다.

n	ℓ	m_ℓ	부껍질기호	궤도함수의 수
1	0	0	1 s	1
2	0	0	2 s	1
	1	−1, 0, 1	2 p	3
3	0	0	3 s	1
	1	−1, 0, 1	3 p	3
	2	−2, −1, 0, 1, 2	3 d	5

각각의 껍질은 다른 수와 종류의 궤도함수를 가지며, 동일한 껍질 안에 있는 각각의 궤도함수에는 두 개의 전자가 채워질 수 있다. 첫 번째 껍질은 $1s$로 표시되는 한 개의 s 궤도함수만을 포함하므로 2개의 전자만을 가질 수 있다. 두 번째 껍질에는 한 개의 $2s$ 궤도함수와 세 개의 $2p$ 궤도함수를 포함하므로 모두 8개의 전자를 가질 수 있다. 세 번째 껍질에는 한 개의 $3s$ 궤도함수와 세 개의 $3p$ 궤도함수, 다섯 개의 $3d$ 궤도함수를 포함하므로 18개의 전자를 가질 수 있다. 이러한 **궤도함수**의 묶음과 **에너지 준위**를 그림 1.2에 나타내었다.

그림 1.3은 $1s$, $2s$, $3s$ 오비탈의 단면을 나타낸 것으로, 파동함수를 반경(r)에 대한 항목으로 표현한 것이다. 오비탈은 양자수보다 하나 작은 수의 방사상 마디(radial node)를 갖는데, $2s$ 오비탈은 한 개의 마디를, $3s$ 오비탈은 두 개의 마디를 갖는다.

원자의 바닥상태에서 전자는 가장 낮은 에너지의 오비탈을 채우는데, 어느 오비탈의 에너지가 낮은 지 어떻게 알까? 우선, 음전하의 전자는 양전하의 핵에 끌린다. 오비탈이 작을수록 전자들이 핵에 더 강하게 끌리기 때문에 오비탈의 에너지는 낮아지고, 오비탈의 크기는 n이 클수록 증가한다. 그림 1.3을 보면 $2s$ 궤도함수의 전자밀도는 $1s$ 궤도함수와 형태는 같지만 크기가 4배 정도 큼을 알 수 있다. 종합하면, 원자오비탈의 에너지는 n 양자수가 클수록 증가한다.

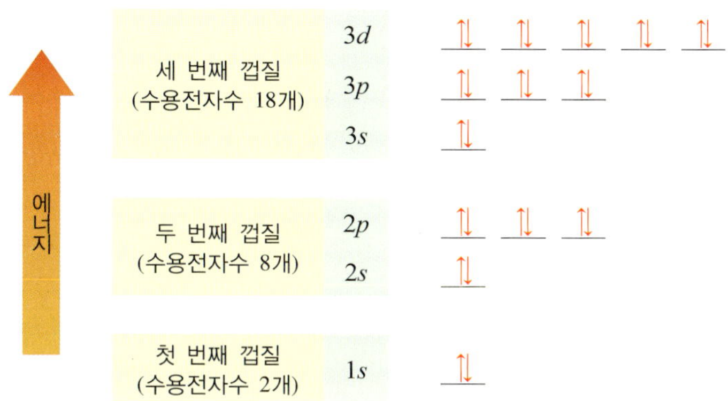

그림 1.2 원자 내 궤도함수들의 에너지 준위

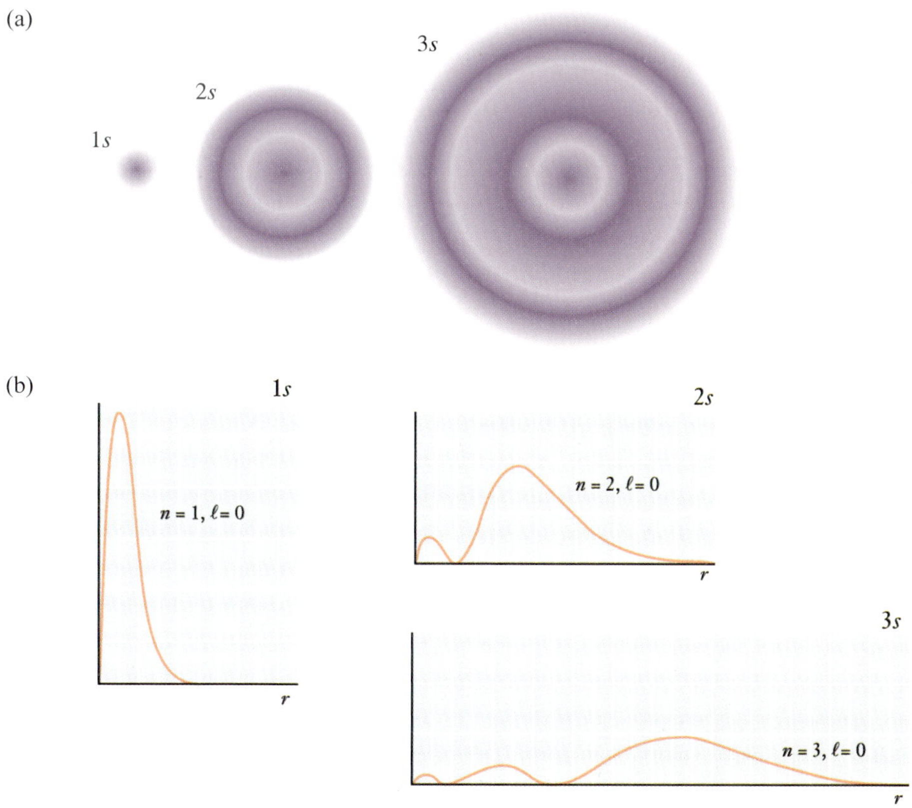

그림 1.3 (a) $1s$, $2s$, $3s$ 궤도함수 (b) $1s$, $2s$, $3s$ 궤도함수의 전자발견확률

1.3 원자의 전자배치

원자의 궤도함수 속의 전자분포를 그 전자의 전자배치라고 하며, 유기화합물의 주성분 원소인 C, H, O, N 및 S는 주기율표에서 1~3주기 속에 있는 가벼운 원소들이다. 이 원자들은 **바닥상태**, 즉 가장 낮은 퍼텐셜에너지, 다시 말하면 가장 안정한 상태에서는 s 및 p 궤도함수에만 전자가 차 있다. 표 1.3은 몇몇 원소들의 바닥상태 전자배치로, 다음 규칙에 따른다.

1. **쌓음원리**(aufbau principle) : 전자는 가장 낮은 에너지의 궤도함수부터 채운다. 순서는 $1s$, $2s$, $2p$, $3s$, $3p$, $4s$, $3d$이다.
2. **Pauli의 배타원리** : 전자는 지구의 자전과 마찬가지로 축 주위를 회전한다. 이 스핀은 두 가지 배향으로 일어나며, 위 ↑ 와 아래 ↓ 로 표시한다. 반대 스핀의 두 전자만이 같은 궤도함수에 들어갈 수 있다.
3. 원자궤도함수에 들어가 있는 전자는 해당하는 궤도함수 위에 1 또는 2의 상첨자로 나타낸다. 예를 들면, $2s^2$란 $2s$ 궤도함수가 반대 스핀을 가진 두 전자로 채워져 있음을 뜻한다.
4. **Hund의 법칙** : 만일 동일한 에너지 준위의 두 개 또는 그 이상의 비어 있는 궤도함수가 있으면(예. 세 개의 $2p$ 궤도함수), 모든 궤도함수가 반씩 채워질 때까지는 각 궤도함수마다 같은 스핀을 가진 전자 한 개씩만 들어간다.

표 1.3 몇 가지 원소들의 바닥상태 전자배치

원소	원자번호	궤도함수	전자배치
H	1	$1s^1$	↑
C	6	$2p^2$	↑ ↑ _
		$2s^2$	↑↓
		$1s^2$	↑↓
O	8	$2p^4$	↑↓ ↑ ↑
		$2s^2$	↑↓
		$1s^2$	↑↓
P	15	$3p^3$	↑ ↑ ↑
		$3s^2$	↑↓
		$2p^6$	↑↓ ↑↓ ↑↓
		$2s^2$	↑↓
		$1s^2$	↑↓

예제 1.1

다음 원소들의 바닥상태에서의 전자배치를 작성하시오.

(1) 질소　　　(2) 황　　　(3) 염소

풀이

	질소	황	염소
원자번호	7	16	17
전자표기	$1s^2\ 2s^2\ 2p^3$	$1s^2\ 2s^2\ 2p^6\ 3s^2\ 3p^4$	$1s^2\ 2s^2\ 2p^6\ 3s^2\ 3p^5$
전자배치	↑ ↑ ↑ ↑↓ ↑↓	↑↓ ↑ ↑ ↑↓ ↑↓ ↑↓ ↑↓ ↑↓ ↑↓	↑↓ ↑↓ ↑ ↑↓ ↑↓ ↑↓ ↑↓ ↑↓ ↑↓

예제 1.2

다음 원소들의 최외각 전자껍질에 들어있는 전자의 개수는?

(1) 마그네슘　　　(2) 실리콘　　　(3) 브로민

풀이 (1) 마그네슘(Mg) : 2A족 원소이므로 최외각 전자껍질에 들어있는 전자는 2개

(2) 실리콘(Si) : 4A족 원소이므로 최외각 전자껍질에 들어있는 전자는 4개

(3) 브로민(Br) : 7A족 원소이므로 최외각 전자껍질에 들어있는 전자는 7개이다.

산소와 황의 전자배열을 살펴보자, 산소는 $1s^2\ 2s^2\ 2p^4$이고 황은 $1s^2 2s^2 2p^6 3s^2 3p^4$ 이다. 산소와 황은 6족 원소로 최외각 껍질에 여섯 개의 전자가 존재한다. 안쪽의 꽉 찬 껍질에 있는 전자는 원소의 화학적 성질에 영향을 주지 않지만, 최외각의 부껍질을 채운 전자들에 의해 원소의 화학적 반응성이 결정된다. 이들 전자를 **원자가전자**(valence electron)라 하며, 원소의 화학적 특징을 주로 결정한다.

예제 1.3

다음 원자의 원자가전자 수를 구하시오.

(1) 포타슘　　　(2) 알루미늄　　　(3) 리튬

풀이 (1) 포타슘(K) : 1A족 원소이므로 원자가전자는 1개

(2) 알루미늄(Al) : 3A족 원소이므로 원자가전자는 3개

(3) 리튬(Li) : 1A족 원소이므로 원자가전자는 1개이다.

1.4 화학결합

1858년 August Kekulé와 Archibald Couper는 모든 유기화합물에서 탄소는 항상 네 개의 결합을 이룬다고 제안하였다. 또한 탄소 원자들끼리 결합하여 긴 사슬을 만들 수 있다고도 하였다. 이에 van't Hoff는 탄소 원자에 결합된 네 개의 원자들은 탄소를 중심으로 정사면체의 모양을 하고 있음을 제안하였다. 정사면체형의 메테인 분자를 그림 1.4에 나타내었다.

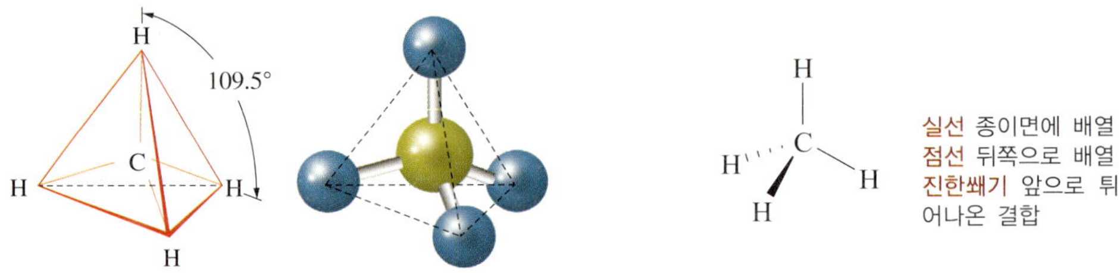

그림 1.4 메테인 분자의 형태

원자들이 서로 결합하는 이유는 고립된 상태보다 화합물일 때 에너지적으로 더 안정하기 때문이다. 화학결합이 형성될 때 에너지는 방출되며, 반대로 화학결합이 끊어질 때 에너지는 흡수된다. 8A족의 불활성원자(Ne, Ar, Kr)들은 최외각 전자껍질 또는 **원자가껍질**(valence shell)에 여덟 개의 전자를 가짐으로써 안정한 전자배치를 이룬다. 많은 주족 원소들은 가장 가까운 불활성 기체의 안정한 전자배치를 이루려고 한다. 이를 **옥텟 규칙**(octet rule: 팔전자규칙)이라 한다. 예를 들면 1족의 알칼리 금속은 한 개의 s 전자를 버리고 불활성 기체의 전자배치를 이루기 위해 양이온을 형성한다. 반면, 7A족의 할로젠은 한 개의 p 전자를 얻어 안정한 전자배치를 이루기 위해 음이온을 형성한다. 이렇게 형성된 이온이 정전기적 인력에 의해 결합하는 것을 **이온결합**(ionic bond)이라 한다(Na^+Cl^-).

그럼 주기율표 중앙에 위치한 원소들은 어떤 결합을 형성할까? CH_4, 메테인을 살펴보자. 탄소의 바닥상태 전자배치는 $1s^2 2s^2 2p^2$으로, 불활성 기체의 전자배치를 이루기 위해 네 개의 전자를 얻거나 잃는 것은 너무나 많은 에너지가 필요하다. 탄소는 다른 원자들과 전자를 공유함으로써 안정한 전자배치를 가질 수 있다. 1916년 Lewis에 의해 제안된 공유전자결합을 **공유결합**(covalent bond)이라 한다. 분자들의 공유결합을 가장 간단하게 나타내는 방법은 원자의 원자가전자를 점으로 표시하는 것으로 **Lewis 구조식** 또는 전자-점 구조식이라 한다. 수소는 1 s에 전자 한 개를 갖고 있으므로 점 하나로 나타내며, 탄소의 원자가전자는 $2s^2 2p^2$로 네 개의 점으로 나타낸다. 탄소는 네 개의 수소와 공유결합을 이루고 불활성 기체의 전자배치를 이루어 안정된 형태를 갖는다. 두 원자 사이의 결합은 한 쌍의 전자가 결합한 것으로 선을 그려 나타낼 수 있는데 이를 **선-결합 구조식**이라 한다.

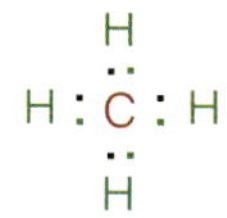

CH_4의 Lewis 구조식

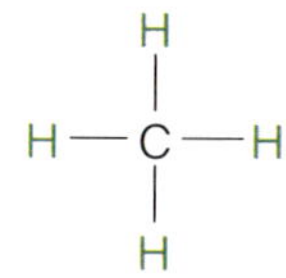

선-결합 구조식

수소는 원자가전자가 한 개이기 때문에 한 개의 전자를 얻어(한 개의 결합) 헬륨의 전자배치에 도달한다. 탄소는 네 개의 원자가전자를 가지며 네온의 전자배치에 도달하기 위해 네 개의 결합을 형성한다. 같은 이유로 질소는 다섯 개의 원자가전자를 가지며 세 개의 결합을 형성한다. 산소는 여섯 개의 원자가전자를 가지며 두 개의 결합을 형성한다. 플루오린은 일곱 개의 원자가전자를 가지며 한 개의 결합을 형성한다.

1주기	H·							:He
2주기	Li·	·Be·	·B·	·C·	·N·	:O·	:F·	:Ne:
3주기	Na·	·Mg·	·Al·	·Si·	·P·	:S·	:Cl·	:Ar:
4주기	K·	·Ca·	·Ga·	·Ge·	·As·	:Se·	:Br·	:Kr:
5주기	Rb·	·Sr·	·In·	·Sn·	·Sb·	:Te·	:I·	:Xe:
6주기	Cs·	·Ba·	·Tl·	·Pb·	·Bi·	:Po·	:At·	:Rn:
7주기	Fr·	·Ra·						

그림 1.5 루이스 기호로 나타낸 주족원소

결합에 사용되지 않은 원자가전자를 **고립전자쌍**(lone pair electron) 또는 **비공유전자**(nonbonding electron)라 한다. 예로 암모니아의 경우, 질소는 다섯 개의 원자가전자 중 세 개만 결합에 참여하고 한 쌍의 원자가전자는 남아 있게 된다. 선-결합 구조식을 비공유전자들은 가끔 생략되지만, 비공유전자들은 화학반응에서 매우 중요한 경우가 많기 때문에 항상 기억하도록 한다.

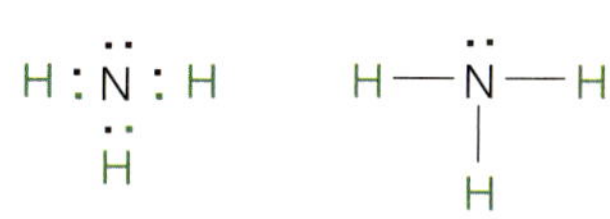

암모니아의 비공유전자쌍

예제 1.4

다음 화합물을 선-결합구조식으로 나타내시오.

(1) CH_3OH (2) H_2S (3) $CHCl_3$ (4) CH_3NH_2

풀이

(1) 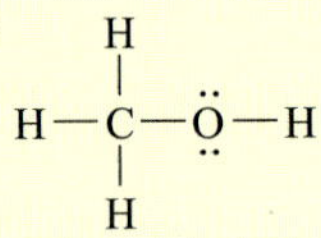

(2) 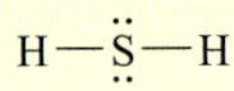

(3) 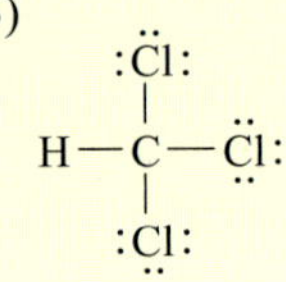

(4) 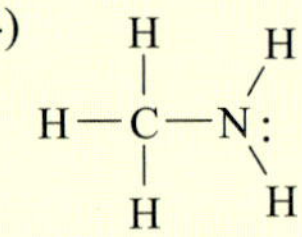

예제 1.5

다음 화합물의 가능한 화학식을 완성하시오.

(1) PH_ (2) CH_Cl₂ (3) H_S (4) CH₃NH_

풀이

(1) 인은 5A족이며 다섯 개의 원자가전자를 갖는다. 따라서 팔전자계를 이루기 위해 추가적으로 세 개의 전자를 더 공유해야 한다. 따라서, 세 개의 수소 원자와 결합하여 PH_3를 만든다.

(2) 탄소는 4A족이며 네 개의 원자가전자를 갖는다. 따라서 네 개의 전자를 더 공유해야 한다. 두 개의 염소 원자와 결합하고 있으므로 수소 원자 두 개와 결합하여 CH_2Cl_2를 만든다.

(3) 황은 6A족이며 여섯 개의 원자가전자를 갖는다. 두 개의 수소 원자와 결합하여 H_2S를 만든다.

(4) 질소는 5A족이며 CH_3와 결합하나를 공유하므로 두 개의 수소 원자와 결합하여 CH_3NH_2를 만든다.

1.5 원자가결합

그럼 원자 간의 전자공유는 어떻게 일어나는가? 공유결합은 **원자가결합이론**(valence bond theory)으로 설명될 수 있다. 원자가결합이론에 따르면, 두 원자가 서로 접근할 때 전자 한 개가 들어 있는 원자궤도함수는 다른 원자의 궤도함수와 겹쳐지는데 이때 공유결합이 형성된다. 겹쳐진 궤도함수 안에서 짝을 이룬 전자들은 양쪽 원자핵에 끌리게 되고, 두 원자는 서로 결합한다. 예로, H_2 분자에서 H−H 결합은 전자 한 개씩이 채워져 있는 두 수소의 1*s* 궤도함수들이 겹쳐진 것이다. 이러한 결합을 **시그마결합**(σ-bond)이라 한다.

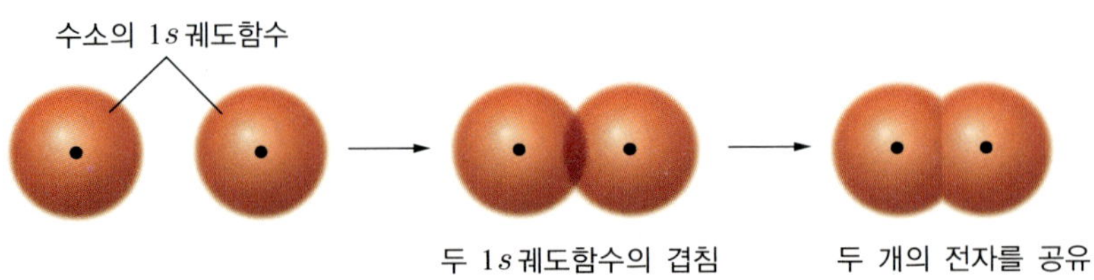

그림 1.6 두 수소 원자의 궤도함수로부터 H_2의 분자궤도함수가 형성되는 모습

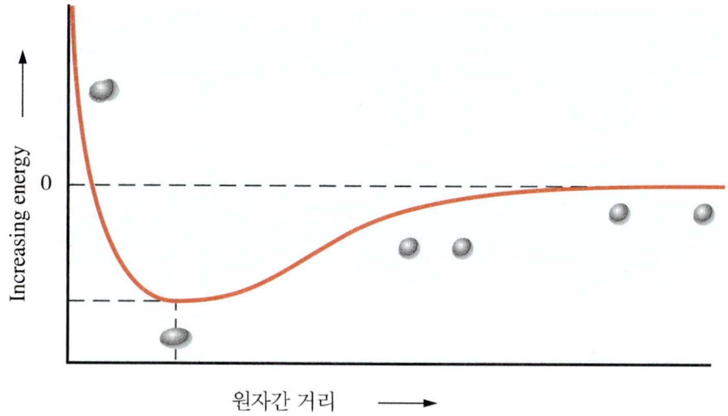

그림 1.7 원자들이 공유결합을 이룰 때 원자 한 쌍의 퍼텐셜에너지 변화

H_2 분자의 두 핵은 얼마나 가까이 접근할 수 있을까? 두 핵이 너무 가까우면, 두 핵은 모두 양전하를 띠기 때문에 서로 반발하게 될 것이고, 너무 멀리 떨어져 있으면 결합전자들을 충분히 공유할 수 없게 될 것이다. 따라서 두 핵이 결합할 수 있는 최적거리가 바로 **결합길이**(bond length)가 되는 것이다.

1.6 sp^3 혼성궤도함수

탄소의 결합은 수소 분자의 결합보다 훨씬 더 복잡하다. CH_4를 예로 들어보자. 탄소는 네 개의 원자가전자($2s^2\ 2p_x^1\ 2p_y^1$)를 가지기 때문에 네 개의 결합을 형성한다. 이 때 탄소의 $2p$ 궤도함수가 두 수소의 원자궤도함수와 겹친다면 두 p 궤도함수의 각도인 90°에 가까울 것이다. 그러나 메테인은 네 개의 동등하고 정사면체를 이루는 C−H 결합을 갖는다. 이는 어떻게 설명될 수 있을까?

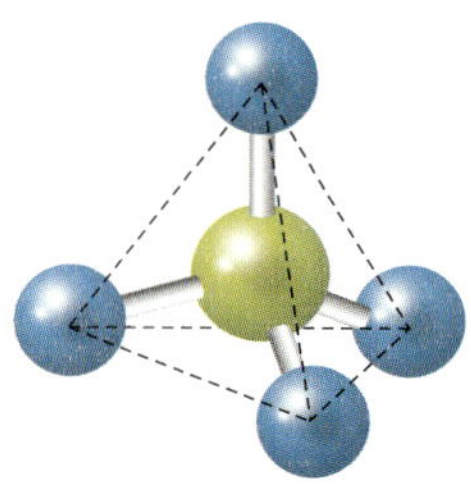

메테인의 입체구조

그림 1.8에서 $2s$의 전자 한 개가 비어 있는 $2p_z$ 궤도함수로 올라가면 서로 수직인 $2p$ 궤도함수 세 개와 한 개의 $2s$ 궤도함수가 생겨 시그마결합 네 개를 만든다. 그러나 메테인에서 네

개의 모든 결합이 동등하다는 사실은 설명될 수 없기 때문에 궤도함수의 혼성화란 개념이 도입되었다. 간단히 말해서, 혼성화란 혼성궤도함수를 만들기 위한 원자궤도함수의 혼합을 뜻한다. 즉, s 궤도함수와 p 궤도함수의 혼성으로 네 개의 동일한 sp^3 **혼성궤도함수**(sp^3 hybrid orbital)를 형성하는 것이다. 이것은 한 개의 s 궤도함수와 세 개의 p 궤도함수가 혼성된 것을 뜻한다.

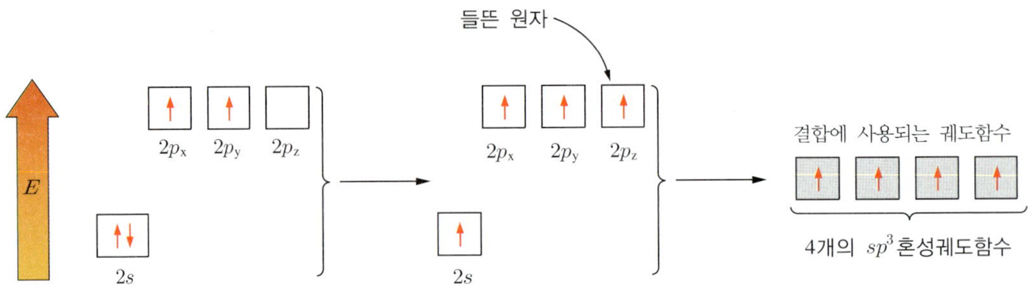

그림 1.8 탄소 원자 sp^3 혼성궤도함수

sp^3 궤도함수의 모양은 p 궤도함수와 유사하다. 다만 그림 1.9와 같이 아령형의 한 쪽이 감소되고 한 쪽 공간에만 전자들이 주로 발견되는 점만 다르다. 탄소 원자의 네 개의 sp^3 혼성궤도함수는 정사면체의 꼭지점을 향하여 있다. 정사면체의 기하학적 구조는 각 궤도함수가 세 개의 다른 궤도함수와 가능한 서로 멀리 떨어져서 각 궤도함수가 전자쌍으로 채워졌을 때 반발력을 최소로 한다. 네 개의 sp^3 궤도함수로 형성된 결합의 결합각은 109.5°이며, 이 각은 정사면체의 중심점에서 두 꼭지점을 연결하는 선으로 나타나는 각이다.

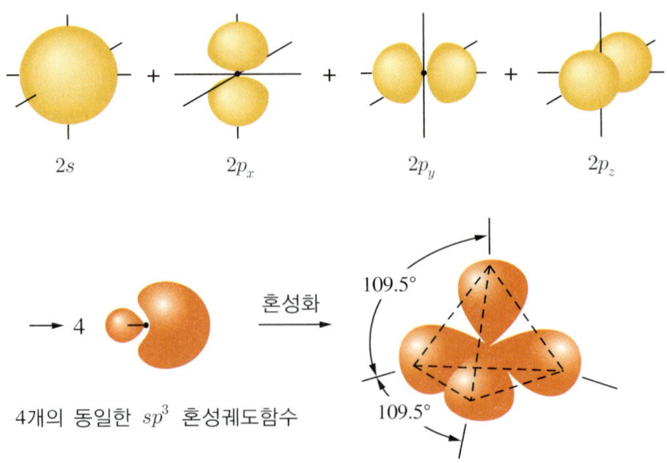

그림 1.9 세 개의 p 궤도함수와 한 개의 s 궤도함수가 혼성되어 sp^3 혼성궤도함수를 이룬다.

혼성궤도함수는 같은 종류 또는 다른 종류의 궤도함수와의 중첩에 의해서 시그마결합을 형성할 수 있다(그림 1.10). '같은 종류의 궤도함수의 중첩'의 예로는 탄소의 혼성궤도함수 sp^3 두 개가 겹쳐 C－C 시그마 결합이 생긴다. 다른 종류의 예로는 탄소의 혼성궤도함수 sp^3 네 개와 수소 원자궤도함수 s가 겹쳐 네 개의 C－H 시그마 결합이 생긴다.

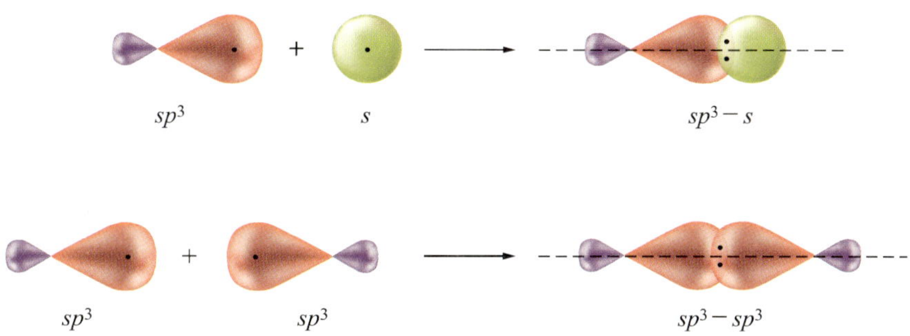

그림 1.10 sp^3 혼성궤도함수에 의해서 형성된 시그마결합

탄소는 이러한 혼성결합을 이루기 때문에 수백만 개의 다양한 유기화합물이 가능하다. 에테인, C_2H_6은 탄소-탄소 결합을 가지는 가장 단순한 분자이다.

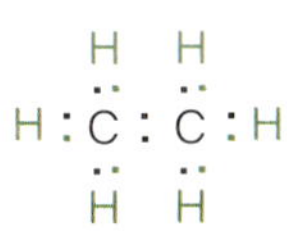	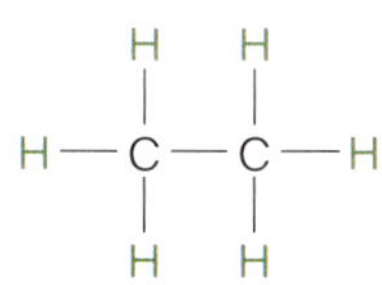	CH_3CH_3
에테인의 루이스구조	선-결합구조식	분자식

분자식	H_2O (물)	NH_3 (암모니아)	C_2H_6O (에탄올)
구조식	H—O—H	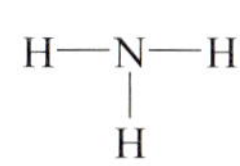	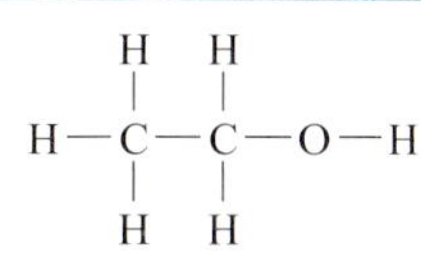
분자모델			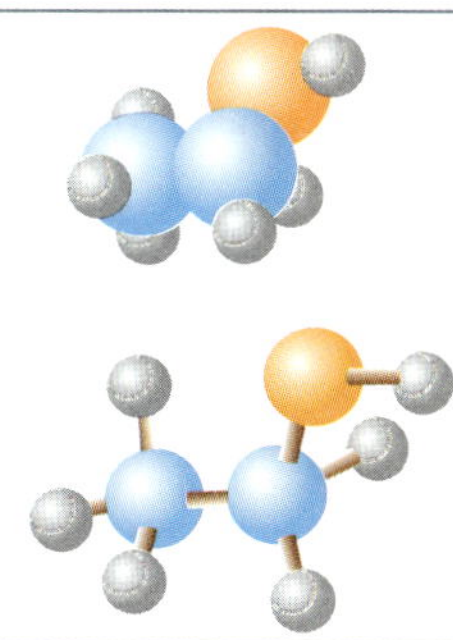

그림 1.11 몇가지 간단한 분자들의 모형

예제 1.6

다음 화합물의 선-결합구조식을 그리고 탄소의 결합각을 예측하시오.

(1) 프로페인, $CH_3CH_2CH_3$ (2) 헥세인, $CH_3CH_2CH_2CH_2CH_2CH_3$

풀이

(1)

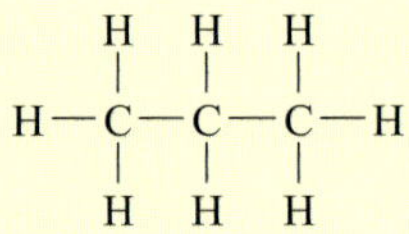

(2)

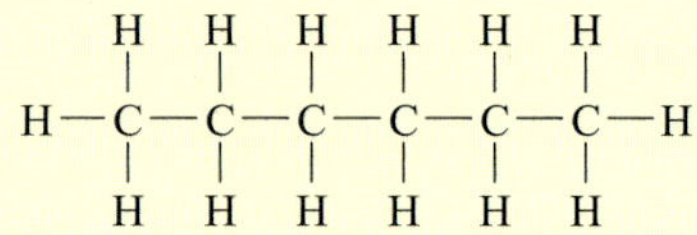

두 물질 모두 탄소가 sp^3 혼성궤도함수로 결합각은 109.5°를 이룬다.

예제 1.7

에테인, C_2H_6의 구조를 쐐기, 실선, 점선을 이용하여 그리시오(그림 1.4참조).

풀이

에테인의 결합각은 109.5°에 가깝게,
그리고 원자끼리는 최대한 멀리 위치하도록 배열한다.

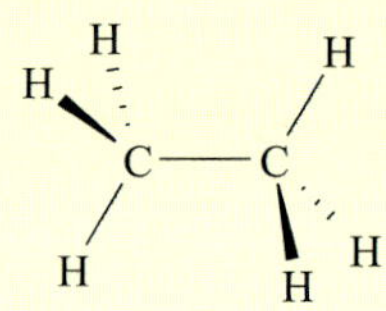

1.7 sp^2 혼성궤도함수

탄소가 sp^3 혼성만 가능한 것은 아니다. 에틸렌, C_2H_4의 경우 두 개의 탄소 원자가 네 개의 전자를 공유하여 **이중결합**(double bond)으로 연결되어 있다.

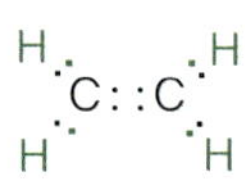

에틸렌의 루이스구조

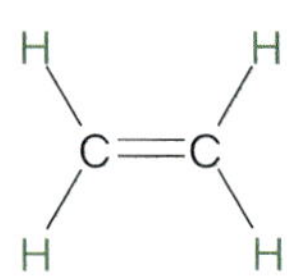

선-결합구조식

$H_2C{=}CH_2$

에틸렌의 탄소는 한 개의 $2s$ 궤도함수와 두 개의 $2p$ 궤도함수가 혼성되어 있다. 그 결과로 sp^2 혼성궤도함수와 혼성화되지 않은 한 개의 $2p$ 궤도함수가 남게 된다. 그림 1.12와 같이 세 개의 sp^2 혼성궤도함수는 서로 120°를 이루며 한 평면에 놓이고, 남아 있는 p 궤도함수는 sp^2 혼성궤도함수의 평면에 수직으로 배열된다. 두 개의 sp^2 탄소를 접근시키면 sp^2-sp^2 겹침에 의하여 튼튼한 시그마결합이 만들어진다. 이때 각 탄소에 남아있는 p 궤도함수끼리도 측면으로 겹쳐서 **파이결합**(π-결합)을 이룬다. sp^2-sp^2의 시그마겹침과 $2p$-$2p$의 파이겹침으로 네 개의 전자를 공유하게 되는 탄소-탄소 이중결합이 이루어진다.

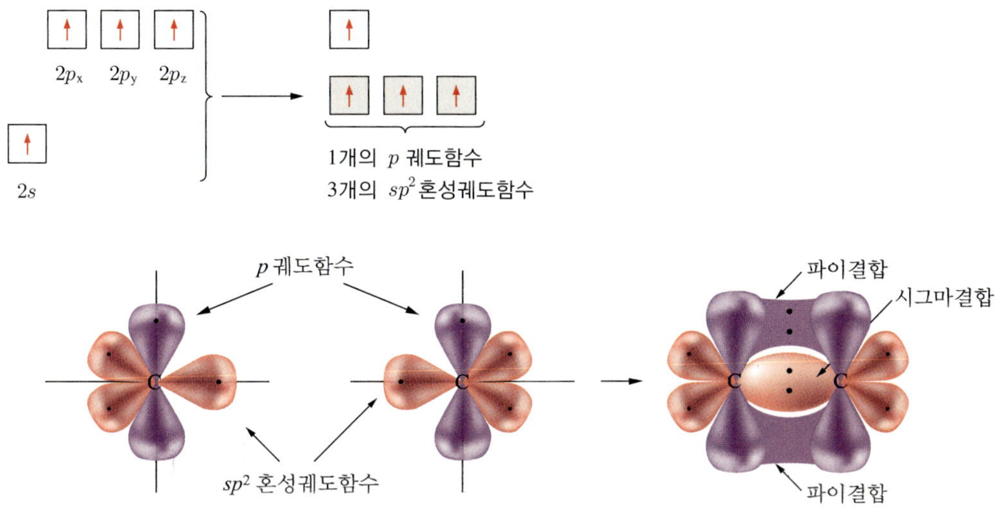

그림 1.12 에틸렌의 탄소-탄소 이중결합

예제 1.8

Formaldehyde, CH_2O는 탄소-산소 이중결합을 가지고 있다. 폼알데하이드의 선-결합 구조를 그리고 탄소 원자의 혼성상태를 제시하시오.

풀이 탄소에 수소 2개, 산소 1개가 결합하는 구조를 그린다. 구조를 보면 탄소 원자는 이중결합을 가지고 있으므로 sp^2 혼성이다.

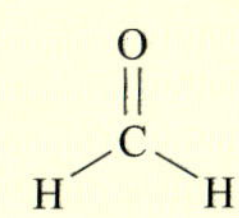

예제 1.9

다음 화합물의 선-결합구조식을 그리고, 각 탄소의 혼성을 나타내시오.

(1) Propene, $CH_3CH=CH_2$

(2) Buta-1,3-diene, $H_2C=CH-CH=CH_2$

풀이

(1) Propene	(2) Buta-1,3-diene
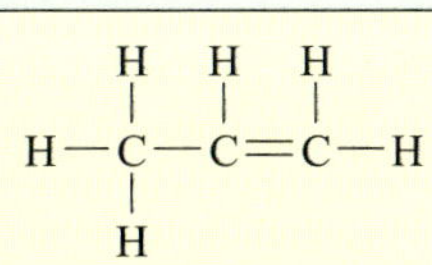	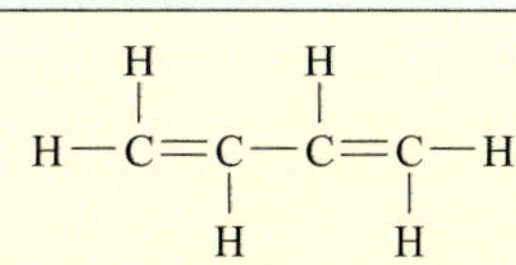
첫 번째 탄소는 단일결합 내에 있기 때문에 sp^3 혼성이다. 두, 세 번째 탄소는 이중결합 내에 있기 때문에 sp^2 혼성이다.	네 개의 탄소 모두 이중결합 내에 있기 때문에 sp^2 혼성이다.

1.8 *sp* 혼성궤도함수

탄소는 단일결합과 이중결합 외에도 **삼중결합**(triple bond)을 형성할 수 있다. 아세틸렌, C_2H_2의 경우 두 개의 탄소 원자가 여섯 개의 전자를 공유하여 삼중결합을 형성한다.

H : C : : : C : H　　　H—C≡C—H

아세틸렌의 구조

아세틸렌의 탄소는 sp 혼성궤도함수를 만든다. 이때 탄소의 $2s$ 궤도함수는 오직 한 개의 $2p$ 궤도함수와 혼성한다. 결과적으로 두 개의 sp 혼성궤도함수가 생기고, 두 개의 p 궤도함수가 남아 있다. 두 개의 sp 궤도함수는 다른 궤도함수와 180°의 직선 결합을 이룬다. 남아 있는 두 개의 p 궤도함수는 y축과 z축에 놓이며 서로 수직이다(그림 1.13). sp로 혼성화된 두 개의 탄소가 접근하면 궤도함수가 정면으로 겹치게 되어 sp-sp 시그마결합을 이룬다. 또한 각 탄소의 p_z 궤도함수끼리 겹치면 p_z-p_z의 파이결합을 형성하고, p_y 궤도함수끼리 겹쳐서 p_y-p_y의 파이결합을 형성한다. 결과적으로 아세틸렌은 탄소와 탄소 사이에 하나의 시그마결합과 두 개의 파이결합, 즉 삼중결합을 형성한다. 따라서 sp 혼성화된 아세틸렌은 직선구조이며, H−C−C의 결합각은 180°이다.

표 1.4는 혼성궤도함수에 따라 결합길이가 달라진다는 것을 나타내고 있다. 즉, 결합길이는 s 성격이 커짐에 따라 감소함 ($sp^3 > sp^2 > sp$)을 볼 수 있다. 따라서 탄소–탄소 사이의 결합길이는 단일결합, 이중결합, 삼중결합의 순으로 짧아짐을 알 수 있다.

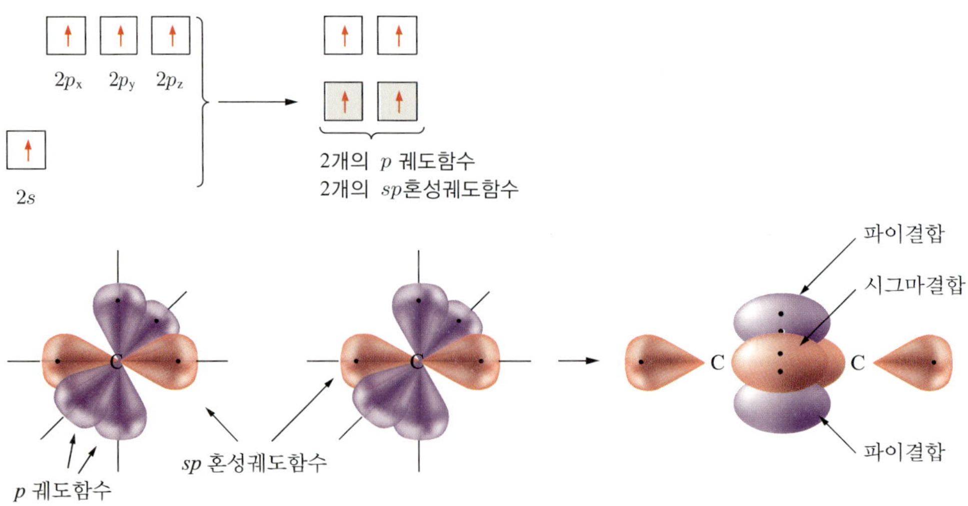

그림 1.13 아세틸렌의 탄소-탄소 삼중결합

표 1.4 탄소-탄소 및 탄소-수소 결합의 비교

분자	결합	결합세기 (kcal/mol)	결합길이 (Å)
에테인, CH_3CH_3	Csp^3-Csp^3	88	1.54
	Csp^3-H1s	98	1.10
에틸렌, $H_2C=CH_2$	$Csp^2=Csp^2$	152	1.33
	Csp^2-H1s	103	1.08
아세틸렌, $HC\equiv CH$	$Csp\equiv Csp$	200	1.20
	$Csp-H1s$	125	1.06

예제 1.10

Propyne, $CH_3C\equiv CH$의 선-결합구조식을 그린 후 각 탄소의 혼성을 표시하고, 결합각을 예상하시오.

풀이

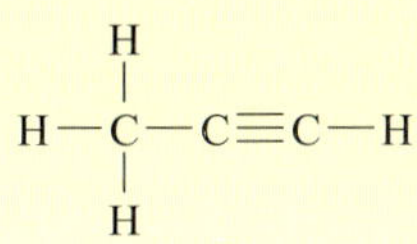

H_3C-C : Csp^3-Csp^3 : 109.5°

$C\equiv CH$: $Csp\equiv Csp$: 180°

1.9 질소와 산소의 혼성궤도함수

궤도함수 혼성화에 대한 개념은 탄소 화합물에만 국한된 것만은 아니다. 다른 원소들에 의해 형성되는 공유결합들 또한 혼성궤도함수로 설명될 수 있다. 예를 들어, 암모니아, NH_3에서 질소 원자를 살펴보자. 실험적으로 측정된 NH_3의 H−N−H 결합각은 107°로 메테인에서 볼 수 있는 정사면체각인 109.5°에 가깝다. 따라서 질소는 정확히 탄소에서 이루어지는 혼성처럼, 네 개의 sp^3 궤도함수로 혼성된다고 가정할 수 있다. 네 개의 sp^3 궤도함수 중 한 궤도함수에는 두 개의 비결합성 전자가 점유되어 있고, 다른 세 개의 혼성궤도함수에는 각각 전자 한 개씩을 가지고 있어 세 개의 결합을 형성할 수 있다.

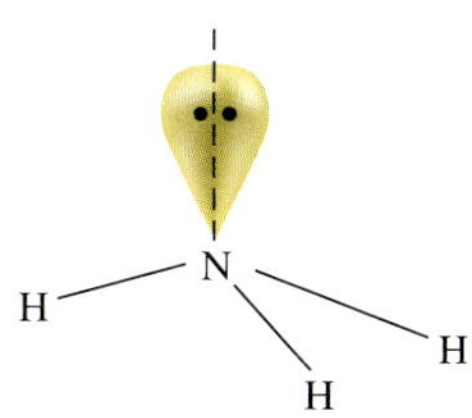

그럼 NF_3의 결합각은 어떨까. 먼저 결합각을 비교하려면 각 원자들의 전기음성도를 비교해야 한다. 전기음성도는 F > N > H 순으로, 공유결합의 경우에 전자를 두 원자가 동등하게 나눠

갖지 않고 전기음성도가 더 큰 원자 쪽으로 전자밀도구름이 치우치게 된다. 따라서 N−F 결합의 경우 F쪽으로 전자밀도가 치우친다. 그러면 N이 순간적으로 부분양전하를 띠게 되고 그러면 갖고 있던 전자고립쌍을 더 힘껏 끌어당기게 된다. 결국 전자고립쌍의 각부피가 커지고 이것이 N−F간의 전자결합쌍과 반발을 크게 하여 결합각을 오므라들게 한다. 결과적으로는 H−N−H 결합각은 F−N−F보다 크다.

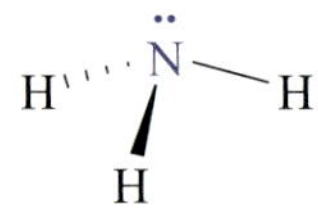

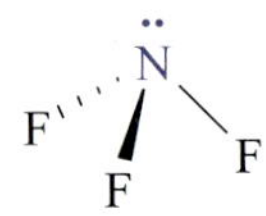

메탄올의 C−O−H 결합각도 정사면체각인 109.5°에 가까운 108.5°이다. 산소에 있는 네 개의 sp^3 혼성궤도함수 중 두 개는 비결합성 고립전자쌍이, 두 개는 전자 한 개씩이 들어있어 결합형성에 사용된다.

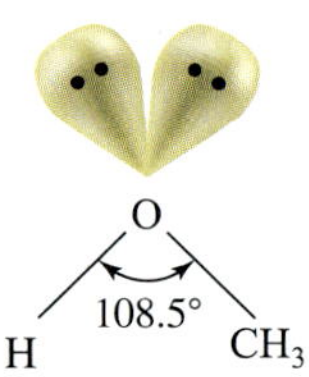

예제 1.11

다음 분자에서 비결합성 고립전자쌍을 확인하고, 나타낸 각 원자에서 예상되는 구조를 그리시오.

(1) CH_3-O-CH_3의 산소 원자

(2) $CH_3-N(CH_3)-CH_3$에서 질소 원자

(3) PH_3에서 인 원자

풀이

(1)	(2)	(3)
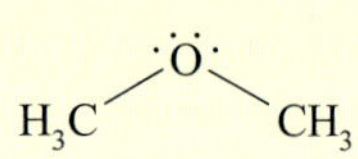	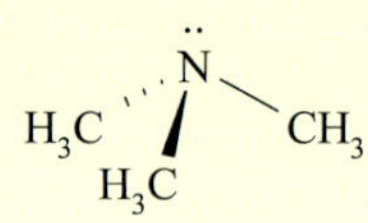	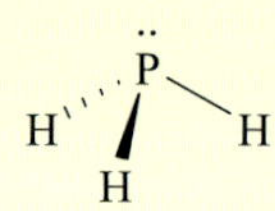

1.10 화학구조의 작성

앞에서 나타낸 화학구조에서 원자들 사이의 하나의 선은 공유결합에서 두 개의 전자를 나타낸다. 그러나 원자와 결합을 모두 표시하는 것은 귀찮은 일이다. 이에 화학자들은 몇 가지 방법을 고안하였다. **축소구조식**(condensed structure)에서 탄소-수소 및 탄소-탄소 단일결합은 나타내

지 않는다. 만일 탄소가 두 개의 수소와 결합되어 있다면, CH_2로 쓴다. 예로, 2-methyl butane은 다음과 같이 쓴다.

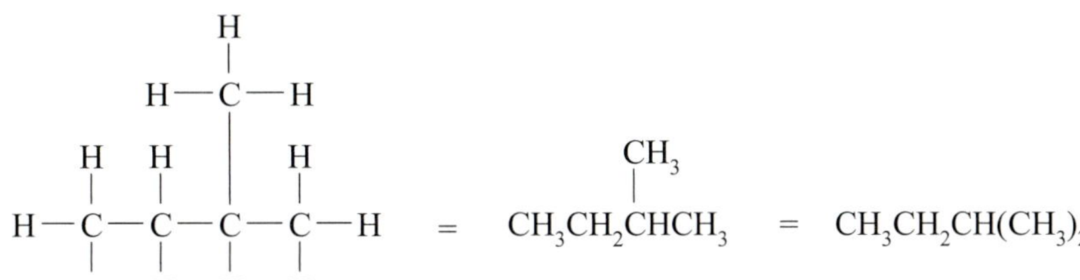

2-Methyl butane

축소구조식

축소구조식에서 탄소 사이의 수평방향의 결합선은 나타내지 않는다. $CH_3-CH_2-CH-CH_3$는 $CH_3CH_2CHCH_3$로 나타낸다. 그리고 CH 탄소에 결합된 두 개의 CH_3는 $(CH_3)_2$로 나타낸다.

축소구조식보다 더 간단한 방법이 **골격구조식**(skeletal structure)이다. 골격구조식을 그리는 방법은 간단하다.

1. 탄소 원자는 나타내지 않는다. 대신 탄소 원자는 두 개의 결합선의 교차지점과 각선의 끝에 있다고 가정한다.
2. 탄소에 결합된 수소는 그리지 않는다. 탄소는 항상 4가이므로 각각의 탄소에 맞는 숫자의 수소를 가짐을 기억한다.
3. 탄소와 수소를 제외한 모든 원자들은 나타낸다.

표 1.5 몇몇 화합물의 골격구조식

화합물	구조식	골격구조식
Butadiene, C_4H_6	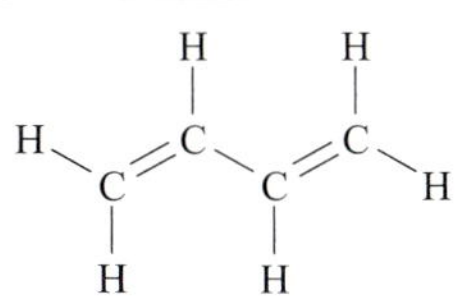	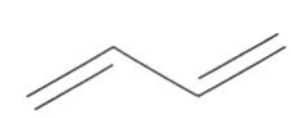
Isobutane, $CH_3CH(CH_3)_2$	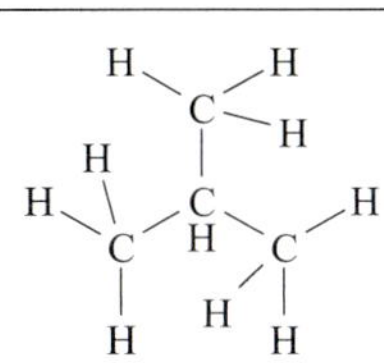	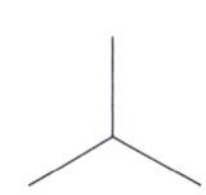
Phenol, C_6H_6O	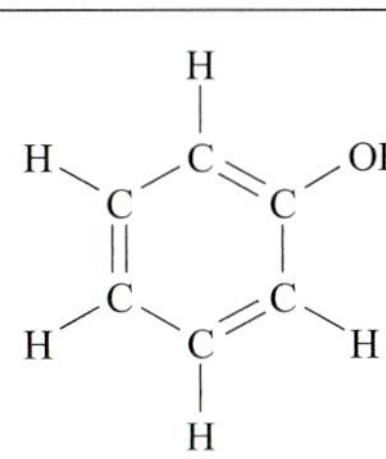	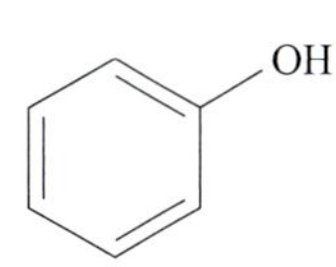

예제 1.12

다음 분자식에 맞는 화합물의 골격구조를 그리시오.

(1) $CH_3CH_2CH=CH_2$ (2) $C_2H_5NH_2$ (3) CH_3OCH_3 (4) C_4H_9Cl

풀이

(1) $CH_3CH_2CH=CH_2$	(2) $C_2H_5NH_2$	(3) CH_3OCH_3	(4) C_4H_9Cl
	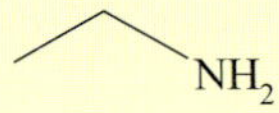	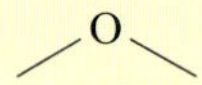	

1.11 결합의 극성

공유결합은 동일한 원자(H－H, Cl－Cl) 간에 형성될 수도 있고, 다른 원자(C－H, C－Cl) 간에 형성될 수도 있다. 동일한 원자 간에 형성되는 시그마결합은 두 원자가 공유 전자를 끌어당기는 힘이 동등하므로 결합은 무극성(nonpolar)이다. 그러나 다른 두 원자 간에 이루어지는 결합은 공유 전자를 끌어당기는 힘의 크기가 다르다. 이때 두 원자의 **전기음성도**(electronegativity)가 다르다고 한다. Pauling에 의하면 전기음성도란 분자 속에서 원자가전자를 끌어당기는 상대적인 능력을 말한다. 주기율표에서 전기음성도는 같은 주기에서는 왼쪽에서 오른쪽으로, 같은 족에서는 밑에서 위로 갈수록 커진다.

전기음성도 $H < C < N < O < F > Cl > Br > I$

전기음성도가 다른 두 원소가 결합할 때는 전기음성도가 큰 원소가 작은 원소보다 결합한 전자를 더 끌어당긴다. 이와 같은 결합을 **극성공유결합**(polar covalent bond)이라고 한다. 왜냐하면 원자들이 부분적인 음전하와 부분적인 양전하로 결합되어 있기 때문이다.

참고 극성공유결합과 이온결합의 차이

무극성 공유결합	극성공유결합	이온결합
Cl : Cl H : H	$\delta+$ $\delta-$ H—Cl	Na^+ Cl^-
동등한 전자공유	동등하지 않는 전자공유	전기음성도 차이가 큼

염화수소(HCl) 분자는 대표적인 극성공유결합 분자이다. 염소 원자는 수소 원자보다 전기음성이 강하다. 그러나 두 원자 사이의 전기음성도 차이에도 불구하고 이들은 이온결합보다는 공유결합으로 이루어져 있다. 그러나 전자쌍은 염소 방향으로 치우쳐 있으므로, 염소 원자는 수소

원자에 비해서 전기적으로 보다 음성이다. 이러한 결합의 극성은 화살표로 표시하며, 머리 쪽이 음성을 꼬리 방향이 양성을 나타낸다. 또한 부분적인 전하를 δ^+와 δ^-로 나타내기도 한다.

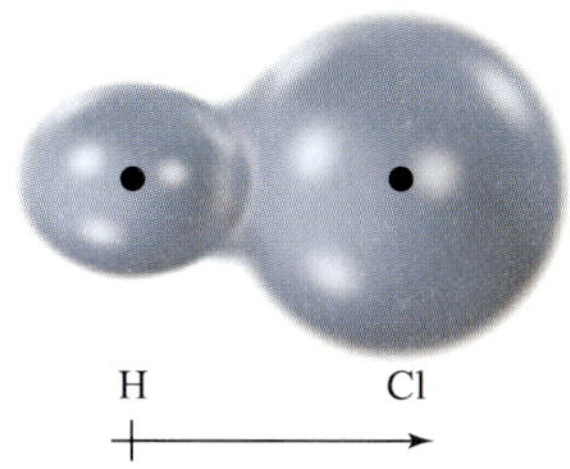

불균등하게 공유된 결합전자쌍은 염소 쪽으로 치우쳐 있다. 극성공유결합인 경우, 어느 쪽이 음성이고 어느 쪽이 양성인지는 주기율표의 위치에 따라 결정된다. 일반적으로 같은 주기에서는 왼쪽에서 오른쪽으로 감에 따라 원자번호나 핵 전하가 증가하기 때문에 원소들의 전기음성도가 증가한다. 한편, 같은 족에서는 위에서 아래로 내려갈수록 내부껍질의 전자수가 증가함으로 원자가전자는 핵으로부터 차폐되어 원소의 전기음성도는 감소한다.

	1	2	13	14	15	16	17
1	H 2.1						
2	Li 1.0	Be 1.5	B 2.0	C 2.5	N 3.0	O 3.5	F 4.0
3	Na 1.0	Mg 1.2	Al 1.5	Si 1.8	P 2.1	S 2.5	Cl 3.0
4	K 0.9	Ca 1.0	Ga 1.7	Ge 1.9	As 2.1	Se 2.4	Br 2.8

그림 1.14 전기음성도 값과 경향성

예로, 메탄올, CH_3OH에서 C－O 결합에서 산소가 탄소보다 전기음성도가 크기 때문에 탄소는 부분적으로 양전하를, 산소는 부분적으로 음전하를 띤다. 하지만 메틸리튬, CH_3Li에서는 탄소의 전기음성도가 리튬보다 크기 때문에 탄소는 부분적으로 음전하를 띤다. 하지만 탄소와 수소는 거의 같은 전기음성도를 가지고 있으므로 C－H 결합은 거의 순수한 공유결합이다.

그림 1.15 메탄올과 메틸리튬의 극성공유결합

예제 1.13

다음 각 쌍의 원소 중에서 전기음성도가 더 큰 원소는?

(1) Li, H (2) B, Br (3) Cl, I (4) C, H

풀이

(1) Li (2) Br (3) Cl (4) C

개개의 결합들이 극성과 무극성으로 나뉘는 것처럼 분자 또한 극성을 갖는다. 극성은 분자 내 모든 결합의 극성과 비공유전자쌍의 기여도의 벡터 합의 결과로 얻어진다. 실제로 강한 극성의 유기물질(예. 메탄올)은 종종 극성용매에도 잘 녹는다. 이러한 알짜 분자극성을 **이중극자 모멘트** μ (dipole moment)라 부른다. 이산화탄소, 에테인, 벤젠은 무극성용매로 이중극자모멘트는 0이다. 이러한 분자들은 대칭적인 구조 때문에, 개개의 결합극성과 비공유전자쌍의 기여가 정확히 서로 상쇄된다.

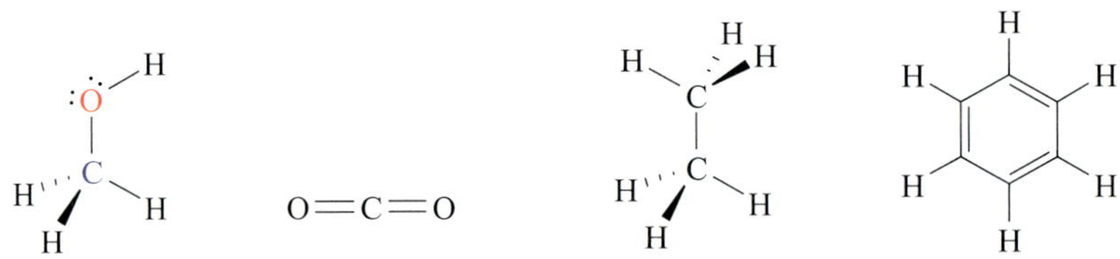

메탄올 (μ=1.70D) 이산화탄소 (μ=0) 에테인 (μ=0) 벤젠 (μ=0)

예제 1.14

에틸렌글라이콜, $HOCH_2CH_2OH$는 탄소-산소 결합이 강하게 편극화되어 있다. 하지만 이중극자 모멘트 값은 영이다. 그 이유를 설명하시오.

풀이 $HOCH_2-CH_2OH$는 완전한 대칭이기 때문에 이중극자모멘트는 0이다.

1.12 공명구조

대부분의 화합물은 선-결합 구조로 어려움 없이 나타낼 수 있지만, 가끔 문제가 발생한다. 예로 아세테이트 이온을 선-결합 구조로 그리면 산소 하나는 이중결합으로, 다른 하나는 단일결합으로 나타내야 한다. 그럼 어떤 산소가 이중결합인가? 아세테이트 이온을 선-결합 구조로 그리면 두 개의 산소 원자가 다르게 보이지만, 실험적으로 두 산소 원자는 정확히 동등하다. 아세테이트의 탄소−산소 결합길이는 127 pm로, 탄소−산소 결합길이(135 pm)와 탄소=산소 결합길이(120 pm)의 중간값이다. 즉 아세테이트 이온의 구조는 두 구조 중 어느 것과도 맞지 않다. 실제

구조는 두 구조의 중간형태이다.

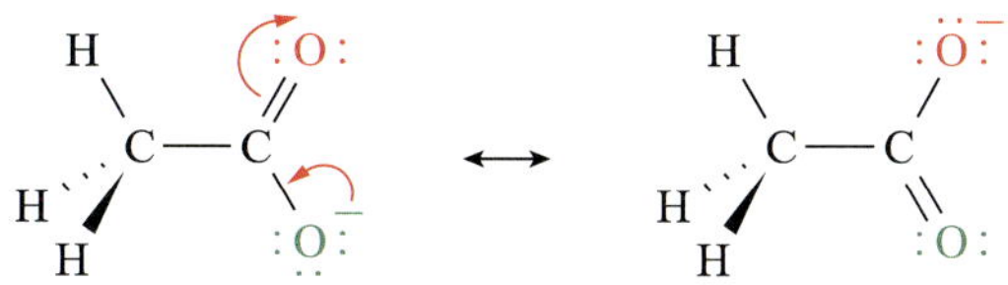

아세테이트 이온의 두 공명구조

아세테이트 이온의 두 구조의 **공명구조**(resonance form)라 부르고, 양방향 화살표(↔)를 두 구조 사이에 표시하여 나타낸다. 공명구조 사이의 차이는 단지 파이전자와 비공유 전자의 위치가 다른 데 있다. 아세테이트 이온은 두 공명구조의 **공명혼성체**(resonance hybrid)로서, 양쪽 특성을 갖는 하나의 변하지 않는 구조이다.

예제 1.15

다음 물질의 공명구조를 그리시오.

(1) 이산화황 SO_2 (2) 탄산 이온 CO_3^{2-}

풀이 (1)

(2)

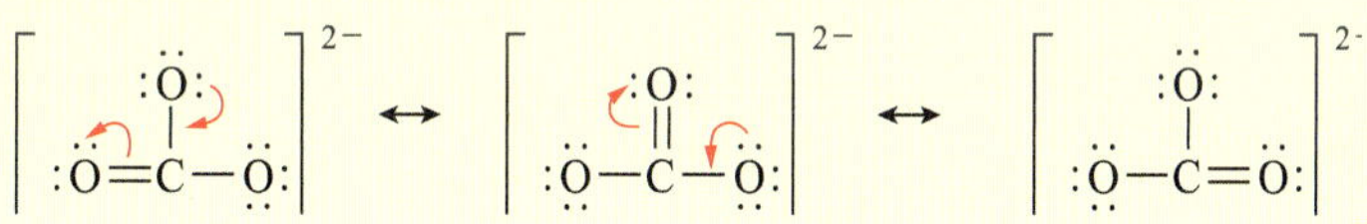

공명구조의 다른 예로 벤젠을 들 수 있다. 벤젠의 실제구조도 두 공명구조의 혼성체이고, 모든 여섯 개의 탄소-탄소 결합은 동등하다. 만약 벤젠이 공명구조가 아니라면 C=C 결합화합물의 전형적인 반응인 첨가반응이 나타날 것이다. 하지만 벤젠은 알켄보다 반응성이 작으며, 예상된 것보다 매우 안정하다.

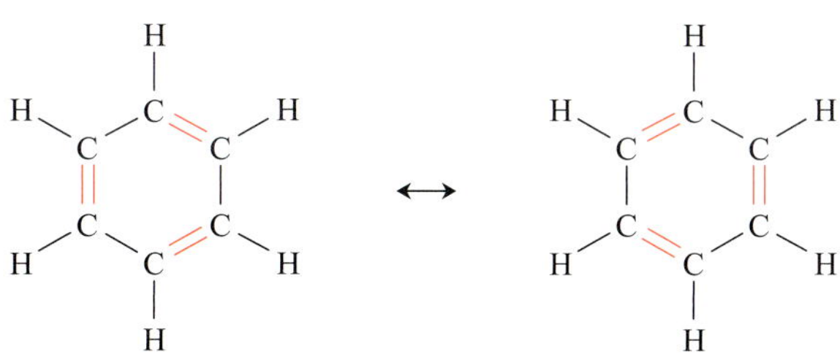

벤젠의 두 개의 공명구조

1.13 Lewis 산, Lewis 염기

산에 대한 Brönsted-Lowry의 개념은 수소를 포함하고 있는 화합물을 다룰 때는 유용하지만 유기화학에서는 Lewis의 정의가 훨씬 유용하다. 한 쌍의 전자를 받아들이는 물질은 **Lewis 산**이며, 전자쌍을 제공하는 물질은 **Lewis 염기**이다. 산에 대한 Lewis의 정의는 광범위하게 이용될 수 있다. 양성자(proton)는 비어 있는 원자가껍질을 채우기 위하여 한 쌍의 전자를 필요로 하므로 Lewis 산이다. BF_3와 $AlCl_3$ 또한 비어 있는 궤도함수에 전자쌍을 받아들일 수 있으므로 Lewis 산이다. BF_3는 최외각 전자껍질에 여섯 개의 전자만을 가지고 있어 Lewis 염기로부터 한 쌍의 전자를 받아들여 안정된 산－염기의 복합체를 만든다. $AlCl_3$도 이와 비슷하므로 센 Lewis 산이다. Lewis의 염기에 대한 정의는 Brönsted-Lowry의 정의와 비슷한데, 염기는 하나의 비공유 전자쌍을 산에 제공하는 물질을 말한다. 산소 원자에 두 개의 비공유 전자쌍을 가진 물은 양성자(H^+)와 결합하여 하이드로늄 이온(H_3O^+)을 형성함으로써 Lewis 염기에 해당된다. 산소와 질소를 함유하는 거의 모든 유기화합물은 고립 전자쌍을 가지고 있기 때문에 Lewis 염기에 해당된다. Lewis 산은 Lewis 염기의 전자를 끌어당기므로 **친전자체**(electrophile)라고 하며, Lewis 염기는 전자쌍을 주므로 **친핵체**(nucleophile)라고 한다. 양성자는 친전자체이며, 물 및 암모니아는 친핵체이다.

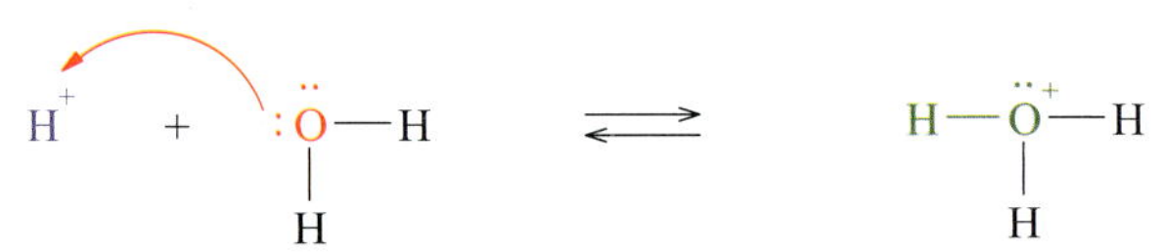

수소 이온 (Lewis 산) 물 (Lewis 염기) 하이드로늄 이온

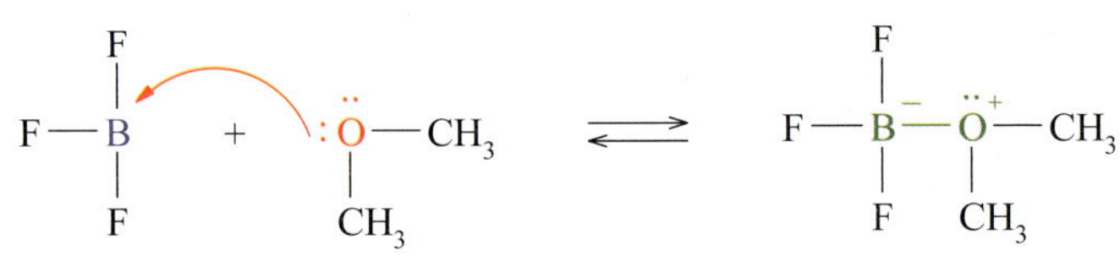

Boron trifluoride (Lewis 산) Dimethyl ether (Lewis 염기)

예제 1.16

Aluminum trichloride($AlCl_3$)와 trimethylamine($N(CH_3)_3$)의 루이스 산염기 반응식을 쓰시오.

풀이

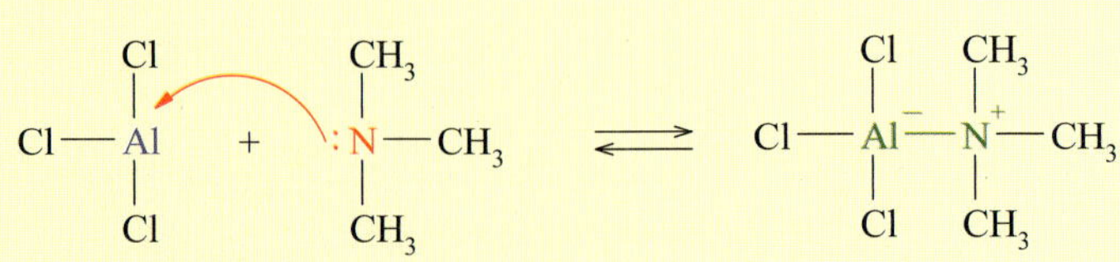

Aluminum trichloride (Lewis 산) Trimethylamine (Lewis 염기)

연습문제

01. 다음 원소들의 원자가전자 수를 구하시오.

(a) Zn (b) I
(c) Si (d) Fe

02. 다음 원소들의 바닥상태 전자배치를 쓰시오.

(a) K (b) As
(c) Al (d) Mg

03. 다음 분자들의 옳은 화학식을 구하시오.

(a) NH_OH (b) AlCl_
(c) CF_2Cl_ (d) CH_O

04. 탄소-질소 삼중결합이 들어있는 아세토나이트릴, C_2H_3N의 전자-점 구조식을 그리시오. 결합성 전자 및 비결합성 전자의 수는 각각 몇 개인가?

05. 아세토나이트릴의 탄소 원자의 혼성상태는?

06. 비닐클로라이드, C_2H_3Cl의 선-결합 구조식을 그리시오.

07. 다음 선-결합구조식에서 생략된 비공유전자쌍을 그리시오.

(a) 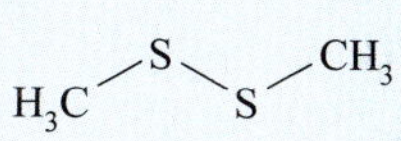

(b) 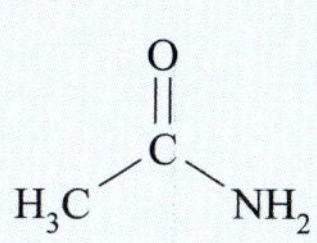

(c) 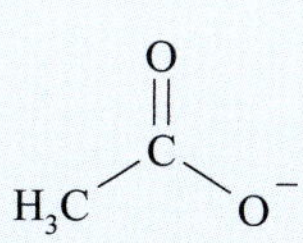

08. 다음 분자식들을 원자가전자 규칙에 맞게 선-결합 구조식으로 바꾸어라.

(a) C_3H_8 (b) CH_5N
(c) C_3H_7Br (두 가지)

09. 다음 분자에서 특정 원자들은 어떠한 혼성을 하고 있는가?

(a) 다이메틸에터(CH_3OCH_3)에서 산소
(b) 다이메틸아닐린(CH_3NHCH_3)에서 질소
(c) 트라이메틸보레인($(CH_3)_3B$)에서 붕소

10. 다음 분자들의 각 탄소 원자에 대해 예측되는 혼성의 종류를 나타내어라.

(a) 프로페인, $CH_3CH_2CH_3$
(b) 2-메틸프로펜, $(CH_3)_2C=CH_2$
(c) 1-뷰텐-3-아인, $H_2C=CH-C\equiv CH$

11. 전기음성도 표를 이용하여 다음의 결합쌍 중 어느 것이 더 극성인지 예측하고, 각 화합물의 극성방향을 나타내어라.

(a) H_3C-Cl 와 $Cl-Cl$
(b) H_3C-H 와 $H-Cl$
(c) $HO-CH_3$ 와 $(CH_3)_3Si-CH_3$
(d) H_3C-Li 와 $Li-OH$

12. $Cl_2C=O$는 $H_2C=O$보다 전기음성도가 작다. 전기음성도가 큰 Cl를 포함하고 있음에도 불구하고 전기음성도가 작은 이유는 무엇일까?

13. 다음 화학물의 공명구조를 그리시오.

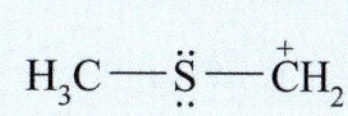

14. 다음 각 분자 속의 어느 원자가 Lewis 산 혹은 Lewis 염기로 행동하겠는가?

(a) BF_3 (b) $AlCl_3$
(c) $(C_2H_5)_2O$ (d) CH_3OH
(e) NH_3 (f) $P(CH_3)_3$

02 알케인과 사이클로알케인

유기화합물은 지금까지 알려진 것만도 3천만 개 이상이며, 그들만의 고유한 물리적 및 화학적 성질을 갖는다. 화학자들은 다년간의 경험에 의해 유기화합물을 그들의 구조에 따라 여러 계열로 구분할 수 있었다. 가장 간단한 유기화합물은 탄화수소(hydrocarbon)로서 탄소와 수소로만 구성된 화합물로, 아래 그림과 같이 크게 방향족탄화수소와 지방족탄화수소로 나눌 수 있다 방향족탄화수소(aromatic hydrocarbon)는 벤젠고리와 유사한 구조적 특징을 갖고 있는 탄화수소를 가리키고 지방족탄화수소(aliphatic hydrocarbon)는 벤젠고리를 갖고 있지 않는 탄화수소 화합물이다. 유기화합물은 생명체를 구성하는 물질로서 중요한 역할을 할 뿐만 아니라 우리의 일상생활에 필요한 연료, 합성섬유, 합성수지, 고무, 종이, 의약품 등을 제공하고 있다. 본 장에서는 이러한 유기화합물의 기초가 되는 탄화수소와 이의 유도체를 분류하고 각각에 대한 구조 및 성질을 중점으로 소개한다. 이 장에서는 가장 간단한 계열인 알케인(alkane)에 대해 공부할 것이다.

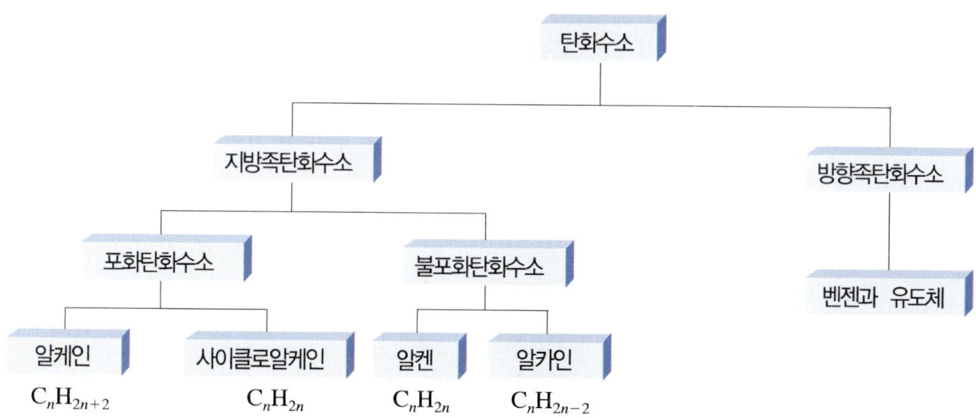

탄화수소의 분류

2.1 작용기

우리는 화합물을 계열별로 분류가능한데, 이는 화합물이 작용기(functional group)라는 구조적 특징을 갖기 때문이다. 화합물은 작용기에 따라서 독특한 성질을 나타내는데, 하이드록시기는 물에 대한 용해성이 좋다. 알데하이드의 포르밀기는 환원되기 쉽다. 카복실기는 산성을 띠며, 아민기는 염기성을 띤다.

탄소-탄소 다중결합을 갖는 작용기

알켄, 알카인 및 아렌(방향족 화합물) 모두 탄소-탄소 다중결합을 포함하고 있다. 알켄(alkene)은 이중결합을 가지고 있고, 알카인(alkyne)은 삼중결합, 그리고 아렌(arene)은 탄소 원자의 육원자 고리에 이중결합과 단일결합을 교대로 가지고 있다. 이들은 구조적으로 유사하기 때문에 화학적 유사성을 갖는다.

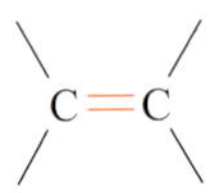

알켄

알카인

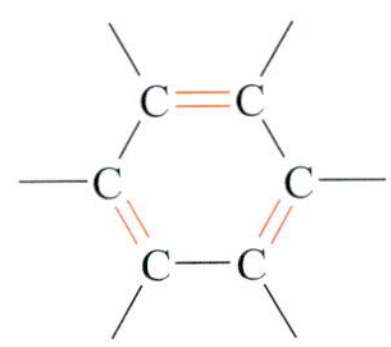

아렌

탄소와 전기음성적인 원자가 단일결합을 이루는 작용기

할로젠화 알킬, 알코올, 에터, 아민, 싸이올 및 설파이드 등에는 전기음성적인 할로젠, 산소, 질소, 황이 들어있는데 이들은 탄소 원자와 단일결합을 하고 있다. 할로젠화 알킬은 할로젠($-X$), 알코올은 하이드록시기($-OH$), 에터는 산소($-O-$), 유기인산염은 인산염기($-OPO_3^{2-}$), 아민은 질소($-NH_2$), 싸이올은 황($-SH$)에 탄소가 연결되어 있다. 결합된 탄소 원자는 부분적으로 양전하를 띠며, 전기음성적인 원자들은 음전하를 갖는 극성이다.

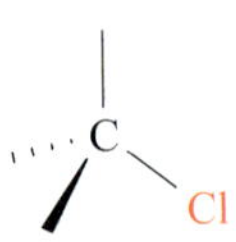

할로젠화알킬

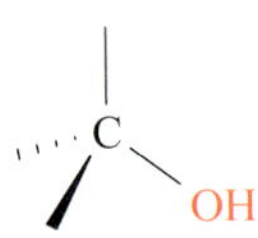

알코올

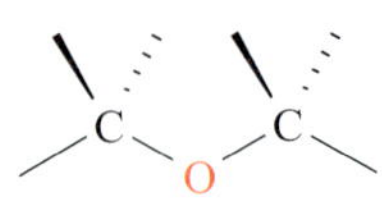

에터

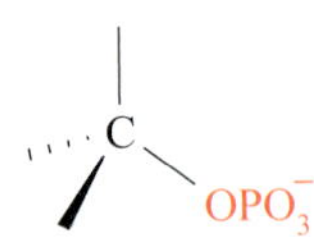

인산염

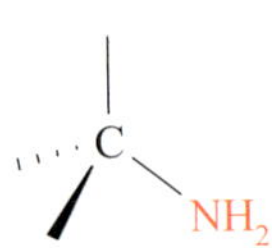

아민

싸이올

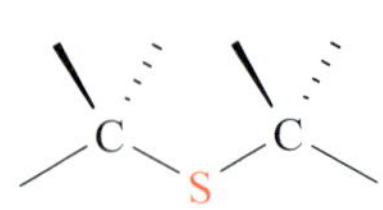

설파이드

표 2.1 몇가지 일반적인 작용기

작용기 구조	화합물 종류	명명	예
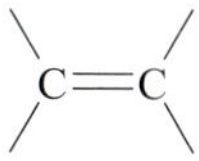	Alkene (알켄)	−ene	$H_2C{=}CH_2$ (ethene)
−C≡C−	Alkyne (알카인)	−yne	HC≡CH (ethyne)
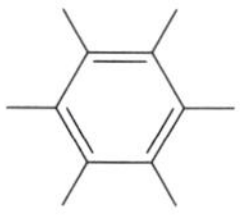	Arene (방향족화합물)		 (benzene)
−X (X = F, Cl, Br, I)	Halide (할라이드)		CH_3Cl (chloromethane)
−OH	Alcohol (알코올)	−ol	CH_3OH (methanol)
−O−	Ether (에터)	−ether	CH_3OCH_3 (dimethyl ether)
$-NH_2$	Amine (아민)	−amine	CH_3NH_2 (methylamine)
−C≡N	Nitrile (나이트릴)	−nitrile	$CH_3C{\equiv}N$ (ethanenitrile)
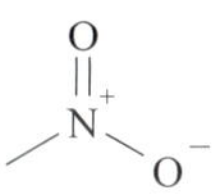	Nitro (나이트로)	nitro−	CH_3NO_2 (nitromethane)
−SH	Thiol (싸이올)	−thiol	CH_3SH (methanethiol)
−S−	Sulfide (설파이드)	−sulfide	CH_3SCH_3 (dimethyl sulfide)
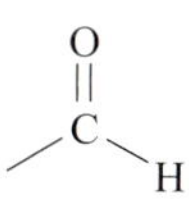	Aldehyde (알데하이드)	−al	CH_3COH (ethanal)
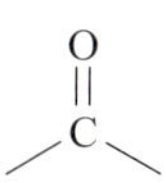	Ketone (케톤)	−one	CH_3COCH_3 (propanone)
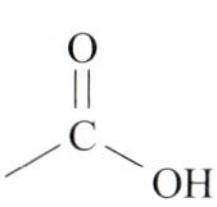	Carboxylic acid (카복실산)	−oic acid	CH_3COOH (ethanoic acid)
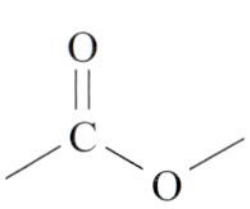	Ester (에스터)	−oate	CH_3COOCH_3 (methyl ethanoate)
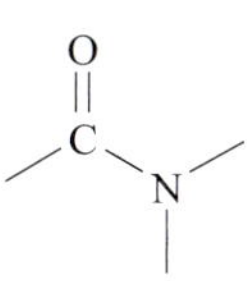	Amide (아마이드)	−amide	CH_3CONH_2 (ethanamide)

탄소-산소 이중결합(카보닐기)을 가지는 작용기

카보닐(C=O)기는 유기화학에서 매우 중요하며, 특히 모든 생체분자에서 중요하다. 알데하이드는 카보닐기에 적어도 한 개의 수소가 결합되어 있으며, 케톤은 카보닐기에 두 개의 탄소가 결합되어 있고, 카복실산은 카보닐기에 한 개의 −OH가 결합되어 있다. 에스터는 산소를, 아마이드는 질소를, 산염화물은 염소를 갖는다. 카보닐 탄소 원자는 부분적으로 양전하를, 산소는 부분적으로 음전하를 띤다.

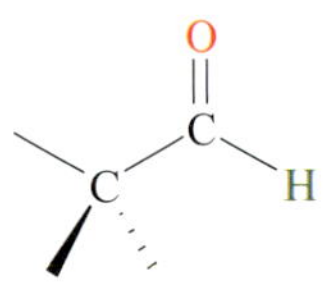
알데하이드

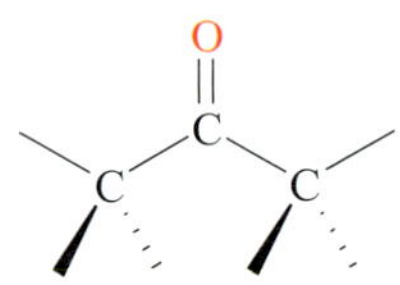
케톤

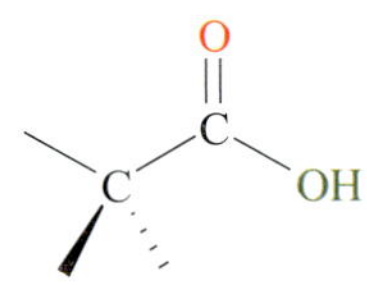
카복실산

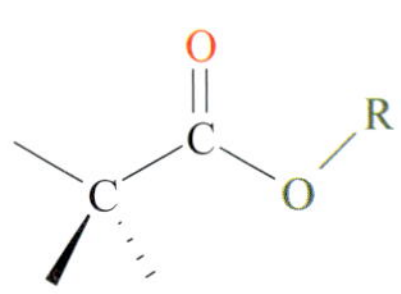
에스터

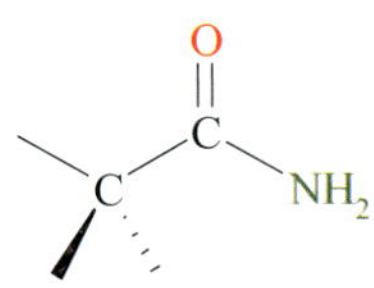
아마이드

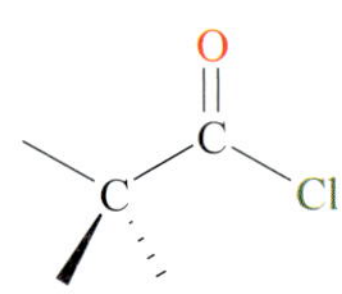
산 염화물

표 2.1에 일반적인 작용기를 나타내었다. 각 화합물에 해당하는 작용기를 살펴보면, 알코올에는 하이드록시기 −OH, 케톤에는 카보닐기 −CO−, 알데하이드에는 포르밀기 −CHO, 유기산에는 카복실기 −COOH, 아민에는 아민기 $-NH_2$라는 작용기가 있다.

예제 2.1

다음 화합물의 구조에 어떤 작용기가 있는지 확인하시오.

(1) CH_3CH_2OH (2) $CH_3CH_2NH_2$ (3) C_2H_5COOH

풀이 (1) −OH : 하이드록시기 (2) $-NH_2$: 아민기 (3) −COOH : 카복실기

2.2 알케인

가장 간단한 알케인은 메테인이며, 메테인의 3차원적인 정사면체 구조는 앞에서 이미 나타내었다. 알케인 계열의 화합물은 탄소 사슬을 늘이고 탄소의 원자가를 만족하기 위해서 적당한 수의 수소 원자를 첨가함으로써 얻어진다. 알케인은 사슬모양의 분자구조를 가지고 있다.

표 2.2 알케인의 분자식 및 입체구조

알케인		분자식	입체구조
메테인	Methane	CH_4	
에테인	Ethane	C_2H_6	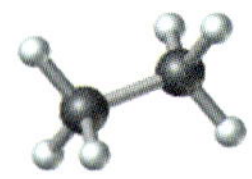
프로페인	Propane	C_3H_8	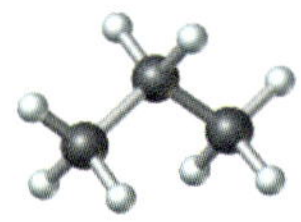
뷰테인	Butane	C_4H_{10}	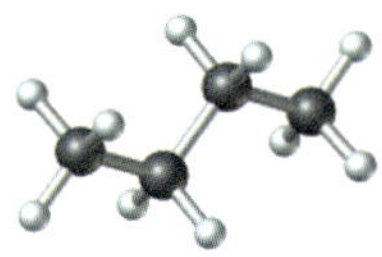
펜테인	Pentane	C_5H_{12}	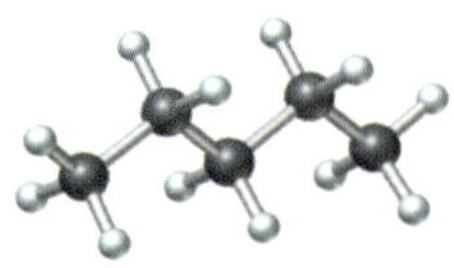
헥세인	Hexane	C_6H_{14}	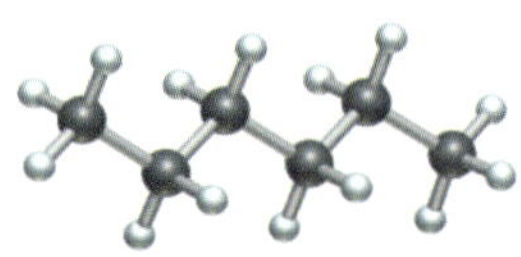
헵테인	Heptane	C_7H_{16}	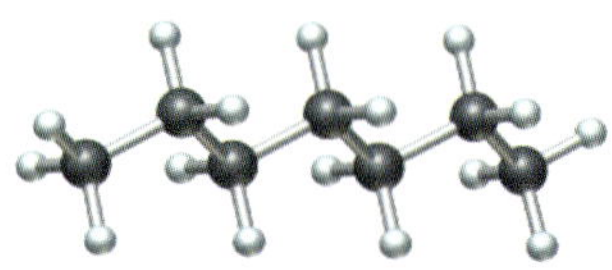
옥테인	Octane	C_8H_{18}	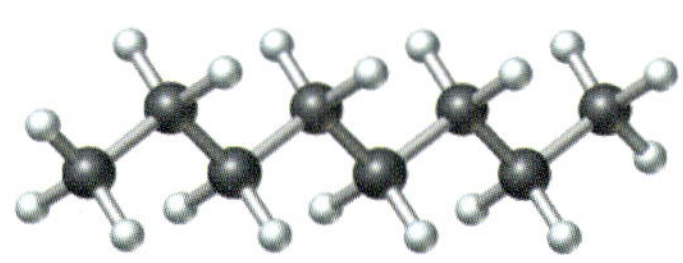
노네인	Nonane	C_9H_{20}	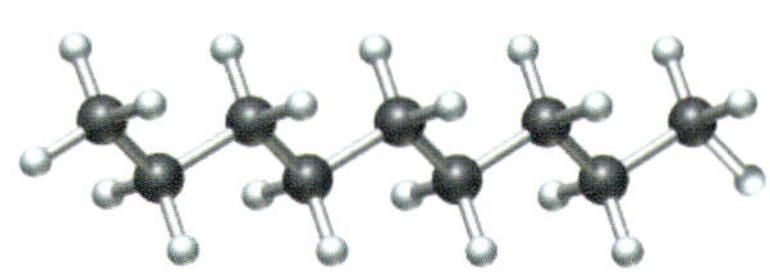
데케인	Decane	$C_{10}H_{22}$	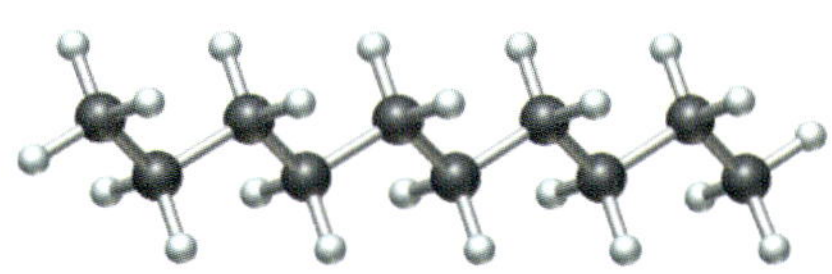

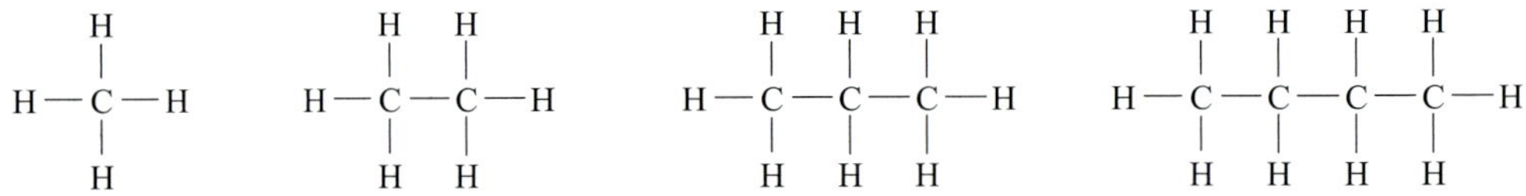

Methaen　　Ethane　　Propane　　Butane

알케인은 포화탄화수소로 불리는데, 포화(saturated)가 사용된 것은 C－C 및 C－H 단일결합을 가지고 있고 탄소 하나당 최대로 가능한 수의 수소를 포함하고 있기 때문이다. 알케인의 일반식은 C_nH_{2n+2}이며, n은 탄소 원자의 수이다(표 2.2). 알케인은 가끔 지방(fat)을 뜻하는 그리스어 "aleiphas"로부터 유래된 지방족(aliphatic) 화합물로 불리기도 한다.

표 2.3 뷰테인과 펜테인의 가능한 구조

$CH_3CH_2CH_2CH_3$ Butane	$CH_3CH_2CH_2CH_2CH_3$ Pentane	
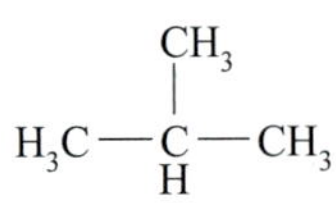 2-Methylpropane (Isobutane)*	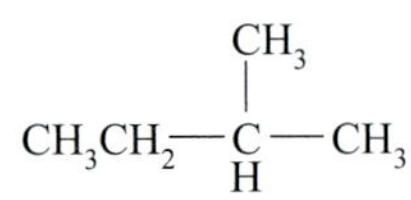 2-Methylbutane	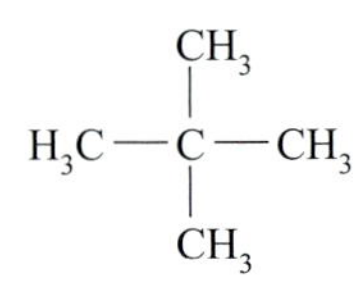 2,2-Dimethylpropane

알케인을 구성하는 탄소와 수소의 결합순서에 대해 생각해 보자. 메테인(CH_4)과 에테인(C_2H_5), 프로페인(C_3H_8)은 단지 한 개의 조합만이 가능하지만, 네 개의 탄소로 구성된 뷰테인은 두 가지 배열이 가능하다. 네 개의 탄소가 직선으로 배열될 수도 있고(뷰테인), 또는 가지를 이룬 구조일 수도 있다(아이소뷰테인). 마찬가지로 다섯 개의 탄소로 구성된 펜테인은 세 가지의 구조를 가질 수 있다(표 2.3).

탄소가 직선으로 연결과 뷰테인과 펜테인같은 화합물은 **직선-사슬 알케인** 또는 노말 알케인이라 불린다. 2-Methylpropane, 2-methylbutane, 2,2-dimethylpropane과 같이 탄소 사슬에 곁가

예제 2.2

C_6H_{14}의 다섯 개 이성질체를 그리시오.

풀이 $CH_3CH_2CH_2CH_2CH_2CH_3$

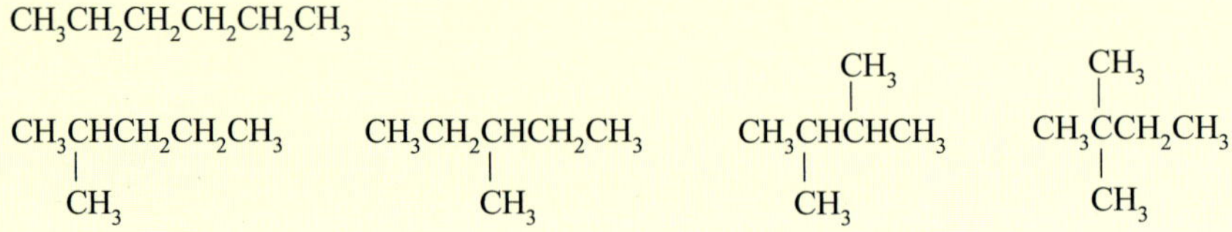

지를 가지는 화합물을 **가지달린-사슬 알케인**이라 부른다. 동일한 분자식을 가지고 있으나 구조가 서로 다른 화합물을 **이성질체**(isomer)라고 한다. 이성질체는 동일한 수의 원자를 가지고 있지만, 원자들이 배열되는 방법이 다르다. 원자들이 다르게 연결되어 있는 뷰테인과 아이소뷰테인과 같은 화합물을 **구조이성질체**라고 부른다. 구조이성질체는 다른 탄소골격을 가지거나, 다른 작용기를 가지거나, 작용기의 위치가 다르다. 즉, 구조이성질체는 분자식은 갖지만, 서로 다른 성질을 갖는 다른 화합물이다.

표 2.4 구조이성질체

탄소골격이 다른 구조이성질체 C_4H_{10}	CH_3 CH_3CHCH_3 2-Methylpropane	$CH_3CH_2CH_2CH_3$ Butane
작용기가 다른 구조이성질체 C_2H_6O	CH_3CH_2OH Ethanol	CH_3OCH_3 Dimethyl ether
작용기 위치가 다른 구조이성질체 C_3H_9N	NH_2 CH_3CHCH_3 Isopropylamine	$CH_3CH_2CH_2NH_2$ Propylamine

알케인을 나타내는 방법에는 여러 가지가 있다. 화학자들은 분자 내에 모든 결합을 좀처럼 그리지 않고, 축소하여 나타낸다. 예를 들어, 뷰테인은 $CH_3CH_2CH_2CH_3$ 또는 $CH_3(CH_2)_2CH_3$로 나타낸다. 더 간단히는 n-C_4H_{10}으로 표기하기도 한다.

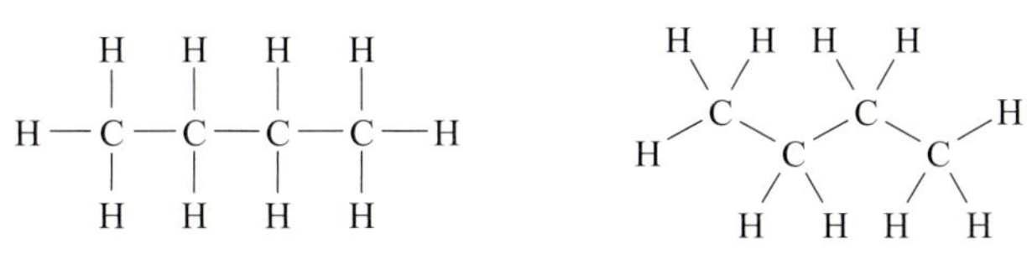

$CH_3-CH_2-CH_2-CH_3$

$CH_3CH_2CH_2CH_3$

$CH_3(CH_2)_2CH_3$

뷰테인 구조의 표현방법

예제 2.3

C_2H_7N의 화학식을 갖는 두 개의 이성질체 구조를 그리시오.

풀이 $CH_3CH_2-NH_2$

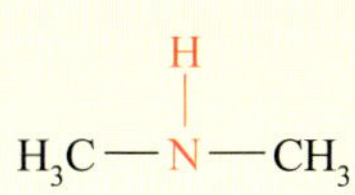

알케인으로부터 수소 원자 한 개를 제거하고 남은 구조를 **알킬기**라고 부른다. 알킬기의 이름은 모체 알케인의 이름 끝에 있는 −ane(에인)을 −yl(일)로 바꾸어 명명한다. 메테인으로부터 수소 한 개가 제거되면 메틸기인 $-CH_3$가 생성되고, 에테인으로부터는 에틸기인 $-C_2H_5$가 생성된다.

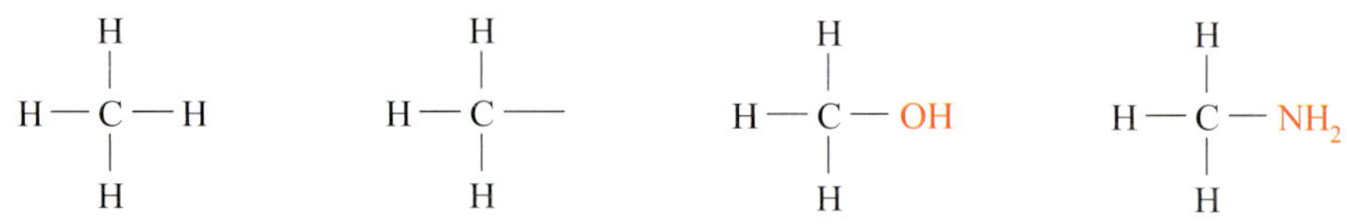

Methane　　Methyl기　　Methyl alcohol　　Methylamine

표 2.5 직선-사슬 알킬기

알케인	이름	알킬기	이름
CH_4	Methane	$-CH_3$	Methyl (메틸)
CH_3CH_3	Ethane	$-CH_2CH_3$	Ethyl (에틸)
$CH_3CH_2CH_3$	Propane	$-CH_2CH_2CH_3$	Propyl (프로필)
$CH_3CH_2CH_2CH_3$	Butane	$-CH_2CH_2CH_2CH_3$	Butyl (뷰틸)
$CH_3CH_2CH_2CH_2CH_3$	Pentane	$-CH_2CH_2CH_2CH_2CH_3$	Pentyl (펜틸)

표 2.6 알케인으로부터 생성되는 알킬기

$CH_3CH_2CH_3$ Propane	$CH_3CH_2CH_2-$ Propyl	$CH_3\overset{\vert}{C}HCH_3$ Isopropyl
$CH_3CH_2CH_2CH_3$ Butane	$CH_3CH_2CH_2CH_2-$ Butyl	$CH_3CH_2\overset{\vert}{C}HCH_3$ *sec*-Butyl
$CH_3\overset{CH_3}{\overset{\vert}{C}}HCH_3$ Isobutane	$CH_3\overset{CH_3}{\overset{\vert}{C}}HCH_2-$ Isobutyl	$H_3C-\overset{CH_3}{\underset{CH_3}{C}}-$ *tert*-Butyl

작용기들을 알킬기와 조합시키면 수없이 많은 이름을 가지는 화합물들을 만들 수 있다(표 2.5). 가지달린 알킬기의 생성방법도 직선-사슬 알킬기와 같다(표 2.6). 표에 사용된 접두사 *sec*-와 *tert*- 등은 가지달린 탄소 원자에 결합된 다른 탄소 원자의 수를 나타낸다. 아래 그림에서 기호 R은 분자의 나머지(Rest)를 나타내는 것으로 유기치환기를 표현하는데 사용된다.

1차 탄소 (1°) 2차 탄소 (2°) 3차 탄소 (3°) 4차 탄소 (4°)

한 개의 탄소 원자와 연결된 탄소 원자를 일차(1°) 탄소 원자라 하는 것과 마찬가지로, 일차 탄소 원자에 결합되어 있는 세 개의 수소를 일차 수소라고 한다. 따라서 두 개의 탄소 원자가 결합된 것은 이차(2°) 탄소이며, 이것은 두 개의 이차 수소를 갖는다. 삼차(3°) 탄소는 다른 세 개의 탄소와 결합하고 있으므로 한 개의 삼차 수소를 갖는다. 일차 수소는 일반적으로 삼차 또는 이차 수소보다 반응성이 약하다.

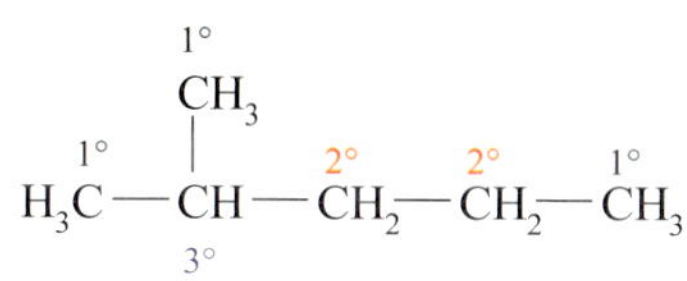

예제 2.4

다음 분자 내 탄소 원자를 일차, 이차, 삼차, 사차로 나타내시오.

(1) 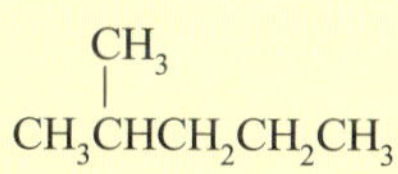

(2) 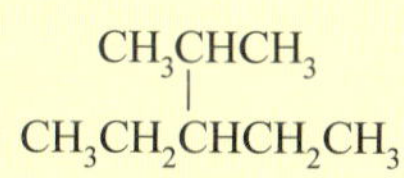

(3) 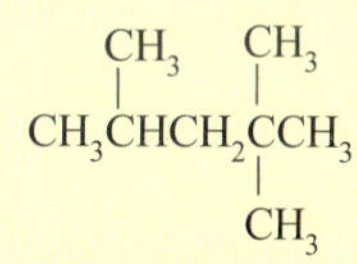

풀이 일차탄소 : 검정, 이차탄소 : 빨강, 삼차탄소 : 파랑, 사차탄소 : 초록

(1) 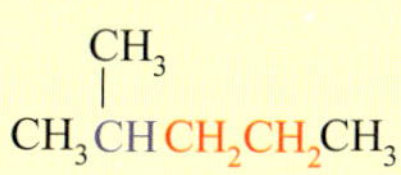

(2) 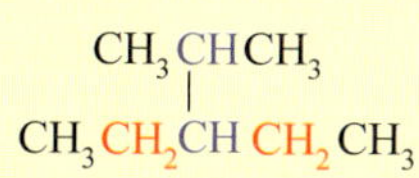

(3) 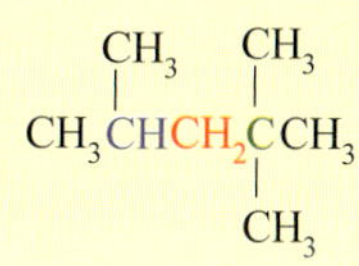

2.3 알케인의 명명

유기화학이 점점 발전하면서 수많은 화합물이 알려지게 되었고, 그 화합물들을 명명할 수 있는 체계적인 방법이 필요하게 되었다. 이 책에서 사용되는 명명법 체계는 IUPAC (International Union of Pure and Applied Chemistry)에서 고안한 방법이다. IUPAC 명명체계는 다음과 같다.

치환기의 자리와 명칭 − 주작용기 자리 − 모체 − 주작용기 명칭

대부분의 가지달린-사슬 알케인은 다음의 다섯 단계를 거쳐 명명될 수 있다.

1. **모체 탄화수소를 찾는다.**

   분자 내에 탄소 원자의 가장 긴 연속된 사슬을 찾는다.

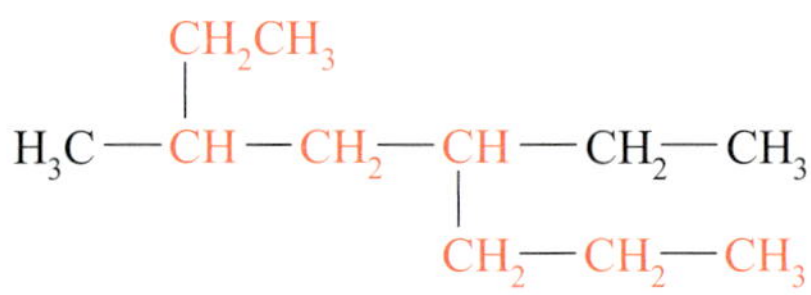

가장 긴 사슬은 탄소가 8개이므로 모체는 옥테인이다.

만일 같은 길이의 두 개의 서로 다른 사슬이 존재한다면, 많은 수의 곁가지를 가진 쪽을 모체로 선택한다.

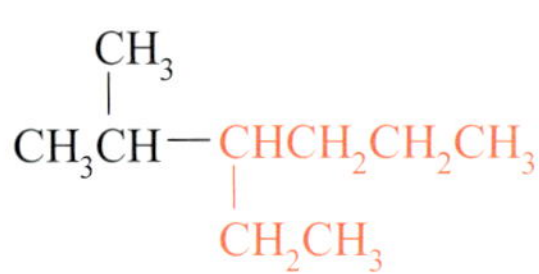

추천하지 않음(×)

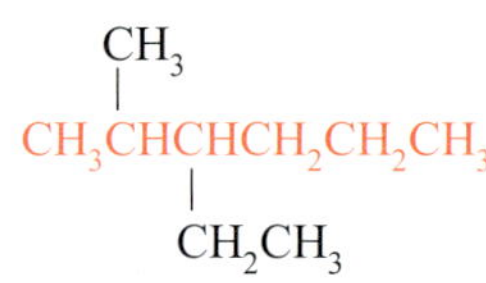

두 개의 치환기를 갖는 헥세인으로 명명한다(○)

2. **주 사슬에 있는 원자에 번호를 붙인다.**

   첫 번째 곁가지 점에 더 가까운 쪽 말단에서부터 시작하여 모체 사슬 각 탄소 원자에 번호를 붙인다.

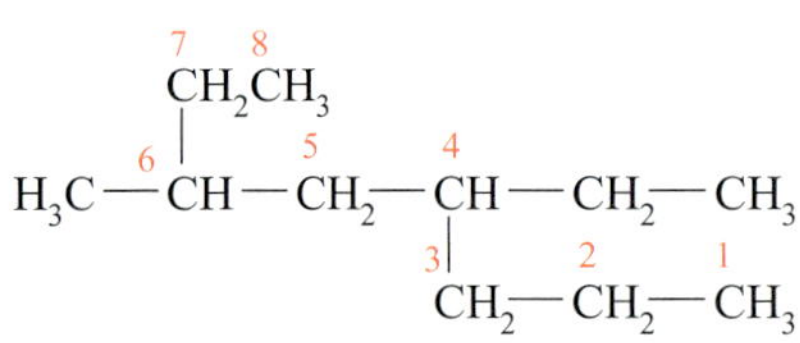

틀린 번호 붙임(×)

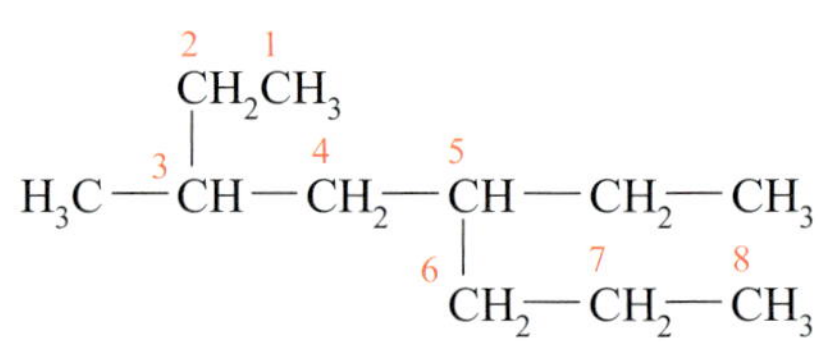

올바른 번호 붙임(○)

만일 곁가지 위치가 모체 사슬의 양끝으로부터 같은 거리만큼이라면, 두 번째 곁가지 점이 더 가까운 끝에서부터 번호를 붙인다.

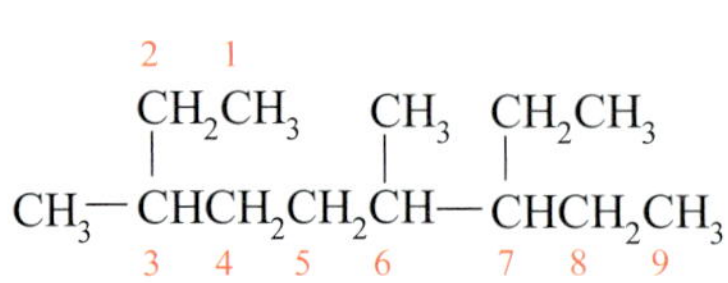

틀린 번호 붙임(×)

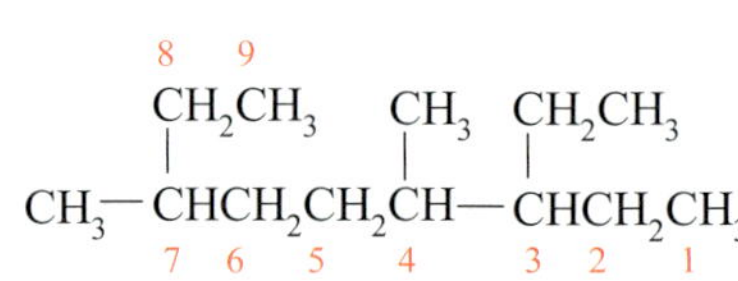

올바른 번호 붙임(○)

3. **치환기를 확인하고 번호를 붙인다.**

치환기는 그 이름 앞에 모체 사슬의 위치를 나타내는 숫자를 붙여 명명한다.

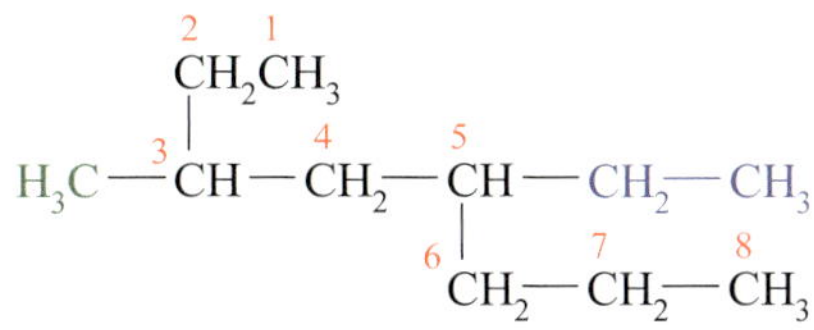

위 화합물의 IUPAC명은 5-Ethyl-3-methyloctane이다.

Ethyl기가 methyl기보다 알파벳 순위가 우선하므로 ethyl기를 먼저 명명한다.

4. **화합물의 이름은 한 단어로 나타낸다.**

서로 다른 접두사를 분리하는 데는 하이픈(-)을 사용하고, 번호를 분리하는 데는 쉼표(,)를 사용한다. 만일 둘 또는 그 이상의 치환기가 존재하면, 접두사인 다이, 트라이, 테트라 등의 접두사를 사용한다(표 2.7). **이들 접두사 di, tri, tetra 등은 알킬기 이름의 일부로 간주되지 않으므로 알파벳 순위에서 고려되지 않는다.**

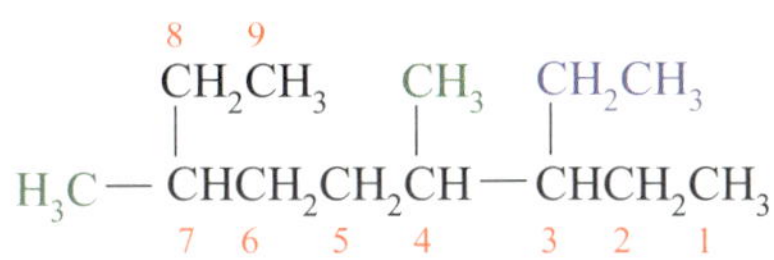

3-Ethyl-4,7-dimethylnonane

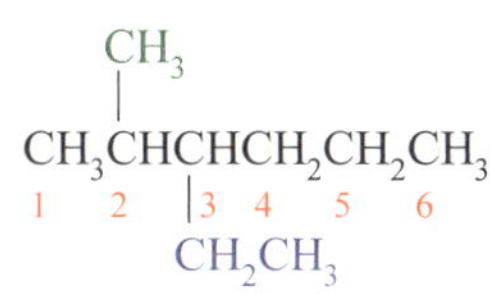

3-Ethyl-2-methylhexane

5. **복잡한 치환기의 명명은 치환기 자체를 하나의 화합물로 본다.**

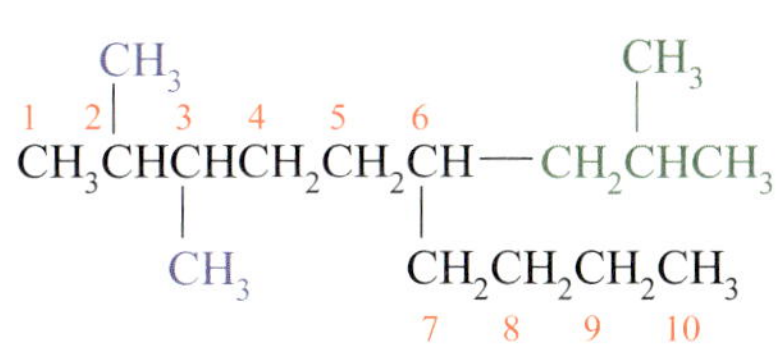

2,3-Dimethyl-6-isobutyldecane

표 2.7 수를 나타내는 그리스어 접두사

수	1	2	3	4	5	6	7	8	9	10
접두사	Mono-	Di-	Tri-	Tetra-	Penta-	Hexa-	Hepta-	Octa-	Nona-	Deca-

예제 2.5

다음 세 화합물 중 구조가 다른 화합물이 있다. 어느 것인가?

	①	②	③
(1)	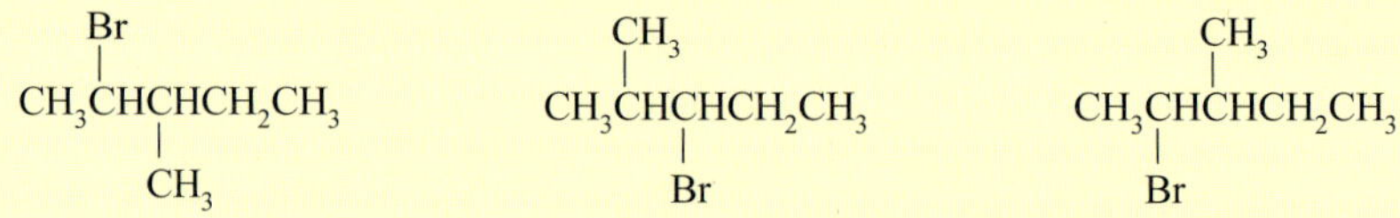		
(2)	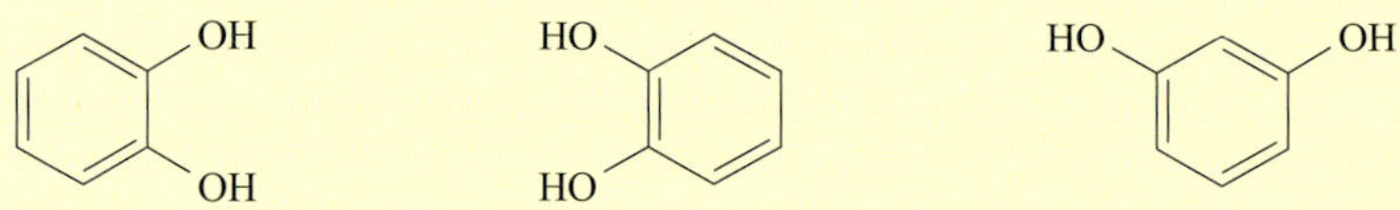		
(3)	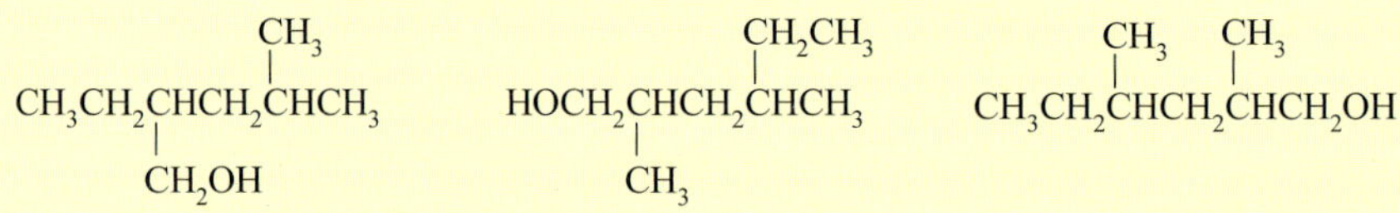		

풀이

(1) 같은구조 ①③ 2-Bromo-3-methylpentane
다른구조 ② 3-Bromo-2-methylpentane

(2) 같은구조 ①② 1,2-Dihydroxyphenol
다른구조 ③ 1,3-Dihydroxyphenol

(3) 같은구조 ②③ 4-Ethyl-2-methylpentanol
다른구조 ① 2-Ethyl4-methylpentanol

사이클로알케인과 알코올 화합물의 명명은 뒤에서 배우도록 한다.

표 2.8 일반적으로 허용되는 알킬기의 관용명

		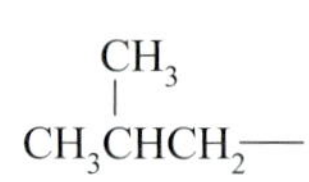	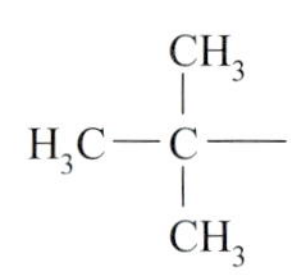
Isopropyl	*sec*-Butyl	Isobutyl	*tert*-Butyl
	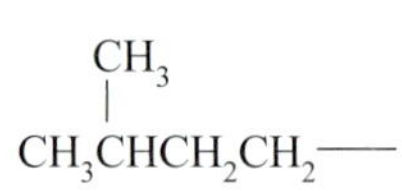	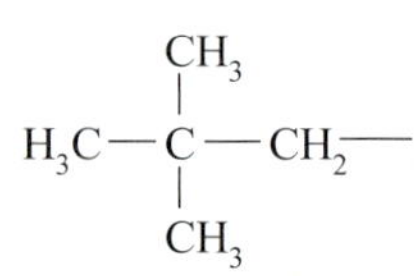	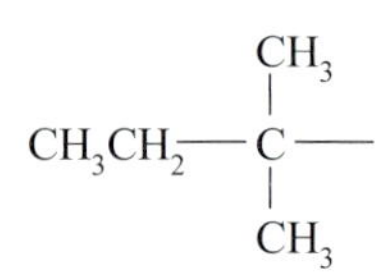
	Isopentyl	Neopentyl	*tert*-Pentyl

몇 가지 가지달린-사슬 알킬기는 일반적으로 사용되는 비체계적인 **관용명**(common name)을 가지고 있다. 표 2.8의 관용명은 IUPAC에서도 사용을 허용하고 있다.

예로 다음 화합물은 3-(-1-methylethyl)-2-methylhexane 또는 3-isopropyl-2-methylhexane 중에 하나로 적절히 명명된다. 단, 알케인의 이름을 쓸 때, 하이픈에 들어있지 않는 **접두사 iso-는 알파벳 순서로 나열할 때 알킬기 이름의 일부로 고려해야 한다**. 하지만 하이픈과 이탤릭체를 사용한 **접두사 *sec-* 및 *tert-*는 그렇지 않다**. 예로 isopropyl과 isobutyl은 알파벳 순서로 나열할 때 i 순서에 넣어야 하고, 하이픈과 이탤릭체를 사용한 *sec*-butyl과 *tert*-butyl은 b 순서에 놓아야 한다.

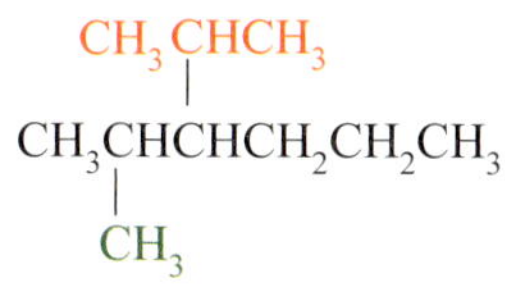

3-Isopropyl-2-methylhexane

예제 2.6

다음 알케인의 IUPAC명을 쓰시오.

(1)
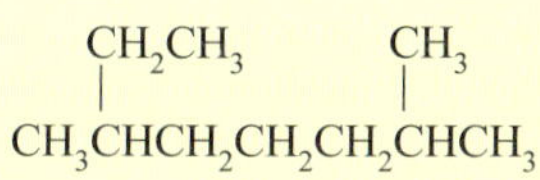

(2)
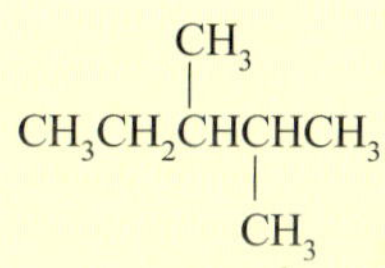

(3)
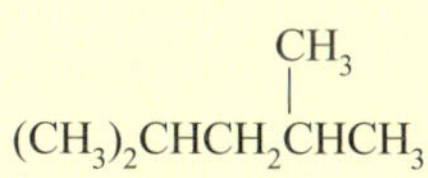

(4)
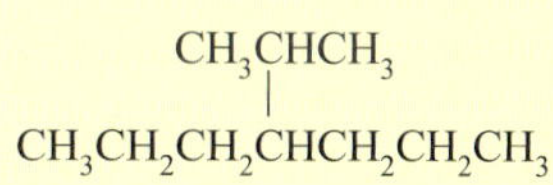

풀이

(1)
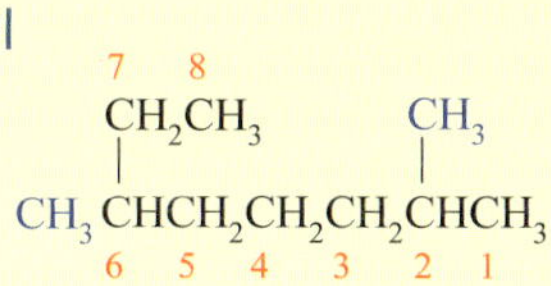

2,6-Dimethyloctane

(2)
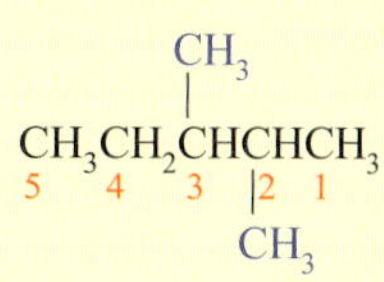

2,3-Dimethylpentane

(3)
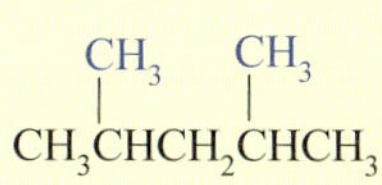

2,4-Dimethylpentane

(4)
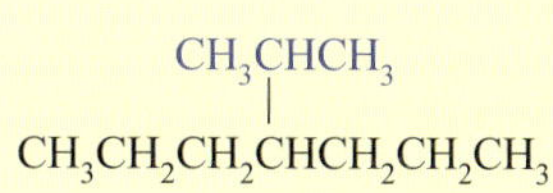

4-Isopropylheptane

예제 2.7

다음 IUPAC에 해당하는 화합물의 구조식을 그리시오.

(1) 3,5-Dimethylnonane
(2) 3-Ethyl-5,5-dimethylheptane
(3) 2,2-Dimethyl-4-propyloctane
(4) 2,2,4-Trimethylpentane
(5) 3,3-Diethyl-2,5-dimethylnonane
(6) 4-isopropyl-3-ethylheptane

풀이

(1)

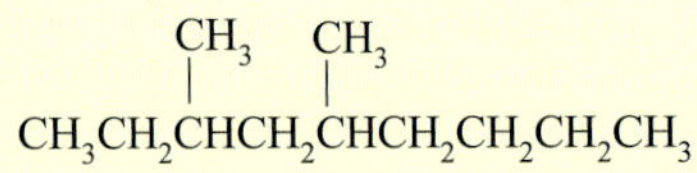

(2)

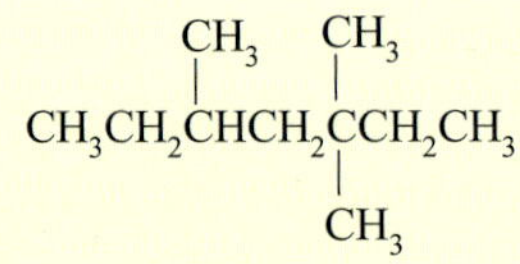

(3)

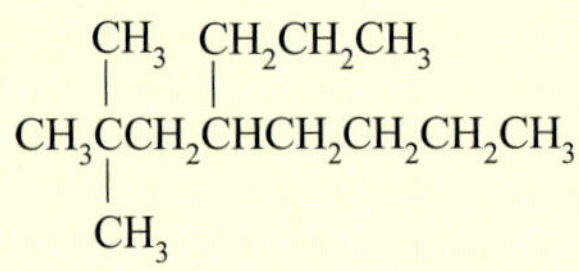

(4)

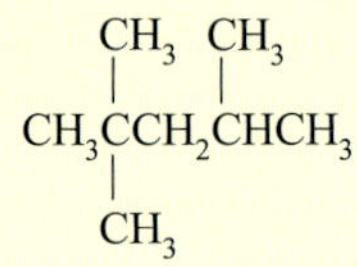

(5)

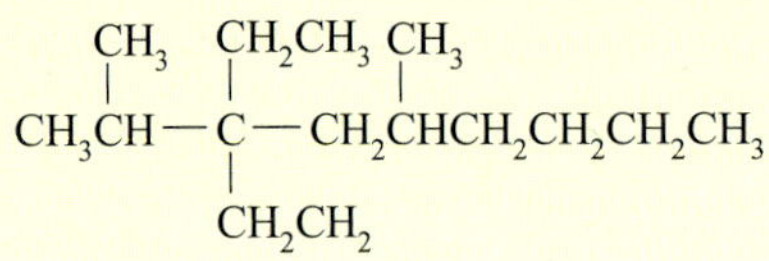

(4)

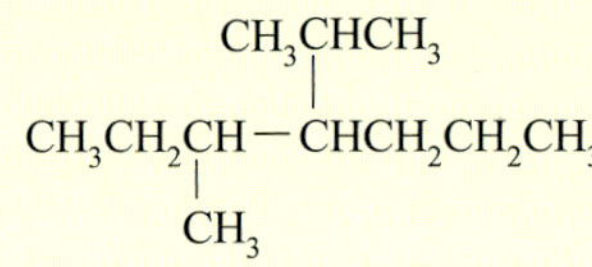

2.4 알케인의 성질

알케인은 때로 파라핀이라 불리는데, 이 단어는 "친화력이 적은"이라는 의미이다. 실제 알케인은 다른 화합물과 화학적으로 친화력이 거의 없고 대부분의 시약에 대해 화학적으로 비활성이다. 그러나 적당한 조건하에서 산소, 할로젠 및 몇가지 다른 화합물과 반응한다. 알케인은 산소와 반응하여 많은 열과 함께 이산화탄소와 물을 형성한다.

$$CH_4 + 2O_2 \rightarrow CO_2 + 2H_2O + 890\ kJ/mol$$

처음에 나오는 몇 가지의 아주 작은 알케인을 제외하고는 탄소 사슬에 한 개의 탄소가 증가할 때마다 끓는점은 20~30℃씩 상승한다. 탄소 한 개당 끓는점이 20~30℃씩 높아지는 현상은 알케인류 뿐만 아니라 앞으로 공부하게 될 다른 동족계열에 대해서도 성립한다(그림 2.1). 이러한 효과는 분자들 사이에 작용하는 약한 분산력(dispersion force)으로 설명할 수 있다. 분산력은 분자 크기가 증가함에 따라서 증가하기 때문이다. 이러한 힘을 극복하기에 충분한 에너지를 제공하면 고체가 녹거나 액체가 끓게 된다. 처음 네 개의 *n*-알케인 C_1~C_4은 기체이다. 그러나 사슬 길이가 늘어감에 따라서 끓는점이나 녹는점도 높아지기 때문에 C_5~C_{17}은 액체이며, C_{18} 이상은 고체이다.

알케인에서 나타나는 현상 중 흥미로운 점은 곁가지가 늘어날수록 알케인의 끓는점이 낮아진다는 것이다. 가지가 없는 펜테인은 약 36℃에서 끓고, 한 개의 가지가 있는 아이소펜테인은 약 28℃에서 끓으며, 두 개의 곁가지를 가지고 있는 네오펜테인(2,2-다이메틸프로페인)은 약 10℃에서 끓는다. 가지달린-사슬 알케인은 직선-사슬 알케인에 비해 구형에 좀 더 가까워 더 작은 표면적을 갖는다. 결과적으로 작은 분산력을 갖기 때문에 끓는점이 낮다.

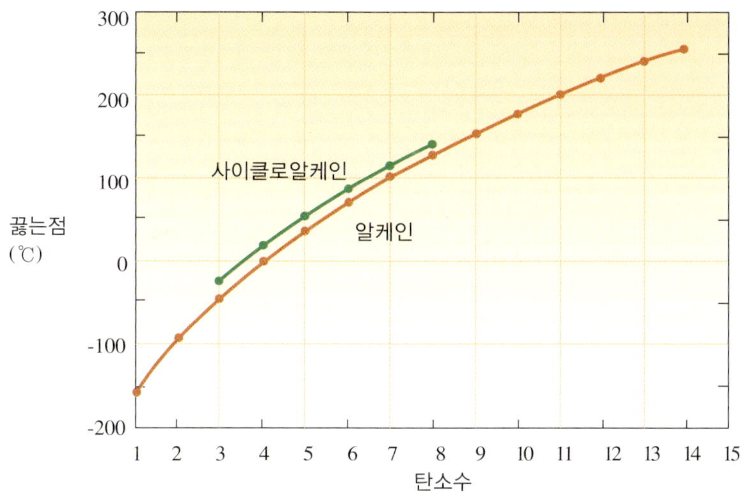

그림 2.1 *n*-알케인과 사이클로알케인의 끓는점

2.5 에테인의 형태

알케인 분자 속의 원자는 시그마(σ)결합으로 연결되어 있기 때문에 단일 결합 주위를 쉽게 회전할 수 있다. 따라서 탄소-탄소 단일결합 주위의 회전으로 말미암아 입체적으로 무한한 원자 배열이 가능하며, 이것을 형태(conformation)라고 한다. 이것을 더 명확히 나타내기 위하여 입체적인 분자모형을 평면에 투영하면(**Newman 형**), C－C 축을 중심으로 원의 앞, 뒤에 탄소를 그려 넣는다(그림 2.2). 뉴만 투영도는(M.S Newman 교수에 의해 제안됨) 형태를 표시하는 데 매우 유용하다. 에테인의 **엇갈린**(staggered) 형태에서는 한 탄소의 각 C－H 결합은 다른 탄소의 H－C－H 각을 양분하며 배치되고, 반면에 **가리워진**(eclipsed) 형태에서는 앞의 탄소와 뒤의 탄소 사이에 C－H 결합이 한 평면상에 있다. 또 한 탄소를 60° 회전시킴으로써 엇갈린 형태를 가리워진 형태로 전환시킬 수 있다. 이 극단적인 두 개의 예 이외에도 에테인은 무수한 중간 형태가 가능하다.

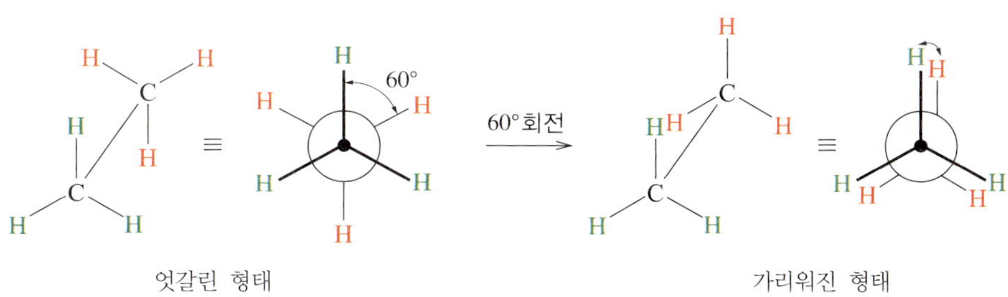

그림 2.2 에테인의 두 가지 형태(엇갈린 형태와 가리워진 형태)

에테인의 엇갈린 형태와 가리워진 형태를 **형태이성질체**(conformational isomer)라 하는데, 이들은 탄소-탄소 결합을 회전시킴으로써 상호전환될 수 있기 때문이다. 단일결합의 이와 같은 회전은 매우 쉽게 일어나는데, 이것은 각 탄소의 sp^3 궤도함수의 겹침이 시그마결합의 회전에 영향을 주지 않기 때문이다. 실제로 실온에서도 엇갈린 형태와 가리워진 형태는 서로 빠르게 전환될 수 있다. 이러한 이유 때문에 상온에서 이 두 가지 형태를 분리하는 것은 불가능하다. 그러나 이 두 가지 형태의 안정성은 서로 다르다. 엇갈린 형태가 더 안정하며, 상온에서 에테인 분자는 99% 이상이 엇갈린 형태로 존재한다. 그 이유 중 하나는 인접된 탄소들의 결합 전자쌍이 서로 멀리 떨어져 있으며, 이러한 배치에서는 상호간의 반발을 최소화하기 때문이다.

형태이성질체에 대해서 주의해야 될 가장 중요한 것은 한 분자가 여러 가지 형태로 존재할 수 있는데, 이것은 단일 시그마결합의 회전운동에 의해서 한 분자가 상호전환 된다는 점이다. 실온에서는 이러한 회전에 필요한 충분한 열에너지가 쉽게 얻어질 때가 많으므로 결과적으로 실온에서 서로 다른 형태를 분리하는 것은 불가능하다.

예제 2.8

1-Chloropropane의 C1-C2 결합을 중심으로 가장 안정한 형태와 가장 불안정한 형태의 Newman 투영식을 그리시오.

풀이

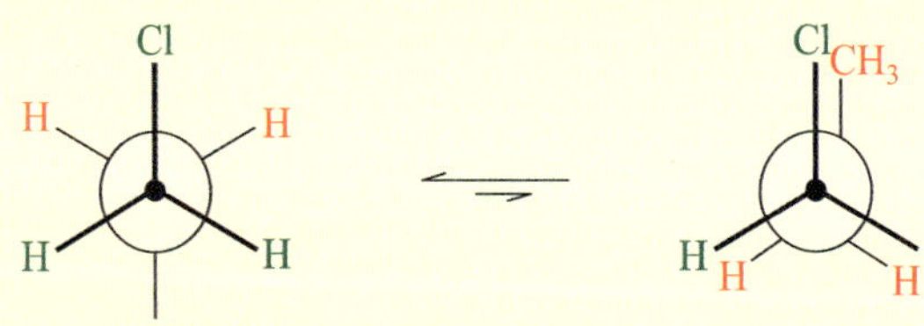

가장 안정한 구조(엇갈린 형태)　　　가장 불안정한 구조(가리움형태)

2.6 사이클로알케인의 명명

포화된 고리형 탄화수소를 **사이클로알케인**(cycloalkane) 또는 지방족 고리화합물이라 부른다. 사이클로알케인은 $-CH_2-$ 단위의 고리로 구성되었기 때문에 $(CH_2)_n$ 또는 C_2H_{2n}의 일반식을 가지며, 다음의 골격 구조를 갖는다.

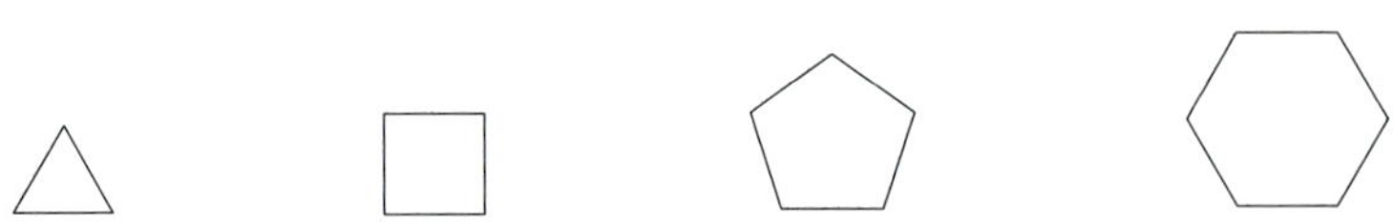

Cyclopropane　Cyclobutane　Cyclopentane　Cyclohexane

치환된 사이클로알케인은 앞장의 알케인에서 배운 것과 동일한 규칙에 의해 명명된다.

1. **모체를 찾는다.**

고리의 탄소 원자수와 가장 큰 치환기 사슬의 탄소수를 센다. 고리의 탄소원자수가 더 크거나 같으면 알킬기가 치환된 사이클로알케인으로 명명한다. 만일 큰 치환기의 탄소 원자수가 고리의 탄소 원자수보다 많은 경우에는 화합물은 사이클로알킬기가 치환된 알케인으로 명명한다.

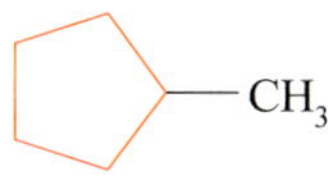

Methylcyclopentane

1-Cyclopropylbutane

2. **치환기에 번호를 붙이고 이름을 쓴다.**

알킬– 또는 할로젠–치환 사이클로알케인은 치환기가 붙어있는 곳을 1번으로 하고 두 번째 치환기는 가능한 한 낮은 번호가 되도록 한다. **세 번째 또는 네 번째 치환기도 가능한 낮은 번호가 되도록 한다**.

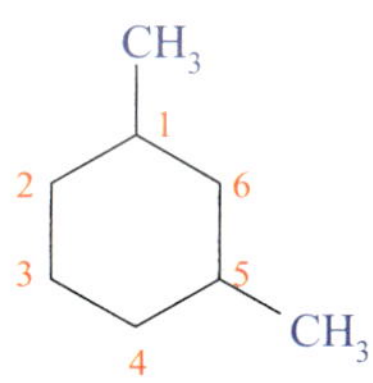

1,5-Dimethylcyclohexane (×)

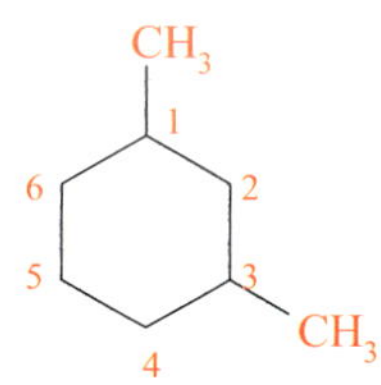

1,3-Dimethylcyclohexane (○)

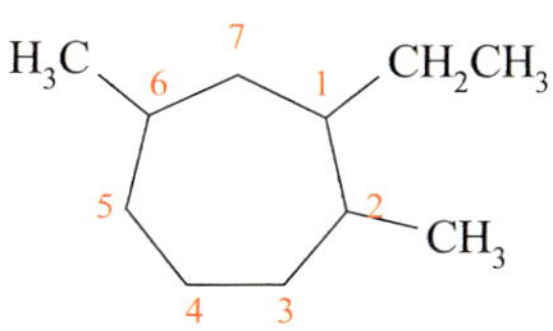

1-Ethyl-2,6-dimethylcycloheptane (×)

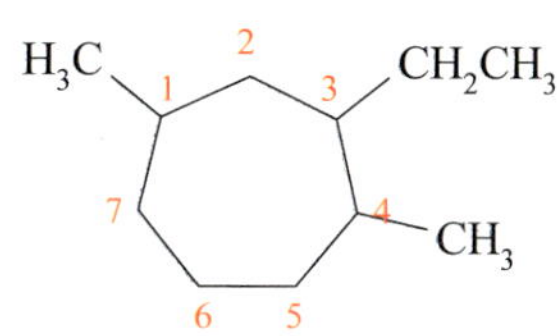

3-Ethyl-1,4-dimethylcycloheptane (×)

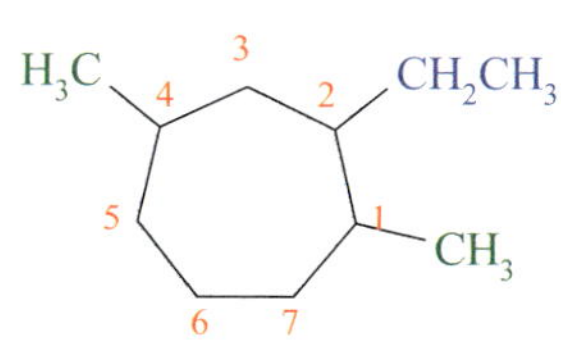

2-Ethyl-1,4-dimethylcycloheptane (○)

두 개 이상의 서로 다른 알킬기가 존재하면 치환기 이름의 알파벳순으로 치환기의 위치 번호를 붙인다.

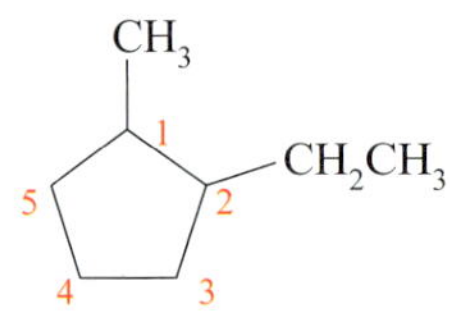

2-Ethyl-1-methylcyclopentane (×)

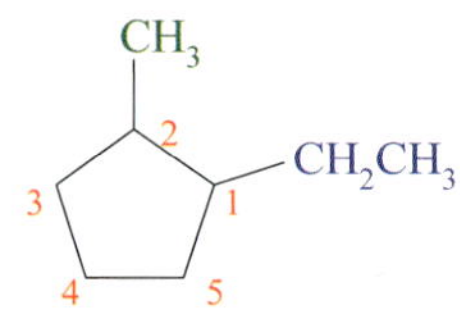

1-Ethyl-2-methylcyclopentane (○)

만일 할로젠 치환기가 존재하면 정확히 알킬기와 동일하게 취급한다.

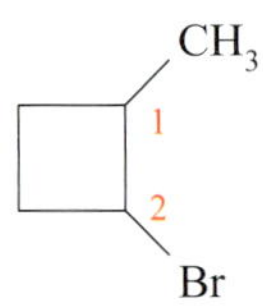

2-Bromo-1-methylcyclobutane (×)

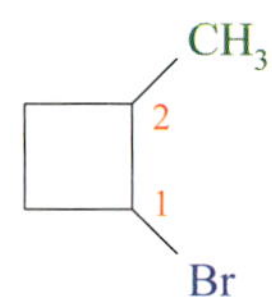

1-Bromo-2-methylcyclobutane (○)

예제 2.9

다음 사이클로알케인의 IUPAC명을 쓰시오.

(1)

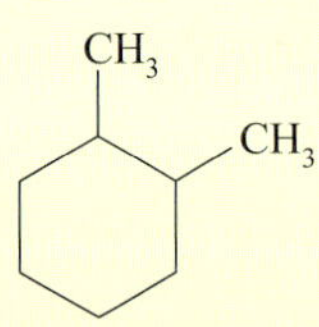

(2)

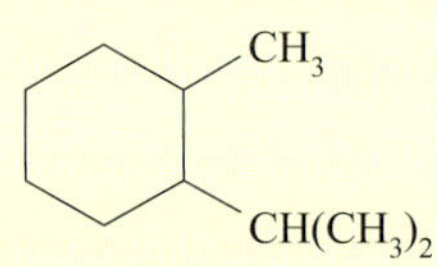

(3)

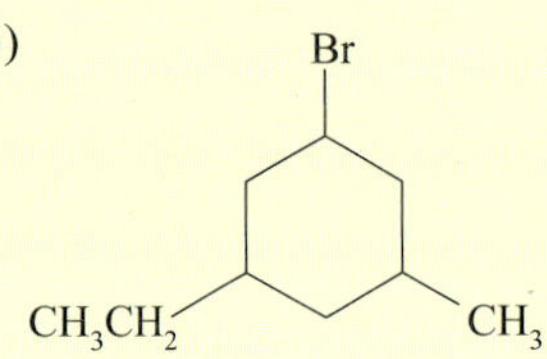

(4)

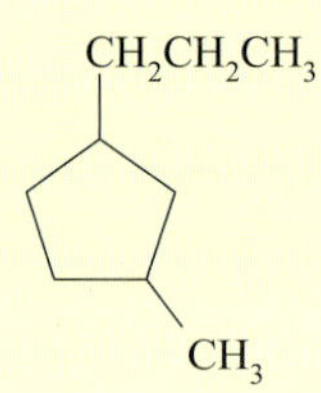

(5)

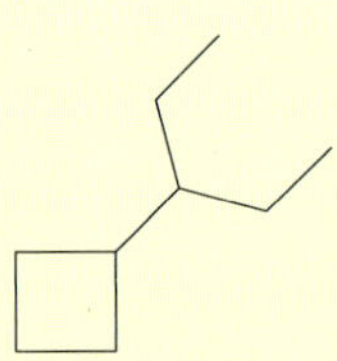

(6)

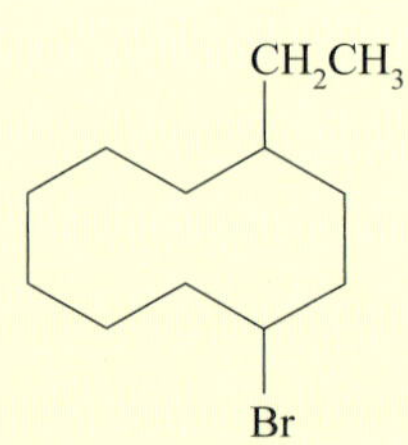

풀이 (1) 1,2-Dimethylcyclohexane
(2) 1-Isopropyl-2-methylcyclohexane
(3) 1-Bromo-3-ethyl-5-methylcyclohexane
(4) 1-Methyl-3-propylcyclopentane
(5) 3-cyclobutylpentane
(6) 1-Bromo-4-ethylcyclocyclodecane

예제 2.10

다음의 IUPAC명에 해당되는 구조식을 그리시오.

(1) 1,2-Dimethylcyclohexane
(2) 3-Cyclobutylhexane
(3) 1,2-Dichlorocyclopentane
(4) 1,3-Dibromo-5-methylcyclohexane

풀이

(1)
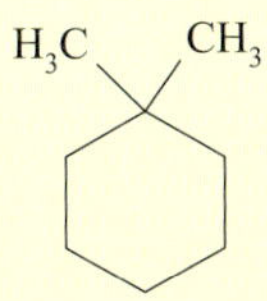

(2)
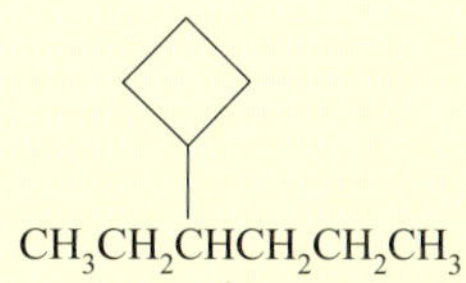

(3)
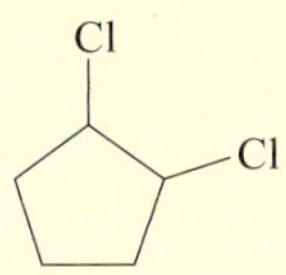

(4)
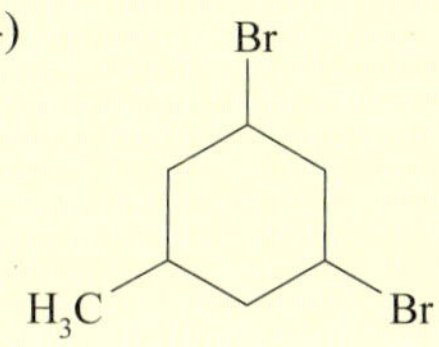

2.7 사이클로알케인의 형태 및 안정도

사이클로알케인은 여러 가지 관점에서 열린-사슬 알케인의 화학과 흡사하지만, 사이클로알케인은 열린-사슬 알케인보다 형태 변형이 어렵다. 열린-사슬 알케인은 단일결합을 중심으로 자유회전(그림 2.2)이 가능하지만 입체적으로 제한을 받는 사이클로알케인은 회전이 어렵다.

예를 들면, 사이클로프로페인은 경직된 구조로 고리가 끊어지지 않고는 탄소-탄소 결합의 회전은 불가능하다. 탄소-탄소 결합의 sp^3 궤도함수 사이의 겹침은 삼각형의 외부에서 이루어져 104°를 이루며 열린 사슬 알케인(109.5°)보다 작으므로 각 스트레인을 받는다.

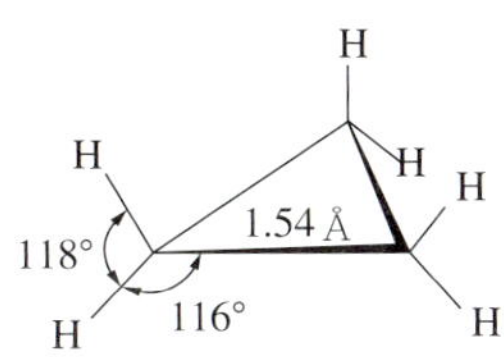

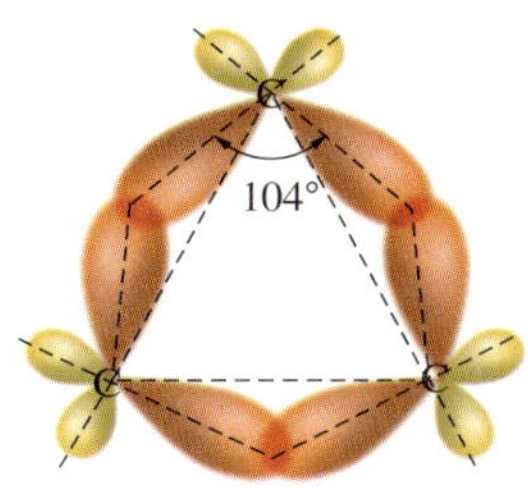

사이클로알케인은 고리형 구조를 갖기 때문에 '위'와 '아래'의 서로 다른 면을 가지고 있기 때문에 이성질 현상이 가능하다. 예로 1,2-dimethylcyclopropane에는 두 개의 이성질체가 존재하는데, 그 중 하나는 두 개의 메틸기가 고리평면의 같은 면에 존재하고 다른 하나는 고리평면의 반대면에 존재한다. 두 이성질체는 결합을 끊어 재결합하지 않고서는 상호변환이 불가능하다.

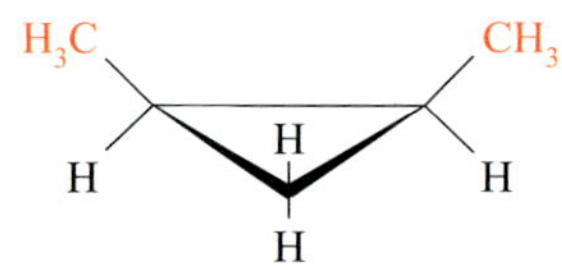

cis-1,2-Dimethylcyclopropane

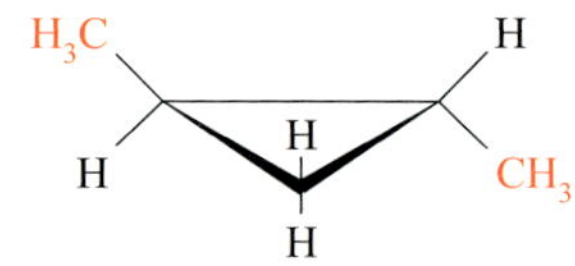

trans-1,2-Dimethylcyclopropane

예제 2.11

다음 화합물을 시스 혹은 트랜스 접두사를 사용하여 명명하시오.

(1)

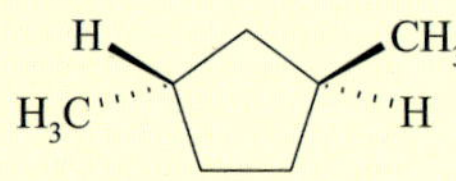

(2)

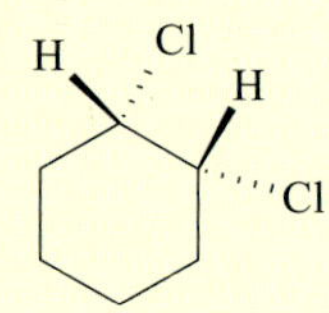

풀이 (1) *trans*-1,3-Dimethylcyclopentane (2) *cis*-1,2-Dichlorocyclohexane

두 1,2-dimethylcyclopropane 이성질체들은 원자들이 같은 순서로 결합되어 있지만, 원자들의 공간배향을 다르다. 원자들의 결합순서가 동일하고 삼차원 공간배향이 다른 화합물을 **입체 이성질체**라고 한다. 사이클로뷰테인은 사이클로프로페인보다 작은 결합각 스트레인을 갖으며, 고리에 수소의 수가 많기 때문에 더 큰 비틀림 스트레인을 갖는다.

가상적인 평면 사이클로뷰테인의 큰 각 및 비틀림 스트레인

실제 사이클로뷰테인은 완전한 평면구조가 아니며, 하나의 탄소가 다른 세 개 탄소들이 이루는 평면에 대해 25° 정도 굽은 결합이다. 이러한 약간 굽으면 결합각 스트레인은 증가시키지만, 비틀림 스트레인은 감소시킨다.

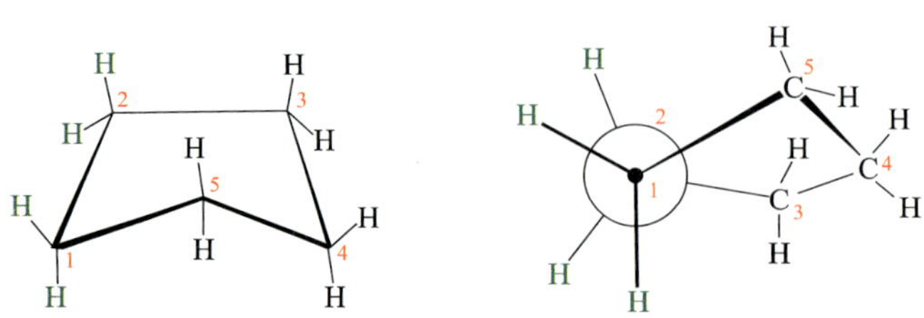

실제의 사이클로뷰테인

사이클로뷰테인의 sp^3 궤도함수

평면인 사이클로펜테인은 오각형의 내부각도가 108°이므로 각 스트레인은 거의 없다. 그럼에도 불구하고 비틀림 스트레인 때문에 5원자 탄소 고리는 평면이 아니다. 이리하여 메틸렌기 하나가 평면에서 구부러져 나온(봉투모양으로) 형태를 취한다. 이것은 각 스트레인이 생긴 대신 비틀림 스트레인이 작아짐을 뜻한다. 고리주위에서 파동과 같이 빠른 변형이 일어난다고 믿고 있다.

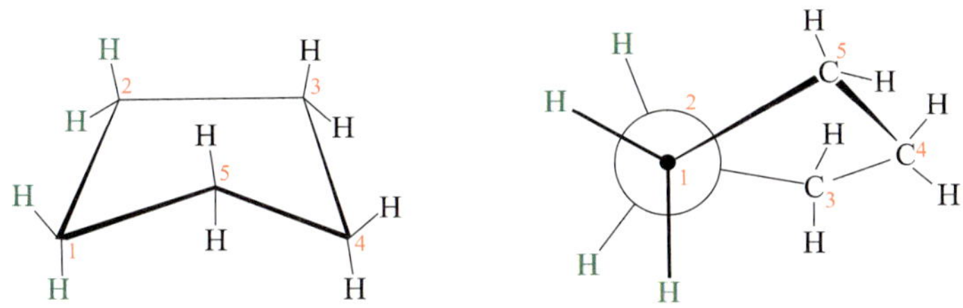

실제의 사이클로펜테인

사이클로헥세인의 형태 중 특히 안정한 것은 평면구조가 아닌 의자형(chair form)이다. 의자형 사이클로헥세인은 결합각 스트레인도 비틀림 스트레인도 없으며, 모든 C－C 결합각은 거의 109.5°이고 모든 C－H 결합은 엇갈려 있다.

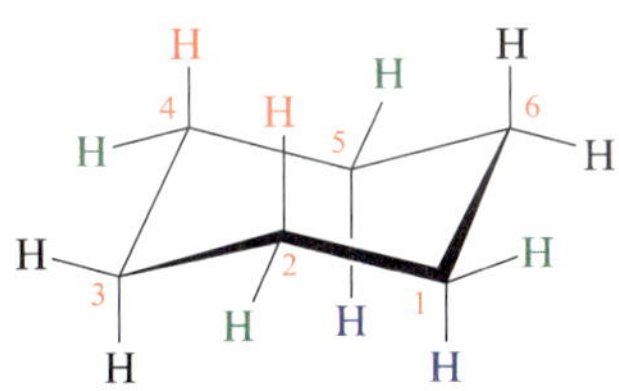

의자형태, 안정하고 스트레인이 없음

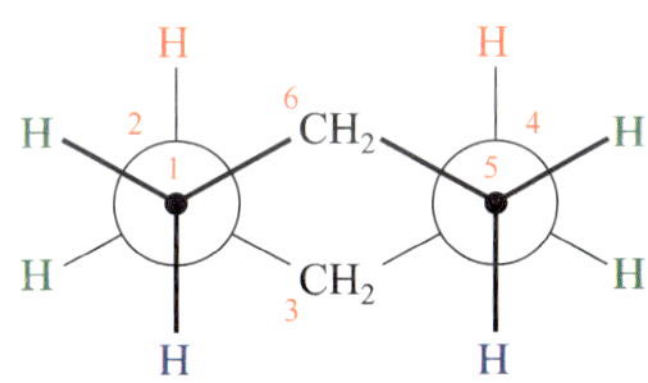

의자형 속의 엇갈린 결합

사이클로헥세인의 또 다른 가능한 형태는 보우트형(boat form)이며 이것은 각 스트레인은 없으나, 큰 비틀림 스트레인과 약간의 van der Waals 스트레인을 가져 불안정하므로 극대 에너지를 가진다.

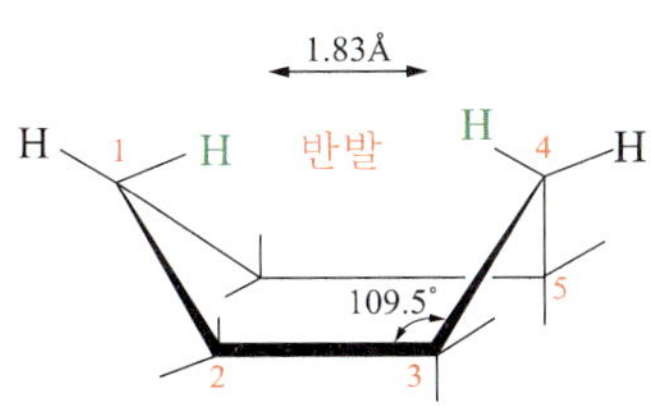

보우트형

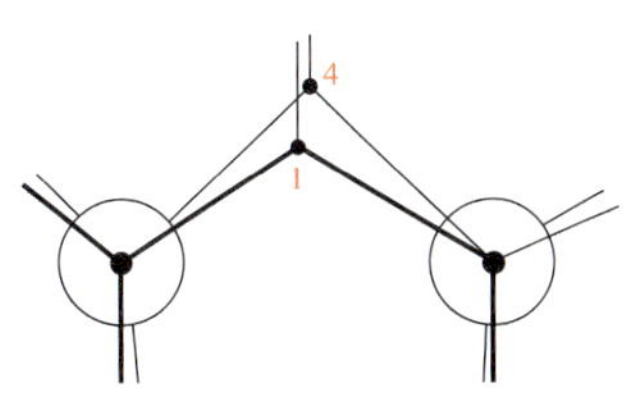

8개의 가리워진 수소

세 번째 것은 의자형보다는 불안정하나 보우트 형태보다는 안정한 비틀린-보우트 형태이다. 이것은 각 및 van der Waals 스트레인은 없으나, 엇갈린 형태이기 때문에 약간의 비틀림 스트레인을 가진다. 불안정한 몇 가지 비틀린-보우트 형태는 다음과 같다.

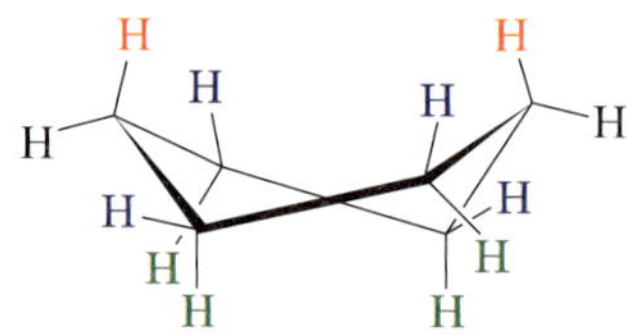

비틀린 보우트 형태

사이클로헥세인의 형태는 서로 분리할 수 없다. 이것은 의자형과 비틀린 보우트형이 반의자 및 보우트형의 전이 상태를 거쳐 서로 빨리 변환하기 때문이다. 스트레인이 없는 의자형은 퍼텐셜 에너지가 낮아 매우 안정하므로 상온에서 99% 이상이 이 형으로 있다. 사이클로헥세인의 축방향 및 수평방향 결합은 그림 2.4에 설명된 순서에 따라 그릴 수 있다. 의자 형태의 사이클로헥세인은 축방향과 수평방향의 두 가지 자리를 가지고 있으나, 두 가지의 의자 형태는 쉽게

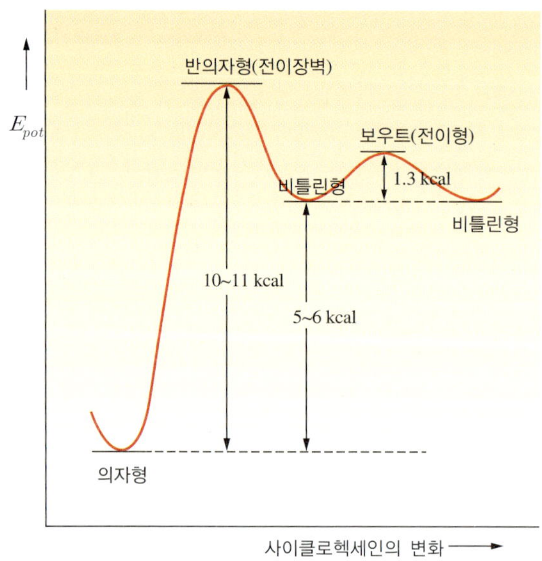

그림 2.3 사이클로헥세인의 변화

Axial(축방향) : 각 탄소의 축방향결합은 교대로 위-아래로 있다.

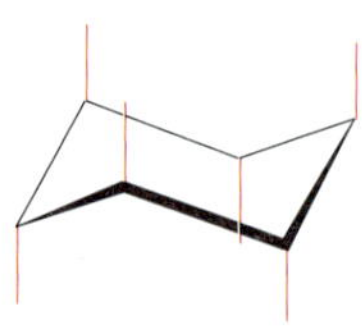

Equatorial(수평방향)

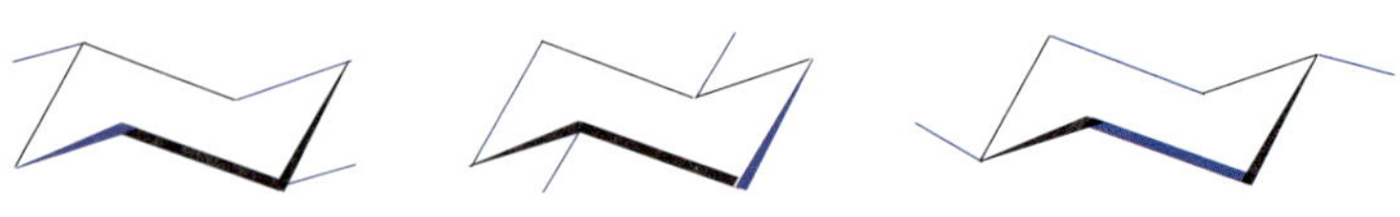

그림 2.4 사이클로헥세인의 축방향과 수평방향 결합 그리기

변환되어 축방향과 수평방향의 자리교환이 일어나게 된다. 이러한 의자 형태의 상호변환을 **고리뒤집기**라고 부른다.

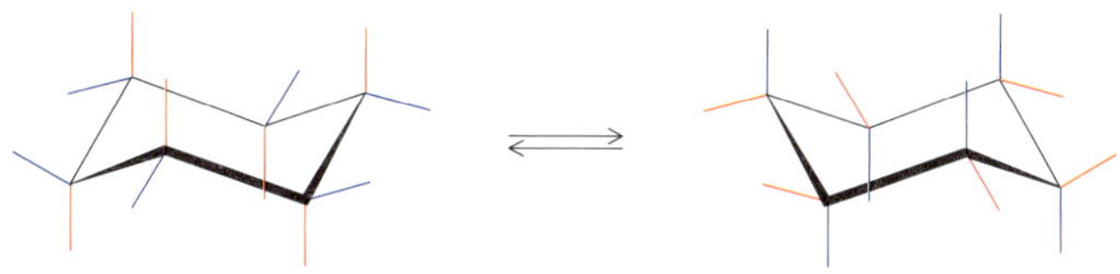

그림 2.5 의자형태의 사이클로헥세인의 고리뒤집기

C-1의 축방향 치환기는 C-3 및 C-5H와의 van der Waals 상호작용 때문에 불안정하다. 따라서 사이클로헥세인의 모든 일치환체는 평형상태에서 입체장애가 적은 수평방향으로 치환된 형태를 많이 취하게 된다. 이런 1,3-축방향 반발력은 1,3-이치환체 또는 1,3,5-삼치환체에서 더욱 커지므로 이런 치환체들은 거의 모두가 수평방향 형태를 취한다. 특히 *tert*-뷰틸기 같이 큰 기가 치환되면 더욱 그러하다.

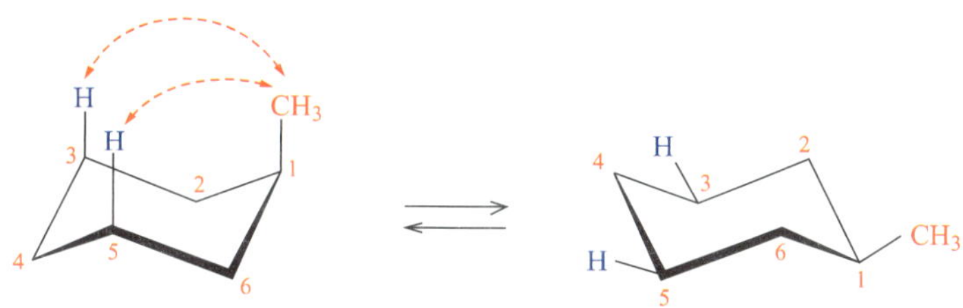

축방향 Methylcyclohexane　　　수평방향 Methylcyclohexane (선호되는 구조)

trans-1,2-다이브로모사이클로헥세인은 두 할로젠 간의 전기적 반발력 때문에 할로젠은 흔히 취하는 수평방향에만 있지 않고, 평형 혼합물 속에는 1,2-축방향 화합물도 꽤 많이 볼 수 있다.

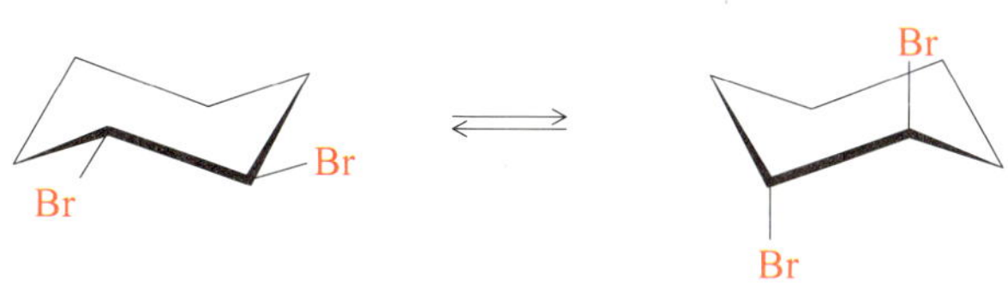

예제 2.12

1,1-Dimethylcyclohexane의 의자형태 구조를 그리고, 각 메틸기가 축방향인지 혹은 수평방향인지를 표시하시오.

풀이

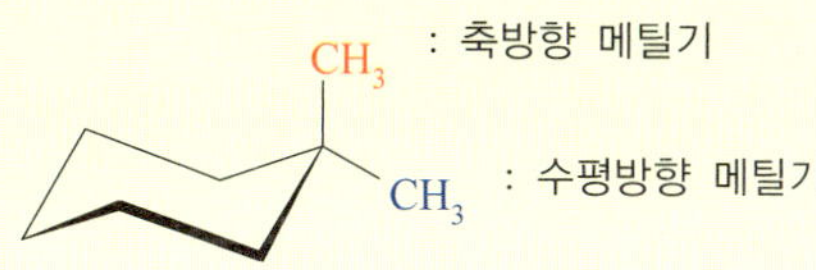

2.8 유기화학반응

유기화학은 수백만 개의 화합물과 수십 종의 작용기 및 수많은 화학반응들을 다루지만, 기초가 되는 몇 가지 기본 개념만 알면 이해하는데 도움이 될 것이다. 어떤 종류의 반응이 있는지, 그 반응은 어떻게 진행되는지에 대해 알아보자.

(1) 반응의 종류

첨가(addition)반응은 반응물질이 첨가되어 "남아있는" 원자들이 없는 단일 생성물을 형성할 때 일어난다. 반응의 예로, 에틸렌과 같은 알켄이 HBr과 반응하여 브로민화 알킬을 생성하는 반응이 있다.

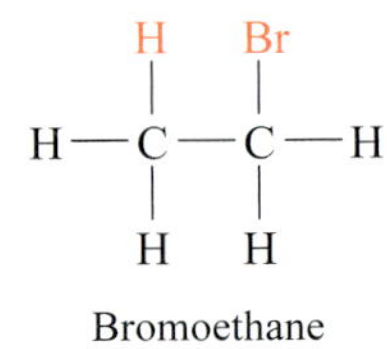

제거(elimination)반응은 첨가반응의 역반응이다. 제거반응은 단일 반응물이 두 개의 생성물, 즉 물 또는 HBr과 같은 작은 분자로 쪼개질 때 일어난다. 반응의 예로, 알코올이 물과 알켄을 생성하는 산-촉매 반응이 있다.

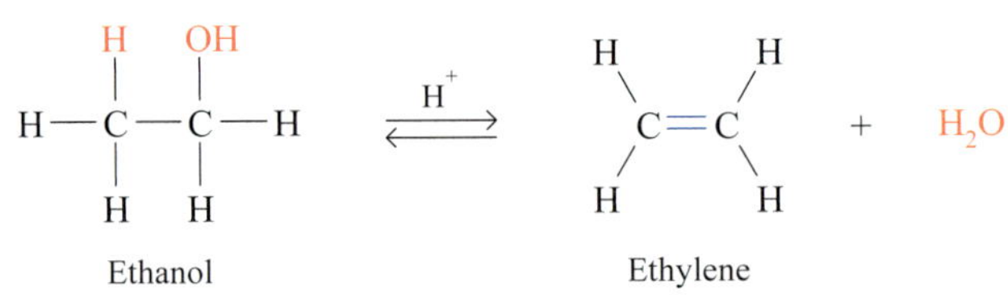

치환((substitution)반응은 두 가지 반응물의 어떤 부분들이 서로 교환하여 새로운 두 가지 생성물을 형성할 때 일어난다. 반응의 예로, 알케인을 자외선 존재하에서 Cl_2와 반응시키면 염화 알킬 화합물을 생성하는 반응이 있다. 이 반응에서는 Cl_2에서 제공된 하나의 Cl 원자가 알케인의 H 원자와 치환되고 새로운 생성물을 만든다.

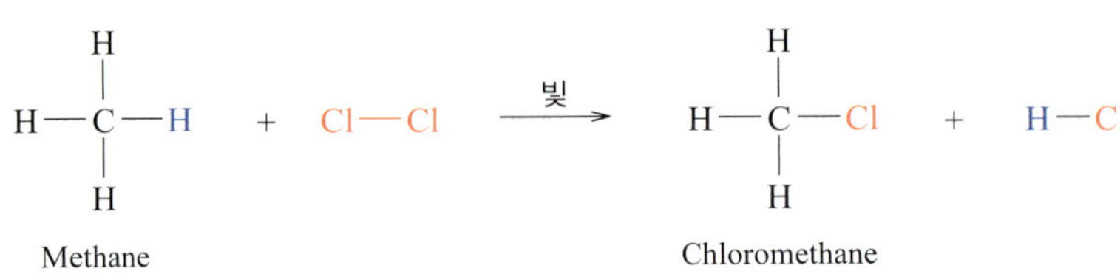

자리옮김(rearrangement)반응은 원자가 재배열하여 이성질체 생성물을 생성할 때 일어난다. 예로, 산촉매 하에서 but-1-ene가 구조이성질체인 but-2-ene로 전환한다.

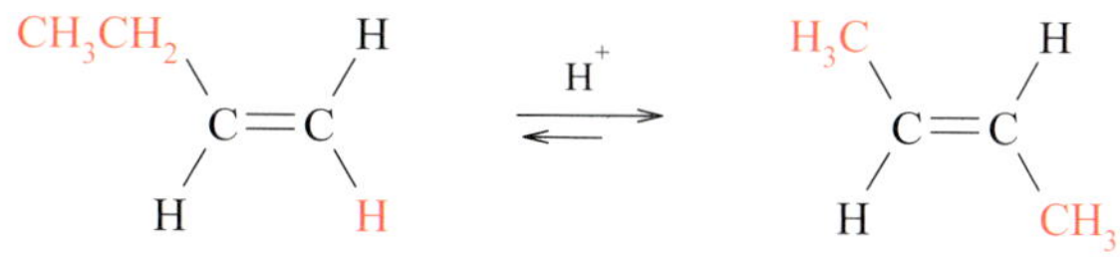

But-1-ene　　　　　　　　　　But-2-ene

예제 2.13

다음 반응들을 첨가, 제거, 치환, 자리옮김 중 어떤 반응인지 분류하시오.

(1) $CH_3Br + KOH \rightarrow CH_3OH + KBr$

(2) $CH_3CH_2OH \rightarrow H_2C=CH_2 + H_2O$

(3) $H_2C=CH_2 + H_2 \rightarrow CH_3CH_3$

풀이 (1) 두 가지 반응물의 Br과 OH의 자리가 바뀌었다 : 치환반응

(2) 반응물에서 H와 OH가 반응하여 H_2O 형태로 제거되었다 : 제거반응

(3) 알켄에 H_2가 첨가되었다 : 첨가반응

(2) 반응의 진행방법

지금부터는 어떻게 반응이 일어나는가를 알아보자. 모든 화학반응에는 결합-분해와 결합-형성이 포함된다. 생성물을 생성할 때 반응분자의 특정결합이 끊어지고 생성물의 특정결합이 형성된다. 기본적으로 두 개의 전자로 이루어진 공유결합이 끊어지는 방법을 아래 나타내었다.

대칭적인 결합 (라디칼)	$A:B \rightleftarrows A\cdot + \cdot B$
비대칭적인 결합(극성)	$A:B \rightleftarrows A^+ + :B^-$

대칭적인 결합이 분해되거나 생성되는 반응은 **라디칼 반응**(radical reaction)이다. 라디칼은 홀수 개의 전자가 들어있는 중성화학종으로, 한 개의 궤도함수에 전자 한 개를 가지고 있다. 비대칭적인 결합이 분해되거나 생성되는 반응은 **극성반응**(polar reaction)이다. 극성반응에서는 짝수 개의 전자를 가진 화학종이 포함되어 있다.

① 라디칼 반응

라디칼 반응은 극성반응만큼 일반적이지 않지만, 몇몇 화학공정과 생물학적인 경로에서는 중요하다. 라디칼은 원자가껍질에 홀수 개의 전자를 가진 원자가 포함되어 있어 반응성이 매우

크기 때문에 라디칼 치환반응을 한다. 라디칼 반응의 한 예로 다음 반응을 들 수 있다.

개시단계 : 자외선 조사에 의해 소량의 Cl_2 분자의 약한 Cl－Cl 결합이 끊어져 반응성 염소 라디칼이 생성된다.

$$Cl{:}Cl \xrightarrow{\text{빛}} 2\ Cl\cdot$$

전파단계 : 생성된 염소 라디칼(Cl ·)은 메테인과 충돌하여 메틸 라디칼($CH_3\cdot$)을 만들고, 다시 메틸 라디칼은 염소 분자와 충돌하여 염소 라디칼을 생성한다. 즉 전체 과정이 연쇄반응의 형태로 반복된다.

$$Cl\cdot + H{:}CH_3 \rightarrow H{:}Cl + \cdot CH_3$$
$$Cl{:}Cl + \cdot CH_3 \rightarrow Cl\cdot + Cl{:}CH_3$$

종결단계 : 두 라디칼이 충돌하여 안정한 생성물을 만드는데, 이렇게 되면 연쇄과정이 끝나게 된다.

$$Cl\cdot + \cdot Cl \rightarrow Cl{:}Cl$$
$$Cl\cdot + \cdot CH_3 \rightarrow Cl{:}CH_3$$
$$CH_3\cdot + \cdot CH_3 \rightarrow CH_3{:}CH_3$$

② 극성반응

극성반응은 분자 내의 작용기에 있는 양성 중심과 음성 중심 사이의 전기적인 인력 때문에 일어난다. 산소, 질소, 플루오린 및 염소와 같은 원소들은 탄소보다 더 전기음성적이기 때문에, 이들 원소에 결합한 탄소 원자는 부분적인 양전하를 가진다. 반대로, 금속은 탄소에 비해 덜 전기음성적이기 때문에 금속에 결합된 탄소 원자는 부분적인 음전하를 갖는다. Chloromethane과 methyllithium을 예로 들 수 있다.

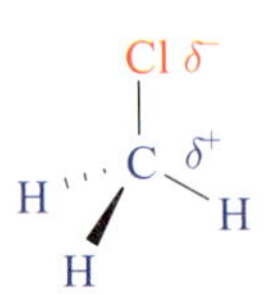

Chloromethane

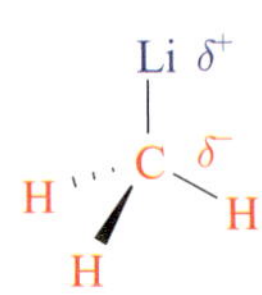

Methyllithium

그럼, 작용기의 극성과 화학반응성은 어떤 연관이 있을까? 전자가 풍부한 원자는 전자가 부족한 원자에 전자 한 쌍을 줌으로써 새로운 결합이 형성된다. 극성반응이 진행되면 전자쌍이 이동하기 때문에 양쪽머리 화살표를 사용하여 전자쌍의 이동을 나타낸다.

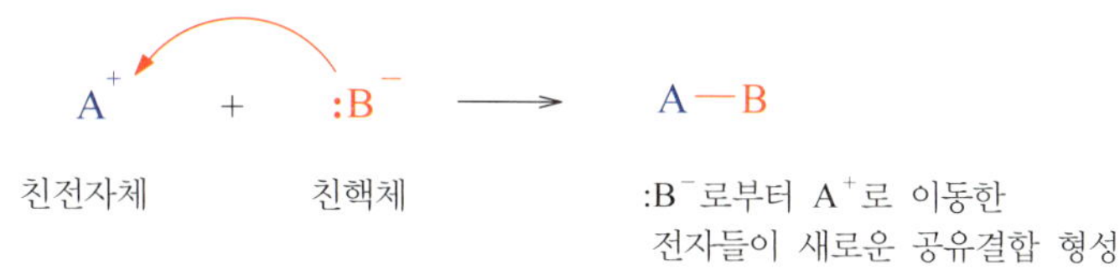

친핵체(nucleophile)는 "핵을 좋아하는" 물질로 전자가 부족한 원자에 한 쌍의 전자를 줌으로써 결합을 형성한다. 반대로, 친전자체(electrophile)는 "전자를 좋아하는" 물질로 친핵체로부터 한 쌍의 전자를 받아들여 결합을 형성한다. 친핵체와 친전자체는 Lewis 산과 염기와 유사한데, 친핵체와 친전자체는 탄소가 포함된 결합에서 주로 사용된다는 점이 있을 뿐이다.

표 2.9 친핵체와 친전자체

친핵체 (전자풍부) 붉은색 음전하	$:NH_3$	$H_2\ddot{O}:$	$H\ddot{O}:^-$	$:\ddot{Cl}:^-$
친전자체 (전자부족) 파란색 양전하	H_3O^+		CH_3-Br	$C^{\delta+}=O^{\delta-}$

예제 2.14

다음 화학종이 친전자체인지 친핵체인지 분류하시오.

(1) NO_2^+ (2) CN^- (3) CH_3NH_2 (4) $(CH_3)_3S^+$

풀이

(1) NO_2^+ : 양으로 하전되어 있기 때문에 친전자체
(2) CN^- : 음으로 하전되어 있기 때문에 친핵체
(3) CH_3NH_2 : 질소 원자에 두 개의 고립전자쌍이 있기 때문에 친핵체
(4) $(CH_3)_3S^+$: 양으로 하전되어 있기 때문에 친전자체

연습문제

01. 다음 설명에 맞는 구조식을 제시하시오.

(a) C_7H_{16}의 화학식을 갖는 세 개의 이성질체

(b) $C_4H_8O_2$의 화학식을 갖는 두 개의 이성질체

02. 다음 화합물의 구조를 그리시오.

(a) 3-메틸펜테인

(b) 2,3-다이메틸뷰테인

(c) 3,3-다이메틸-4-에틸헥세인

(d) 3-메틸펜테인

(e) 2,2,3-트라이메틸뷰테인

03. 다음 화합물에 대해서 구조식을 그리고, IUPAC법으로 명명하여라.

(a) $CH_3(CH_2)_3CH_3$

(b) $CH_3CH(CH_3)CH_2CH_3$

(c) $CH_3CH_2C(CH_3)_2CH_3$

(d) $CH_3(CH_2)_2C(CH_3)_3$

(e) $(CH_3CH_2)_4C$

04. 다음 화합물의 IUPAC명을 적으시오.

(a)
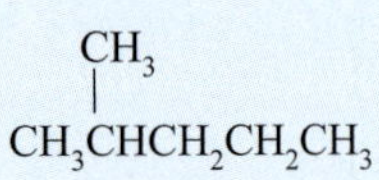

(b)
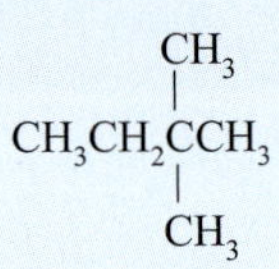

(c)
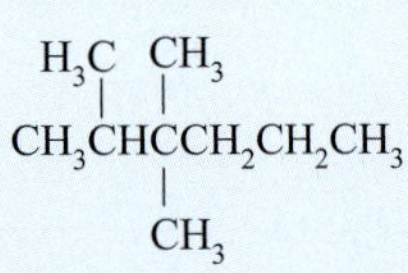

(d)
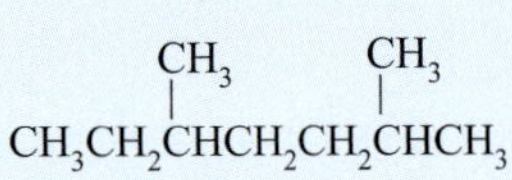

(e)
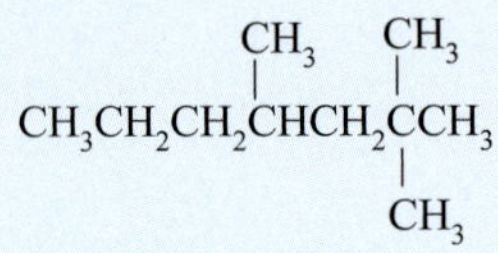

(f)
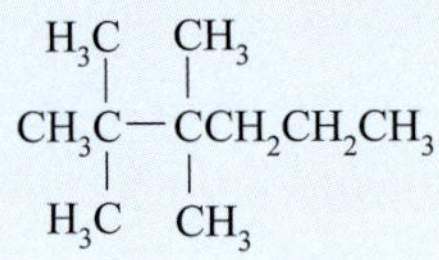

05. 다음 화합물의 이름이 왜 틀렸는지 설명하시오.

(a) 2,2-Dimethyl-6-ethylheptane

(b) 4-Ethyl-5,5-dimethylpentane

(c) 5,5,6-trimethyloctane

(d) 2-Isopropyl-4-methylheptane

06. 다음 5개의 탄화수소를 끓는점이 증가하는 순서로 배열하여라.

(a) 2-메틸헥세인

(b) *n*-헵테인

(c) 3,3-다이메틸펜테인

(d) *n*-헥세인

(e) 2-메틸펜테인

07. 다음 화합물을 완전한 IUPAC 명명법에 의해 명명하시오.

(a)
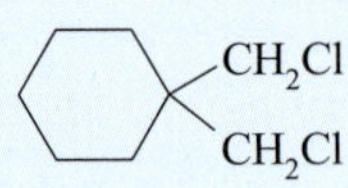

(b)
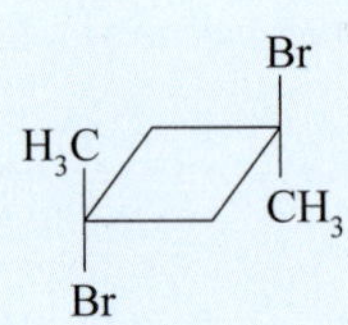

(c)
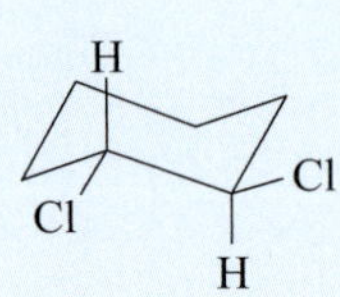

(d)

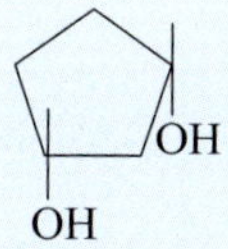

(e)

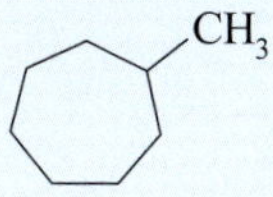

(f)

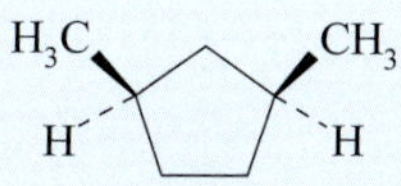

(g)

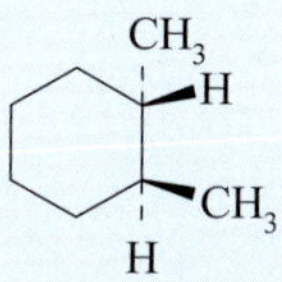

(h)

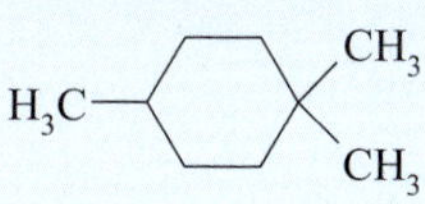

08. 다음 화합물의 구조식을 쓰시오.

(a) 1-메틸-1,3-사이클로헥사다이엔
(b) 1-브로모-2,4-다이바이닐사이클로펜테인
(c) 사이클로헥세인
(d) *tert*-뷰틸사이클로헥세인
(e) *cis*-1,3-다이브로모사이클로헥세인
(f) 에틸사이클로헥세인
(g) *trans*-1,2-다이브로모사이클로헥세인
(h) *cis*-1-메틸-3-아이소프로필사이클로헥세인
(i) 1,1-다이브로모사이클로헥세인

09. 아래에 나타낸 *cis*-1-*tert*-뷰틸-4-메틸사이클로헥세인은 거의 대부분 아래에 나타낸 형태로 존재한다. 그 이유를 설명하시오.

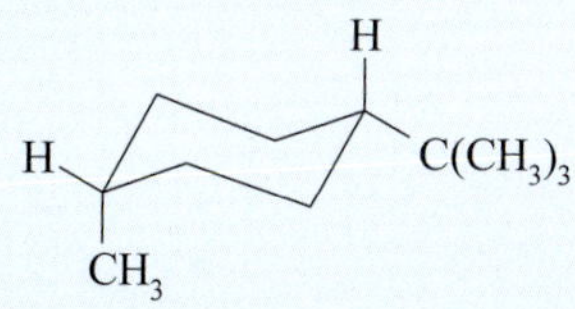

10. *cis*-1,2-다이브로모사이클로펜테인의 2개의 구조이성질체를 그리시오.

11. *cis*-1,2-다이메틸사이클로헥세인의 가장 안정한 의자 형태를 그리시오. 메틸기는 축방향인가 적도방향인가? *cis*-1,2-다이메틸사이클로헥세인과 *trans*-1,2-다이메틸사이클로헥세인 중 어느 것이 더 안정한가? 그 이유를 설명하시오.

03 알켄과 알카인

올레핀(olefin)이라고도 불리는 알켄(alkene)은 탄소-탄소 이중결합을 가지고 있는 탄화수소이다. 알켄은 자연계에서 많이 발견된다. 예로 당근의 색소인 β-카로틴은 비타민 A의 공급원으로 우리 몸에 필요한 성분이다.

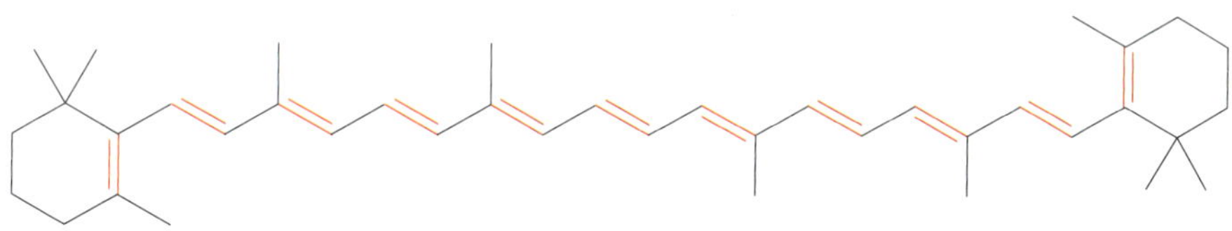

β-카로틴

탄소－탄소 이중결합을 가진 탄화수소를 알켄(alkene)이라고 부르고 삼중결합을 가진 탄화수소를 알카인(alkyne)이라고 부른다. 이들의 일반식은 다음과 같다.

$$C_nH_{2n} \qquad\qquad C_nH_{2n-2}$$

알켄　　　　알카인

이 두 종류의 탄화수소들은 탄소에 대해서 알케인류(C_nH_{2n+2})보다 작은 수의 수소를 가지고 있기 때문에 불포화(unsaturated)되어 있다고 한다. 알케인류는 알켄류 또는 알카인류에 1몰 또는 2몰의 수소를 첨가함으로써 얻는다.

$$\underset{\text{알켄}}{RCH{=}CHR} \xrightarrow[\text{촉매}]{H_2} \underset{\text{알케인}}{RCH_2CH_2R} \xleftarrow[\text{촉매}]{2H_2} \underset{\text{알카인}}{RC{\equiv}CR}$$

한 개 이상의 이중결합 또는 삼중결합을 가진 화합물들이 알려져 있는데, 이중결합이 두 개 있으면 알카다이엔(alkadiene) 또는 다이엔(diene)이라고 부른다. 트라이엔(triene), 테트라엔(tetraene), 그리고 폴리엔(polyene)도 존재한다.

한 분자 내에 한 개 이상의 다중결합이 있을 때에는 다중결합의 상대적인 위치에 따라서 다시 분류하는 것이 편리하다. 이중결합이 서로 직접 이어져 있으면 연이어 있다고 하며, 다중결합이 단일결합과 교대로 되어 있으면 짝지어 있다고 한다. 한 개 이상의 단일결합이 다중결합 사이에 끼어 있으면 격리되어 있다고 한다. 이 세 가지 종류의 배열 중 짝지은 계(conjugated system)가 자연계에 가장 많이 존재하며 흥미있는 화학적 성질을 나타낸다.

C=C=C	C=C—C=C	C=C—C—C=C
C=C=C=C	C=C—C≡C	C≡C—C—C≡C
연이은(cumulated) 계	짝지은(conjugated) 계	격리된(isolated) 계

3.1 알켄의 명명

알켄은 알케인의 명명법과 유사하며, 화합물의 계열을 확인할 수 있는 접미사 −에인(−ane) 대신에 −엔(−ene)로 바꾸어 명명한다.

1. **모체 탄화수소를 명명한다.** 이중결합이 포함된 가장 긴 탄소사슬을 찾아 접미사 −엔(ene)를 사용하여 명명한다.

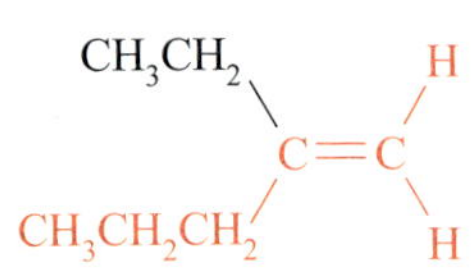

Pentene으로 명명한다 (○)

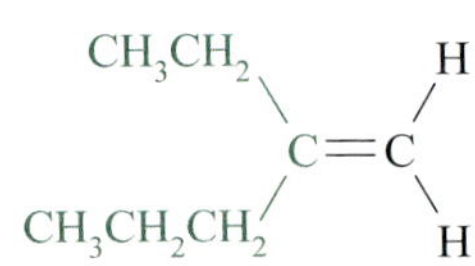

Hexene으로 명명하는 것은 틀리다 (×)

2. **사슬 내 탄소 원자에 번호를 붙인다.** 이중결합에 가까운 쪽 끝에서부터 시작한다. 만약 이중결합으로부터 양쪽이 동일한 탄소 수로 되어 있으면, 첫 번째 가지가 있는 곳에 가까운 끝에서부터 번호를 붙인다.

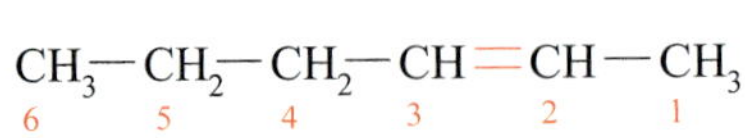

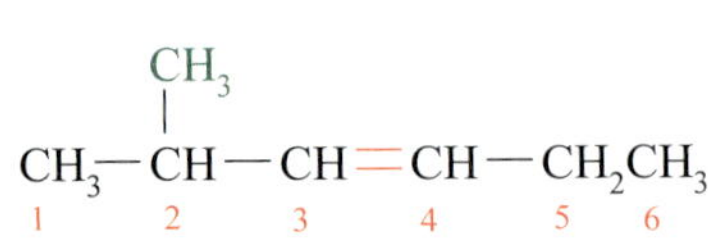

3. **치환기의 위치를 고려하여 명명한다.** 사슬 내 치환기의 위치에 따라 번호를 붙이고, 알파벳 순서로 나열한다. 이중결합의 위치를 나타내는 번호는 접미사 −ene 앞에 놓는다.

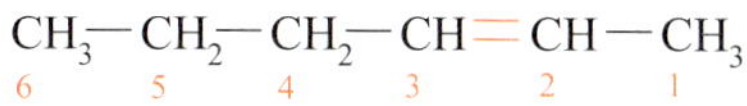

Hex-2-ene

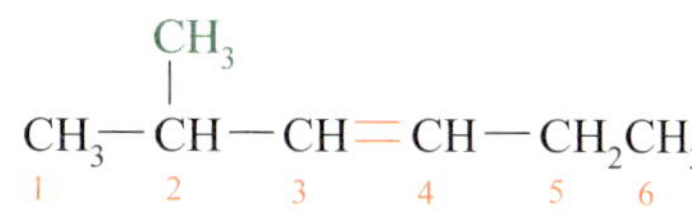

2-Methylhex-3-ene

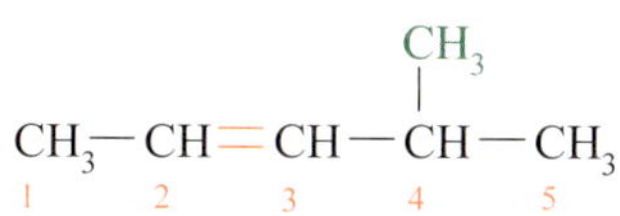

4-Methylpent-2-ene
(2-Methyl-3-pentene이 아니다)

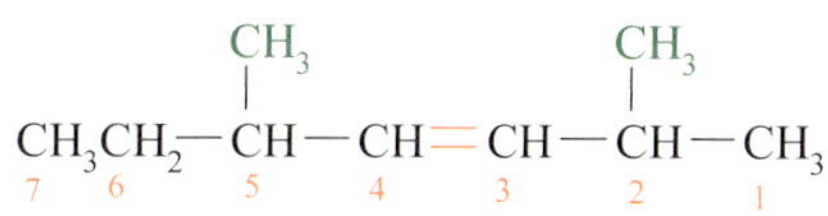

2,5-Dimethylhept-3-ene

4. 이중결합이 한 개 이상이면 각각의 위치를 번호로 표시하고 이중결합의 수에 따라 **접미사 −diene, −triene 등을 사용한다. 이때 골격의 어간에 −a를 붙인다**.

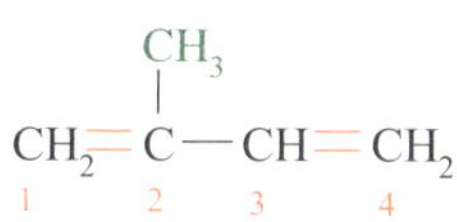

2-Methylbuta-1,3-diene

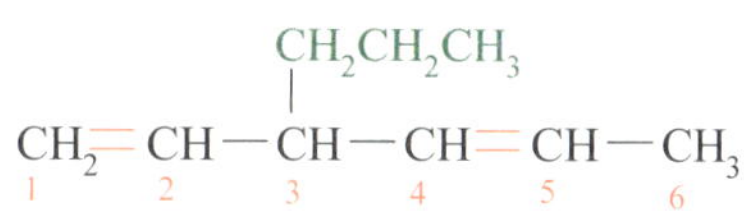

3-Propylhexa-1,4-diene

5. 알카인은 알켄과 같은 명명법을 따르며 접미사 −아인(−yne)으로 바꾸어 명명한다.

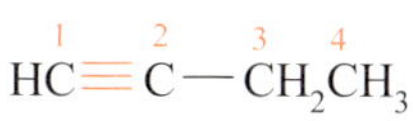

But-1-yne

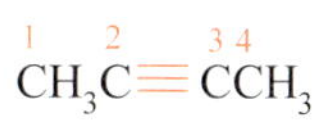

But-2-yne

6. 고리형 탄화수소에서는 다중결합을 가진 탄소 원자로부터 번호를 붙여 나간다. 다음 예들에서 IUPAC 규칙을 알아볼 수 있을 것이다.

Cyclopropene
(이중결합의 위치 표시하지 않아도 됨)

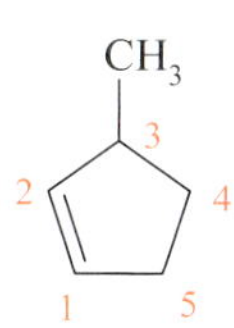

3-Methylcyclopent-1-ene
(이중결합에서 번호시작. 치환기가 가장 작은 번호를 갖도록 한다)

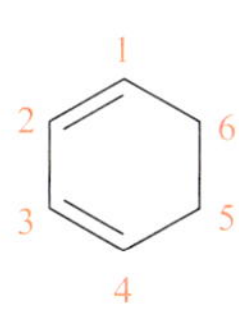

Cyclohexa-1,3-diene

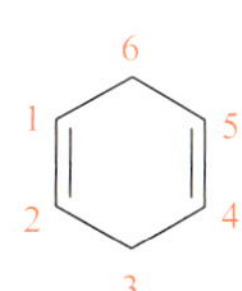

(Cyclohexa-1,4-diene)

화합물 IUPAC명과 함께 관용명을 알아두는 것이 좋다. 예컨대 가장 간단한 화합물인 C_2H_4와 C_2H_2는 IUPAC계에서 각각 에텐과 에타인으로 불러야 하지만, 일반적으로 관용명인 에틸렌 및 아세틸렌으로 불린다.

표 3.1 일반적으로 허용되는 알켄과 알카인의 관용명

화합물	IUPAC명	관용명
$H_2C=CH_2$	Ethene	Ethylene
$HC\equiv CH$	Ethyne	Acetylene
$CH_3CH=CH_2$	Propene	Propylene
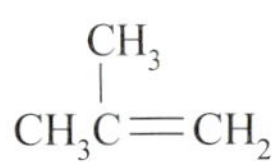	2-Methylpropene	Isobutylene

에틸렌에서 유도된 두 개의 중요한 원자단도 관용명을 가지고 있는데, $CH_2=CH-$는 바이닐기(vinyl group), $CH_2=CH-CH_2-$는 알릴기(allyl group)로 불린다.

$CH_2=CHCl$
Vinyl chloride
(Chloroethene)

$CH_2=CH-CH_2Cl$
Allyl chloride
(3-Chloropropene)

예제 3.1

다음 화합물의 IUPAC명을 쓰시오.

(1) 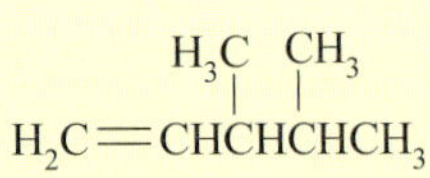

(2) 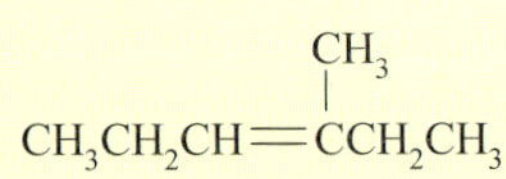

(3) 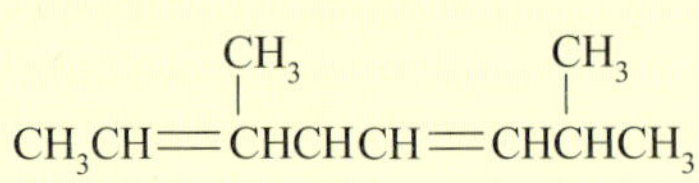

(4) 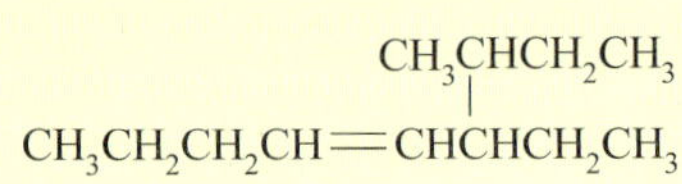

(5) 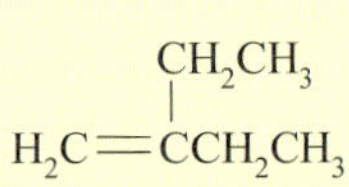

(6) $H_2C=C=CHCH_3$

풀이
(1) 3,4-Dimethylpent-1-ene
(2) 3-Methylhex-3-ene
(3) 3,7-Dimethylocta-2,5-diene
(4) 6-Ethyl-7-methylnon-4-ene
(5) 2-Ethylbut-1-ene
(6) Buta-1,2-diene

예제 3.2

다음 IUPAC명에 해당되는 구조식을 그리시오.

(1) 2-Methylhexa-1,5-diene
(2) 3-Ethyl-2,2-dimethylhept-3-ene
(3) 2,3,3-Trimethylocta-1,4,6-triene
(4) 3,4-Diisopropyl-2,5-dimethylhex-3-ene

풀이

(1)

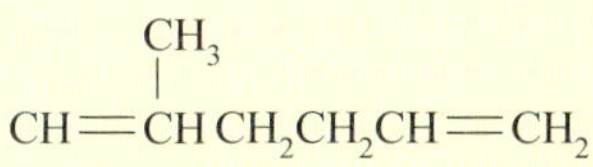

(2)

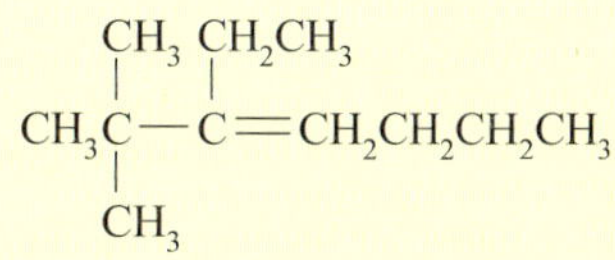

(3)

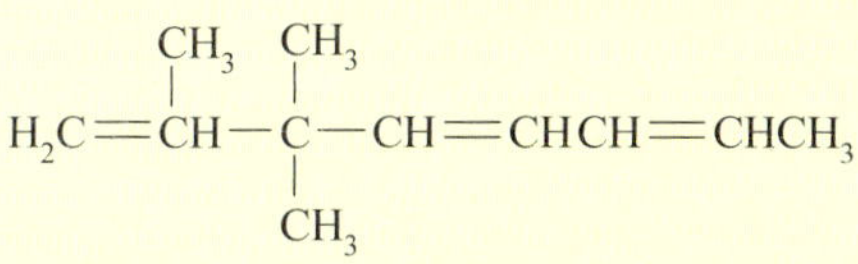

(4)

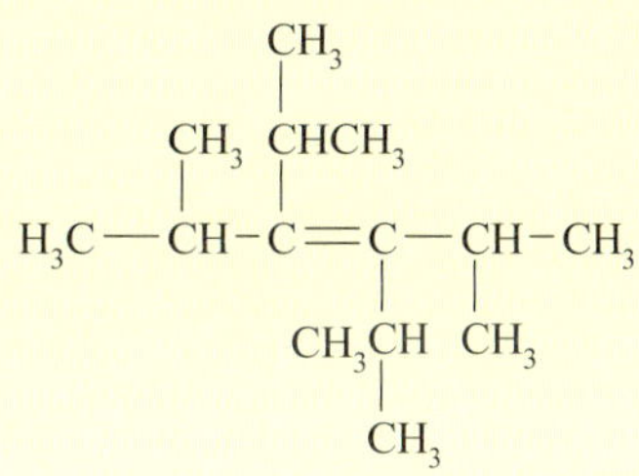

예제 3.3

다음 사이클로알켄을 명명하시오.

(1)

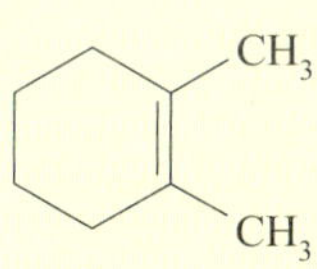

(2)

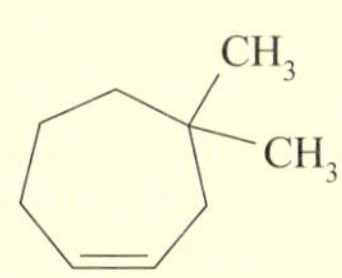

(3)

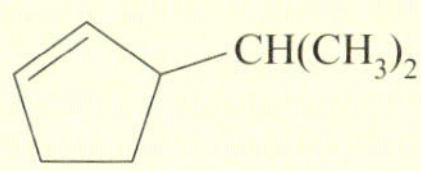

(4)

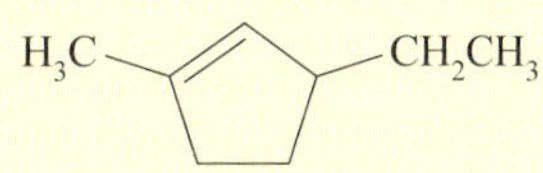

(5)

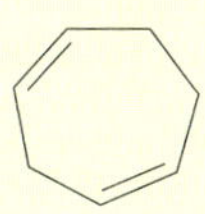

(6)

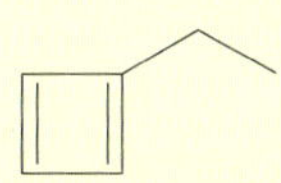

풀이

(1) 1,2-Dimethylcyclohex-1-ene
(2) 4,4-Dimethylcyclohept-1-ene
(3) 3-Isopropylcyclopent-1-ene
(4) 3-Ethyl-1-methylcyclopent-1-ene
(5) Cyclohepta-1,4-diene
(6) 1-Ethylcyclobuta-1,3-diene

3.2 알켄의 기하이성질 현상

이중결합을 이루는 탄소는 sp^2로 혼성화되어 있으므로 에틸렌의 구조는 평면이다. 파이결합에 의하여 정상적인 조건하에서는 이중결합 주위를 회전할 수 없고, 파이결합을 끊을 수 있는 충분한 에너지(약 60 kcal/mol)가 공급되어야만 회전이 가능하다. 알켄의 용해도, 끓는점, 녹는점 및 밀도는 같은 탄소 골격을 가진 알케인과 비슷하다.

탄소-탄소 이중결합 주위의 회전이 어렵다는 것은 화학적으로 매우 중요하다. 수소 외에 두 개의 치환기가 결합된 알켄, 예로 1,2-dichloroethene의 경우를 생각해보자. 두 개의 염소는 이중결합의 같은 쪽에 있을 수도 있고 또는 서로 반대쪽에 있을 수도 있다.

이중결합의 회전이 일어날 수 없기 때문에 두 개의 1,2-dichloroethene 이성질체들은 자발적으로 상호 변화될 수 없으며 분리가 가능하다. 이중결합의 같은 쪽에 치환기들을 가지고 있는 화합물을 ***cis*** **−**, 치환기를 서로 반대 쪽에 가지고 있는 이성질체를 ***trans*** − 라고 한다.

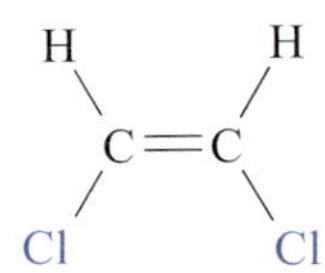

cis-1,2-Dichloroethene
bp 60℃

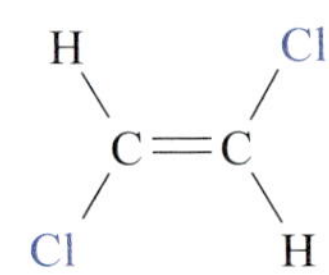

trans-1,2-Dichloroethene
bp 48℃

위의 두 1,2-dichloroethene은 같은 조성과 같은 수의 원자를 가지고 있으나 물리·화학적 성질이 다른 입체이성질체이다. 시스 혹은 트랜스형은 이성질체의 이중극자 모멘트를 측정함으로써 판별할 수 있다.

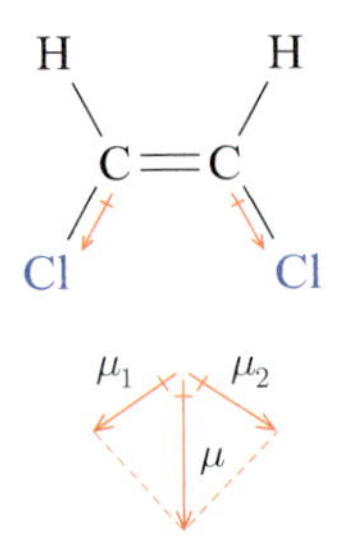

$\mu_{예상} = \mu_1 + \mu_2 > 0D$

$\mu_{실험} = 1.85D$

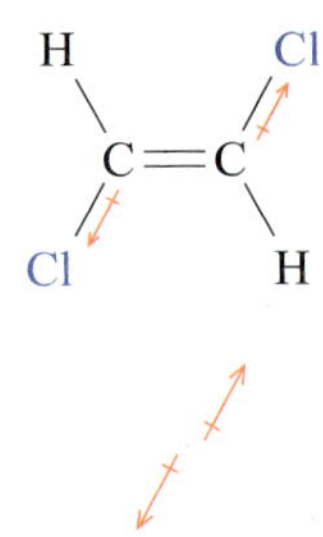

$\mu_{예상} = 0D$

$\mu_{실험} = 0D$

시스-이성질체는 극성을 가지므로 끓는점이 높다. 따라서 끓는점의 차이를 이용한 증류에 의해 두 화합물은 서로 분리될 수 있다.

시스-트랜스 이성질현상은 이치환 알켄에만 국한된 것이 아니다. 이러한 이성질 현상은 이중결합 양쪽 탄소에 두 개의 치환기가 결합되어 있는 어떠한 알켄에서도 일어날 수 있다. 그러나 만일 이중결합 탄소 중의 한 탄소에 두 개의 동일한 치환기가 결합되어 있으면 시스-트랜스 이성질현상은 불가능하다.

이들 두 화합물은 동일하다.
시스-트랜스 이성질체가 아니다.

이들 두 화합물은 동일하지 않다.
시스-트랜스 이성질체들이다.

예제 3.4

다음 화합물 중 어느 것이 시스-트랜스 이성질체 쌍을 가지겠는가? 시스-트랜스 이성질체 쌍을 갖는 화합물은 그 구조를 그리시오.

(1) $CH_3CH=CH_2$ (2) $(CH_3)_2C=CHCH_3$

(3) $CH_3CH_2CH=CHCH_3$ (4) $(CH_3)_2C=C(CH_3)CH_2CH_3$

(5) $CH_3CH=CHCH_3$ (6) $BrCH=CHCl$

풀이

알켄의 수소 두 개 이상이 치환된 물질을 찾는다. 단 이중결합 탄소 들 중 한 탄소에 두 개의 동일한 치환기가 결합되어 있으면 이성질체는 존재하지 않는다. (1)번은 수소 한 개만 $-CH_3$로 치환되었다. (2)와 (4)번은 한 탄소에 두 개의 동일한 치환기($-CH_3$)가 결합되어 있다.
(3) (5) (6)번은 시스-트랜스 이성질체 쌍을 갖는다.

	시스형	트랜스형
(3)	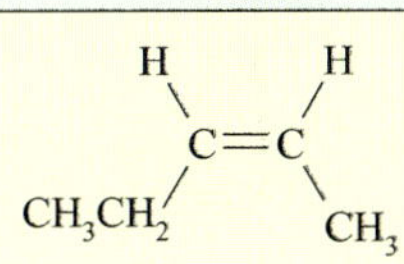	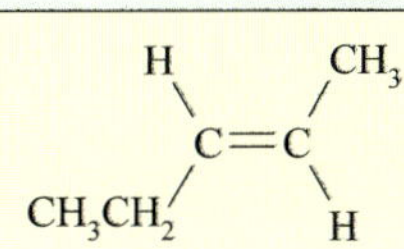
(5)	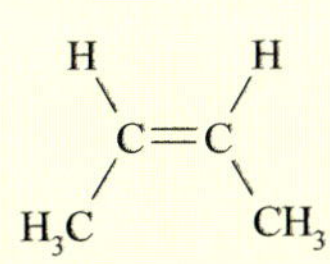	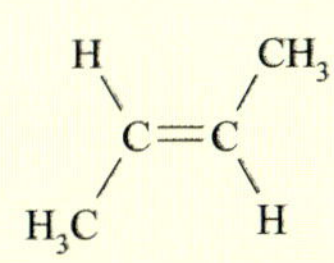
(6)	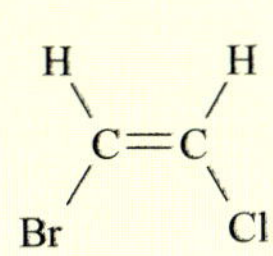	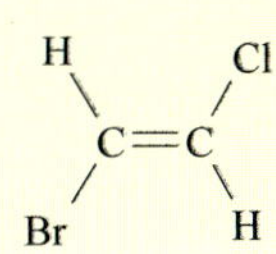

3.3 알켄의 *E*, *Z* 명명

시스-트랜스 명명체계는 이중결합의 수소 대신 두 개의 치환기를 가진 화합물인 이치환 알켄에만 적용된다. 삼치환 및 사치환 이중결합에서는 이중결합 기하구조를 기술하기 위하여 다른 명명체계가 필요하다.

이런 종류의 화합물을 명명하기 위해 *E*, *Z* 명명체계가 필요하며, 이 때 이중결합에 결합된 치환기의 우선순위를 할당하기 위하여 순차결정 규칙이 이용된다. 두 개의 이중결합 탄소들을 각각 분리하여 생각할 경우, 순차결정 규칙은 각 탄소에 결합된 두 치환기들 중 어느 **치환기의 우선순위**가 더 높은가를 결정하는 데 사용된다. 만일 각 탄소의 치환기 중 우선순위가 더 높은 치환기들이 이중결합의 같은 쪽에 있으면, 알켄은 *Z* (독일어 zusammen, 함께의 뜻)로 표기하고, 만일 우선순위가 높은 치환기들이 서로 반대 쪽에 있으면, 알켄은 *E* (독일어 entgegen, 반대쪽의 뜻)로 표기한다.

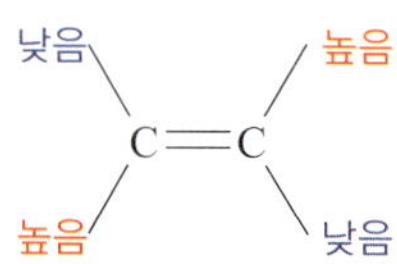

E 이중결합
(높은 우선수위 치환기가 반대쪽에 있다)

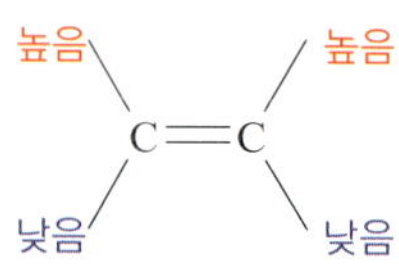

Z 이중결합
(높은 우선수위 치환기가 같은쪽에 있다)

이 규칙을 제안한 화학자들의 이름을 따라 **Chan-Ingold-Prelog 규칙**이라 부르는 **순차결정 규칙**은 다음과 같다.

1. **이중결합 탄소에 연결된 원자들의 원자번호를 확인하고 순위를 정한다.**
   높은 원자번호의 원자는 낮은 원자번호의 원자에 비해 우선순위가 높다. 중수소와 수소와 같은 동위원소를 비교할 때는 무거운 동위원소의 우선순위가 높다.

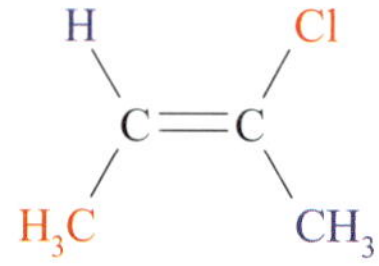

(*E*)-2Chlorobut-2-ene

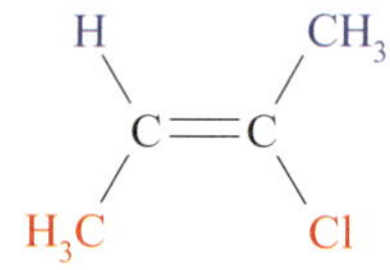

(*Z*)-2Chlorobut-2-ene

염소는 탄소보다 원자번호가 크기 때문에 $-Cl$기가 $-CH_3$기에 비해 우선순위가 높다. 그러나 메틸기는 수소보다 우선순위가 높다. 따라서 이성질체 (a)는 *E* 기하구조로 명명된다.

2. **치환기의 첫 번째 원자들로 우선순위를 결정할 수 없을 때는 이중결합 탄소에서부터 두 번째, 세 번째 원자들까지 검토하여 우선순위를 매긴다.** $-CH_2CH_3$와 $-CH_3$를 보면 에틸기는 두 번째 원자에 탄소를 가지고 있고, 메틸기는 두 번째 원자에 수소만 가지고 있기 때문에 에틸기의 우선순위가 더 높다.

우선순위 높음　　　　　　우선순위 높음

3. **다중결합 원자들은 같은 수의 단일결합을 하고 있는 것과 동등하다.** 예를 들면, 산소 한 개와 이중으로 결합된 탄소를 가지는 알데하이드($-C=O$)는 탄소 원자가 두 개의 산소 원자와 단일결합한 것으로 간주한다.

예제 3.5

다음 화합물에서 이중결합에 *E* 배열 혹은 *Z* 배열을 지정하시오.

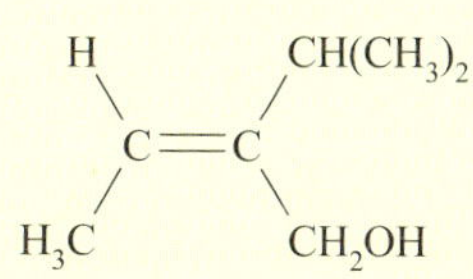

풀이

왼쪽 탄소는 $-H$와 $-CH_3$의 치환기를 가지고 있는데, $-CH_3$의 우선순위가 높다.
오른쪽 탄소는 $-CH(CH_3)_2$와 $-CH_2OH$의 치환기를 가지며, 순위결정규칙 2에 의해 $-CH_2OH$의 우선순위가 높다. 따라서 이 화합물은 우선순위가 높은 두 개의 치환기를 이중결합의 같은 쪽에 가지고 있으므로 *Z* 배열이다.

예제 3.6

다음 각 쌍 중 우선순위가 높은 것은?

(1) $-H$와 $-Br$ (2) $-Cl$와 $-Br$ (3) $-CH_3$와 $-CH_2CH_3$

(4) $-NH_2$와 $-OH$ (5) $-CH_2OH$와 $-CH_3$ (6) $-CH_2OH$와 $-CH{=}O$

풀이

(1) $-Br$ (2) $-Br$ (3) $-CH_2CH_3$

(4) $-OH$ (5) $-CH_2OH$ (6) $-CH{=}O$

예제 3.7

다음 각 쌍 중 우선순위가 높은 것은?

(1) 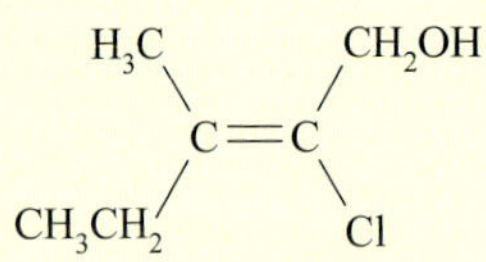

(2) 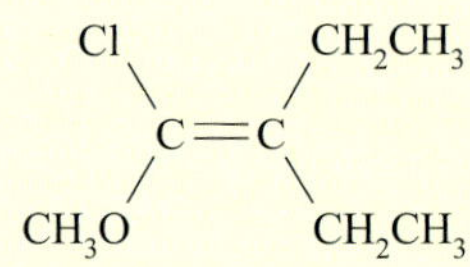

(3) 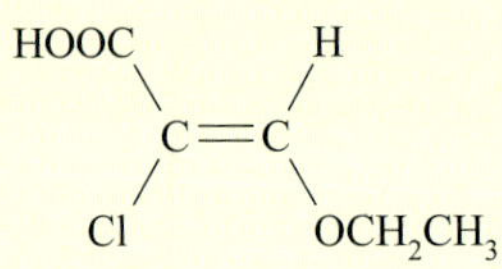

(4) 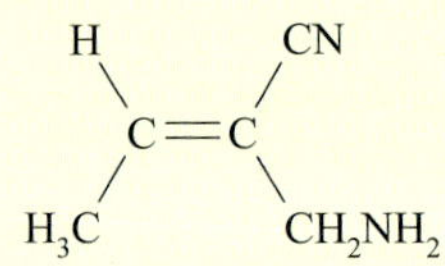

풀이

	왼쪽 우선순위	오른쪽 우선순위	배열
(1)	$-CH_2CH_3$	$-Cl$	*Z*
(2)	$-Cl$	$-CH_2CH_3$	*E*
(3)	$-Cl$	$-OCH_2CH_3$	*Z*
(4)	$-CH_3$	$-CN$	*E*

3.4 알켄의 안정성

알켄을 센산 촉매로 처리하면 시스-트랜스 이성질체가 상호변환하여 평형에 도달한다. 트랜스 이성질체가 시스 이성질체보다 더 안정하기 때문에 트랜스 이성질체가 더 많이 존재한다. 시스-알켄의 경우 이중결합의 같은 쪽에 부피가 큰 치환기 두 개가 존재하는 것이므로 입체스트레인이 매우 크다.

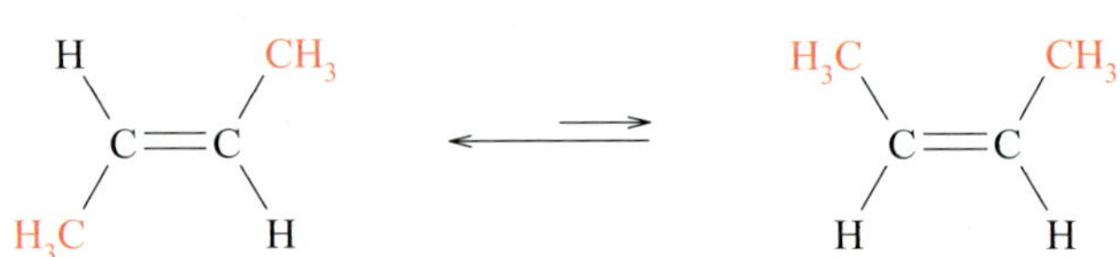

트랜스형 시스형

또한 알켄에 치환기 수가 증가하면 알켄의 안정도는 증가한다. C=C의 채워지지 않은 파이 궤도함수와 치환기에 있는 이웃한 C−H 시그마결합 궤도함수 사이에 상호작용으로 더 안정화된다. 이를 **하이퍼컨쥬게이션**이라 한다. 알켄에 치환기 수가 많으면 많을수록 하이퍼컨쥬게이션을 할 수 있는 기회가 많아진다.

예로 $H_2C=C-H$와 $H_2C=C-CH_3$의 수소화열 $\Delta H°$를 보면 $H_2C=C-CH_3$가 10 kJ/mol 만큼 더 안정하다.

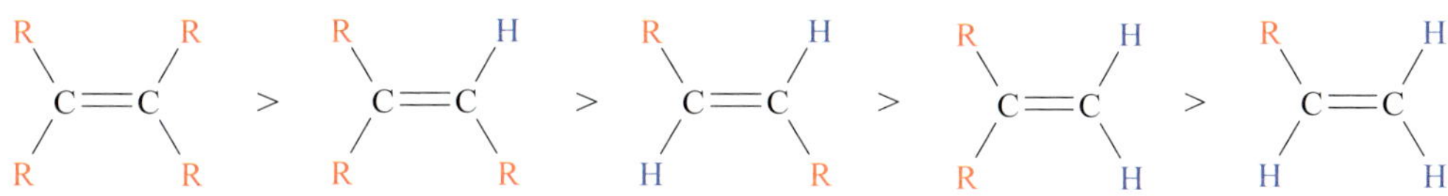

사치환 삼치환 *trans*-이치환 *cis*-이치환 일치환

예제 3.8

다음 알켄을 명명하고 각 쌍에서 어느 화합물이 더 안정한지 고르시오.

(1) $H_2C=CHCH_2CH_3$ $H_2C=C(CH_3)_2$

(2) 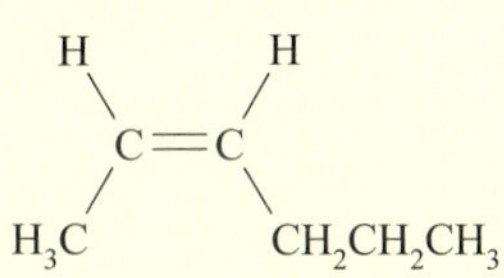 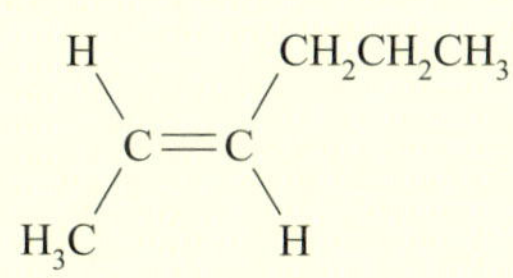

풀이

	왼쪽	오른쪽	안정된 화합물
(1)	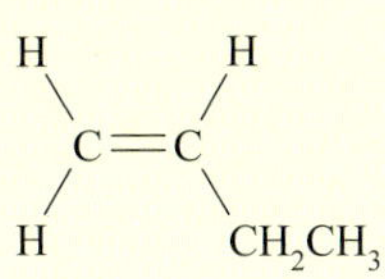 But-1-ene	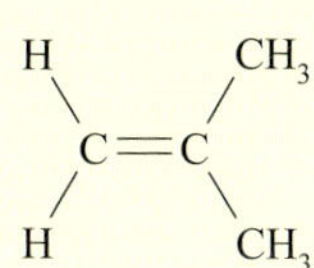 2-Methylprop-1-ene	치환기가 더 많은 오른쪽 화합물이 더 안정하다.
(2)	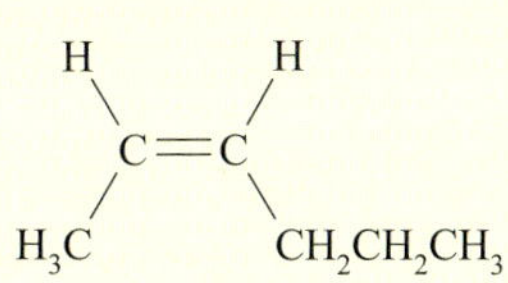 *cis*-Hex-2-ene	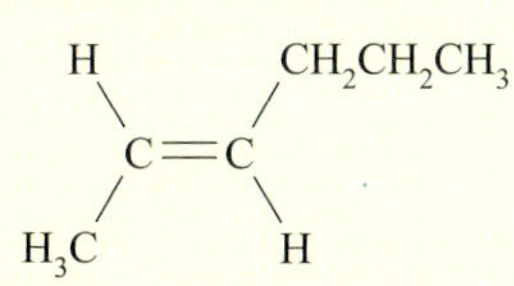 *trans*-Hex-2-ene	*trans* 이성질체가 더 안정하다

3.5 탄소양이온의 안정성

알켄의 반응에 대해 공부하기 전에 탄소양이온의 구조와 안정성을 배울 필요가 있다. 우선 탄소양이온의 구조에 대해 알아보자.

많은 증거에 의하면 탄소양이온은 평면이다. 원자가전자 세 개를 갖고 있는 탄소양이온은 sp^2 혼성이고, 탄소의 평면에 수직으로 비어있는 p 궤도함수를 가지고 있고 세 개의 치환기가 결합되어 있다. $^+CR_3$의 세 개의 치환기들은 이등변삼각형을 이룬다.

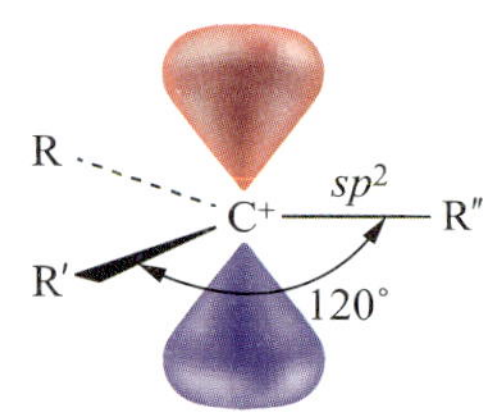

탄소양이온의 구조

탄소양이온의 안정성에 대해 알아보자. 2-Methylpropene, $CH=C(CH_3)_2$이 H^+와 반응하면 중간물질로 세 개의 알킬 치환기를 갖는 탄소양이온(삼차이온)을 형성하거나, 한 개의 알킬 치환기를 갖는 탄소양이온(일차이온)을 형성할 수 있다. 하지만 2-chloro-2-methylpropane이 유일한 생성물이며, 이는 삼차 양이온의 더 안정된 형태라는 것을 의미한다.

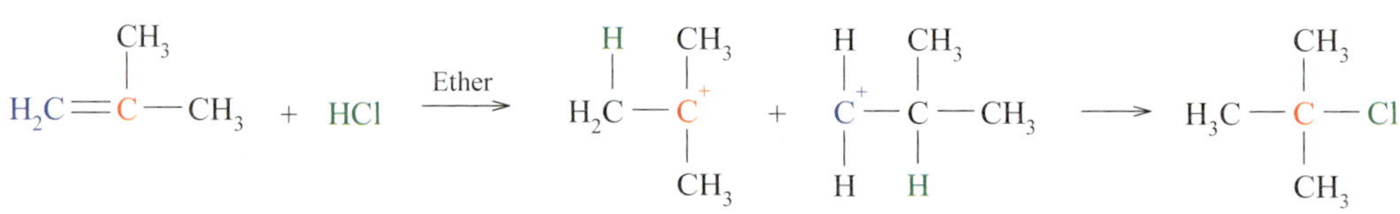

2-Methylpropene　　삼차 양이온 (주요 생성물)　　일차 양이온　　2-chloro-2-methyl propane

실제로 열역학적으로 측정해보면 탄소양이온은 치환기의 수가 많을수록 안정성이 크다. 안정도 순서는 삼차 > 이차 > 일차 > 메틸양이온 순서이다.

삼차양이온　　이차　　일차　　메틸

치환기를 더 많이 가지고 있는 탄소양이온이 치환기를 더 적게 가지는 탄소양이온보다 더 안정된 이유는 무엇일까? 두 가지 이유를 들 수 있다: 유발효과와 하이퍼컨쥬케이션. 유발효과는 가까이 있는 원자들의 전기음성도 때문에 시그마결합의 전자가 한 쪽으로 이동하면서 발생된다. 이러한 예로 탄소양이온 탄소에 수소 원자만 결합된 것보다 비교적 크고 편극되기 쉬운 알킬기가 결합된 것이 치환기의 전자가 인접한 탄소양이온 쪽으로 훨씬 이동하기 쉽다. 따라서 양으로 하전된 탄소에 결합된 알킬기의 수가 많으면 많을수록 유발효과에 의해 양이온쪽으로 전자 밀도가 이동하여 양이온의 안정성이 커지게 된다.

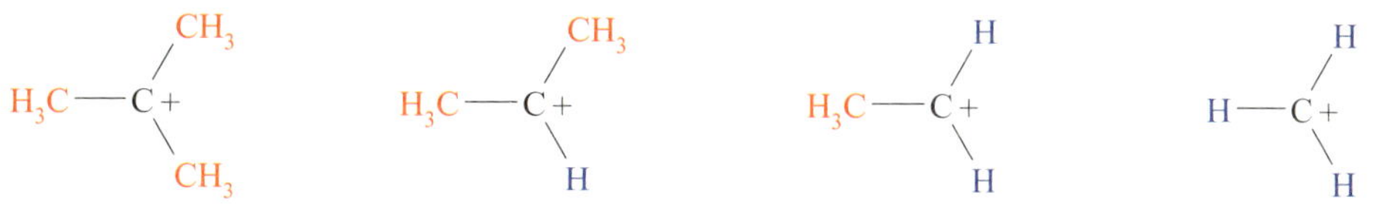

삼차양이온	이차	일차	메틸
전자를 밀어주는 세 개의 메틸기	전자를 밀어주는 두 개의 메틸기	전자를 밀어주는 한 개의 메틸기	전자를 밀어주는 알킬기가 없다

하이퍼컨쥬게이션을 치환된 알켄의 안정성과 관련지어보자. 비어있는 p 궤도함수는 적절하게 배향되어 있는 인접한 탄소의 C－H 시그마결합 궤도함수와 상호작용한다. 탄소양이온에 치환된 알킬기가 많으면 많을수록 하이퍼컨쥬게이션을 일으킬 가능성은 많아지고, 탄소양이온은 더욱 안정된다.

예제 3.9

다음 반응에서 예상되는 탄소양이온 중간체의 구조를 제시하시오.

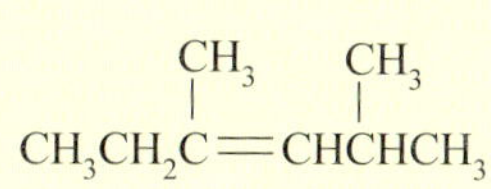

풀이

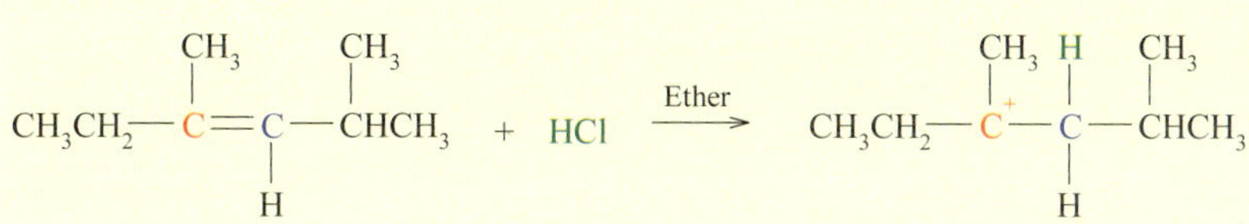

만약 붉은색 탄소로 수소가 첨가되면 2차 양이온이 생성된다.
파란색 탄소로 수소가 첨가되면 더 안정된 3차 양이온이 생성된다.

3.6 알켄의 제법

(1) 알코올의 탈수

알코올을 황산(H_2SO_4), 인산(H_3PO_4)과 같은 산과 함께 가열하면 알켄이 생성된다.

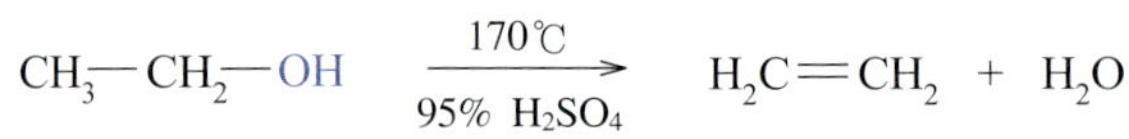

Ethanol (일차알코올)

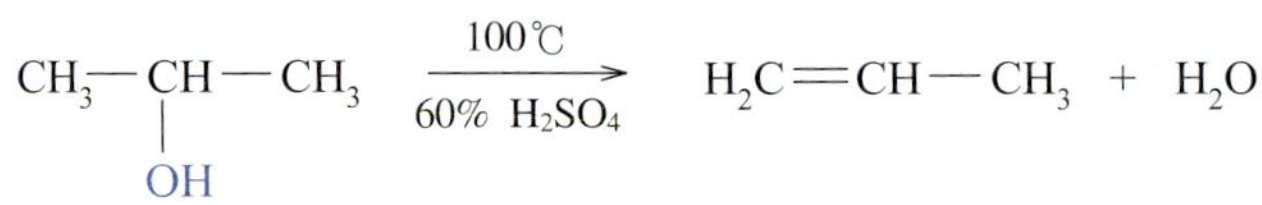

Isopropanol (2차알코올)

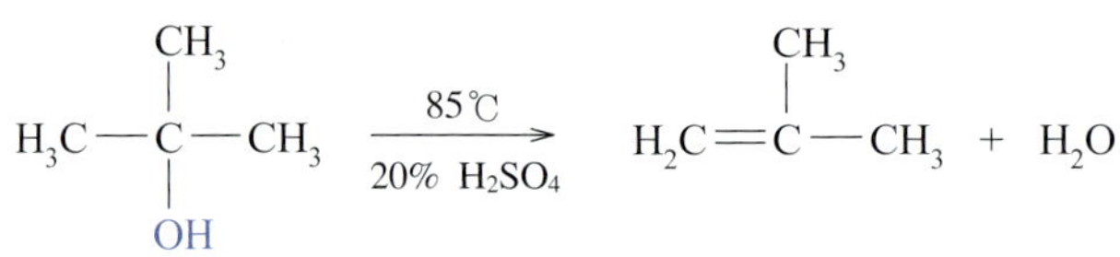

tert-Butanol (3차알코올)

반응조건을 고려할 때 탈수되기 쉬운 순서는 삼차알코올 > 이차 > 일차 임을 알 수 있다.

알코올의 탈수반응 메커니즘

인접한 탄소 원자의 두 치환기를 제거하면 이중결합이 생성된다. 보통 한쪽은 수소 원자이고, 다른 하나는 G이다. 이런 형의 반응을 **β-제거**라고 한다(G가 결합되어 있는 탄소 원자를 **α-탄소**라고 하면 이웃되는 수소는 β-탄소에 결합되어 있다.).

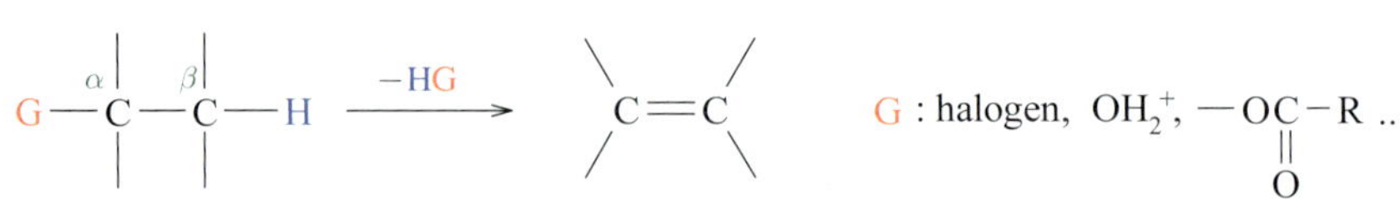

반응 메커니즘은 완전히 다르지만 일반적으로 탈수반응이나 HX 이탈반응은 이런 제거반응형에 속한다. 산 촉매 하에서 진행되는 에탄올의 탈수반응은 알코올의 양성자 첨가로 시작된다.

1단계 : 알코올의 양성자 첨가

에탄올의 산소는 양성자를 받아들여 양성자가 첨가된 알코올로 된다. 이 단계의 활성화에너지, E_{act}는 매우 작으므로 빨리 일어나며, 따라서 반응속도 결정단계가 아니다.

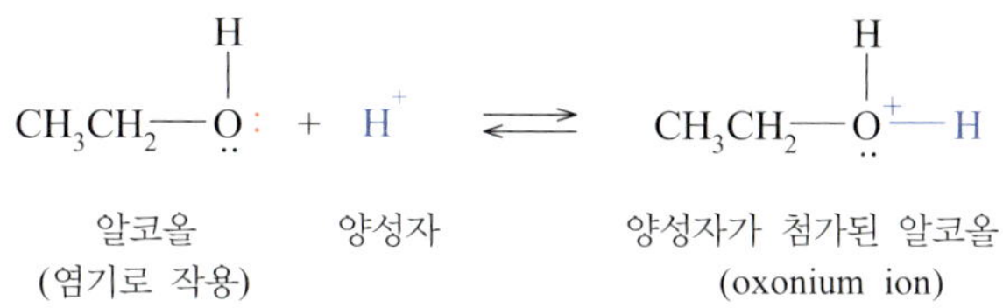

2단계 : 탄소양이온(carbocation)의 생성(그림 3.1 참조)

양성자가 첨가된 알코올의 탄소－산소 결합은 약화되어 물과 에틸 양이온으로 분해된다. 활성화에너지 E_{act}는 매우 크므로 이 단계가 전체 반응속도를 결정한다. 물은 루이스염기로, 에틸 양이온은 루이스산으로 작용하여 다시 재결합되는 역반응이 일어나서 옥소늄 이온으로 되므로 2단계는 평형을 이룬다.

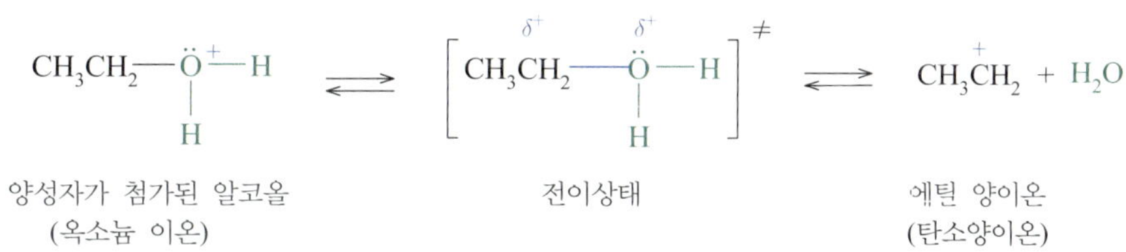

그림 3.1 탄소양이온의 생성

3단계 : 양성자가 이탈되어 알켄으로 됨(그림 3.2)

이 반응조건하에서는 대부분의 에틸 양이온은 알코올 분자와 충돌하여 양성자를 잃어 에텐과 양성자가 첨가된 알코올로 된다. 알코올의 산소가 탄소양이온의 β-수소를 공격하여 제거되는 것을 E1(일분자 제거)반응이라고 한다. 알코올의 탄소는 탄소양이온이 중간체인, 단계적이고 가역적으로 일어나는 이온반응이다.

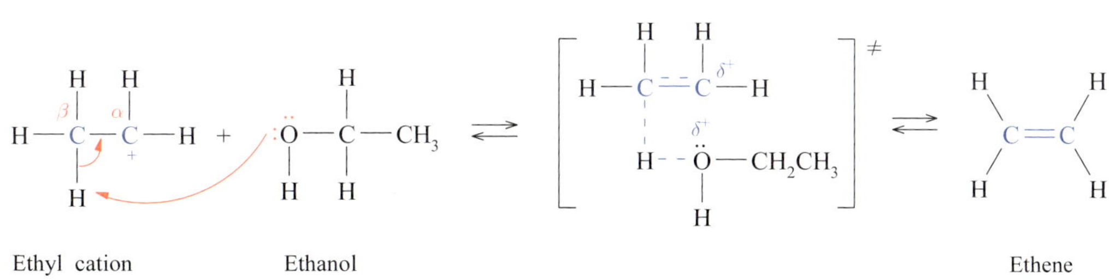

그림 3.2 양성자의 제거 및 알켄의 생성

한편, 두 종류의 β-수소를 가진 알코올의 탈수반응에서는 두 종류의 알켄이 생성될 수 있다. 예로서 250℃, H_3PO_4/Al_2O_3 존재 하에서 butan-2-ol의 탈수반응은 다음 반응식과 같이 but-1-ene과 but-2-ene이 생성된다.

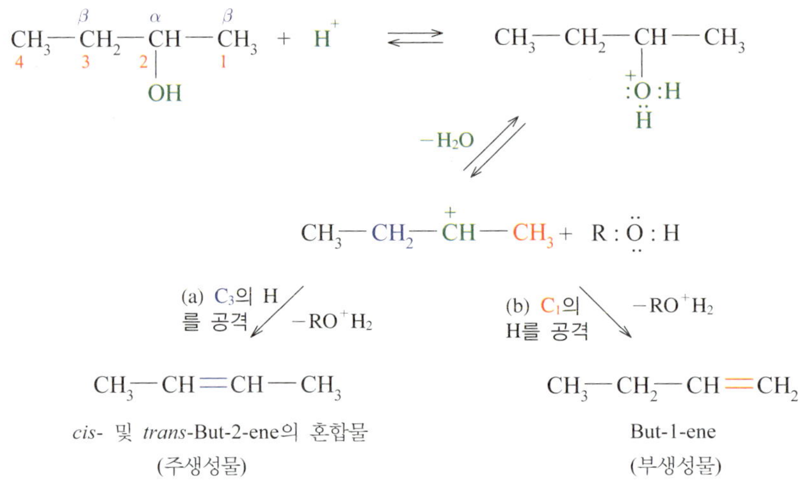

위의 과정에서 C_1 및 C_3의 β-수소의 비는 3 : 2이므로 모든 수소가 동등하게 이탈된다면 생성물인 but1-1-ene과 but-2-ene의 비도 3 : 2가 되어야 한다. 그러나 실제 실험결과에 의하면 1 : 3으로 얻어진다. 그 이유는 이중결합 주위에 알킬기가 많이 치환된 알켄이 더 안정하기 때문에 but-2-ene이 주 생성물로 얻어진다. 즉, 제거반응(탈수 또는 HX이탈반응)에서는 수소를 적게 가진 탄소에 결합된 β-수소가 우선적으로 제거된다.

(2) 할로젠화 알킬의 HX 이탈반응

염기 존재 하에서 할로젠화 알킬에서 HX가 제거되면 알켄으로 된다.

1. 삼차 할로젠화 알킬의 HX 이탈반응은 끓는점이 높은 유기 염기(예, pyridine과 quinoline)를 쓰면 쉽게 일어난다.

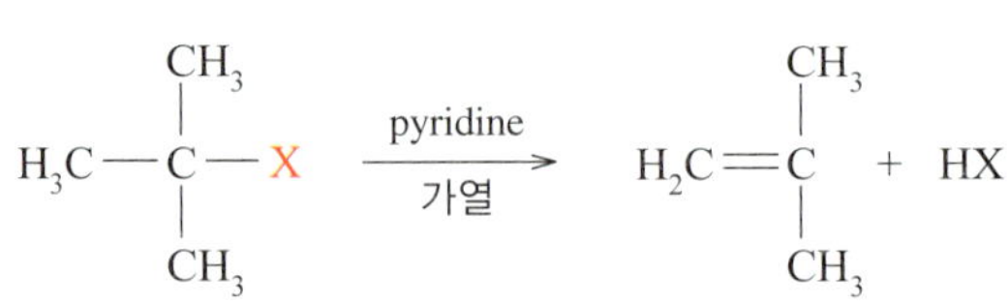

2. 이차 할로젠화 알킬은 보통 KOH의 알코올 용액을 써서 HX를 제거한다.

$$CH_3-\underset{\displaystyle X}{\underset{|}{CH}}-CH_3 \xrightarrow[\text{알코올 속}]{KOH} CH_3-CH=CH_2 + KX + H_2O$$

3. 일차 할로젠화 알킬을 뜨거운 CaO와 NaOH의 혼합물 위를 통과시키면 알켄이 생긴다.

$$CH_3-CH_2-CH_2-X \xrightarrow[\text{가열}]{CaO,\ NaOH} CH_3-CH=CH_2 + HX$$

할로젠화 알킬의 탈 HX 메커니즘

센 염기에 의한 할로젠화 알킬의 HX 이탈반응 메커니즘은 산촉매 하에서 진행되는 알코올의 탈수반응 메커니즘과 전혀 다르다. 염기성인 수산화 음이온은 β-수소를 공격하여 물과 할로젠 음이온이 동시에 떨어져 나가면서 알켄이 생긴다.

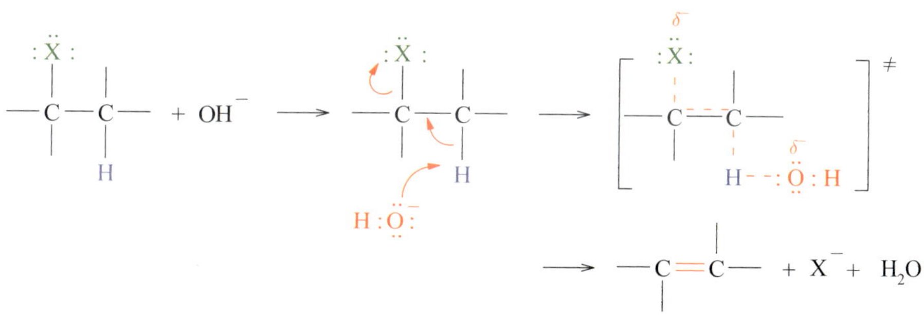

HX 이탈반응의 주생성물은 곁사슬이 많은(더 안정한) 알켄이다.

$$CH_3-CH_2-\underset{\displaystyle Br}{\underset{|}{CH}}-CH_3 \xrightarrow[\text{alcohol}]{KOH} CH_3-CH=CH-CH_3 + CH_3-CH_2-CH=CH_2$$

(앞의 생성물: 주생성물)

$$CH_3-CH_2-\overset{\displaystyle CH_3}{\overset{|}{\underset{\displaystyle Br}{\underset{|}{C}}}}-CH_3 \xrightarrow[\text{alcohol}]{KOH} CH_3-CH=\overset{\displaystyle CH_3}{\overset{|}{C}}-CH_3 + CH_3-CH_2-\overset{\displaystyle CH_3}{\overset{|}{C}}=CH_2$$

(앞의 생성물: 주생성물)

3.7 알켄의 첨가반응

이중결합 분자의 파이전자구름은 단일결합의 시그마전자보다 약한 결합을 형성하고 시약에 대하여 더 노출되어 있다. 알켄에 산이 첨가되면 양성자(H^+)는 친전자체로 작용하여 이중결합을 이루고 있는 두 개의 탄소 원자 중 하나와 시그마결합을 형성한다. 나머지 다른 탄소는 양전하를 띠게 되어 탄소양이온을 생성한다.

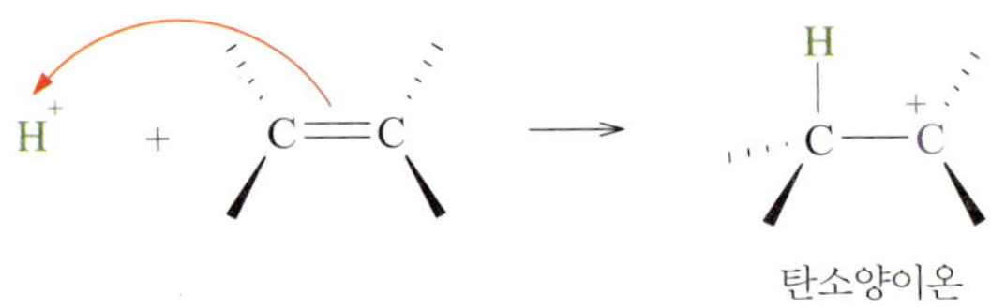

대체로 탄소양이온은 양전하를 띤 탄소 주위에 여섯 개 전자를 갖고 있기 때문에 전자 두 개를 제공하는 물질과 빠르게 결합한다.

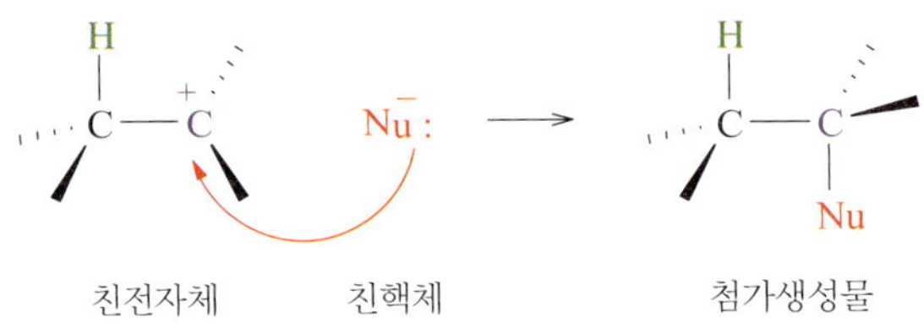

다음 반응식에는 이중결합에 H－Cl, H－OSO_3H 또는 H－OH가 단계적으로 첨가될 때를 나타내었다.

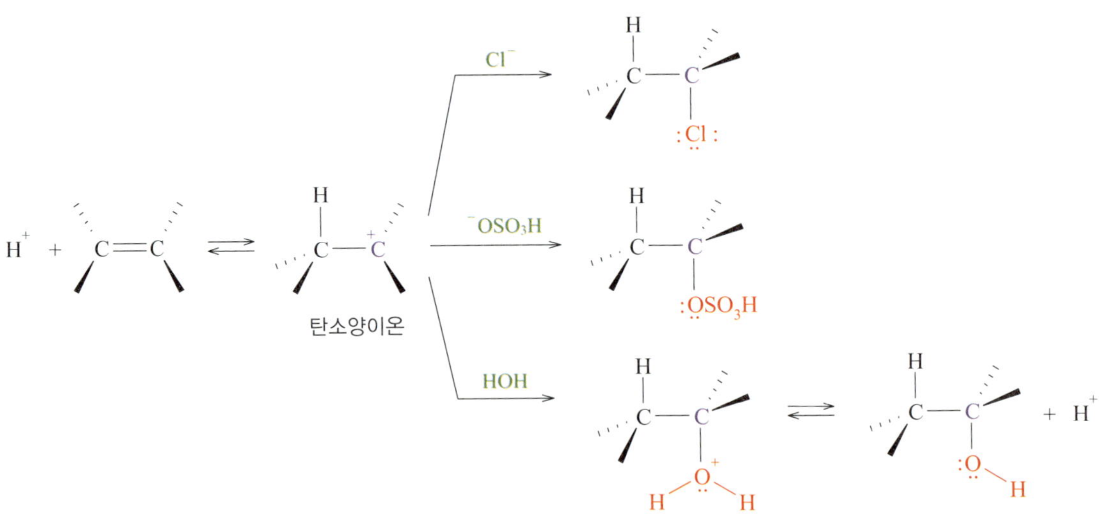

친전자체 H^+가 첨가되면서 탄소양이온 이온을 만들고 다음 단계에서 친핵체와 반응한다. 대부분의 알켄에서 탄소양이온 이온이 형성되는 첫단계 반응은 두 번째 단계보다 느리게 진행한다. 여기서 생성된 탄소양이온 이온은 일반적으로 반응성이 대단히 크기 때문에 빠른 속도로 친핵체와 결합한다. 첨가반응에서 친전자체의 공격은 느린 단계이므로 전체과정을 친전자성 첨가반응이라고 부른다.

(1) HX의 첨가반응

에텐에 HX가 첨가되는 반응은 탄소양이온을 거쳐 단계적으로 진행된다.

1단계 : 친전자체 H^+가 이중결합과 결합하여 탄소양이온이 생김

$$CH_2{=}CH_2 + H^+ (HBr) \longrightarrow \underset{\text{탄소양이온}}{CH_3-\overset{+}{C}H_2}$$

2단계 : 친핵체가 탄소양이온에 반응하여 할로젠화 알킬이 생김

$$CH_3CH_2^+ + Br^- \longrightarrow CH_3-CH_2-Br$$

중간체로 탄소양이온이 생기므로 탄소수가 많은 알켄에 HX가 첨가될 때는 첨가되는 곳이 다르게 나타날 수 있다. 예로서, propene에 HCl이 첨가될 때는 다음 (a) 및 (b)의 두 가지 경로의 반응을 생각할 수 있다.

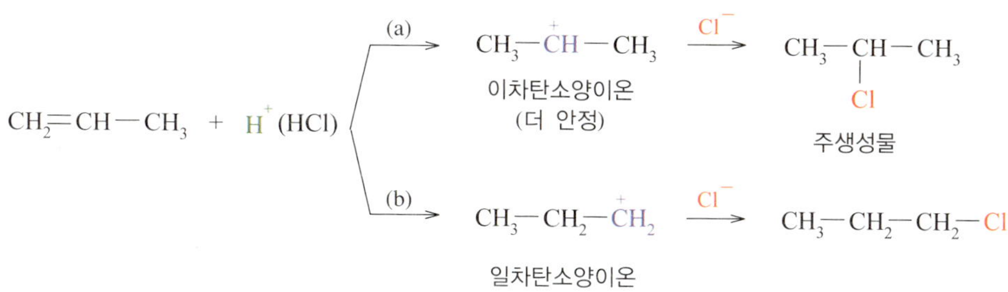

이차 탄소양이온이 일차 탄소양이온보다 더 안정하기 때문에 경로(a) 첨가반응이 일어난다. 알켄에 HX가 "친전자성 첨가반응을 할 때는 안정한 탄소양이온이 생기는 쪽으로 수소가 첨가된다." 이것을 **Markovnikov의 규칙**이라고 한다.

(2) 할로젠 첨가반응

염소나 브롬은 빛이 없는 비활성인 극성 용매 속에서 알켄에 첨가되어 1,2-dihalide로 된다.

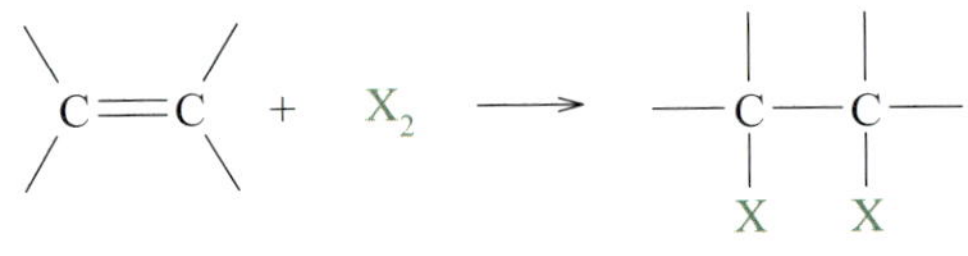

X = Cl, Br　　1,2-Dihalide

1단계 : Br_2 분자는 음전하를 가진 파이전자 구름과 충돌하여 편극되며, 이것이 불안정한 전하 이동착물(charge transfer complex)을 만든다.

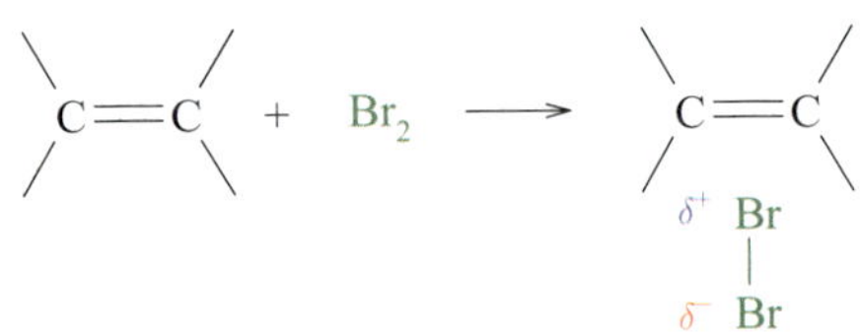

2단계 : 브로모늄(bromonium) 이온의 생성 : 양전하를 띤 브롬은 탄소 이중결합에 접근하여 Br－Br 결합이 끊어지면서 음전하를 가진 브롬 음이온이 이탈되어 브로모늄 이온으로 된다.

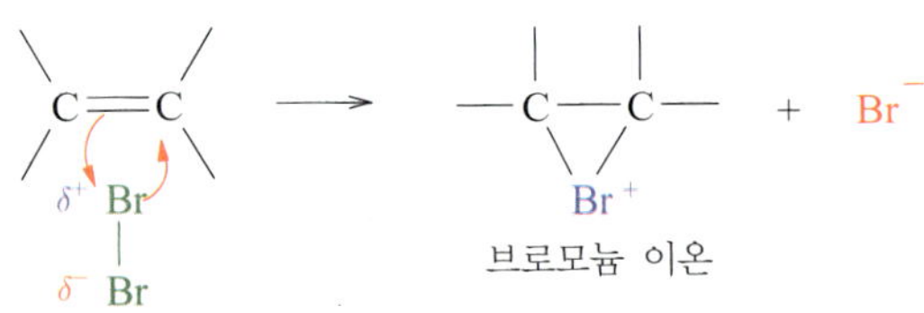

브로모늄 이온

고리형 브로모늄 이온은 에너지론적으로 더 안정하므로 다음과 같은 탄소양이온보다 더 잘 생성된다.

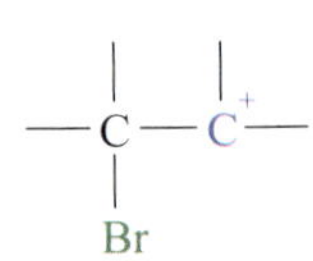

3단계 : 브로모늄 이온에 Br^- 음이온이 친핵성반응을 하여 이브로민 화합물로 된다.

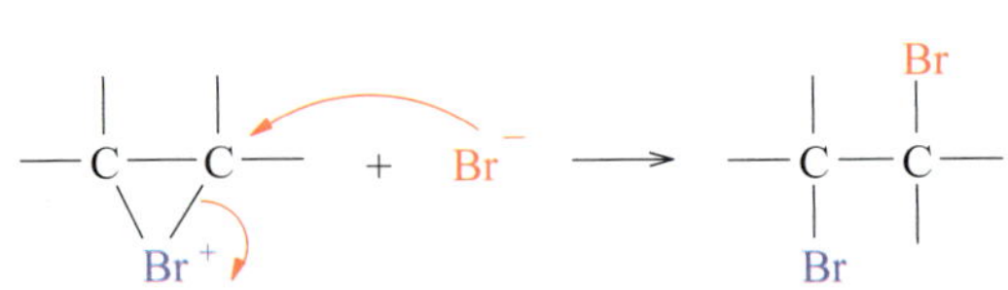

1,2-Dibromide

(3) 수소의 첨가반응

적당한 촉매 존재 하에 수소가 알켄에 첨가되는 과정을 수소화반응(hydrogenation)이라 부른다. 촉매로는 미세한 가루로 된 Ni, Pt 또는 Pd과 같은 금속이 사용된다. 이런 금속들은 금속표면에 수소기체를 흡착하고 수소－수소 결합을 활성화시킨다. 두 개의 수소 원자는 이중결합의 같은 편에 첨가되는 것이 보통이다.

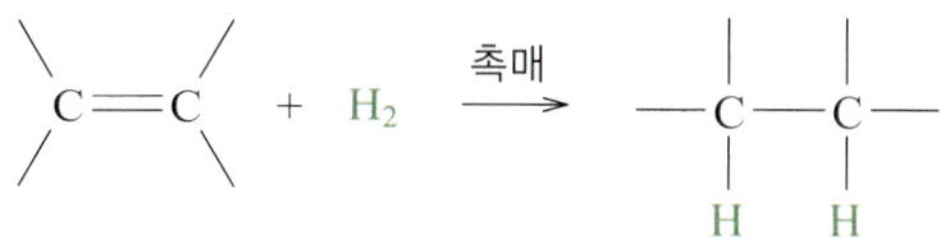

예컨대 1,2-dimethylcyclopent-1-ene을 수소화하면 *cis*-1,2-dimethylcyclopentane이 된다.

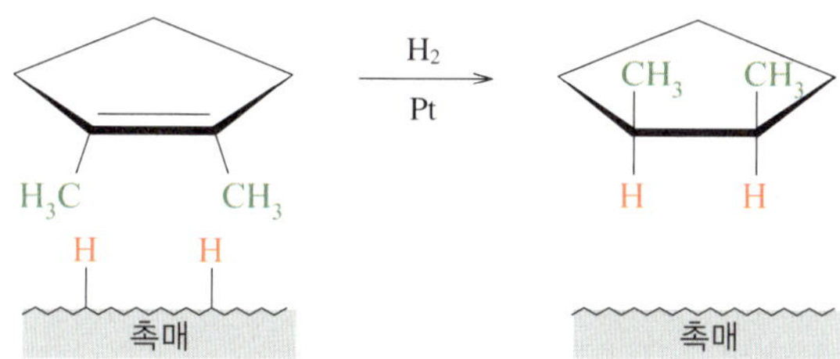

이중결합의 촉매수소화반응은 식물성기름을 마아가린과 다른 식용 지방으로 변환시키는데 공업적으로 사용되고 있다.

(4) 다이엔의 1,4-첨가반응

1 몰의 브로민화 수소를 1 몰의 buta-1,3-diene에 첨가하면 두 가지 생성물이 생성된다.

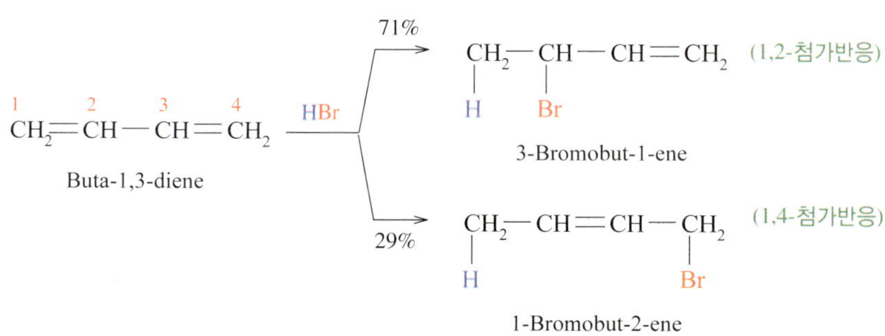

한 생성물은 HBr이 두 개의 이중결합 중 한 개에 첨가되고 나머지 이중결합은 처음 위치에 그대로 남아 있다. 이것을 1,2-첨가반응의 생성물이라 한다. 또 하나의 생성물은 처음에는 기대되지 않았다. 수소와 브로민이 처음 다이엔의 1번 탄소와 4번 탄소에 결합된다. 이 과정을 1,4-첨가반응이라고 부르며 짝지은 계에서는 아주 일반적인 반응이다.

그러면 이와 같이 1,4-첨가 생성물이 생성되는 이유는 무엇인가?

그것은 알릴(allyl) 탄소양이온이 반응 중간체이기 때문이다. H^+를 buta-1,3-diene의 파이결합에 첨가시키면 두 가지 탄소양이온 중간체의 생성이 가능한데, 그것은 일차의 비알릴 탄소양이온과 이차 알릴 탄소양이온이다. 그러나 이차 알릴 탄소양이온이 훨씬 안정되어 있어서 우선적으로 생성된다.

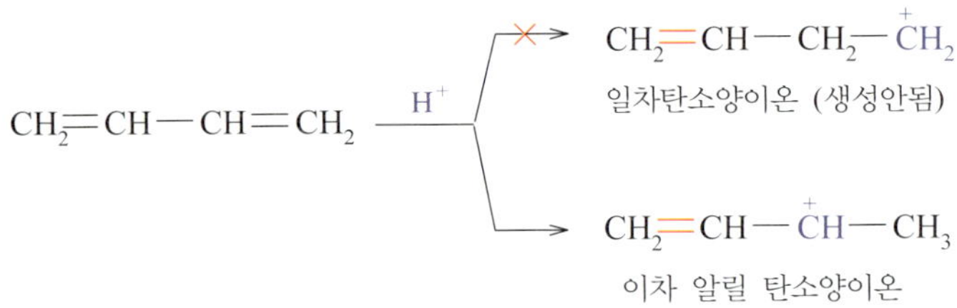

그러면 알릴 탄소양이온이 왜 더 안정한지 그 이유를 살펴보자.

그림 3.3에서 양전하를 가진 탄소 원자의 p 궤도함수가 비어 있기 때문에 이웃 이중결합의 p 궤도함수와 겹칠 수 있다. 궤도함수만 가지고 볼 때 알릴 탄소양이온은 대칭형으로 세 탄소는 sp^2로 혼성되어 있으며 각각은 하나의 p 궤도함수를 가지고 있다. 따라서 중심 탄소의 p궤도함수는 이웃해 있는 두 탄소의 p 궤도함수와 균등하게 겹칠 수가 있다. 두 개의 파이전자는 자유롭게 움직여 세 궤도함수 전체에 퍼져 있다.

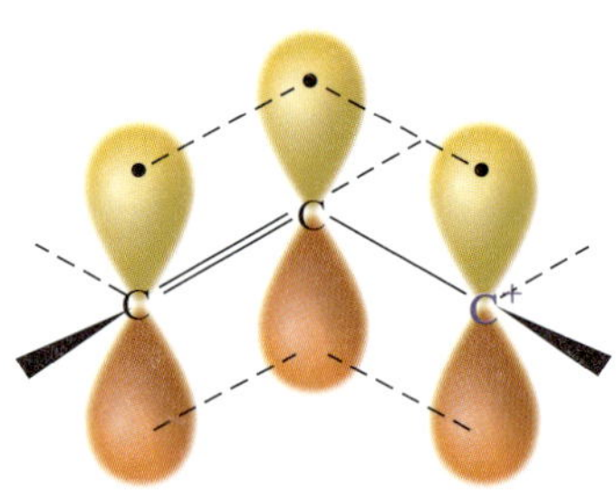

그림 3.3 Allylic carbocation의 궤도함수. 양전하를 띤 탄소에서 비어 있는 p 궤도함수가 이중결합의 p 궤도함수와 겹칠 수 있다.

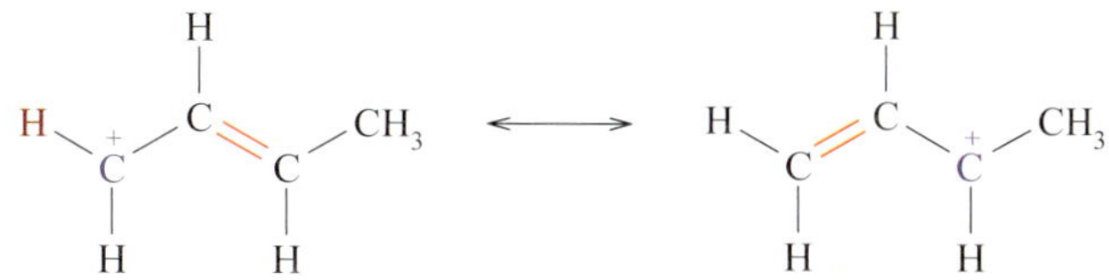

Allylic carbocation의 두 공명 구조

공명에 대한 개념을 파악하는 데 있어 진짜 어려움은 유기화합물을 구조를 그릴 때 선으로는 공명 혼성체를 정확히 그릴 수 없다는 사실이다. 이 때 allylic 탄소양이온의 C－C 결합들은 균일하며 대략 1.5 결합에 해당하고, 또 양전하는 양쪽 끝의 두 탄소에 균일하게 분배되어 있다는 것을 점선을 이용하여 나타내기도 한다.

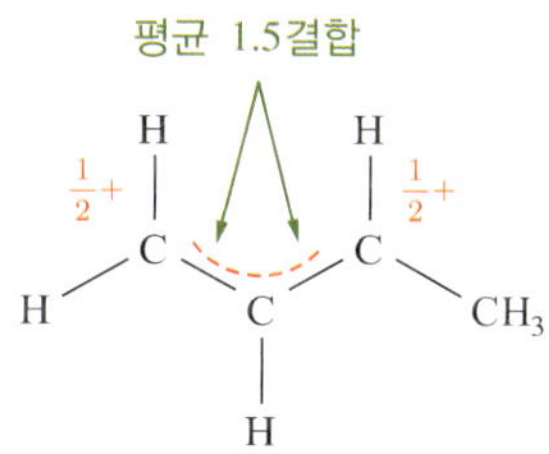

Allylic carbocation

Allylic 탄소양이온의 공명 구조는 안정성 외에도 화학반응에도 영향을 미친다. Buta-1,3-diene이 H^+와 반응하여 allylic 탄소양이온이 형성되고 이것을 bromine 이온이 공격할 때는 C1 또는 C3에서 일어나는데, 이유는 둘 다 양전하를 가지고 있기 때문이다. 결과적으로 1,2-첨가와 1,4-첨가 생성물의 혼합물이 생긴다.

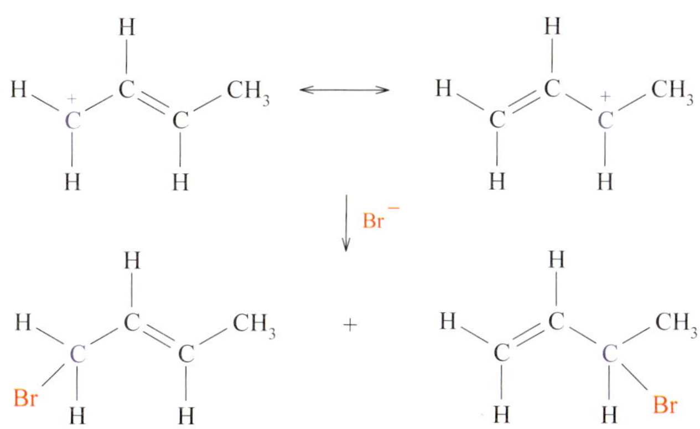

1,4-첨가 (20%)　　1,2-첨가 (80%)

3.8 알켄의 산화반응

(1) 오존분해 반응

알켄은 오존, O_3과 신속히 정량적으로 반응한다. 산소를 고압 하에서 전기방전시키면 오존이 생성된다. 이 오존 기체를 저온의 dichloromethane과 같은 불활성용매에서 알켄 용액에 통과시키면 오존화물이 생성된다. 오존화물은 폭발성이 있으므로 분리하지 않으며 대신 환원제(보통 아연가루와 산용액)로 처리하면 알데하이드와 케톤으로 된다.

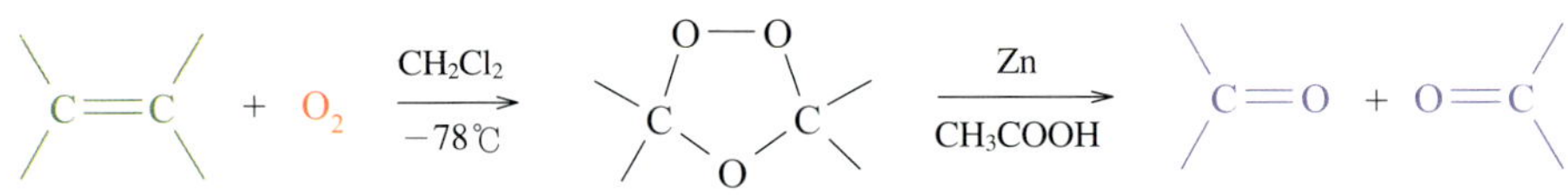

실질적으로는 알켄의 이중결합이 끊어지고 원래의 이중결합의 각 탄소는 두 개의 카보닐기를 형성한다. 이러한 오존분해반응으로 이중결합의 위치를 판단할 수 있다. 예를 들면, but-1-ene은 두 가지 다른 알데하이드로 되고 but-2-ene은 한 가지 알데하이드만 생성한다.

$$\underset{\text{But-1-ene}}{H_2C{=}CHCH_2CH_3} \longrightarrow \underset{\text{Formaldehyde}}{H_2C{=}O} + \underset{\text{Propionaldehyde}}{O{=}CHCH_2CH_3}$$

$$\underset{\text{But-2-ene}}{CH_3CH{=}CHCH_3} \longrightarrow \underset{\text{Acetaldehyde}}{2CH_3CH{=}O}$$

오존분해반응을 이용하면 어느 butene의 이성질체가 어느 것인가 쉽게 알아낼 수 있다. 따라서 오존분해반응에 의한 생성물의 구조를 조사하면 알켄의 구조를 추측할 수 있다.

(2) 과망간산포타슘 용액에 의한 산화반응

일반적으로 알켄은 알케인보다 화학적 산화제에 의하여 더 쉽게 산화된다. 이 시약들은 이중결합의 파이전자들을 공격한다. 알켄을 과망간산포타슘과 반응시키면 글라이콜을 생성한다. 이 반응이 일어나면 보라색이던 과망간산이온은 갈색인 이산화망간으로 침전된다. 이 색의 변화는 알케인과 알켄을 구별하는 검출법으로 이용된다.

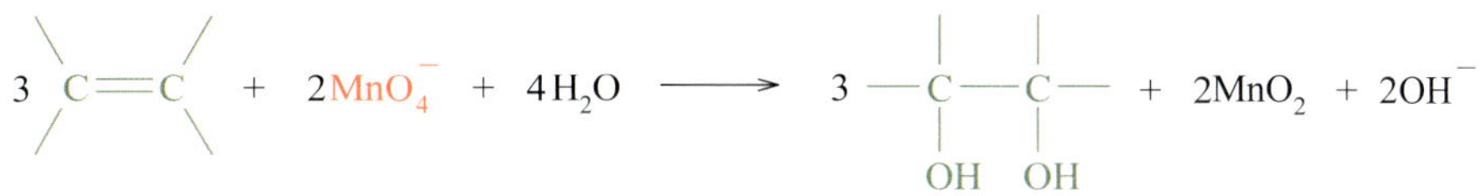

알켄 과망간산 이온 (보라색) 1,2-diol 이산화망간 (흑갈색)

3.9 알카인

탄소－탄소 삼중결합을 가진 화합물을 알카인(alkyne)이라고 한다.

	$H-C\equiv C-H$	$R-C\equiv C-R$
IUPAC명	Ethyne	Alkyne
관용명	(Acetylene)	

"－ene" 대신 "－yne"를 붙이는 것 외는 알켄 때와 똑같다. 삼중결합이 가까운 끝에서부터 주 사슬의 번호를 붙인다. 단 삼중결합보다는 이중결합에 낮은 번호를 매긴다.

$H_3C-C\equiv C-CH_2-CH_3$

Pent-2-yne

$H_2C=CH-C\equiv C-H$

But-1-ene-3-yne

만약 치환기와 모체에 모두 다중결합이 존재할 때는 최대 수의 다중 결합을 갖는 사슬을 모체로 한다. 예를 들어 이중 결합과 삼중 결합이 있다면 삼중 결합을 가지는 사슬을 모체로 한다.

예제 3.10

다음 화합물을 명명하시오.

(1)

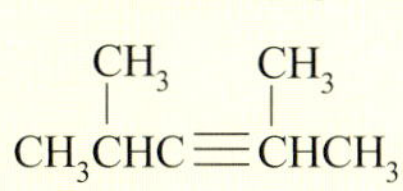

(2)

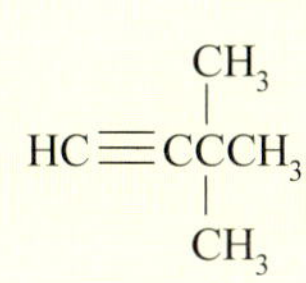

(3)

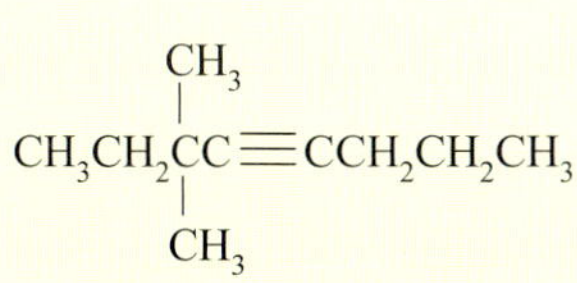

(4)

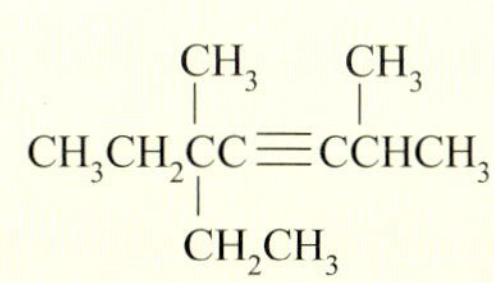

풀이

(1) 2,4-Dimethylpent-2-yne

(2) 3,3-Dimethylbut-1-yne

(3) 3,3-Dimethyloct-4-yne

(4) 5-Ethyl-2,5-dimethylhept-3-yne

알카인의 제법

아세틸렌은 공업적으로 메테인을 산화시켜 만든다.

$$6CH_4 + O_2 \xrightarrow{1500℃} 2\ H-C\equiv C-H + 2CO + 4H_2$$

실험실에서는 바로 이웃하고 있는 두 탄소에 할로젠이 결합된 1,2-dihalide를 센 염기로 처리하여 얻는다.

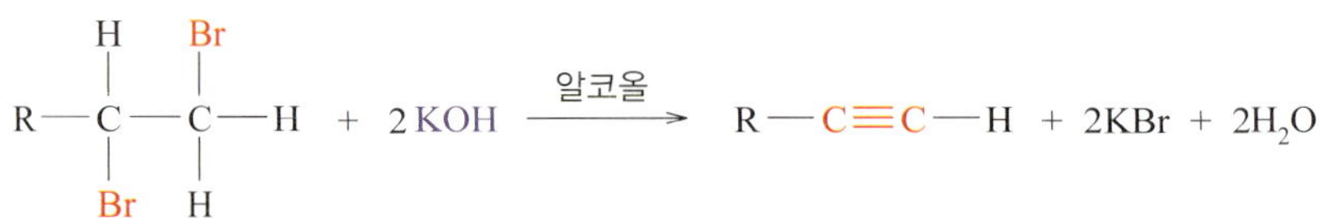

또한 다음과 같은 과정을 거치면 할로젠화 알킬로부터 알카인을 만들 수 있다.

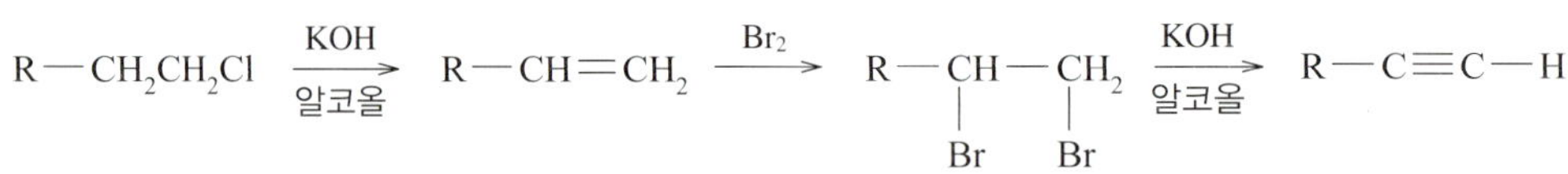

3.10 알카인의 첨가반응

(1) HX와 X_2의 첨가

알카인은 HCl, HBr 및 HI와 반응하여 첨가생성물을 만든다. 이때 보통 1몰의 HX와 반응하여 할로젠알켄을 생성하지만, 시약을 과량 사용하면 dihalide가 된다. 단일 치환된 알카인에 첨가될 때는 Markovnikov 법칙을 따른다.

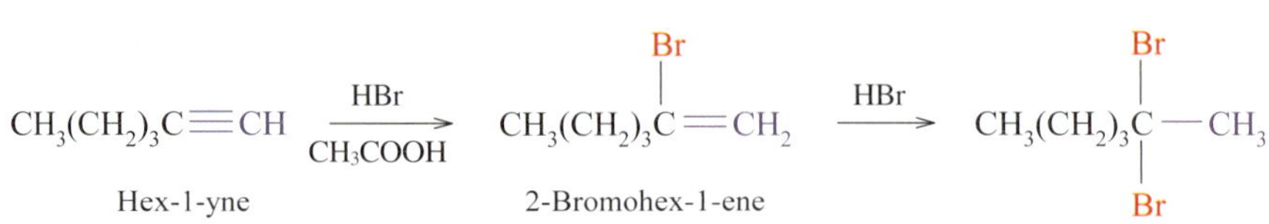

Hex-1-yne 2-Bromohex-1-ene 2,2-Dibromohexane

브롬과 염소도 알카인에 첨가된다.

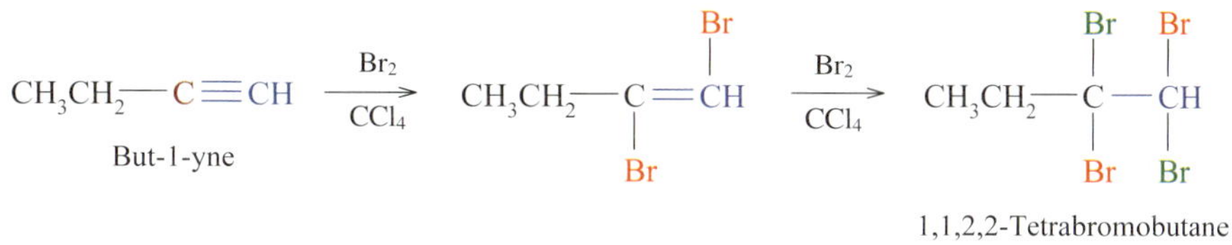

(2) 알카인의 수화반응

알카인을 황산수은 촉매 하에 황산 수용액으로 처리하면 알카인에 물이 첨가된다.

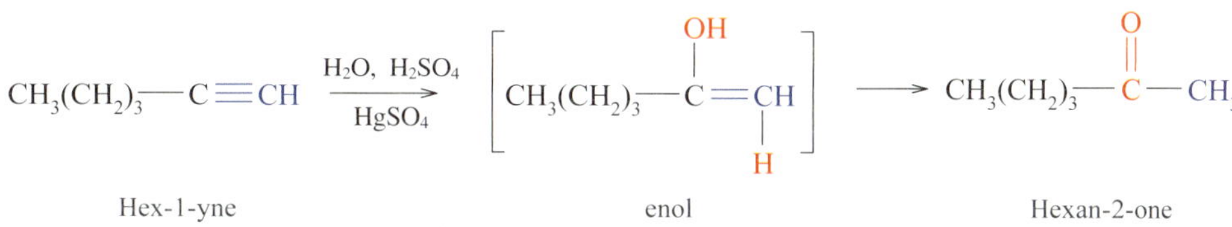

이 수화반응에서는 Markovnikov 법칙에 따른 위치선택성이 나타나는데, H^+는 치환이 낮은 탄소에, OH는 보다 치환이 많이 된 탄소에 붙는다. 재미있는 것은 alkenyl 알코올, 즉 엔올(=알켄+알코올)이 유리되지 않고, 이 엔올이 자리옮김을 하여 안정된 케톤($R_2C=O$)이 된다는 점이다. 엔올과 케톤은 신속하게 상호전환되는데 이 과정을 **토토머화**(tautomerism)라 한다. 토토머는 특이한 형태의 이성질체로 신속하게 평형을 유지하면서 상호전환되는데, 드문 경우를 제외하고 토토머 평형에서는 케톤이 유리하여 엔올은 분리되지 않는다.

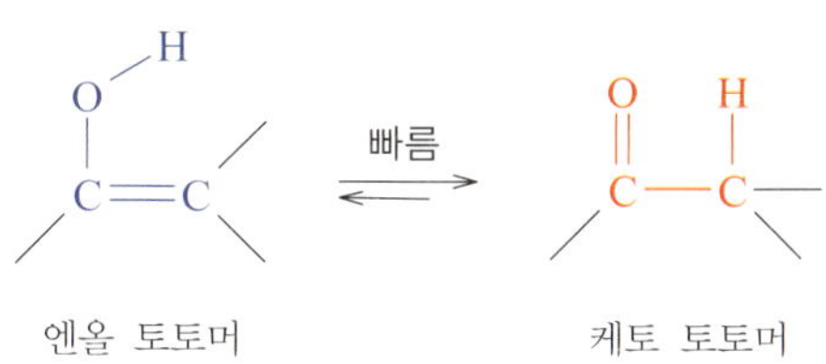

연습문제

01. IUPAC명명법에 의해 다음 화합물을 명명하고, 가능하면 관용명도 적어라.

(a) 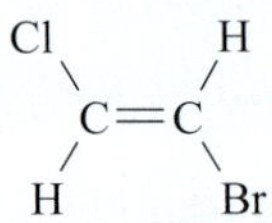

(b) 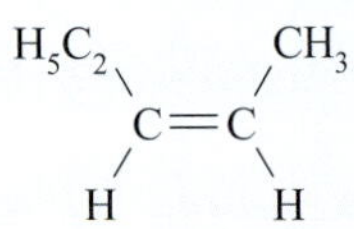

(c) 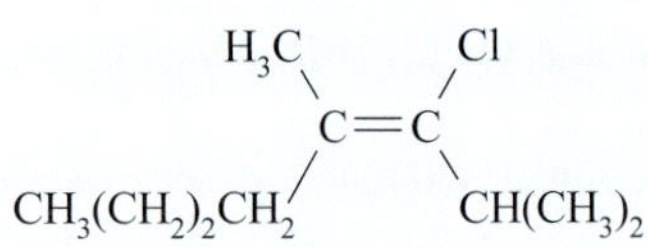

(d) $CH_2=CH-CH_2-Br$

02. 다음 화합물의 구조식을 써라.

(a) 1-Fluoro-2-methylpropene
(b) *cis*- 및 *trans*-Hex-2-ene
(c) *cis*-Dichloroethylene
(d) Allyl radical
(e) Propenyl Bromide
(f) *trans*-1-Bromo-2-neopentylhex-3-ene
(g) *cis*-2,3-dibromo-4-vinylhept-2-ene

03. 다음 화합물에서 *n*-butane을 합성하여라.

(a) Butene
(b) 2-Bromobutane
(c) Ethyl bromide
(d) Propane

04. 다음 화합물에 대한 각 이성질체의 구조를 쓰고, 예상되는 쌍극자 모멘트의 방향을 나타내어라.

(a) 1,2-Dichloroethane
(b) But-2-ene
(c) 1-Chloropropene
(d) 2.3-Dibromo-but-2-ene

05. 다음 화합물에서 but-2-ene의 제법을 식으로 써라.

(a) 할로젠화 알킬
(b) 알코올
(c) Alkyne

06. 구조식을 써서 다음 화학반응식을 완결하여라.

(a) sec-Butyl bromide $\xrightarrow[\text{알코올속}]{KOH}$

(b) $CH_3-C\equiv C-CH_3$ $\xrightarrow{+\ ?}$ *cis*-but-2-ene

$\xrightarrow{+\ ?}$ *trans*-but-2-ene

07. 다음 화합물의 계통명과 그 관용명이 있으면 적고 분리된, 짝지은 또는 연이은 polyene 등으로 분류하라.

(a) 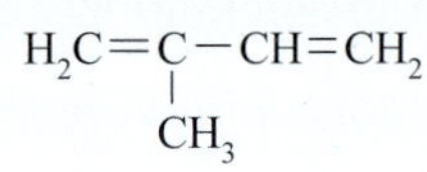

(b) 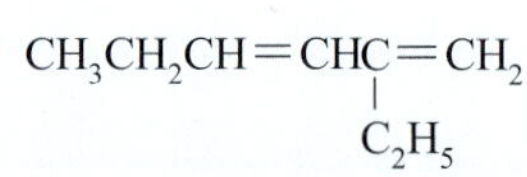

(c) 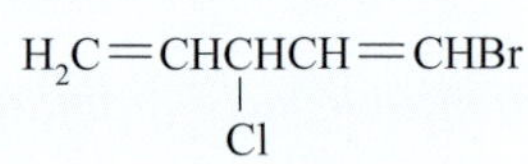

(d) 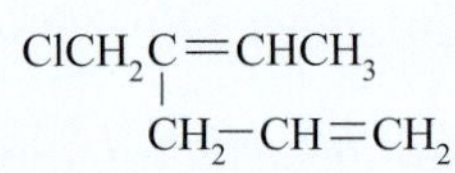

08. 다음 화합물에 한 분자의 HBr를 첨가시킬 때 생기는 화합물은?

(a) Octa-3,5-diene
(b) 3-Methylpenta-1,3-diene
(c) 2,3-Dimethylbuta-1,3-diene
(d) Isoprene

09. 어떤 탄화수소를 가오존분해시켰더니 2당량의 formaldehyde와 1당량의 다음 화합물이 생성되었다. 이 탄화수소의 이름과 구조를 써라.

$$HC(=O)-C(CH_3)_2-C(=O)-C_2H_5$$

10. 다음 화합물의 구조식을 써라.

(a) Oct-3-yne
(b) Isopropyl acetylene
(c) Propargyl alcohol
(d) Propynyl magnesium bromide
(e) Hexachlorobutyne
(f) Hept-1-ene-4-yne

11. 다음 식을 완결하라.

(a) $H_3C-CH(CH_2Cl)-C\equiv C-CH_3 \xrightarrow{HI} ? \xrightarrow{HBr} ?$

(b) $H_3C-C\equiv C-CH(CH_3)_2 \xrightarrow{Na/NH_4OH} ?$

(c) $CH_3-C\equiv CH + ? \longrightarrow CH_3-CCl=CHCl$

(d) $CH_3-C\equiv CH + ? \longrightarrow CH_3-C(=O)-CH_3$

04 입체화학

입체화학은 유기분자의 삼차원적 구조를 연구하는 분야로서 분자를 구성하는 원자들이 공간에서 서로 어떻게 배열되어 있는가를 연구하는 것이다. 많은 분자들의 물리 화학적 성질은 원자의 공간적 배열에 의하여 결정된다. 같은 조성을 가지지만 구조가 다른 화합물을 이성질체라고 한다. 이성질체는 물리적 · 화학적 성질이 다른데, 크게 구조이성질현상과 입체이성질현상으로 나눌 수 있다.

화합물 속에서 서로 연결되어 있는 원자의 특성과 순서를 선-결합구조식으로 나타낼 수 있는데, 좀 더 간결한 구조식으로도 표현할 수 있다.

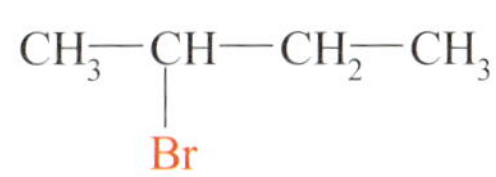

$CH_3CH(Br)C_2H_5$

1. **구조이성질체** : 분자식은 같지만 결합된 원자순서가 다른 것을 말한다.

① 골격이성질체 : 펜테인은 직선형과 곁사슬구조를 가진다.

② 위치이성질체 : 원자나 기가 다른 위치에 결합된 것

1-Bromobutane　　2-Bromobutane

③ 작용기이성질체 : 작용기가 다른 구조이성질체

CH_3-O-CH_3　　CH_3-CH_2-OH

Dimethyl ether　　Ethanol

④ 토토머 : 동적인 구조이성질체를 나타내는 것

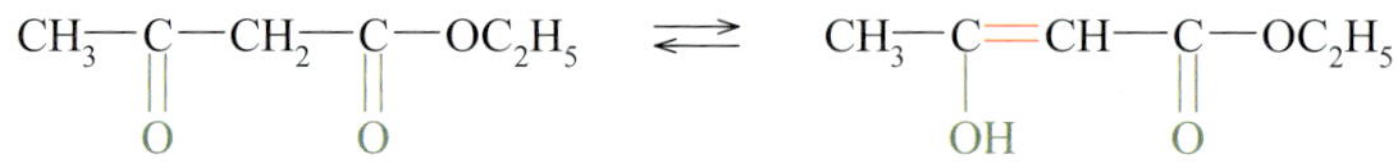

케토 형 엔올 형

2. **입체이성질체** : 구조식은 같으나 원자의 공간적 배열이 다른 것을 말한다.

① **부분입체이성질체(diastereomer)** : 거울상이성질체를 제외한 모든 입체이성질체

a. **형상이성질체** : 단일결합 주위의 자유회전과 결합각의 유동성 때문에 최소에너지를 취하는 입체이성질체. 이것은 이성질체 사이의 에너지 차가 작기 때문에 보통 분리할 수 없다. 예를 들면, *n*-뷰테인의 형태이성질체는 다음과 같다.

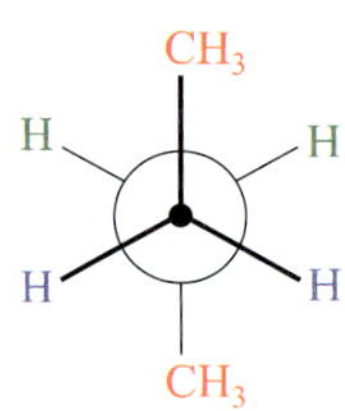

뷰테인의 안티 형태

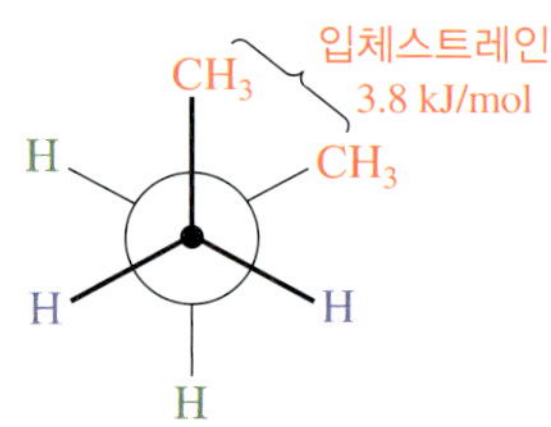

뷰테인의 고우시 형태

b. **기하이성질체** : 기하이성질체의 상호변화(이성질화)는 결합이 절단되어 재결합되어야만 일어날 수 있으므로 분리가 가능하다. 예로 이중결합을 가지고 있는 물질의 *E*-, *Z*-, 그리고 시스-, 트랜스- 화합물이 있다.

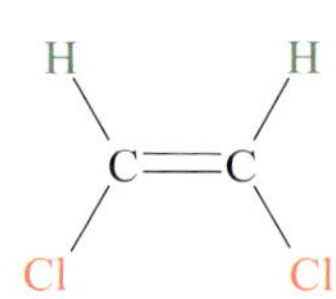

cis-1,2-다이클로로에텐

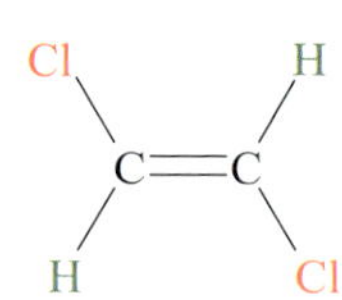

trans-1,2-다이클로로에텐

② **거울상이성질체**

탄소 주위의 네 개의 작용기가 모두 다를 경우 서로 거울상은 되지만 겹쳐지지 않는 이성질체가 존재한다. 결정모양, 비중, 끓는점과 같은 물리적, 화학적 성질은 모두 일치하나 편광된 빛을 흡수하는 정도가 다르다. 거울상이성질체는 sp^3 혼성탄소의 정사면체 입체화학의 결과이며, 유기화학과 생물학적인 화학에서 매우 중요하다.

4.1 거울상이성질체

CH_3X, CH_2XY, CHXYZ로 표시된 분자들을 살펴보자. 왼쪽에는 세 개의 분자들이 있고, 오른쪽에는 거울에 비친 거울상들이 있다. CH_3X와 CH_2XY 분자는 거울상과 겹치는 반면(같은 배열), CHXYZ 분자는 거울상과 겹치지 않는다.

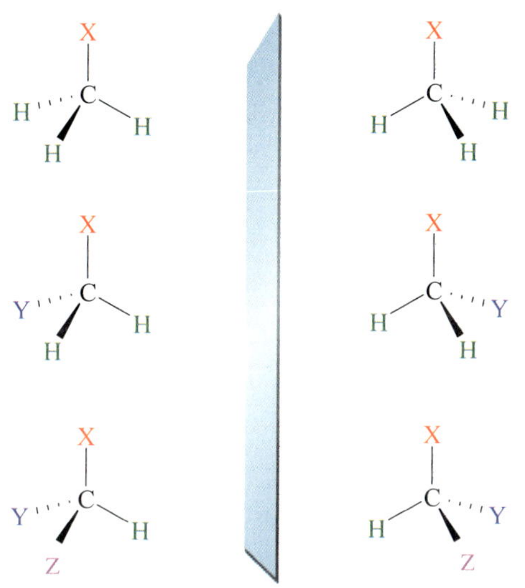

어떤 화합물이 거울상화합물과 서로 포개질 수 없을 때 그 화합물은 비대칭이다. 이런 비대칭 분자의 거울상은 마치 오른쪽 장갑과 왼쪽 장갑과 같은 관계에 있다. 거울상을 서로 포갤 수 있으면 그 분자는 광학적으로 비활성이다.

서로 포갤 수 없는 거울상의 관계에 있는 두 분자를 **거울상이성질체**(enantiomer)라고 한다. 거울상이성질체는 비대칭분자이며, 제 각기 광학 활성을 갖는다. 거울상이성질체는 결합된 기의 방향만 다르다. 예를 들면, 락트산(2-하이드록시프로판산)은 중심 탄소 원자에 네 개의 다른 기(OH, H, CH_3, COOH)가 결합되어 있으므로 한 쌍의 거울상이성질체가 존재한다. 이 거울상이성질체들은 (+)-락트산과 (−)-락트산으로 불린다.

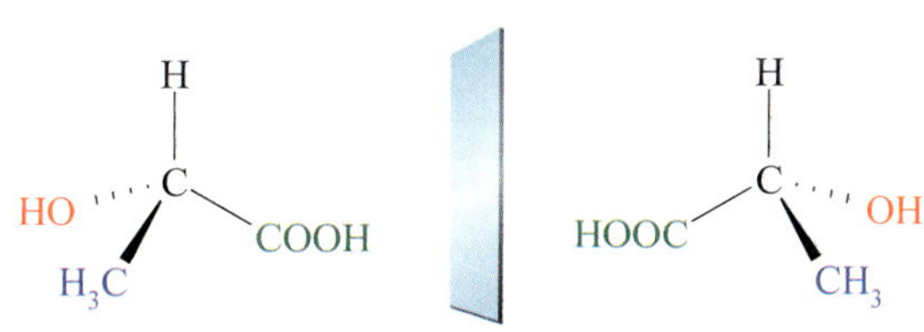

(+)-락트산　　(−)-락트산

어떻게 회전하더라도 (+)-락트산 분자를 (−)-락트산 분자에 포갤 수 없다. 예로, H와 OH가 포개지면 COOH와 CH_3는 포개지지 않는다.

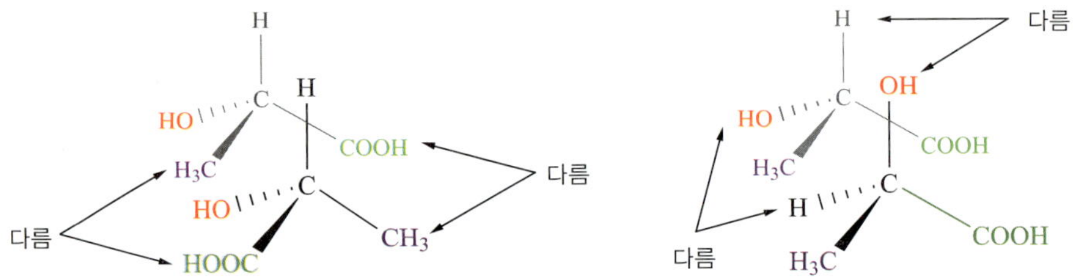

4.2 카이랄성

분자는 자신의 거울상과 동일하지 않을 경우 두 개의 이성질체를 갖는다. 이를 **카이랄**(chiral, 손을 뜻하는 그리스어 cheir에서 유래)이라 한다. 어떤 분자가 대칭면을 가지면 이것은 카이랄이 아니다. 대칭면이란 어떤 분자의 중심을 반으로 잘라 분자의 한쪽 반이 정확히 다른 쪽 반과 일치하는 면이다. 예로 손잡이 없는 컵은 대칭면을 갖는다.

대칭면을 갖는 분자는 거울상과 동일한데 이를 아카이랄(achiral)이라 한다. 프로판산, CH_3CH_2COOH는 대칭면을 갖지만, 락트산, $CH_3CH(OH)COOH$는 대칭면이 없으므로 카이랄이다. 탄소 원자는 네 개의 다른 치환기를 가질 수 있기 때문에 카이랄성일 수 있으며, 탄소 원자를 카이랄성 중심이라 부른다.

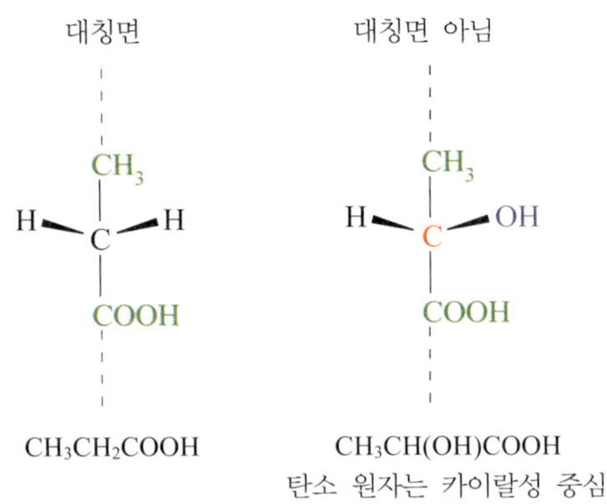

모든 비대칭화합물은 광학적으로 활성이며, 거울상이성질체로 있다. 분자의 비대칭성은 분자 속에 비대칭으로 치환된 원자가 있기 때문이다. **비대칭탄소**란 2-뷰탄올의 C_2와 같이 네 개의 다른 치환기를 가진 탄소 원자를 뜻한다. 따라서, 비대칭 탄소 원자를 한 개만 가졌더라도

그 화합물은 광학적으로 활성이다. 비대칭 탄소를 가져야만 광학 활성을 언제나 나타내는 것은 아니고, 그의 거울상이성질체를 포갤 수만 없으면 된다.

1891년 Emil Fisher은 평면인 종이에 정사면체의 탄소 원자에 대한 투영을 나타내는 방법인 **Fischer 투영도**를 제안하였고, 오늘날 특히 탄수화물의 화학에서 카이랄 중심을 입체화학을 나타내는 표준방법이 되었다. Fisher 투영식에서는 정사면체의 탄소 원자는 두 개의 교차선으로 표시된다. 수평선은 종이면의 앞쪽으로 튀어나온 결합을, 수직선은 종이면의 뒤쪽에 들어가 있는 결합을 나타낸다. 그리고 편의상 가장 긴 탄소사슬을 수직으로 놓는다. 2-뷰탄올의 거울상이성질체는 다음과 같은 투시도로 나타낼 수 있다.

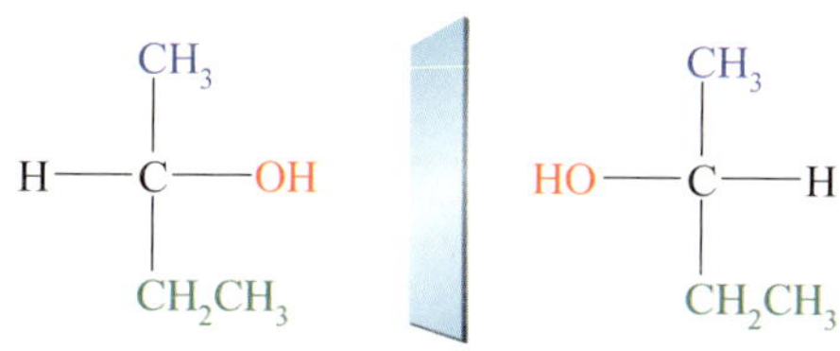

Fisher 투영도 ; 2-뷰탄올의 거울상이성질체

1,1-다이클로로에테인과 같은 대칭분자는 분자 내에서 두 거울상태로 나눌 수 있는 대칭면을 가진다.

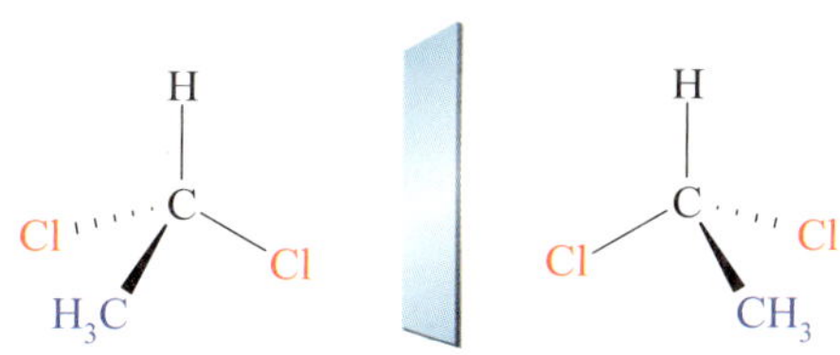

거울상이성질체가 아님(같은 분자)
포갤 수 있는 거울상이성질체 : 광학비활성

광학 이성질현상을 나타내는 반전이성질체의 예는 1,1-다이클로로에테인의 염소 한 개를 페닐기로 교환한 것이다.

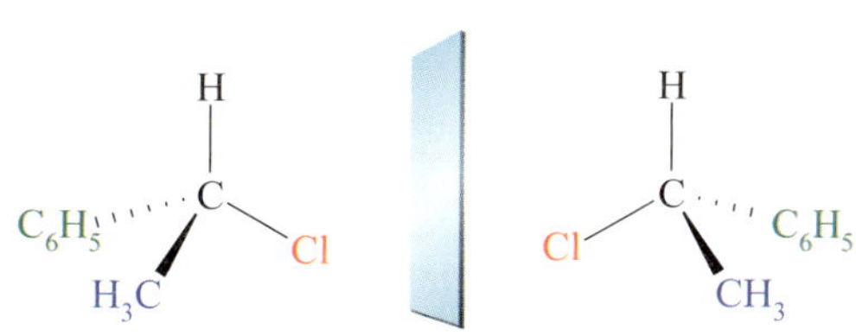

거울상이성질체(다른 분자)
포갤 수 없는 거울상, 광학 활성

예제 4.1

$CH_3CH_2CH(OH)CH_3$의 Fisher구조를 그리고, 카이랄탄소를 표시하시오.

풀이

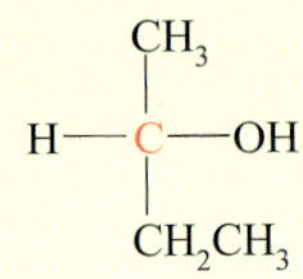

4.3 광학활성

보통 광선은 광선의 진로에 수직으로 진동하는 파(wave)들로 구성되어 있다. 이런 광선을 편광기에 통과시키면 단일면을 따라 진동하는 하나의 파만 통과하고 다른 모든 광파는 폐쇄된다.

19세기 초기에 프랑스 물리학자 J. B. Biot은 평면편광이 어떤 물질용액을 통과할 때 편광면이 회전한다는 사실을 관찰하였다. 평면 편광이 설탕 용액을 통과할 때 편광면은 66° 정도 회전하여 새로운 면을 형성한다. 모든 유기화합물이 그런 성질을 가지고 있지는 않다. 그림 4.1에서와 같이 먼저 광학 활성인 화합물을 시료관에 넣고 평면 편광을 통과시키면 편광면이 회전한다. 또 통과된 빛을 분석기라고 하는 회전이 가능한 제2의 편광기를 통과시킨다. 이 때 빛이 통과될 때까지 제2의 편광기를 회전시키면 새 편광면의 회전정도를 측정할 수 있다. 측정된 회전을 α로 나타내며 편광면을 오른쪽(관찰자가 보았을 때 시계방향)으로 회전시킨 화합물을 **우회전성**(dextrorotatory)이라고 하고 α는 양(+)의 값으로 나타낸다. 편광면을 왼쪽(관찰자가 보았을 때 반시계 방향)으로 회전시킨 화합물을 **좌회전성**(levorotatory)이라고 하며 α는 음(−)의 값을 갖는다. 예로 (−)-morphine은 좌회전성이고, (+)-sucrose는 우회전성이다. 편광면의 회전각도는 같으나 방향만 반대이다.

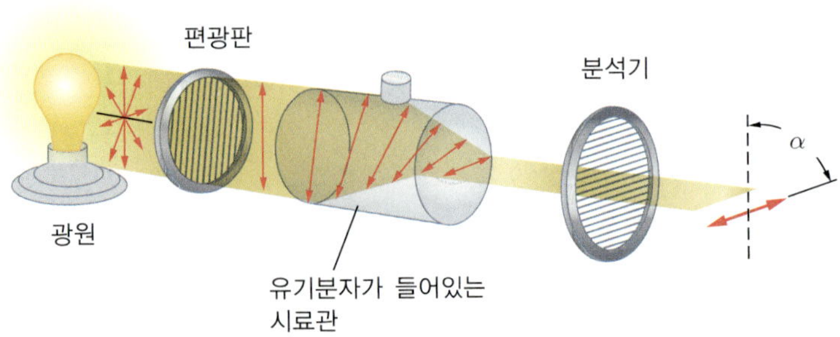

그림 4.1 편광계의 원리

거울상이성질체는 생물체내 반응에서 매우 중요하다. 거울상이성질체 중 하나는 생물학적으로 활성이지만 다른 쪽은 비활성인 경우가 많다. 거울상이성질체를 같은 양 혼합한 것을 **라세미 혼합물**(racemic mixture) 또는 라세미체(racemate)라고 한다. 라세미체는 두 거울상이성질체의 농도와 광회전도는 같고 단지 그 방향만 다르기 때문에 광학적으로 비활성이며, 녹는점, 용해도 및 밀도는 다를 것이다. 이런 광학적으로 비활성인 라세미혼합물은 여러 가지 방법으로 광학 활성인 두 거울상이성질체로 분리할 수 있다.

4.4 배열의 순차결정규칙

만일 어떤 화합물 A의 비대칭 중심을 반전시키지 않고 B로 변환시킬 수 있다면, A는 B와 같은 상대적 배열을 하고 있다고 말할 수 있다. 예를 들면, D-(−)-타타르산은 비대칭 중심의 결합을 절단하지 않고 여러 화학반응을 거쳐 D-(+)-글리세르알데하이드로 변화시킬 수 있다. 따라서 D-(+)-글리세르알데하이드의 아래쪽에서 두 번째 탄소의 배열은 D-(−)-타타르산의 상대적 배열과 같다고 말할 수 있다.(탄수화물의 가장 아래쪽에 있는 카이랄성 중심의 하이드록시기가 오른쪽에 있을 때 D-당류이고 반대는 L-당류로 표기한다)

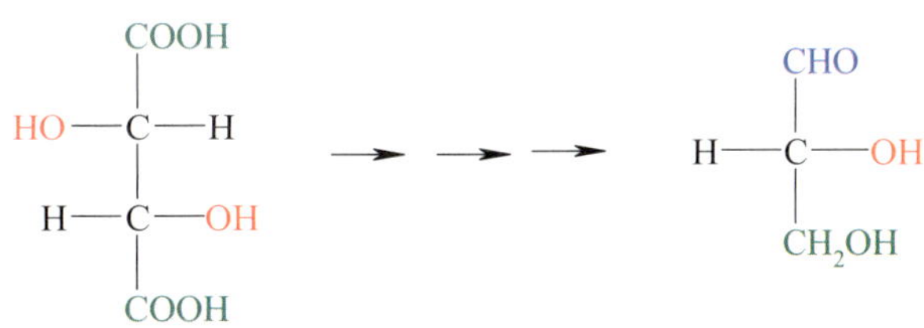

D-(−)-Tartaric acid　　D-(+)-Glyceraldehyde

여기서 유의할 것은, 편광면의 회전방향을 바탕으로 하여 절대 배열을 나타낼 수 없다는 것이다. 예를 들면, 다음 락트산의 유도체는 (+)-젖산과 같은 절대 배열의 비대칭 탄소를 갖고 있지만 좌회전성을 나타낸다.

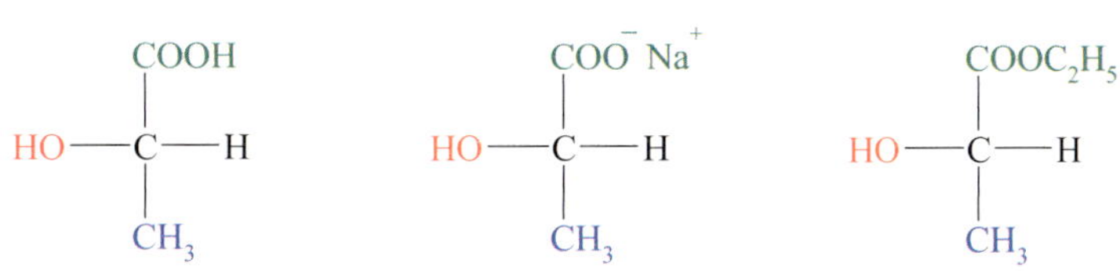

(+)-Lactic acid　　(−)-Sodium lactate　　(−)-Ethyl lactate

이 때문에 탄수화물을 명명할 때 D- 및 L-를 사용하는데, 비대칭 탄소 한 개를 가진 가장 간단한 탄수화물인 D- 및 L-글리세르알데하이드가 기준물질로 선택되었다. D와 L 표기는 주어진 탄수화물이 평면 편광을 회전시키는 방향과 상관관계가 없음에 유의한다. D-당은 우회전성일 경우도 좌회전성일 경우도 있다.

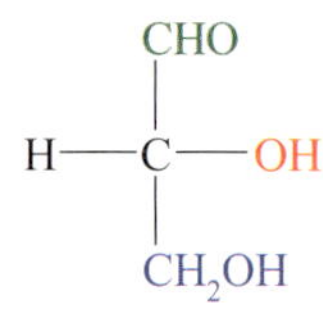

D-Glyceraldehyde

OH기가 우측에 있음

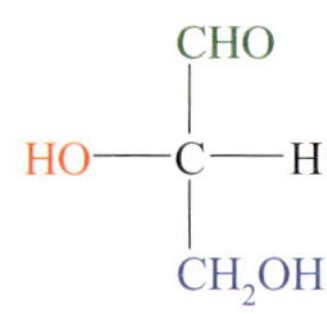

L-Glyceraldehyde

OH기가 좌측에 있음

순차결정규칙 (*R*, *S* 계)

카이랄중심에 연결된 치환기들의 배열을 나타내기 위한 방법이 필요한데, 2장에서 다룬 *E*와 *Z* 알켄의 입체화학을 정하는 데 사용한 순차결정규칙을 사용할 수 있다.

제 1 단계 : 비대칭 탄소(C*)에 직접 결합된 기나 원자를 원자번호가 감소하는 순서(동위원소는 원자량)로 배열한다. 예를 들면 :

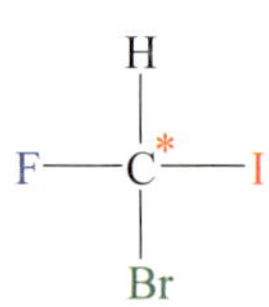

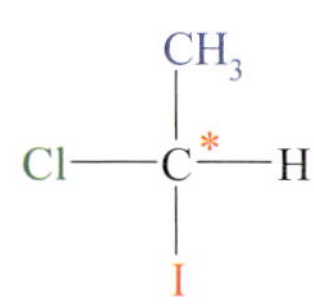

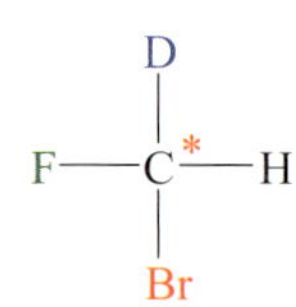

우선순위 I > Br > F > H   I > Cl > C > H   Br > F > D > H

비대칭 탄소에 둘 혹은 그 이상의 같은 원자가 결합되었을 때는 다음 원자의 원자번호에 의하여 순위를 결정한다. 예를 들면,

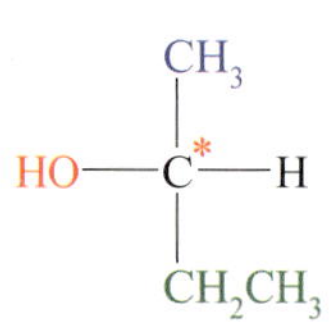

OH > C_2H_5 > CH_3 > H

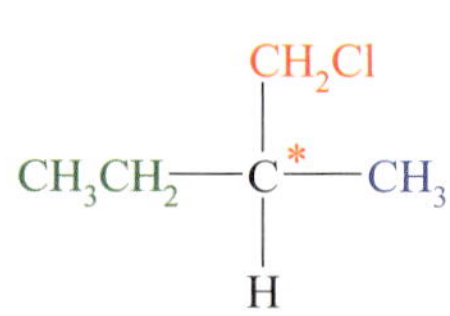

CH_2Cl > C_2H_5 > CH_3 > H

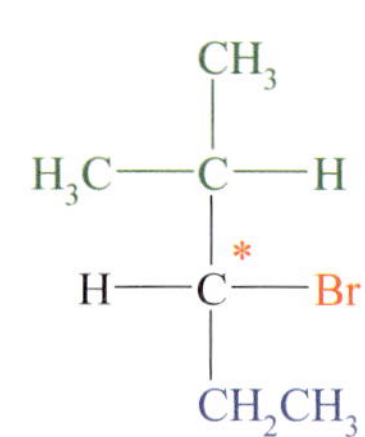

Br > $(CH_3)_2CH$ > CH_2CH_3 > H

이중으로 결합된 원자는 이중으로 계산한다. 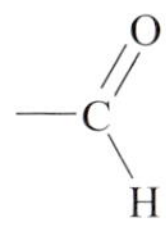 는 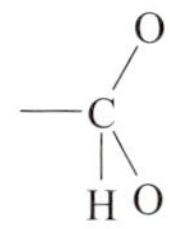 로 간주한다. 예로,

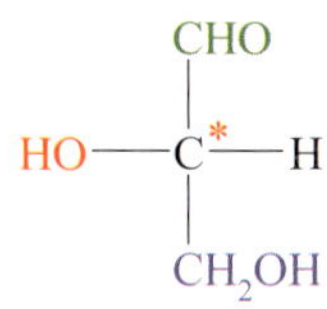

OH > CHO > CH_2OH > H

제 2 단계 : 비대칭 탄소 주위의 우선순위가 결정되면 우선순위가 가장 낮은 기를 지면에서 가장 먼 곳에 있도록 분자를 배열한 다음 나머지 세 개의 기를 순서대로 시계방향으로 배열하면 그 분자의 배열은 *R* (라틴어 : rectus = 오른쪽)이 되고, 만일 시계와 반대방향이면, *S* (라틴어 : sinister = 왼쪽)라고 한다.

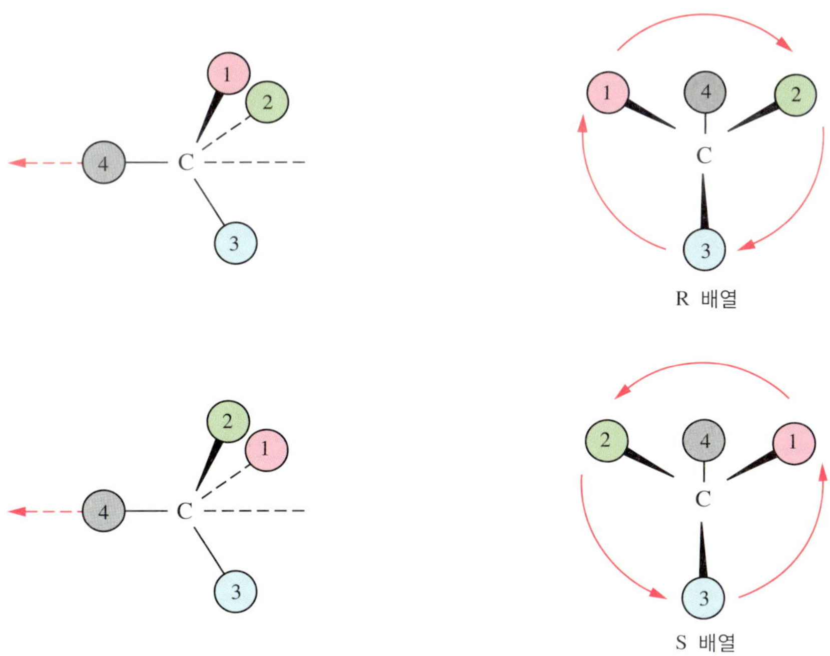

그림 4.2 입체중심에 대한 *R*, *S* 의 상대적 배열 지정.

가장 낮은 우선순위(4)의 치환기가 관찰자에서 가장 먼 쪽에 분자를 놓으면 남은 세 치환기들이 마치 운전대처럼 관찰자를 향한다. 만약 우선순위의 감소 방향 1 → 2 → 3이 시계 방향(오른쪽으로 회전)이면 중심은 *R* 배열이고 우선순위의 감소 방향 1 → 2 → 3이 시계 반대 방향(왼쪽으로 회전)이면 *S* 배열이다.

예제 4.2

다음 치환기 쌍의 우선순위를 결정하시오.

(1) $-H$, $-OH$, $-CH_2CH_3$, $-CH_2CH_2OH$

(2) $-COOH$, $-COOCH_3$, $-CH_2OH$, $-OH$

풀이 (1) $-OH > -CH_2CH_2OH > -CH_2CH_3 > -H$

(2) $-OH > -COOCH_3 > -COOH > -CH_2OH$

예제 4.3

다음 분자의 입체 중심에 대한 *R*, *S*의 배열을 지정하라.

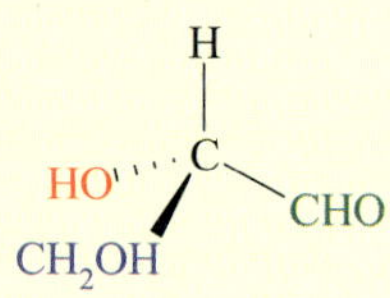

(1) 글리세르알데하이드

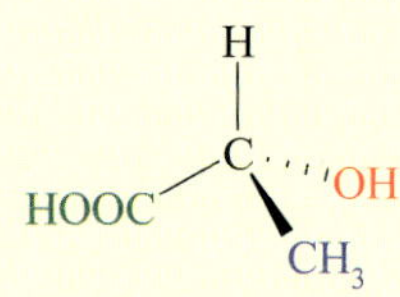

(2) 락트산

풀이

(1) 입체중심을 3차원으로 머릿속에 그리고 치환기를 배치하는 데 연습이 필요하다. 관찰자가 가장 낮은 우선순위 기의 반대편에 있도록 한다. 그리고나서 여러분 자신이 관찰자의 위치에 있다고 상상하고 보이는 대로 다시 그린다. 먼저 글리세르알데하이드의 우선순위를 정하면 OH > CHO > CH_2O > H의 순이다. 우선순위가 가장 낮은 H 원자를 관찰자의 가장 먼 곳에 놓으면 다음과 같은 배열이 된다.

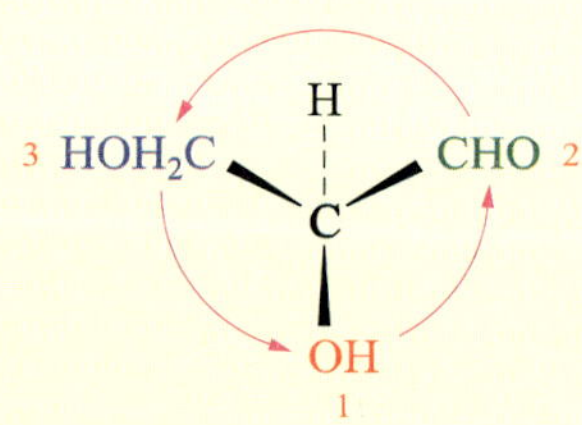

중앙의 탄소를 중심으로 우선순위의 회전이 왼쪽으로 회전하므로 이 글리세르알데하이드의 상대적 배열은 *S*이다. 따라서 이 화합물의 이름은 *S*-글리세르알데하이드이다.

(2) 락트산의 우선순위는 OH > COOH > CH_3 > H이다.

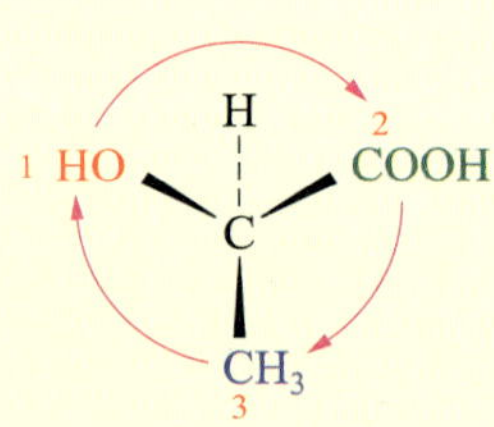

중앙의 탄소를 중심으로 우선순위의 회전이 오른쪽으로 회전하므로 이 락트산의 상대적 배열은 *R*이다. 따라서 이 화합물의 이름은 *R*-락트산이다. 단, *R* 및 *S* 거울상이성질체를 같은 양 섞은 라세미 혼합물에 대해서는 접두사 *RS*를 붙인다.

예제 4.4

(*R*)-2-Chlorobutane의 정사면체 모양을 그리시오.

풀이

2-Chlorobutane의 분자식은 $CH_3CH(Cl)CH_2CH_3$이다.
카이랄성 중심에 결합된 치환기의 우선순위를 정한다.

$$-Cl > -CH_2CH_3 > -CH_3 > -H$$

순위가 가장 낮은 H를 가운데로 고정시키고 나머지 치환기의 회전방향이 시계방향이 되도록 한다.

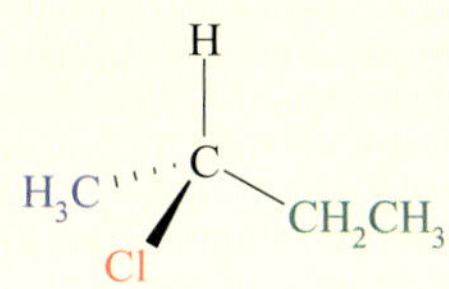

4.5 부분입체이성질체

카이랄성 중심이 한 개인 분자들은 두 개의 거울상이성질체만 존재하기 때문에 비교적 간단하다. 그러나 한 개 이상의 카이랄성 중심을 가지는 분자는 더 복잡하다.

아래 나타낸 $CH_3CH(OH)CH(CH_3)CH_2CH_3$는 두 개의 카이랄성 탄소를 갖는다. 아래 두 분자는 입체이성질체이지만 거울상 이성질체는 아니다. 이런 이성질체를 **부분입체이성질체** (diastereoisomer)라고 하는데, 서로 포갤 수 없으나 광학적으로 활성이다.

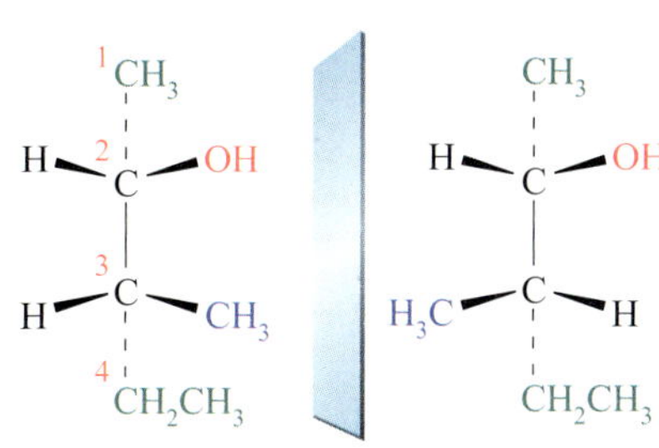

(a) (b)

(a)와 (b)는 부분입체이성질체 관계에 있다.

비대칭 탄소 원자를 두 개 가진 화합물은 네 개의 입체이성질체를 갖는다. 예를 들면, 2,3-다이브로모뷰테인의 C_2 및 C_3은 비대칭이다.

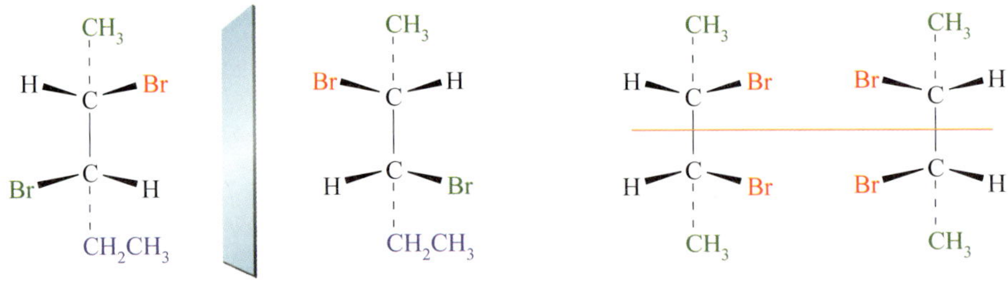

(c) (d) (e) (f)

포갤 수 없는 거울상 = 광학활성 거울상이성질체 포갤 수 있는 거울상 = 광학적으로 비활성분자

화합물 e와 f는 c및 d의 부분입체이성질체이다. 그리고, 화합물 c와 d 및 e와 f는 각각 거울상이성질체의 관계에 있다. 하지만, 화합물 e (≡f)는 C_2와 C_3는 비대칭탄소이지만 방향만 다르기 때문에 광학적으로 비활성이다.

순차결정규칙 (*R*, *S* 계)

다른 비대칭 탄소 원자를 가진 화합물

다음 3-브로모-2-뷰탄올과 같이 비대칭탄소가 두 개이면 이성질체는 네 개가 존재한다.

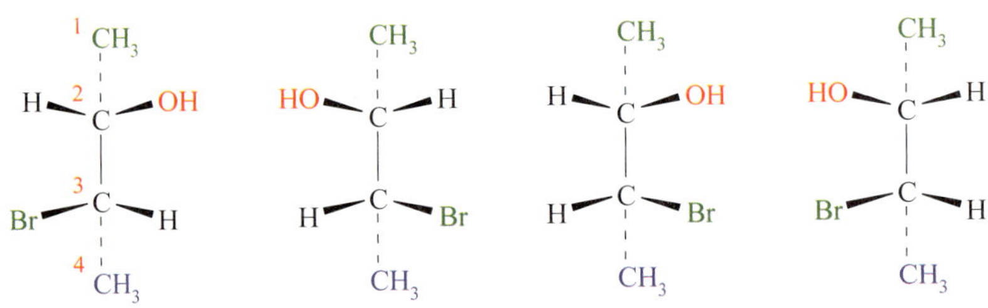

(a) (b) (c) (d)

이성질체 (a)
C2 주위의 배열 : OH > CH(Br)CH_3 > CH_3 → *S*
C3 주위의 배열 : Br > CH(OH)CH_3 > CH_3 → *S*

따라서, 이성질체 (a)는 (2*S* : 3*S*)-3-브로모-2-뷰탄올, 따라서 다른 세 화합물의 배열은 b (2*R* : 3*R*), c (2*S* : 3*R*) 및 d (2*R* : 3*S*) 이다.

다음은 단당류인 threose(쓰레오스)의 구조이다. 단당류도 카이랄성 중심을 갖고 있어 *R*, *S* 배열을 취하는데, 비대칭탄소가 여러 개일 때는 편의상 D 및 L 부호를 사용한다. CH_2OH기 다음의 비대칭 탄소 원자의 하이드록시기가 오른쪽을 향해 있으면(*R* 배열) D-당류라 하며, 왼쪽을 향해 있으면(*S* 배열) L-당류이다.

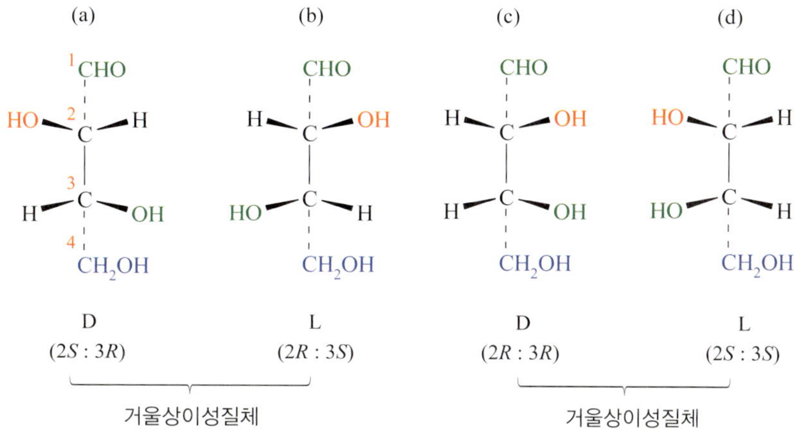

화합물 a와 b, c와 d는 서로 거울상의 관계에 있으므로 각각 Threose DL쌍 및 Erythrose DL쌍 거울상이성질체이라고 한다. 이성질체 a와 c는 거울상의 관계에 있지 않은 반전이성체이다. 어떤 화합물이던 거울상이성질체가 아닌 입체이성질체이면 부분입체이성질체가 된다. 다른 비대칭 탄소 원자수가 n개 있으면 2^n개의 반전이성질체가 생긴다.

예제 4.5

쓰레오닌 아미노산, 2-amino-3-hydroxybutanoic acid의 네 개의 입체이성질체를 그리시오.

풀이

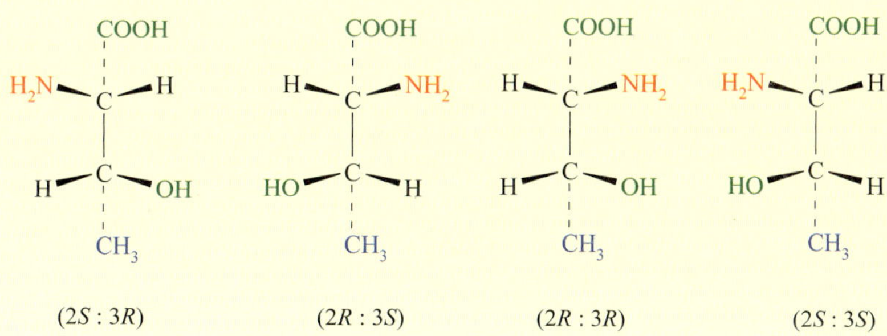

비대칭 탄소 원자가 같은 화합물

타타르산은 네 개의 입체이성질체를 다음과 같이 그릴 수 있다. 2*R*, 3*R*과 2*S*, 3*S* 구조는 거울상 이성질체이다. 그리고 2*R*,3*S*와 2*S*,3*R* 구조는 동일한 구조로 2*R*,3*S*를 180° 회전시키면 2*S*,3*R* 구조가 된다. 그리고 C_2-C_3 결합을 가로지른 대칭면을 가지고 있기 때문에 두 개의 카이랄성 중심을 가지고 있어도 아카이랄이다. 카이랄성 중심을 포함하고 있으면서도 아카이랄이 화합물을 **메조이성질체**라고 부른다. 따라서 타타르산은 두 개의 거울상 이성질체와 하나의 메조 형태를 합하여 모두 세 개의 입체이성질체가 존재한다.

예) 타타르산

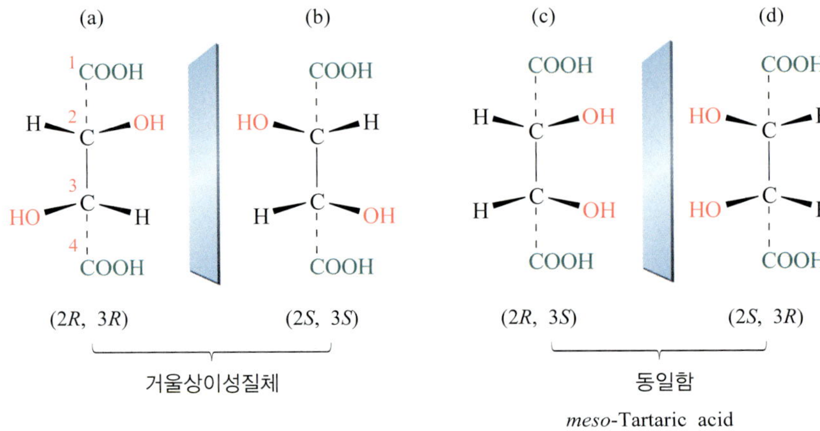

예) 2,4-다이브로모-3-메틸펜테인

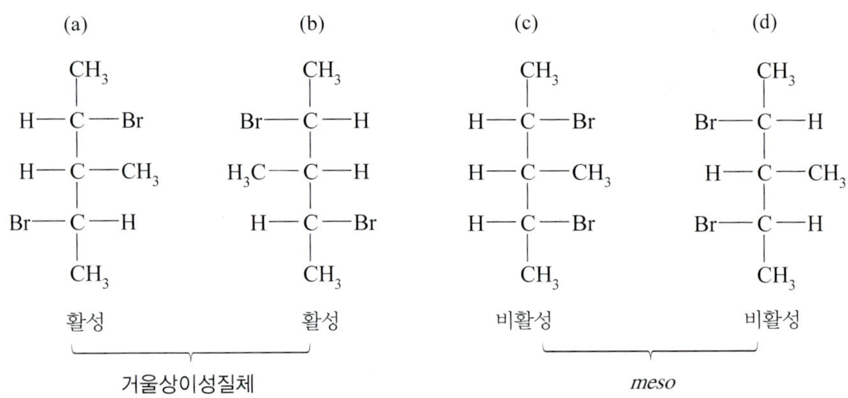

부분입체이성질체 : a와 c, a와 d, b와 c, b와 d

예제 4.6

cis-1,2-Dimethylcyclobutane은 카이랄성 중심을 갖는가?

풀이

cis-1,2-Dimethylcyclobutane의 구조를 보면 메틸기를 포함하는 고리 탄소(C1과 C2)는 모두 카이랄성 중심이다. 그러나 이 화합물은 C1과 C2 사이의 고리를 절단하는 대칭면이 있기 때문에 아카이랄이다. 따라서 메조화합물이다.

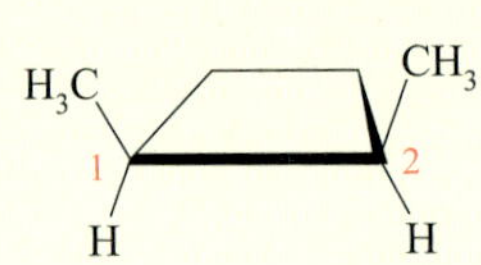

연습문제

01. 다음 용어를 설명 또는 정의하여라.

(a) 카이랄탄소
(b) 광학활성
(c) 라세미체
(d) 메조화합물
(e) 부분입체이성질체

02. 다음 중 어느 것이 카이랄성인가?

(a) 술잔 (b) 동전
(c) 가위 (d) 손목시계
(e) 볼펜 (f) 돼지 저금통

03. 다음 화합물 중 어떤 것이 카이랄인가? 모든 입체중심을 표시하라.

(a)

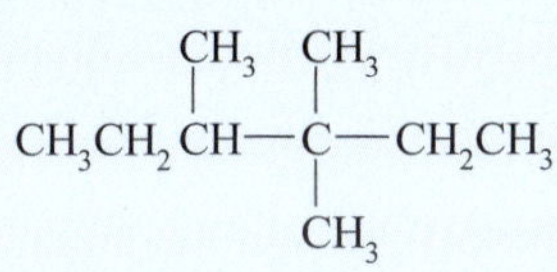

(b)

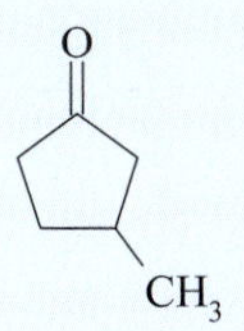

(c)

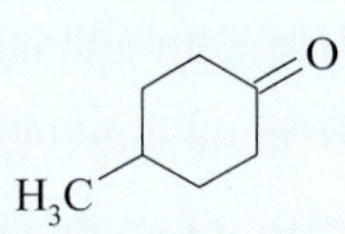

(d)

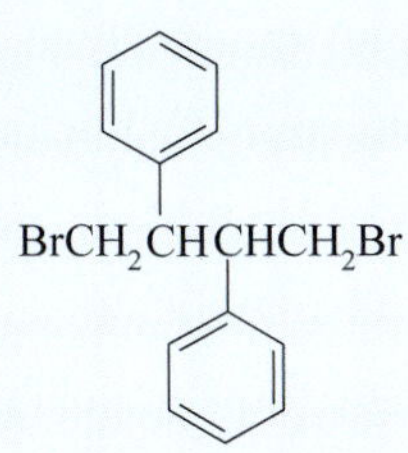

(e)

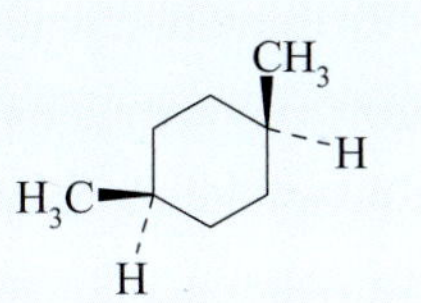

04. 아래의 분자식을 가지며 광학적으로 활성인 화합물의 구조식을 적어라.

(a) $C_4H_{10}O$
(b) $C_5H_{11}Br$
(c) $C_4H_8(OH)_2$
(d) C_6H_{12}

05. 불포화화합물, C_5H_9Cl로 아래와 같은 화합물의 분자식을 써라.

(a) *cis-trans* 이성질현상도 없고 광학활성도 없다.
(b) *cis-trans* 이성질현상은 있지만 광학활성이 없다.
(c) *cis-trans* 이성질현상은 없지만 광학활성이 있다.
(d) *cis-trans* 이성질현상이 있고 광학활성도 있다.

06. 다음 화합물의 거울상이성질체를 그려라.

(a) (*S*)-2-Chlorobutane
(b) (2*S*)-2,3-Dibromo-1-hydroxypropyne
(c) meso-2,3-Dibromobutane
(d) (2*S*,3*S*)-3-Bromo-2-pentanol
(e) (2*R*,3*S*)-3-Chloromethyl-2-hexanol
(f) meso-2,4-dichloro-3-methylpentene

07. 화학식이 $C_5H_{12}O$인 알코올이 8개 있다. 그것들을 그리고 어느 것이 카이랄인지 말하라.

08. 다음 설명에 맞는 화합물의 구조를 제시하라.

(a) 4개의 탄소를 가진 카이랄 알코올
(b) 카이랄 카복실산
(c) 2개의 입체중심을 가진 화합물

09. 다음 각 조의 치환기들에 대한 우선순위를 결정하라.

(a) X H, X OH, X OCH_3, X CH_3
(b) X Br, X CH_3, X CH_2Br, X Cl
(c) X $CH{=}CH_2$, X $CH(CH_3)_2$, X $C(CH_3)_3$, X CH_2CH_3

(d) $X\ CO_2CH_3$, $X\ COCH_3$, $X\ CH_2OCH_3$, $X\ OCH_3$

10. 다음 각 조의 치환기들에 대한 우선순위를 결정하라.

(a)

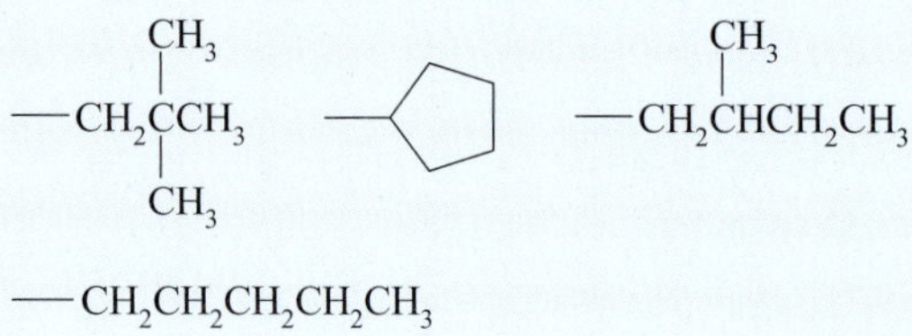

(b) $-SH$ $-NH_2$ $-SO_3H$ $-OCH_2CH_2OH$

11. 다음 분자들의 입체중심에 대하여 *R* 또는 *S* 배열을 결정하라.

(a)

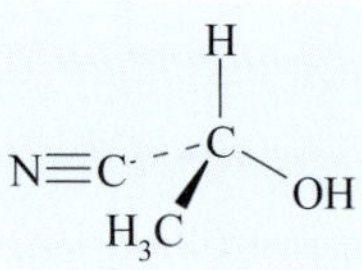

(b)

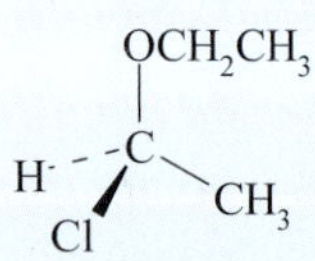

(c)

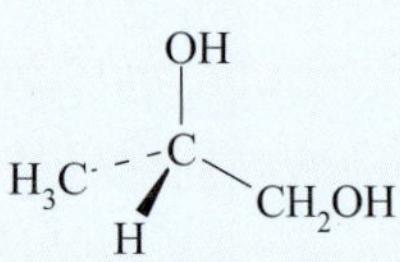

12. 다음 분자들의 입체중심에 대하여 *R* 또는 *S* 배열을 결정하라.

(a)

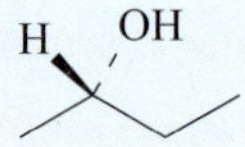

(b)

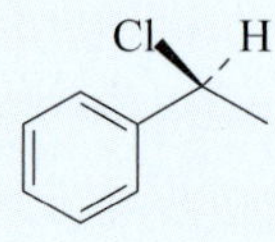

(c)

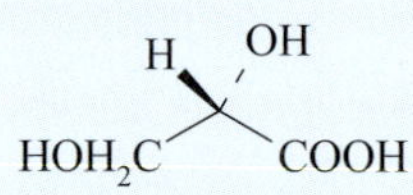

13. (2*R*,3*R*)-다이하이드록시펜테인과 (2*S*,3*S*)-다이하이드록시펜테인의 고유 광회전도 사이에 어떤 관계가 있는가? (2*R*,3*S*)-다이하이드록시펜테인과 (2*R*,3*R*)-다이하이드록시펜테인의 고유 광회전도 사이는 어떤가?

14. (2*S*,4*R*)-다이브로모옥테인의 2개 부분입체이성질체의 입체화학적 배열은 무엇인가?

15. 다음 분자들에서 각 입체중심에 대해 *R* 또는 *S* 배열을 결정하라.

(a)

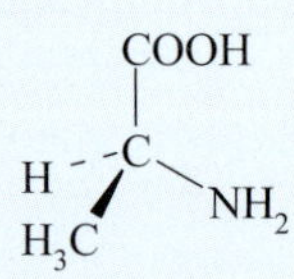

(b)

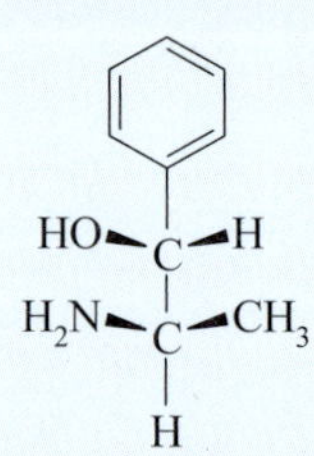

05 할로젠화 알킬

지금까지는 탄화수소에 대한 화학을 다루었다. C와 H에 하나 이상의 할로젠 원소가 포함된 할로젠화 알킬(alkyl halide)에 대해 알아보자. 할로젠화 알킬의 끓는점은 같은 탄소골격을 가진 알케인보다 훨씬 높다. CH_3CH_2F와 CH_3CH_2Cl만 실온에서 기체이고 그 외의 다른 할로젠화 알킬들은 모두 액체이다. 할로젠화 알킬은 극성이 할로젠쪽으로 치우쳐 있는 쌍극성 분자이다.

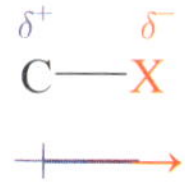

할로젠으로 치환된 유기화합물은 자연계에 널리 존재하며, 약 500여종의 유기할로젠화합물이 해조류나 해양생물체에서 발견되고 있다. 예를 들면, chloromethane은 다시마과의 대량 갈조류뿐만 아니라 산불 및 화산으로부터 대량 방출되고 있다. 할로젠 원소가 포함된 화합물은 공업용 용매, 의료용 흡입마취제, 냉동제 그리고 살충제 등에 사용되고 있다.

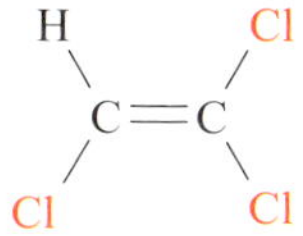

Trichloroethylene
(용매)

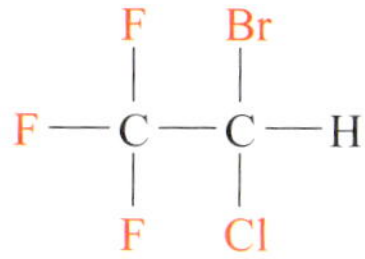

Haloethane
(흡입마취제)

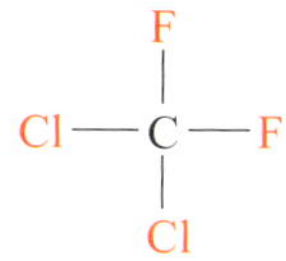

Dichlorodifluoromethane
(냉각제)

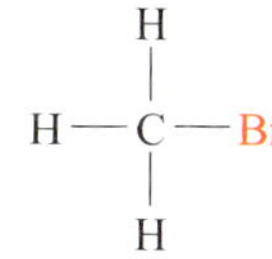

Bromomethane
(훈증제)

5.1 할로젠화 알킬의 명명

화합물의 종류는 할로젠화 알킬이지만, 모체인 알케인 사슬에 할로젠을 치환기로 취급하여 체계적으로는 할로알케인(haloalkane)이라 부른다. 대부분의 할로알케인은 다음의 다섯 단계를 거쳐 명명될 수 있다.

1. **모체 탄화수소를 찾는다.** 만일 이중결합 혹은 삼중결합이 있으면 모체 사슬에 이들이 포함되도록 한다.

2. **주 사슬에 있는 원자에 번호를 붙인다.** 치환기가 알킬이나 할로젠에 관계없이, 첫 번째 치환기에서 가장 가까운 사슬 끝에서부터 모체의 탄소에 번호를 붙인다.

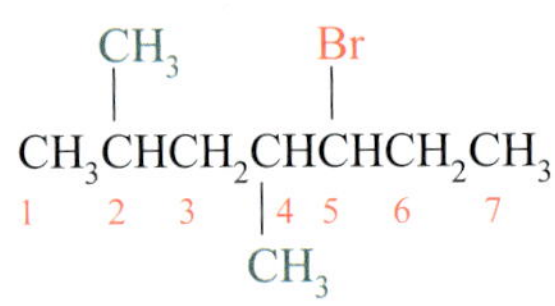

5-Bromo-2,4-dimethylheptane

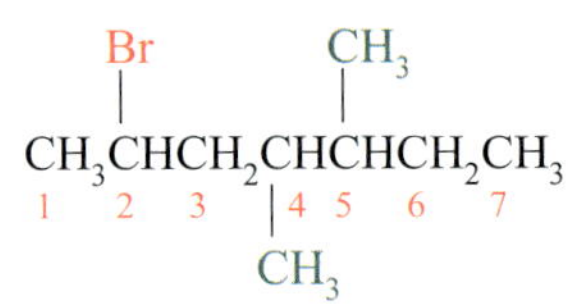

2-Bromo-4,5-dimethylheptane

3. 만일 두 개의 서로 다른 할로젠이 있으면 **이름을 쓸 때는 알파벳순으로 한다.** 또한 2번 단계에서 양끝의 번호가 같을 경우 알파벳순으로 우선하는 치환기가 가까운 쪽에서부터 시작한다.

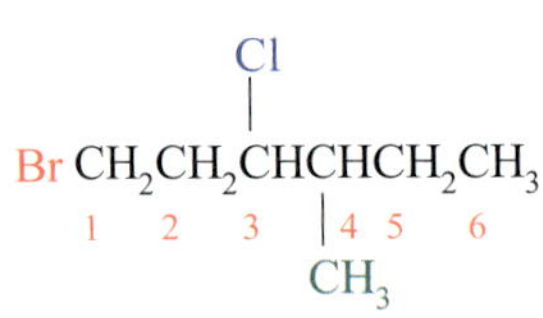

1-Bromo-3-chloro-4-methylhexane

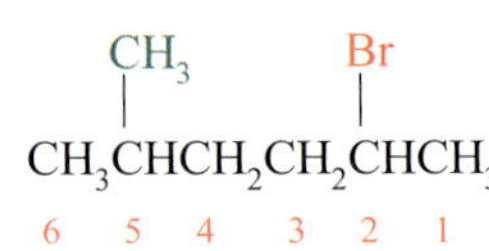

2-Bromo-5-methylhexane

할로젠화 알킬의 명명시 때로는 알킬기를 먼저 명명하고 그 다음에 할로젠을 명명하기도 한다. 예로, CH_3I는 iodomethane으로 명명하지만 methyl iodide로 명명되기도 한다.

	CH_3I	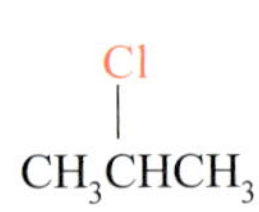	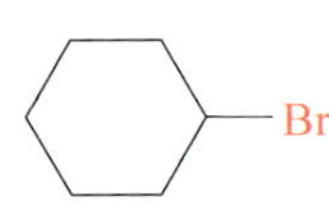
IUPAC명 (관용명)	Iodomethane (methyl iodide)	2-chloropropane (isopropyl chloride)	Bromocyclohexane (cyclohexyl bromide)

예제 5.1

다음 할로젠화 알킬들을 IUPAC명으로 명명하시오.

(1) $CH_3CH_2CH_2CH_2I$

(2) 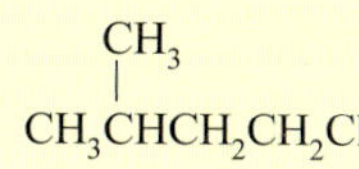

(3) 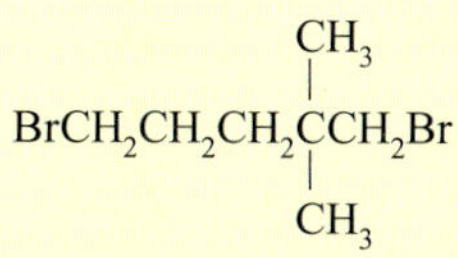

(4) 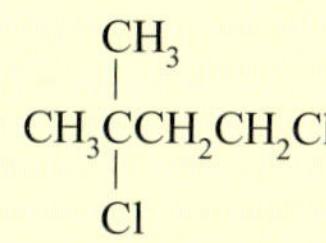

(5) 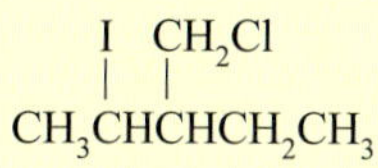

(6) 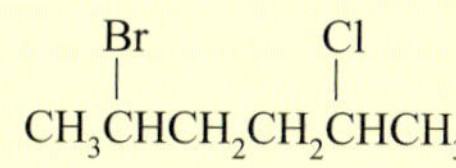

풀이

(1) 1-Iodobutane
(2) 1-Chloro-3-methylbutane
(3) 1,5-Dibromo-2,2-dimethylpentane
(4) 1,3-Dichloro-3-methylbutane
(5) 2-Iodo-3-chloromethylpentane
(6) 2-Bromo-5-chlorohexane

예제 5.2

다음 IUPAC명에 해당되는 구조식을 그리시오.

(1) 2-Chloro-3,3-dimethylhexane
(2) 3,3-Dichloro-2-methylhexane
(3) 3-Bromo-3-ethylpentane
(4) 2-Chloro-5-isobutylnonane
(5) 1,1-Dibromo-4-isopropylcyclohexane
(6) 1,1-Dibromo-4-isobutylcyclohexane

풀이

(1) 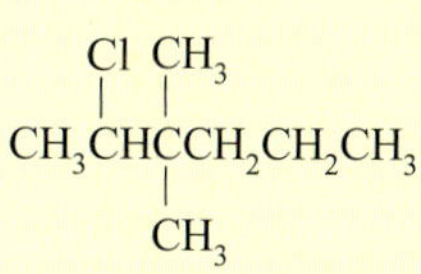

(2) 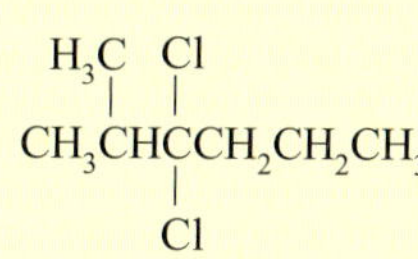

(3) 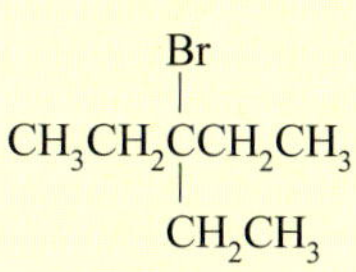

(4) 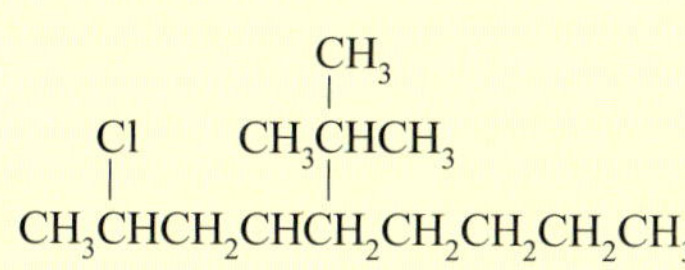

(5) 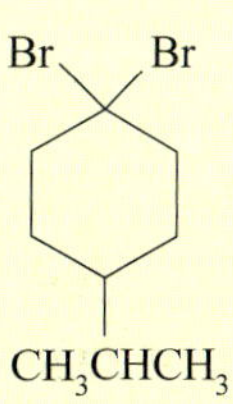

(6) 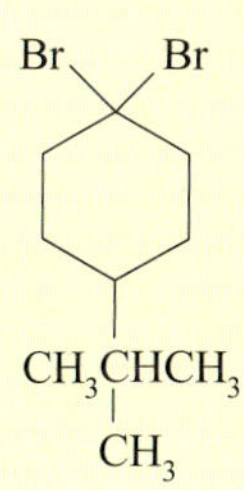

5.2 할로젠화 알킬의 제법

(1) 알케인의 자유라디칼 치환

2장의 라디칼반응에서 소개한 것처럼 알케인은 대부분의 시약과는 반응하지 않으나 자외선($h\nu$) 존재 하에서는 쉽게 염소와 반응하여 염소가 첨가된 알케인을 생성한다.

Methane　　　Chloromethane

알케인의 염소화는 메커니즘적인 면에서는 흥미가 있을 수 있으나 할로젠화 알킬의 제법으로는 이용 가치가 별로 없다. 왜냐하면 여러 가지 생성물이 생기기 때문이다. 메테인을 염소화시키면 일염소화에서 끝나지 않고, 계속 반응하여 이염화, 삼염화 및 나아가서는 사염화 생성물까지 생겨 증류를 통해 분리시켜야만 한다.

(2) 알켄과 알카인에 대한 HX 및 X_2의 첨가

HX는 알켄에 Markovnikov 법칙에 따라 친전자성 첨가(어둡고 저온의 용액 속)를 한다.

$$R-CH=CH_2 \xrightarrow{H^+} R-\overset{+}{C}H-CH_3 \xrightarrow{X^-} R-CH(X)-CH_3$$

HX가 자유라디칼 첨가(빛 혹은 과산화물, 고온, 기체상)를 할 때는 anti-Markovnikov 생성물이 생긴다.

$$R-CH=CH_2 \xrightarrow{X\cdot} R-\dot{C}H-CH_2X \xrightarrow{HX} R-CH_2-CH_2X + X\cdot$$

알켄에 X_2가 (X = Br 혹은 Cl) 친전자성 첨가를 하면 1,2-다이할라이드가 생긴다.

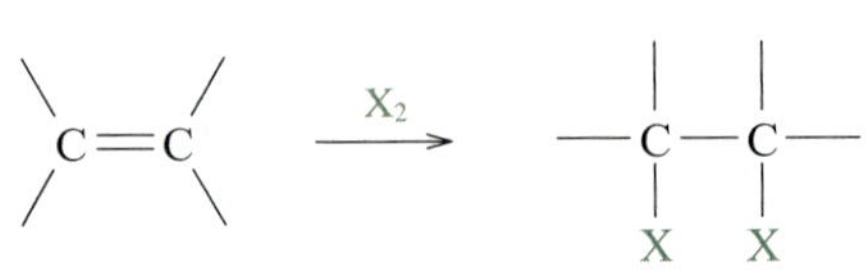

(3) 알코올에서 할로젠화 알킬의 합성

할로젠화 알킬의 가장 중요한 합성법은 알코올로부터 이들을 합성하는 것이다. 알코올을 할로젠화 알킬로 전환시키는 가장 간단한 방법은 알코올을 HX로 처리하는 것이다.

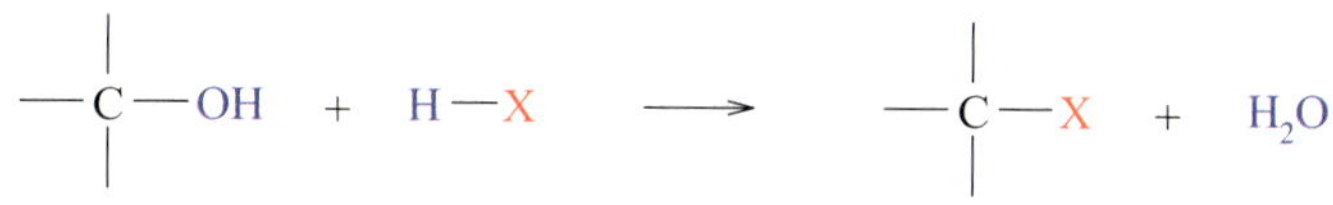

삼차알코올과 HX의 반응은 매우 빨라 알코올을 차가운 에터 용액에 넣고 HCl 또는 HBr 기체를 주입하면 간단히 진행된다. 알코올과 HX의 반응성은 삼차알코올의 반응성이 가장 크고 일차알코올과 메틸알코올의 반응성이 가장 작다. '3장의 탄소양이온'에서 언급했듯이 삼차 탄소양이온이 가장 안정하기 때문이다.

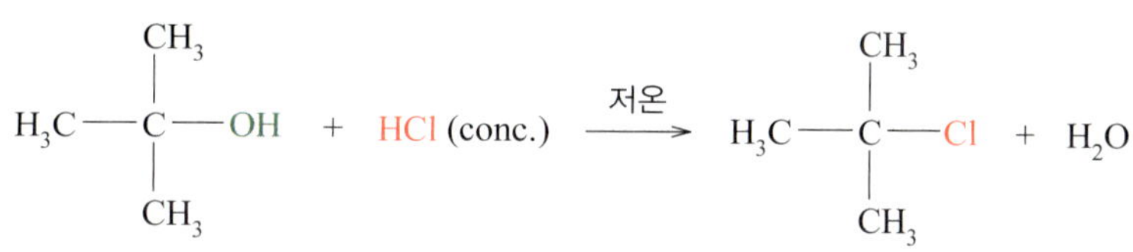

일차와 이차 알코올은 thionyl chloride($SOCl_2$)나 phosphorous tribromide(PBr_3)와 같은 시약으로 처리하면 할로젠화 알킬로 가장 잘 전환된다. 일반적으로 온화한 조건에서 쉽게 일어나는 이러한 반응들은 HX를 사용하는 방법보다는 덜 산성이고, 산-촉매 자리옮김이 적게 일어난다.

$$R-OH + SOCl_2 \xrightarrow{\text{pyridine}} R-Cl + SO_2\uparrow + HCl\uparrow$$

$$3R-OH + PBr_3 \xrightarrow{\text{pyridine}} 3R-Br + H_3PO_4$$

예제 5.3

다음의 할로젠화 알킬을 해당되는 알코올로부터 어떻게 제조할 수 있을까?

(1)

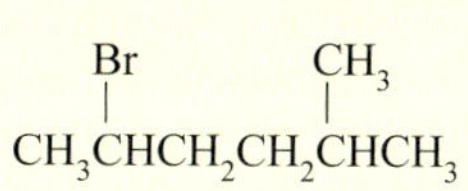

(2)

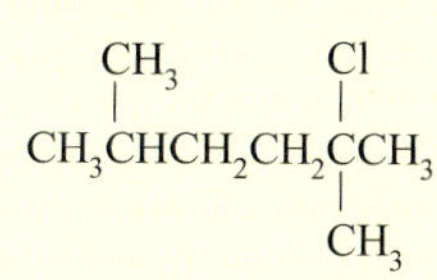

풀이

(1)

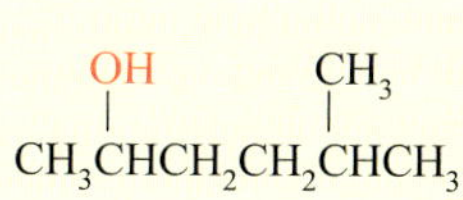

이차알코올이므로 PBr_3를 반응시킨다.

(2)

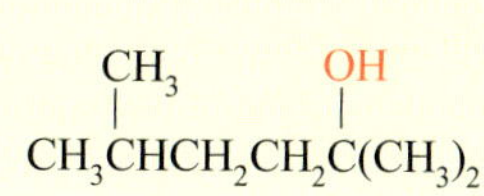

삼차알코올이므로 HCl 기체와 반응시킨다.

5.3 Grignard 시약

할로젠화 알킬, RX를 에터 혹은 tetrahydrofuran(THF) 용매에서 마그네슘 금속과 반응시키면 유기마그네슘 할로젠화물, RMgX를 생성한다. 이 시약은 발견자의 이름을 따라 **Grignard 시약**이라 불린다. Grignard 시약은 할로젠화 알킬 이외에 알켄일 할로젠화물, 아릴(방향족) 할로젠화물로도 만들어 진다. 할로젠은 Cl, Br, I 모두 사용할 수 있지만, Cl은 Br, I보다 반응성이 작다.

$$\mathrm{R-X} + \mathrm{Mg} \xrightarrow[\text{혹은 THF}]{\text{Ether}} \mathrm{R-Mg-X}$$

R = 일차 · 이차 · 삼차 알킬, 알켄일, 아릴
X = Cl, Br, I

RMgX에서 탄소와 마그네슘의 결합은 편극되어 있어서 Grignard 시약의 탄소 원자는 친핵성이다. 일반적으로 Grignard 시약은 탄소산의 마그네슘염 형태인 $R_3C^{-}\,{}^{+}MgX$도 볼 수 있는데 탄소산은 약한 산이기 때문에, 탄소음이온은 센 염기이다. 그러므로 Grignard 시약의 탄소음이온이 약한 산인 H_2O, ROH, RCOOH, RNH_2와 반응하여 탄화수소를 생성한다. Grignard 형성과 양성자화의 전반적인 결과는 할로젠화 알킬이 알케인(RX → RMgX →RH)으로 전환되는 과정이다.

$$\mathrm{CH_3CH_2CH_2-Br} \xrightarrow[\text{Ether}]{\text{Mg}} \mathrm{CH_3CH_2CH_2-Mg-Br} \xrightarrow{\text{H-OH}} \mathrm{CH_3CH_2CH_2-H}$$

예제 5.4

2-Bromobutane, $CH_3CH(Br)CH_2CH_3$의 브롬 치환기를 중수소로 치환하려 한다. Grignard 시약을 이용하여 치환하시오.

풀이

5.4 할로젠화 알킬의 반응

할로젠화 알킬의 탄소-할로젠 결합은 극성이며, 탄소 원자는 전자가 부족하다. 따라서 할로젠화 알킬은 친전자체로, 이들의 화학반응 대부분은 친핵체나 염기들과의 극성반응들이다. 할로젠화 알킬이 수산화 이온(OH^-)과 같은 친핵체/염기와 반응하여 치환반응이나 제거반응을 일으킨다. 친핵체에 X기가 치환되거나 HX가 제거되어 알켄을 형성한다.

치환반응

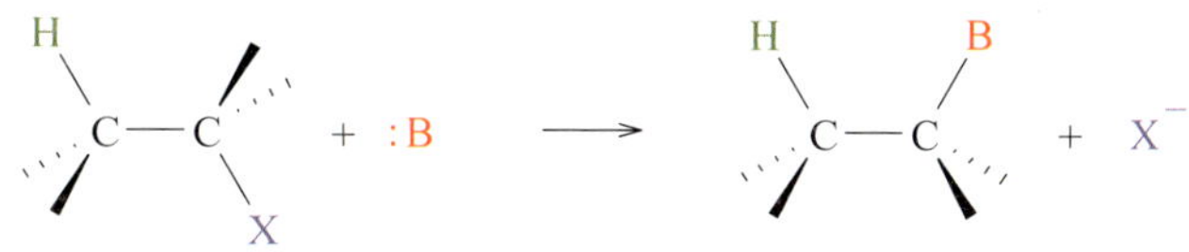

제거반응

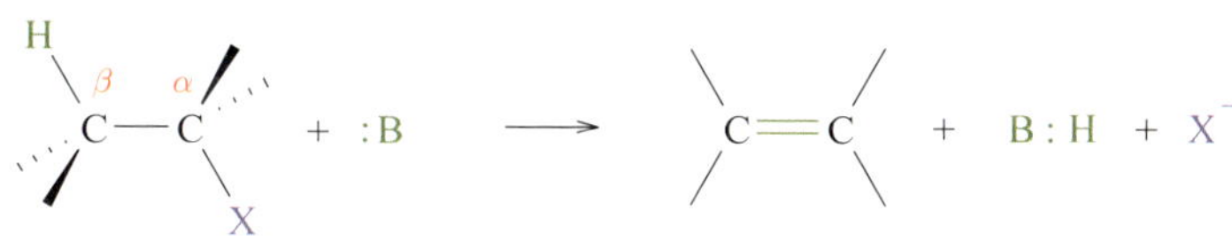

친핵성 치환할로젠화 알킬은 극성결합을 가지므로 센 염기와 반응시키면 할로젠은 약한 염기인 할라이드 음이온 X^-로 되어 이탈한다(치환반응). 한편 α-탄소에 있는 부분적인 양전하는 β-탄소의 전자를 끌어당기므로 β-탄소의 수소가 양성자로 이탈되면 알켄이 생기게 된다(제거반응). 따라서, 할로젠화 알킬은 염기 존재 하에서는 친핵성치환반응(S_N)과 제거반응(E)이 경쟁적으로 일어난다.

친핵성치환반응의 속도는 반응온도, 반응물의 농도, 친핵체의 성질, 알킬기의 구조, 이탈기, 염의 농도 및 용매에 따라 달라진다. 이런 여러 요인이 겹쳐 복잡한 반응메커니즘으로 진행된다. 여러 요인에 따르는 반응속도론적 및 입체화학적 연구는 치환반응과 동시에 제거반응이 일어나기 때문에 더욱 복잡하다.

예제 5.5

2-Bromohexane와 친핵체인 ^-CN와의 친핵성 치환반응에서 어떤 생성물이 예상되는가?

풀이

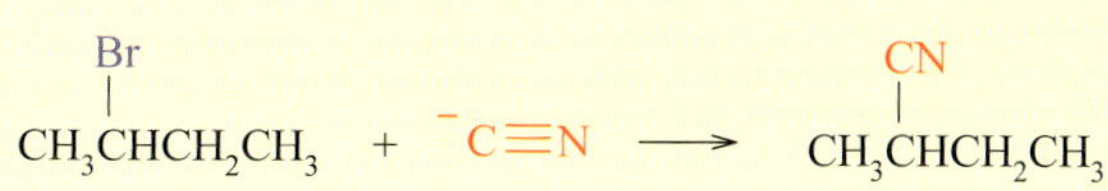

5.5 친핵성 치환반응

S_N 반응은 두 가지 메커니즘에 의해 진행된다. 첫째로, S_N2 **반응**(substitution nucleophilic bimolecular)에서는 친핵체(B:$^-$)가 이탈기 X의 반대 방향에서 기질분자를 공격한다. 충분한 에너지로 충돌하면 전이상태에서 α-탄소는 평면구조를 취하게 된다. S_N2 메커니즘의 가장 큰 특징은 친핵체는 이탈기의 반대방향으로 기질을 공격하여 중간체없이 한 단계로 반응이 일어난다는 점이다. 친핵체가 기질의 한 쪽면으로 접근하여 탄소와 결합을 형성하고, 할로젠 음이온은 다른 쪽으로 떨어져 나감에 따라 입체배열이 뒤집히게 된다.(그림 5.1).

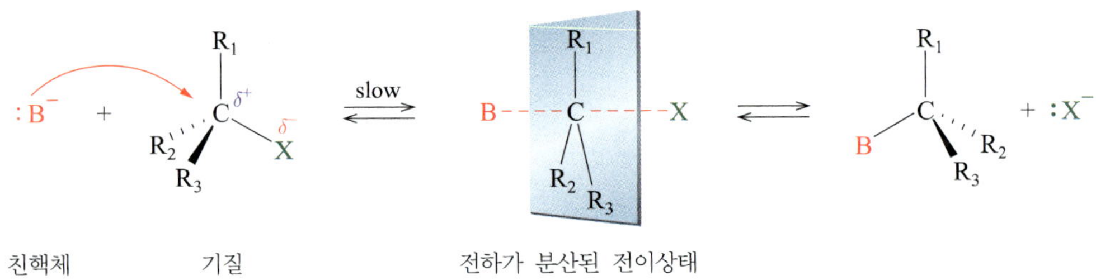

그림 5.1 S_N2 반응

예제 5.6

(*R*)-2-Bromobutane, $CH_3CH(Br)CH_2CH_3$과 OH^-와의 S_N2 반응에서 어떤 생성물이 예측되는가?

풀이

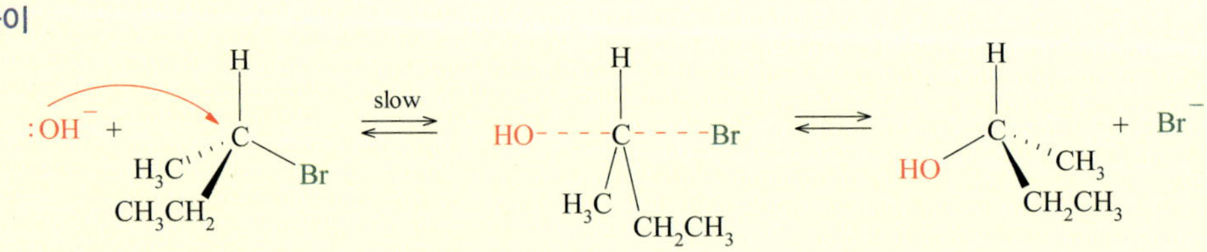

S_N2 반응은 기질이 입체장애가 작은 분자일 때 친핵체는 안정한 음이온일수록, 그리고 극성의 비양자성 용매에서 잘 진행된다. 하지만 입체장애가 높은 삼차할로젠화물인 $(CH_3)_3CBr$이 물과 반응하여 $(CH_3)_3COH$을 생성하는 반응은 CH_3Br이 물과 반응하여 CH_3OH을 생성하는 반응보다 백만 배 이상 빠르게 진행된다. 분명히 친핵성 치환반응은 일어났지만 입체장애가 높은 기질로 보았을 때 S_N2 반응이 일어나긴 어렵다. 이를 근거로 또 다른 치환반응 메커니즘으로 반응을 살펴볼 필요가 있다.

가능한 메커니즘으로 이탈기가 떨어져 나가 중간체로 탄소양이온이 생성되는 S_N1 **반응**(substitution nucleophilic unimolecular)이 있다. 이때 친핵체 B:$^-$는 전자밀도가 작은 평면구조의 탄소양이온을 양쪽에서 공격할 수 있다. S_N1 반응은 탄소양이온 중간체를 거쳐 일어나기 때문에, 친핵체는 대칭적인 탄소양이온 중간체와 양면에서 동등하게 반응한다. 이에 각 거울상 이성질체의 50 : 50인 혼합물이 생성되는데, 이것을 라세미화라고 한다(그림 5.2).

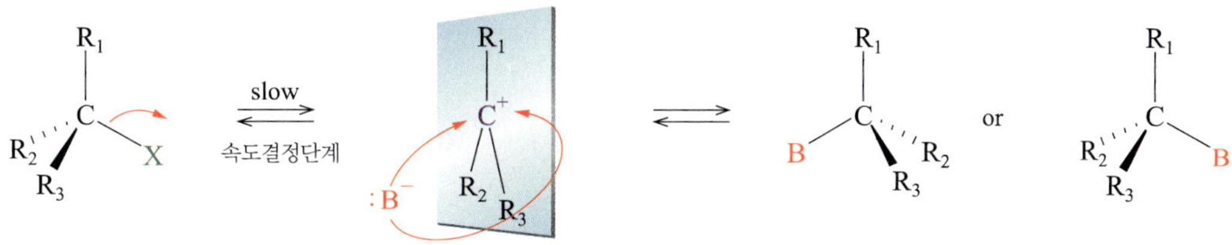

그림 5.2 S_N1 반응

예제 5.7

(*R*)-3-Iodo-3-methylhexan과 물과의 S_N1 반응에서 어떤 생성물이 예측되는가?

풀이

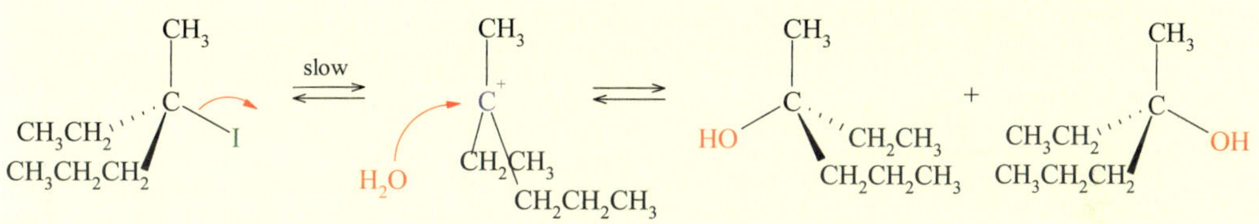

(1) S_N1과 S_N2 반응을 판별하는 실험적 방법

어떤 반응이 S_N1 혹은 S_N2 메커니즘에 의해 진행되는가를 판가름하는 실험방법이 있다. 예로서, methyl bromide의 알칼리 가수분해 반응을 보자.

$$CH_3Br + OH^- \longrightarrow CH_3OH + Br^-$$

만일 이 반응이 S_N2 **메커니즘**에 의해 진행된다면, 단일 단계 반응의 속도는 두 반응물질 사이의 충돌수에 비례하므로 메탄올의 생성반응속도는 CH_3Br 및 OH^- 농도에 비례할 것이다. 따라서, 이 반응속도 r는 다음과 같이 나타낼 수 있다.

$$r = k\,[CH_3Br]\,[OH^-]$$

보통 r는 매 초 생기는 생성물의 농도로 나타낸다. $[CH_3Br]$ 및 $[OH^-]$는 mol/L로 나타낸 농도이며, k는 속도상수라 불리는 일종의 비례상수로서 일정한 용매, 온도하에서는 일정한 값을 가지며, 단위는 L/mol · s이다.

만일 반응이 S_N1 **메커니즘**에 의해 진행된다면 메탄올의 생성은 오직 CH_3Br 농도에만 관계된다. 왜냐하면, 속도결정단계(가장 느린 단계)가 CH_3 생성단계인 일분자반응이며, 이것은 OH^- 농도에는 무관하기 때문이다. 이 반응속도식은 다음과 같이 나타낼 수 있다.

$$r = k[CH_3Br]$$

실제로 실험한 결과 methyl bromide의 알칼리 가수분해의 반응속도식에는 CH_3Br과 OH^- 농도가 포함되며 S_N2 메커니즘으로 일어난다. 그러나 *tert*-butyl bromide의 가수분해 반응은 일차 반응이며 S_N1 반응메커니즘으로 일어난다.

(2) 알킬 치환기의 구조의 영향

일정한 친핵체에 대한 알킬 유도체의 반응성은 알킬기의 구조에 따라 달라진다. 일차 할로젠화 알킬에서는 반대방향에서 친핵체가 공격하는 S_N2 반응이 쉽게 일어나나 α-탄소에 결합된 알킬기가 커지면 공격은 어렵게 된다. 따라서, S_N2 반응에서 친핵체에 대한 할로젠화 알킬의 반응성의 순서는 주로 입체적 요인(반응성은 옆에 있는 기의 공간적인 배열에 따라 달라진다)에 의해 결정된다. 일차 할라이드의 동족계열에서는 S_N2 반응속도는 β-알킬 치환기 수가 많아짐에 따라 늦어진다. 따라서, neopentyl bromide는 거의 S_N2 반응을 하지 않는다.

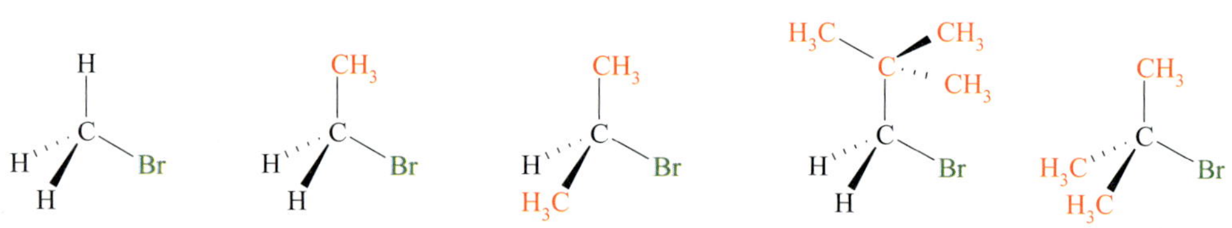

메틸 일차 이차 네오펜틸 삼차

S_N2 반응성의 증가 ; 전이상태에서 입체장애가 감소될수록 반응성은 증가한다

위의 반응성 순서에는 없지만, 할로젠화 바이닐($R_2C=CRX$)과 할로젠화 아릴() 은 S_N2 반응에 대한 반응성이 전혀 없다. 이와 같이 반응성이 나타나지 않는 것은 입체적 요인도 있지만, 친핵체가 이탈기의 뒤쪽에서 공격하기 위해서는 탄소-탄소 이중결합의 평면으로 접근해야 하는데 이 과정이 어렵기 때문이다.

S_N2 반응에 비해 S_N1 반응은 탄소양이온 중간체의 생성이 속도결정단계이기 때문에 알킬기의 입체장애는 반응속도에 큰 영향을 미치지 못한다. 따라서, 중간체인 탄소양이온을 안정화시

키는 모든 요인이 S_N1 반응을 촉진시킨다.

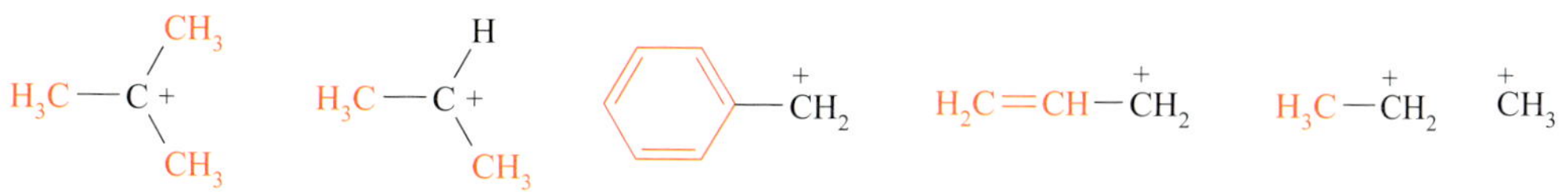

삼차 이차 ≈ 벤질 자리 ≈ 알릴 자리 일차 메틸

S_N1 반응성의 증가 : 탄소양이온의 안정화

알릴 자리 탄소양이온은 두 개의 공명구조를 가지며, 벤질 자리 탄소양이온은 다섯 개의 공명구조를 가질 수 있기 때문에 이차알킬 탄소양이온과 비슷한 안정도를 갖는다. 만약 이차의 알릴 및 벤질 자리를 갖는 탄소양이온은 삼차알킬 탄소양이온의 안정도와 비슷하다.

알릴 탄소양이온

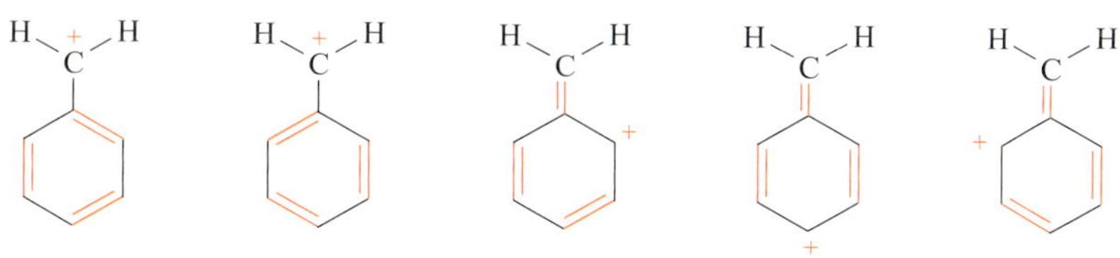

벤질 탄소양이온

예제 5.8

다음 화합물들을 S_N1 반응성 순서대로 나열하시오.

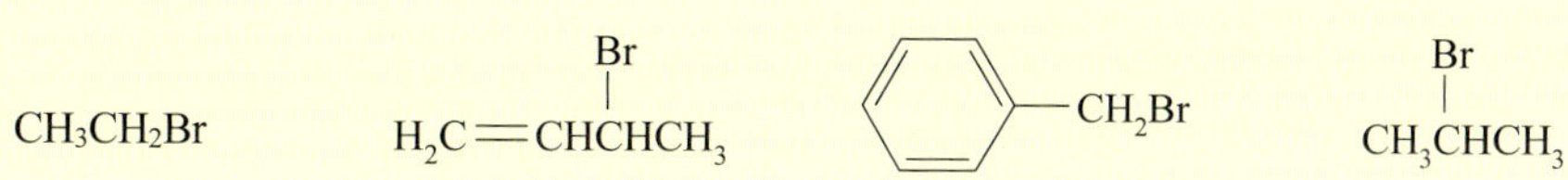

풀이

치환기가 이탈되고 남은 탄소양이온의 안정성을 비교한다.

탄소양이온의 안정성 : 이차 > 벤질 > 아릴 > 일차

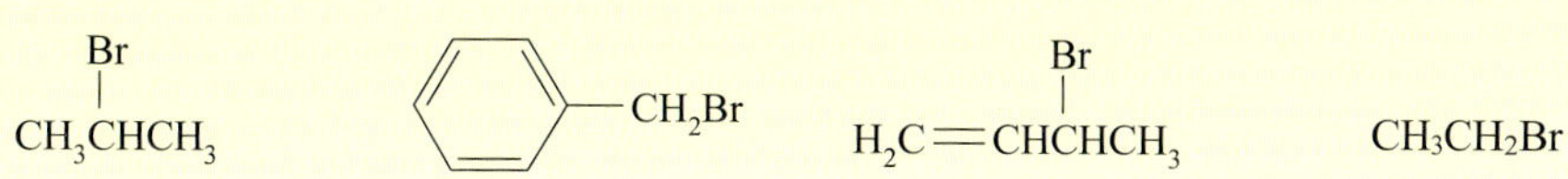

(3) 이탈기의 영향

동일한 알킬기 R에 대해 S_N1 및 S_N2 반응속도는 이탈기 X에 따라 달라진다. I^-은 α-탄소에 약하게 결합되어 있기 때문에 좋은 이탈기가 되지만 알코올의 ^-OH나 에터의 ^-OR의 C－O 결합은 강하기 때문에 잘 떨어져 나가지 못한다. 그러나 센 산 속에서는 ^-OR와 ^-OH는 양성자와 결합되어 H_2O 및 ROH로 잘 이탈되기 때문에 치환반응이 촉진된다. 친핵성치환반응은 할로젠화 알킬에만 제한된 것은 아니다. 어떤 알킬화합물이든 좋은 이탈기만 있으면 친핵체와 반응할 수 있다(표 5.1).

표 5.1 다른 Alkyl화합물의 친핵성 치환반응

Alkyl 화합물		친핵체	생성물	이탈기
$R-OSO_2CH_3$	Methane sulfonate	CH_3O^-	$R-OCH_3$	$-OSO_2CH_3$
$R-OSO_2-C_6H_4-CH_3$	Tosylate	H_2O	$R-OH$	$HOSO_2-C_6H_4-CH_3$
$R-\overset{+}{N}\equiv N:$	Diazonium salt	H_2O	$R-OH$	$N_2 + H^+$

R－X에서 X가 잘 이탈되는 순서는 다음과 같다.

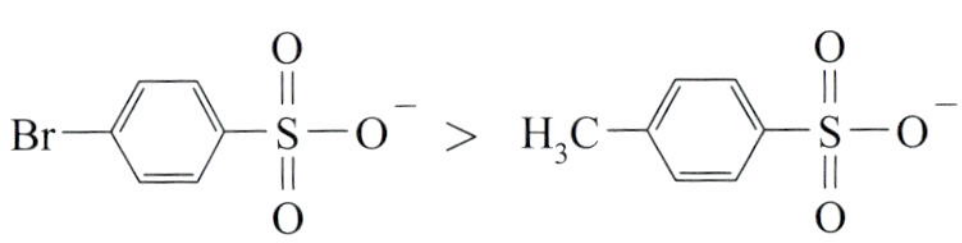

$> I^- > Br^- > Cl^- > F^-$

$> CH_3COO^- > R_3N > RO^- > HO^- > H_2N^-$

치환속도의 증가 ; 약한 염기일수록 좋은 이탈기

예제 5.9

다음 화합물의 S_N2 반응에서 반응성 순서로 화합물을 나열하시오.

CH_3Br, 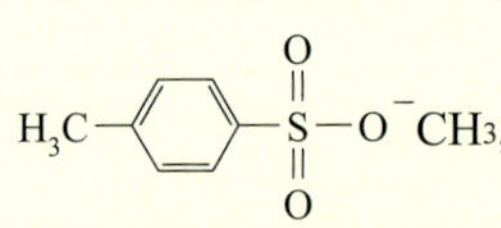 , $(CH_3)_3CCl$, $(CH_3)_2CHCl$

풀이

① 반응물(기질)의 입체장애가 작을수록 친핵체가 공격하기 쉽다.

② 이탈기가 약염기일수록 이탈기의 음이온 형태는 안정적이라 반응성이 좋다.

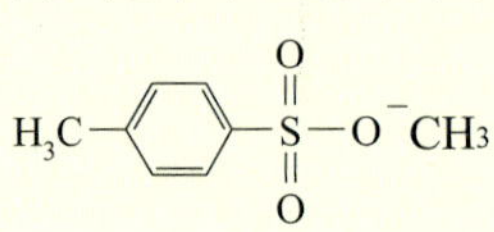 $> CH_3Br > (CH_3)_2CHCl > (CH_3)_3CCl$

가용매분해(solvolysis)는 용매가 친핵체인 S_N 반응이다. 예를 들면, hydrolysis (H_2O), ethanolysis (C_2H_5OH), methanolysis (CH_3OH), acetolysis (CH_3COOH), formolysis ($HCOOH$), ammonolysis (NH_3) 및 aminolysis (RNH_2) 등이다.

(4) 친핵체

많은 종류의 친핵체가 할로젠화 알킬의 α-탄소에 결합된 할로젠을 치환할 수 있다(표 5.2). 친핵체는 최소한 결합하지 않은 전자쌍을 가져야 한다. 치환반응의 일반형은 다음과 같다.

$$\underset{\text{할로젠화 알킬}}{R-X} + \underset{\text{친핵체}}{:B^-} \longrightarrow \underset{\text{생성물}}{R-B} + \underset{\text{이탈기}}{:X^-}$$

표 5.2 할로젠화 알킬의 친핵성 치환

반응물	친핵체		생성물	
R−X	OH^-	Hydroxide	R−OH	알코올
	H_2O	Water	R−OH	알코올
	$R'O^-$	Alkoxide	R−OR'	에터
	$R'COO^-$	Carboxylate	R−OOC−R'	에스터
	HS^-	Hydrosulfide	R−SH	싸이올
	$R'S^-$	Thioalkoxide	R−SR'	설파이드
	I^-	Iodide	R−I	요오드화알킬
	NH_3	Ammonia	$R-{}^+NH_3$	암모늄이온
	^-CN	Cyanide	R−CN	나이트릴

예제 5.10

(R)-2-Bromobutane과 다음 시약들의 S_N2 반응에서 어떤 생성물이 예측되는가?

(1) NaI (2) CH_3ONa (3) KCN (4) NH_3

풀이

	(1) NaI	(2) CH_3ONa	(3) KCN	(4) NH_3
친핵체	I^-	CH_3O^-	CN^-	$:NH_3$
구조	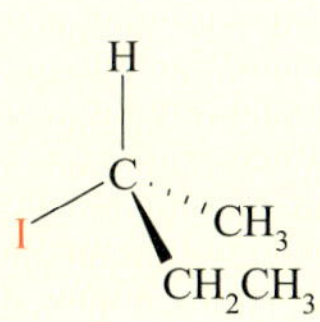	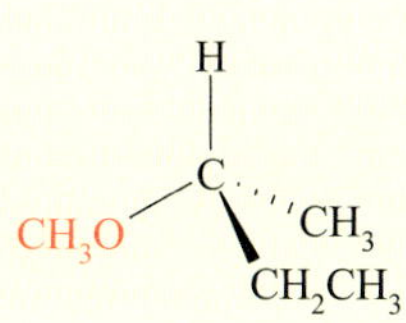	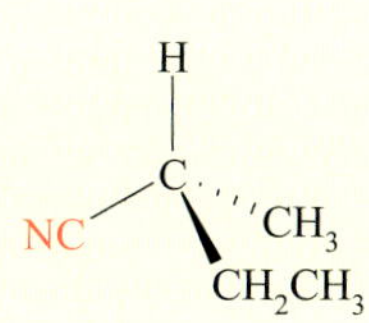	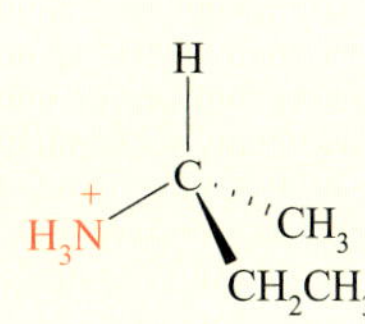

탄소양이온과 친핵체의 결합은 일반적으로 매우 빠르기 때문에 속도결정단계가 될 수 없으므로 S_N1 반응속도는 친핵체에는 무관하다. 그러나, S_N2 반응은 친핵체의 성격에 따라 많이 변화한다. 친핵체를 비교할 때 친핵성도는 대체적으로 염기도에 비례한다. 예로, HO^-, CH_3COO^-, H_2O 중에서 염기도가 수산화기가 가장 크고, 물이 가장 작다. 따라서 친핵성도 수산화기가 가장 크며 물이 가장 작다. 또한 친핵성도는 주기율표의 같은 족에서 아래로 갈수록 증가한다. 예로 HS^-는 HO^-보다 친핵성이 크고, 할로젠은 $I^- > Br^- > Cl^-$이다. 주기율표의 아래로 갈수록 원소들의 원자가전자들은 더 바깥쪽 껍질에 있게 되어 핵으로부터 느슨하게 붙들려 있어 반응성이 커진다.

$$SH^-,\ CN^- > SCN^- > OH^- > C_6H_5O^- > Br^- > Cl^- > CH_3COO^- > H_2O$$

Halide : $I^- > Br^- > Cl^- > F^-$

Amine : $NH_2^- > NH_3 >$ 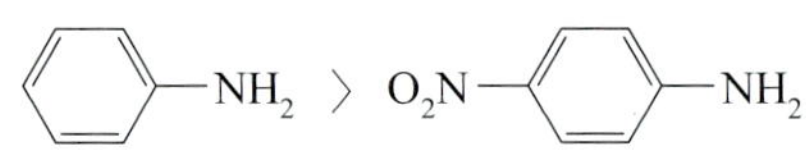

S_N2 반응에서 친핵성 증가(용매가 H_2O, C_2H_5OH, H_2O가 포함된 유기용매일 경우)

그러나 이러한 문제는 생각보다 복잡하며, 용매에 따라 친핵성도의 순서가 변할 수 있다. 그리고 음전하를 지닌 친핵체는 중성인 것에 비해 일반적으로 반응성이 크다. 결과적으로 S_N2 반응은 중성 또는 산성조건에서보다 염기성 조건에서 일어나기 쉽다.

다음은 친핵체의 반응성이 감소하는 순서이다. 이 순서는 H_2O나 C_2H_5OH 혹은 H_2O와 유기 혼합용매 속에서만 성립한다(예외의 경우가 일반적으로 일어난다). Dimethylformamide 속에서는 할라이드의 친핵성의 순서는 위와 정반대이다. 친핵성은 간단한 규칙에 의해서는 설명할 수 없는 여러 가지 요인, 즉 염기도, 편극률, 크기, 입체장애, 가용매에너지, 전하 등에 의하여 달라진다.

예제 5.11

다음 화합물 중 친핵체로서 반응성이 가장 큰 것은?

(1) $(CH_3)_2N^-$와 $(CH_3)_2NH$ (2) $(CH_3)_3B$와 $(CH_3)_3N$ (3) H_2O와 H_2S

풀이

(1) $(CH_3)_2N^-$: 음전하를 지닌 친핵체이다.
(2) $(CH_3)_3B$: 붕소의 전기음성도가 질소보다 작으므로 친핵성이 크다.
(3) H_2S : 황의 전기음성도가 산소보다 작으므로 친핵성이 크다.

(5) 용매의 영향

S_N1 반응의 반응속도는 탄소양이온의 생성속도에 달려있다. 즉, $R-X$가 R^+ 이온과 X^- 이온으로 이온화되는 과정은 R과 X의 성질에 따라 달라질 뿐만 아니라, 용매의 이온화능력(반대 전하의 이온으로 분리시키는 능력)에도 관계된다. 즉, 일반적으로 극성 용매일수록 S_N1 반응의 전이상태를 잘 형성시키며, 탄소양이온과 음이온을 모두 효과적으로 용매화시켜 R^+ 이온과 X^- 이온을 안정화시킨다. 따라서, S_N1 반응은 극성 용매 속에서 잘 일어난다.

S_N2 반응은 극성인 용매 속에서는 잘 일어나지 않는다. 예컨대, $CH_3Br + OH^- \rightarrow CH_3OH + Br^-$와 같은 전형적인 S_N2 반응의 전이상태는 극성 용매 속에서 잘 형성되지 않는다. 즉, 극성 용매는 이온을 세게 용매화시키므로 극성 용매에서는 반응물질과 생성물질이 안정화되어 S_N2 반응의 전이상태가 잘 형성되지 않는다.

$$HO^- + R-X \rightleftharpoons [\overset{\delta^-}{HO}-R-\overset{\delta^-}{X}] \rightleftharpoons HOR + X^-$$

세게 용매화된 친핵체　　　분산된 용매는 약하게 용매화　　　세게 용매화

위의 S_N2 반응 모형에서 친핵체인 OH^-는 세게 용매화되어 있기 때문에 극성이 큰 용매 속에서는 친핵체를 둘러싸고 있는 용매화 우리(solvation cage)가 파괴되어야 한다. 따라서 정상적인 S_N2 반응 속도는 용매의 극성이 커질수록 늦어진다. 다음 가수분해에서 보는 바와 같이 용매가 달라지면 치환반응 메커니즘도 달라진다.

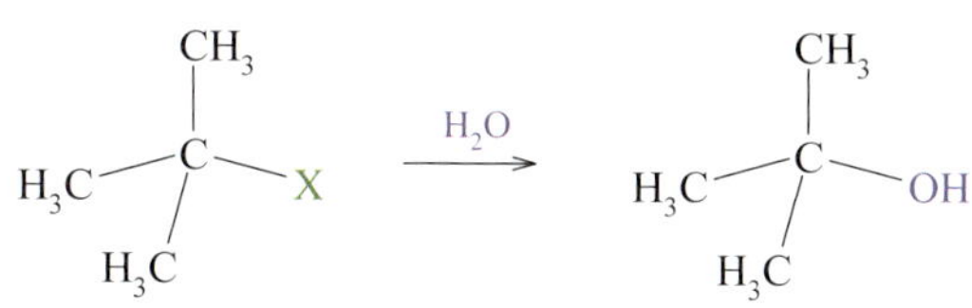

H_2O, C_2H_5OH에서 : S_N1 반응, acetone에서 : S_N2 반응

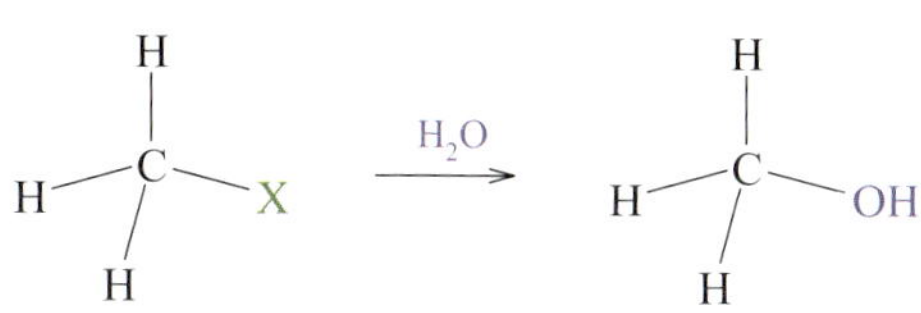

acetone에서 : S_N1 반응, H_2O에서 : S_N2 반응

	S_N2 메커니즘	S_N1 메커니즘
기 질	입체장애가 작을수록 좋다 : 메틸이나 일차기질에서 잘 진행된다.	안정한 탄소 양이온을 생성할수록 좋다 : 삼차, 알릴자리, 벤질자리의 기질
이탈기	안정한 음이온일수록 좋다	안정된 음이온
친핵체	염기성이면서 음전하를 가진 친핵체가 좋다	친핵체는 HX의 경쟁적인 제거반응을 방지하기 위해 비염기성이 적합하다.
용 매	극성의 비양성자성 용매	극성 비양성자성 용매 : 탄소양이온 중간체를 안정화시킴

예제 5.12

다음의 치환반응이 S_N1인지 S_N2인지 각각 예측하시오.

(1)

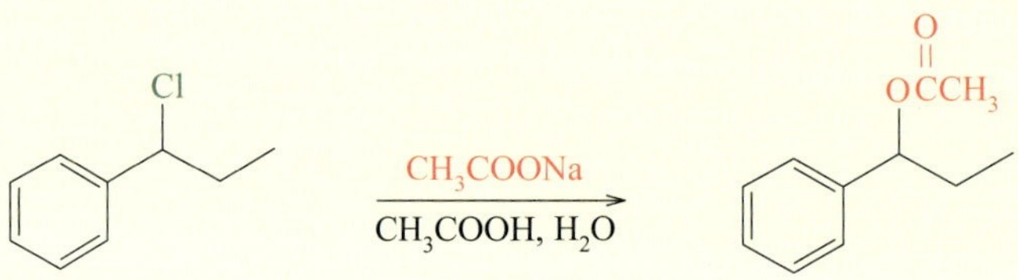

(2)

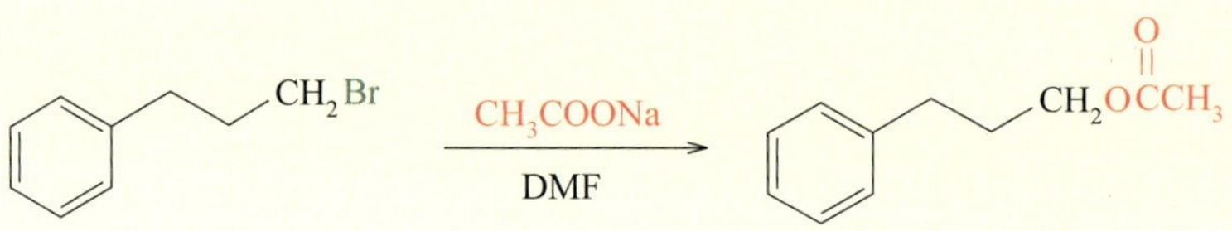

풀이

	(1)	(2)
기 질	기질이 이차이며 벤질자리	기질이 일차
친핵체	약염기성	친핵체의 반응성이 좋다
용 매	양성자성	용매가 극성이며 비양성자성
메커니즘	S_N1 반응	S_N2 반응

5.6 할로젠화 알킬의 제거반응

앞에서 언급했듯이 할로젠화 알킬이 친핵체와 반응할 때 두 종류의 반응이 일어난다. 친핵체는 탄소를 공격하여 할로젠을 치환하거나 탄소의 이웃한 수소와 반응하여 HX를 제거할 수 있다. 제거반응은 치환반응보다 복잡하다. 비대칭 구조의 할로젠화물로부터 HX를 제거하면 대부분 알켄의 혼합 생성물이 만들어지는데, 주생성물을 예측할 수 있어야 한다.

치환반응

제거반응

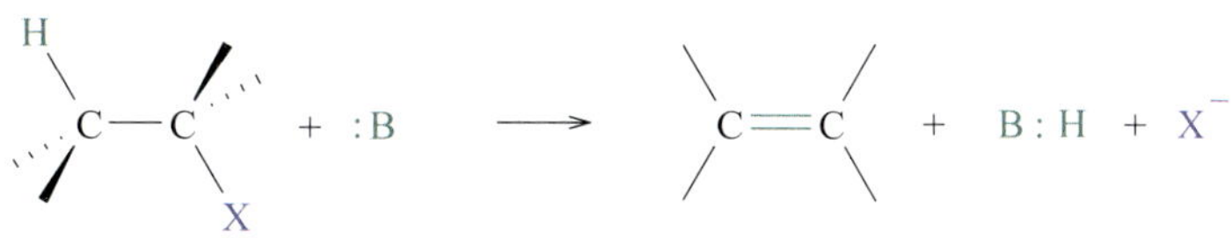

제거반응(elimination reaction) 메커니즘에도 두 가지가 알려져 있으며 이들은 E1과 E2이다. (E는 제거반응을 나타내고 숫자는 친핵성 치환반응에서와 같은 뜻으로 쓰인다). E1 메커니즘은 S_N1 메커니즘과 유사한 2단계 과정이다. 염기가 반응하기 전에 X기가 이탈되면 S_N1 반응 때와 같이 중간체로 탄소양이온이 생긴다. 제2단계에서 염기가 탄소양이온의 양성자를 빨리 떼어버리면 알켄이 생긴다.

1단계 : 탄소양이온의 생성 (용매화에 의해 잘 생김)

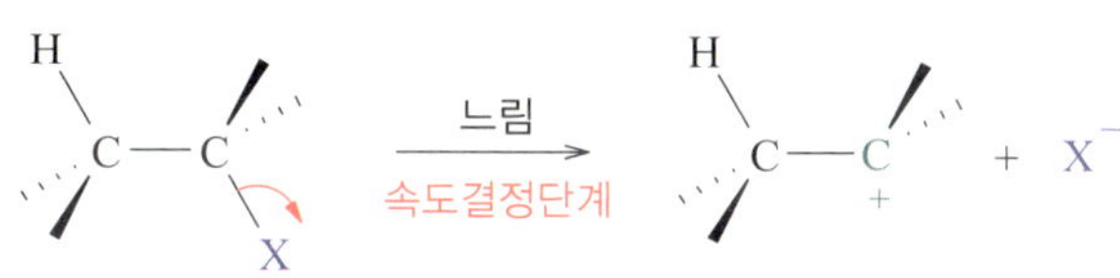

2단계 : 염기에 의한 양성자 이탈 (제거반응 E1)

: 친핵체와의 반응(S_N1 반응)

S_N1 생성물

E1과 S_N1 두 가지 메커니즘에서의 첫 단계는 같으며, 이 단계가 가장 느린 속도결정 단계이다. 이 결과로 생긴 탄소양이온은 친핵체와 결합하거나(S_N1 반응), 양전하를 가진 탄소에 인접한 탄소 원자로부터 양성자를 잃어서 제거반응 생성물을 얻는다. E1과 S_N1 반응은 같은 출발물질

(탄소양이온)로부터 두 가지 다른 경로로 반응이 일어나기 때문에 항상 경쟁적으로 일어난다.

E2 메커니즘은 S_N2 메커니즘과 같이 1단계 반응이다. 친핵체는 이탈기가 결합된 탄소에 인접한 탄소 원자에서 양성자를 제거하기 위한 염기로 작용한다. 이와 동시에 이탈기가 떨어져서 이중결합이 형성된다. E2 메커니즘에서는 염기에 의하여 β-양성자가 떨어져 나가는 동시에 X기가 이탈된다(동시메커니즘).

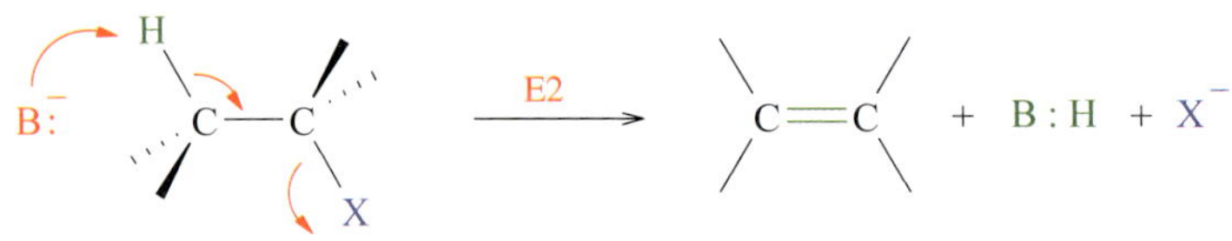

알켄의 생성속도는 두 반응물질의 농도에 따르므로 이 반응은 2차이다.

E2 메커니즘이 잘 일어나려면 H−C−C−X의 원자들은 동일 평면상에, 그리고 H와 X는 *trans* 위치에 있어야 한다. 그 이유는 C−H 결합의 전자가 이탈기 X와 함께 떨어져 나가 생성물의 파이결합을 형성하기 때문이다. 즉, 1단계로 동시에 반응이 일어나려면 같은 평면상에 알맞게 배열되어 있어야 한다.

5.7 제거반응과 치환반응

친핵체나 염기는 비공유전자쌍을 가지고 있으므로 모든 친핵체는 염기로 또한 모든 염기는 친핵체로 작용할 수 있다. 따라서 친핵성 치환반응과 제거반응은 서로 경쟁적으로 일어나게 된다.

(1) E1 반응 대 S_N1 반응

E1 반응과 S_N1 반응은 중간체가 같은 반응이므로 두 반응에 영향을 주는 요인도 비슷하다. 따라서 E1 반응은 안정한 탄소양이온을 형성할 수 있는 반응기질이어야 하고, 약한 친핵체(염기)를 사용할 때, 그리고 극성 용매 속에서 잘 일어난다.

일반적으로 탄소양이온이 E1 반응 (양성자 상실)이나 S_N1 반응 (용매분자와 결합)을 일으킬 때의 활성화에너지는 두 반응 모두 매우 작기 때문에 E1 반응 생성물과 S_N1 반응 생성물의 상대적 양을 결정하기는 쉽지 않다.

대부분의 일분자반응에서 S_N1 반응은 E1 반응보다 유리하다. 그러나 반응온도를 증가시키면 S_N1 메커니즘보다 E1 메커니즘이 유리하다. 그밖에 제거생성물을 얻고 싶을 때에는 센 염기를 가해주면 되는데 이때에는 E1보다 E2 반응이 더 잘 일어난다.

(2) E2 반응 대 S_N2 반응

제거반응은 센 염기의 농도(강한 친핵체의 농도)를 증가시킬 때 E2 과정으로 잘 일어나므로 S_N2 과정의 치환반응은 제거반응과 경쟁적으로 일어난다. 즉, 친핵체(염기)가 β 수소를 공격하면 제거반응이 일어나고, 친핵체가 이탈기가 붙어 있는 탄소를 공격하면 치환반응이 일어난다.

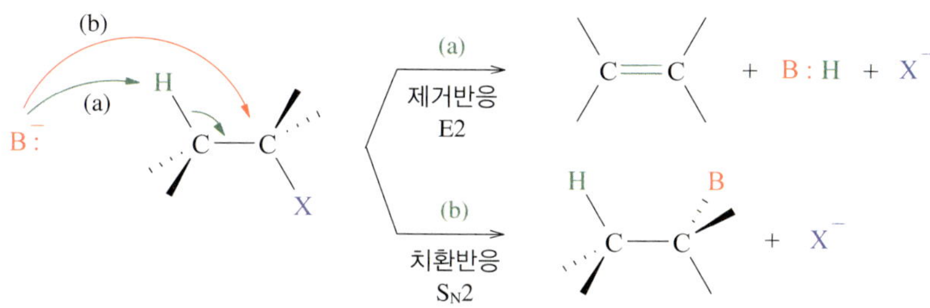

반응 기질이 일차 할로젠화 알킬이고 염기가 ethoxide 이온이면 치환반응이 더 잘 일어난다.

$$C_2H_5O^-\,Na^+ \;+\; CH_3CH_2Br \xrightarrow[(-NaBr)]{C_2H_5OH,\ 55℃} \underset{90\%\ (S_N2)}{CH_3CH_2OCH_2CH_3} \;+\; \underset{10\%\ (E2)}{CH_2{=}CH_2}$$

그러나 반응기질이 이차 할로젠화 알킬이면 제거반응이 더 잘 일어난다.

$$C_2H_5O^-\,Na^+ \;+\; CH_3\underset{\displaystyle Br}{\underset{|}{C}}HCH_3 \xrightarrow[(-NaBr)]{C_2H_5OH,\ 55℃} \underset{21\%\ (S_N2)}{CH_3\underset{\displaystyle OC_2H_5}{\underset{|}{C}}HCH_3} \;+\; \underset{79\%\ (E2)}{CH_2{=}CHCH_3}$$

삼차 할로젠화 알킬은 S_N2 반응이 일어날 수 없고 제거반응이 일어나는데, 특히 높은 온도에서 반응시키면 제거반응이 잘 일어난다. 만약 삼차 할로젠화 알킬의 치환반응이 일어난다면 S_N1 메커니즘으로 일어나게 될 것이다.

$$C_2H_5O^-\,Na^+ \;+\; CH_3\overset{\displaystyle CH_3}{\overset{|}{\underset{\displaystyle Br}{\underset{|}{C}}}}CH_3 \xrightarrow[(-NaBr)]{C_2H_5OH,\ 25℃} \underset{9\%\ (S_N1)}{CH_3\overset{\displaystyle CH_3}{\overset{|}{\underset{\displaystyle OC_2H_5}{\underset{|}{C}}}}HCH_3} \;+\; \underset{91\%\ (E2+E1)}{CH_2{=}\overset{\displaystyle CH_3}{\overset{|}{C}}CH_3}$$

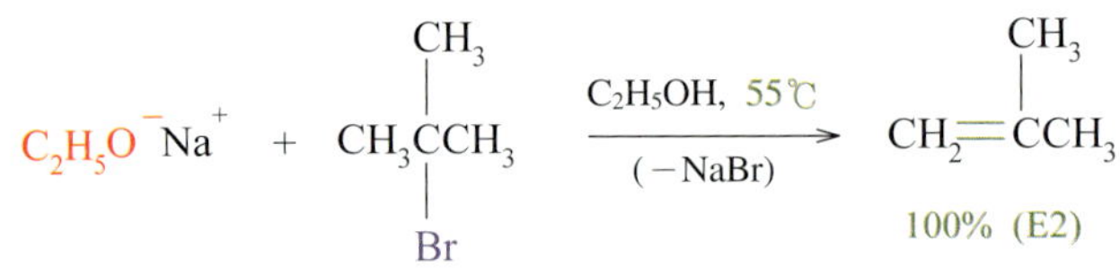

할로젠화 알킬의 제거반응을 일어나게 하는 요인으로는 반응온도를 높이는 것이 유일한 방법이다. 또 다른 방법으로는 *tert*-butoxide 이온과 같은 입체장애가 큰 염기를 사용하는 것이다. *tert*-Butoxide 이온과 같이 부피가 큰 염기들은 치환반응을 억제시키고 제거반응을 우선적으로 일어나게 해준다. 이 효과에 대한 예를 아래의 두 반응에서 볼 수 있다. 비교적 입체장애가 없는 *n*-octadecyl bromide를 methoxide 이온과 반응시키면 주로 치환반응이 일어나지만, 부피가 큰 *tert*-butoxide 이온과 반응시키면 주로 제거반응이 일어난다.

$$CH_3O^- + CH_3(CH_2)_{15}CH_2CH_2-Br \xrightarrow{CH_3OH\ (환류)} \underset{1\%\ (E2)}{CH_3(CH_2)_{15}CH=CH_2} + \underset{99\%\ (S_N2)}{CH_3(CH_2)_{15}CH_2CH_2OCH_3}$$

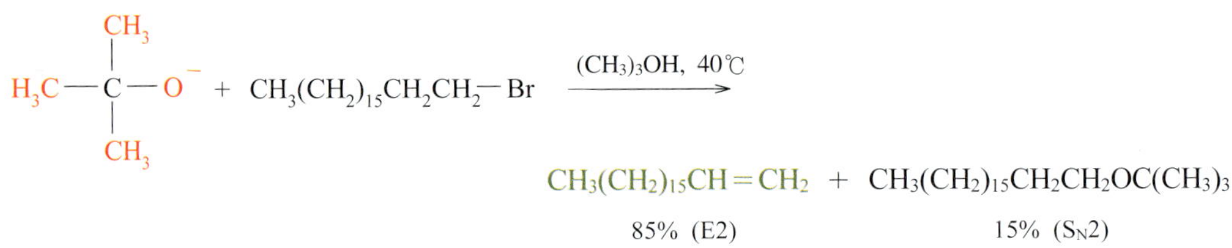

E2 반응과 S_N2 반응의 상대적 반응속도에 영향을 주는 다른 요인으로는 염기(친핵체)의 염기성과 편극률이다. 아마이드 이온(NH_2^-)이나 알콕사이드 이온(특히 입체장애가 있는)과 같은 센 염기성과 편극성이 약간 있는 염기를 사용하면 제거반응(E2)이 일어날 가능성이 증가한다. 아세테이트 음이온(CH_3COO^-)과 같이 염기성이 약한 이온이나 RS^-과 같이 염기성이 약하고 편극성이 높은 이온을 사용하면 치환반응(S_N2)이 일어날 가능성이 증가한다. 예를 들면 아세테이트 음이온을 isopropyl bromide와 반응시키면 거의 독점적으로 S_N2 반응이 일어난다.

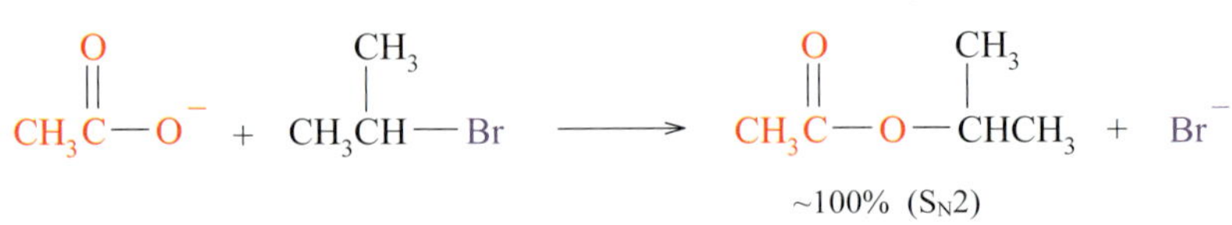

염기성이 더욱 큰 ethoxide 이온을 같은 화합물과 반응시키면 주로 E2 메커니즘으로 반응이 일어난다.

(3) 3차 할로젠화 알킬의 E1과 S_N1 반응

삼차 할로젠화 알킬은 S_N2 반응을 일으키지 않는다. 예를 들어 *tert*-butyl bromide를 가지고 *tert*-butyl ethyl ether를 만든다고 가정하자. 만일 에탄올 속에서 sodium ethoxide을 사용하여 S_N2 반응이 일어나도록 시도한다면 S_N2 반응 대신 제거반응이 일어나게 된다.

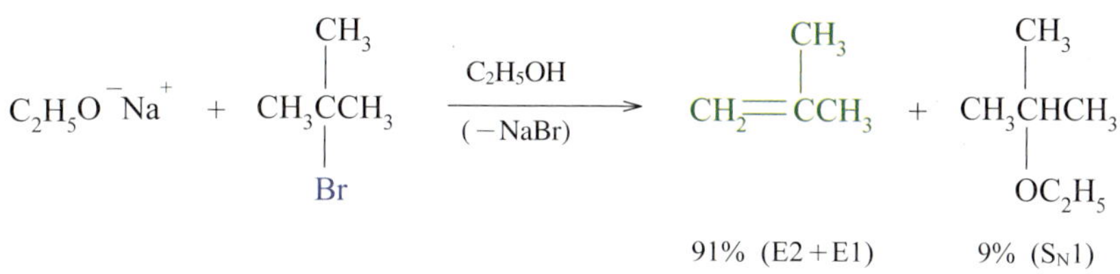

높은 온도에서는 *tert*-butyl ethyl ether의 수득률이 더욱 감소하게 될 것이다. *tert*-Butyl ethyl ether를 얻을 수 있는 가장 좋은 방법은 S_N1 반응이다. 치환반응이 유리하도록 해 주려면 온도를 낮게 유지하고 센 염기를 사용하지 말아야 한다.

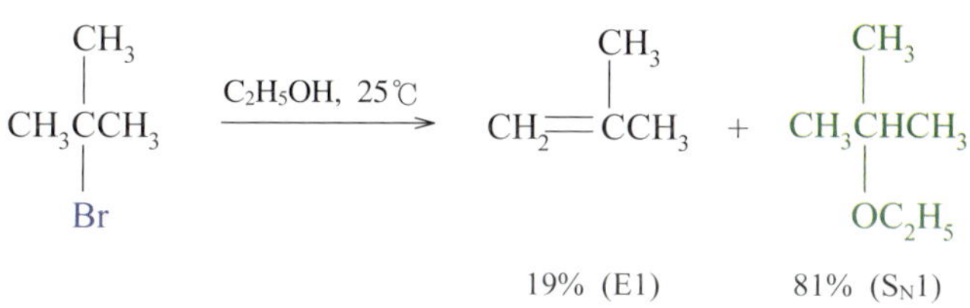

이 경우에는 치환생성물이 비교적 좋은 수득률로 얻어진다. 그러나 일반적으로 삼차 할로젠화 알킬은 치환반응보다는 제거반응이 훨씬 쉽게 일어난다.

예제 5.13

다음 화합물을 에탄올 용액에서 CH_3CH_2ONa와 반응시킬 때 어떠한 생성물이 예상되는가?

(1) $CH_3CH_2CH(Br)CH_3$ (2) $CH_3CH_2C(Br)(CH_3)_2$

풀이

(1)

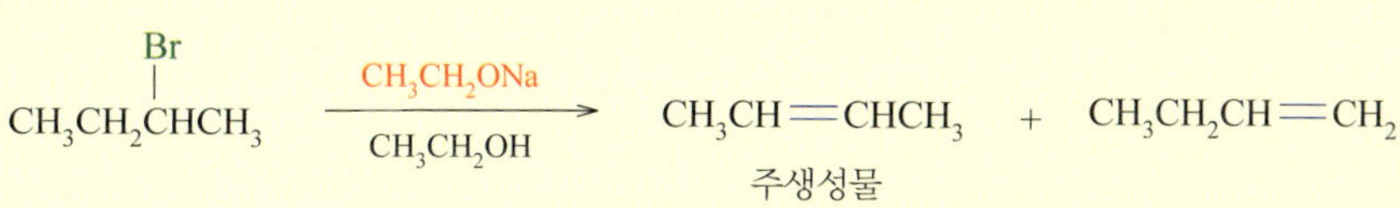

(2)

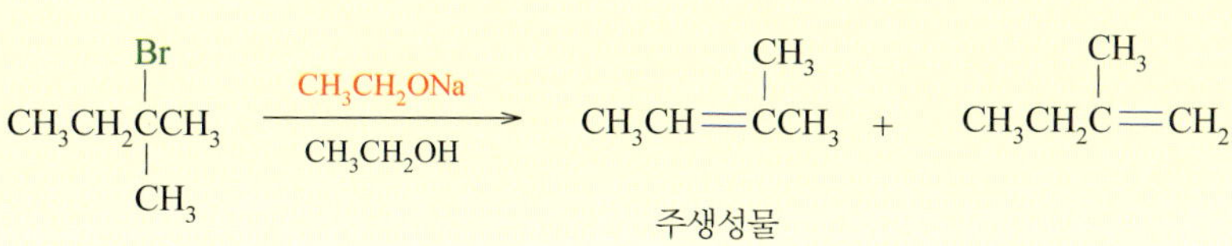

연습문제

01. 아래 쌍 중에서 S_N2 반응이 좀 더 빠르게 일어나는 것은 어떤 화합물인가?

(a) $(CH_3)_3CCl$과 $(CH_3CH_2)_3CHI$

(b) $(CH_3)_2CHCl$과 $(CH_3)_2CHCH_2Cl$

(c) 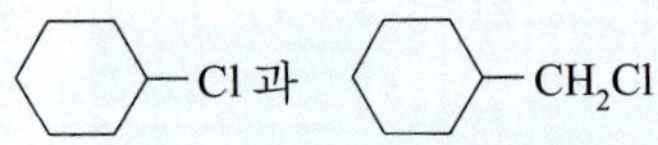

(d) 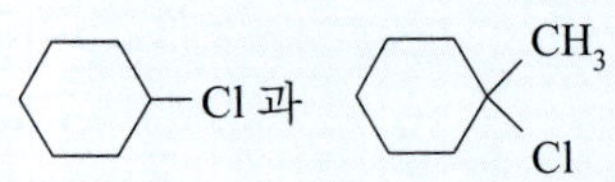

02. 아래 화합물은 NaCN과 반응시켰을 때 제거반응과 치환반응의 생성물을 예측하여 보아라.

(a) 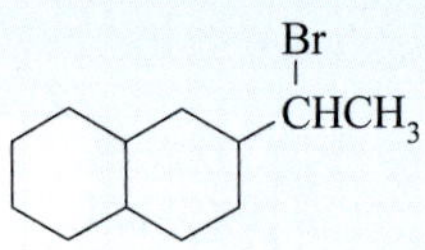

(b) 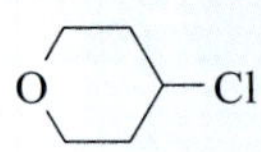

(c) $CH_3CH_2SCH_2CH_2Cl$

03. *tert*-Butyl ethylether를 합성하려 할 때 아래 두 반응 중 어느 것이 유리한가? 그 이유를 설명하여라.

(a) $(CH_3)_3CO^- + CH_3CH_2Br$

(b) $(CH_3)_3CBr + CH_3CH_2O^-$

04. 보통 방법에 의하여 다음 할로젠화 알킬을 포화 혹은 불포화 탄화수소로부터 합성하여라.

(a) Isopropyl bromide

(b) Allyl bromide

(c) 2,3-Dibromo-2-methylbutane

(d) 2,5-Dichlorooct-3-ene

05. 다음 화합물은 친핵성치환에 의하여 alkyl bromide로부터 합성할 수 있다. 그 반응식을 써라.

(a) $CH_3CH_2NH_2$

(b) 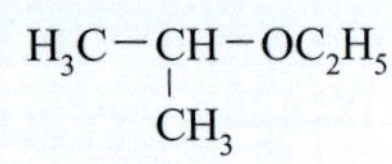

(c) $CH_3(CH_2)_3OH$

(d) $CH_3COOC_3H_7$

(e) $(CH_3)_2CHCH_2-S-CH_3$

06. 다음 친핵성 치환의 반응식을 완결하여라.

(a) $(CH_3)_3COH + HBr \rightarrow ? + ?$

(b) $C_2H_3-O-CH_2-C_6H_5 + ? \rightarrow ? + C_6H_5CH_2Br$

07. 다음 pentyl bromide가 일정한 친핵체에 의해 S_N2 메커니즘으로 반응이 진행될 때 그의 반응성의 순서를 적어라.

(a) 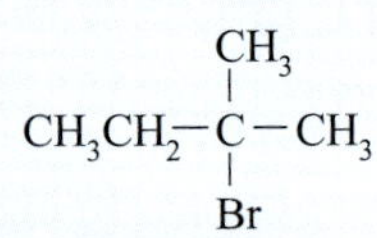

(b) 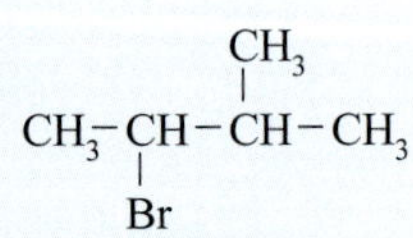

(c) $CH_3(CH_2)_4Br$

(d) 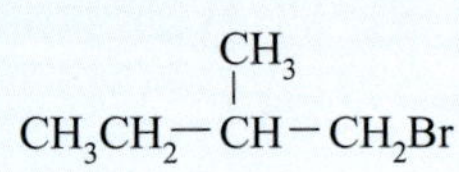

08. S_N1 메커니즘의 가정하에 다음 할라이드의 일정한 친핵체에 대한 반응성의 순서를 적어라.

(a) Benzyl chloride

(b) *n*-Pentyl chloride

(c) Vinyl chloride

(d) 2-Chlorobutane

09. 다음 반응속도는 수산화소듐 농도에 무관함을 알았다. 이 제거반응의 메커니즘을 설명하여라.

$$(CH_3)_3C-Cl + NaOH \rightarrow (CH_3)_2C{=}CH_2 + H_2O + NaCl$$

10. 일정한 친핵체에 대해 어느 것이 빨리 반응하겠는가?

(a) Ethyl iodide과 ethyl fluoride

(b) tetraethylammonium bromide와 triethylamine

11. *tert*-Butyl chloride은 $HgCl_2$가 있으면 가수분해가 빨리 일어난다. 그 이유를 설명하여라.

06 벤젠과 방향족성

유기화학이 발전하던 초기에는 방향족 화합물(aromatic compound)이란 용어는 벤즈알데하이드(버찌, 복숭아 및 아몬드에 들어 있음), 톨루엔(톨루발삼, 수지향) 및 벤젠(석탄의 증류액에 들어 있음)과 같은 향기 나는 물질을 기술하는 데 쓰였다.

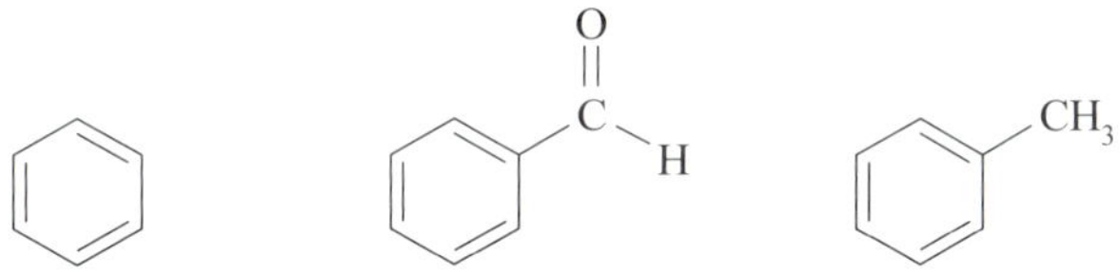

Benzene　　Benzaldehyde　　Toluene

그러나 곧 방향족성으로 분류되는 여러 물질들의 화학적 성질이 그동안 알려졌던 여러 다른 화합물들과 완전히 다르다는 것을 알았다. 방향족 화합물에 대하여 많은 연구를 한 결과 이들 분자는 벤젠 고리처럼 이중결합과 단일결합을 교대로 가지는 육각 고리를 가지고 있음을 알게 되었다. 따라서 오늘날 방향족이라는 용어는 벤젠 및 벤젠과 유사한 물리화학적 성질을 가진 화합물을 일컫는데 사용된다. 이 책에서는 주로 벤젠을 사용하여 방향족성(aromaticity)을 설명하기로 한다.

6.1 방향족 화합물의 명명

방향족 화합물은 다른 종류의 화합물보다 비체계적인 이름을 많이 가지고 있다. 일반적으로 사용되는 관용명은 IUPAC 규칙에서도 사용되고 있다.

표 6.1 방향족 화합물의 관용명

구조식	관용명 (IUPAC명)	구조식	관용명 (IUPAC명)
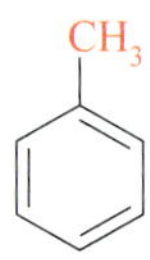	Toluene (Methylbenzene)	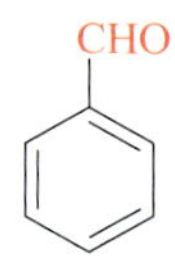	Benzaldehyde (Benzene aldehyde)
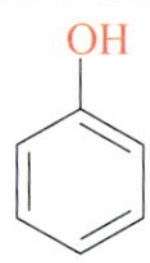	Phenol (Hydroxybenzene)	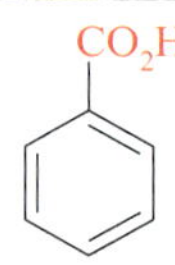	Benzoic acid (Benzene carboxylic acid)
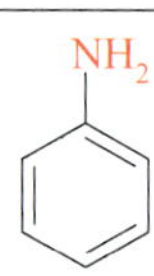	Aniline (Aminobenzene)	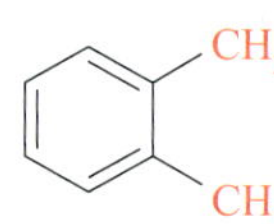	ortho-Xylene (1,2-DimethylBenzene)
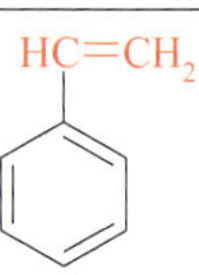	Styrene (Vinylbenzene)	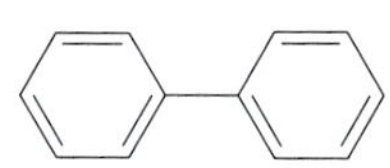	Biphenyl (Phenylbenzene)

일치환 벤젠의 이름은 모체인 "벤젠"(benzene) 앞에 치환기의 이름을 붙인다. 방향족기는 아릴(aryl)기라 부르는데, 알킬기를 R로 표시하는 것처럼 Ar로 나타낸다. 페닐기는 아릴기의 한 종류이다.

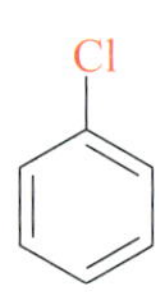

Chlorobenzene

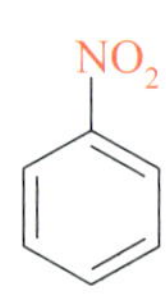

Nitrobenzene

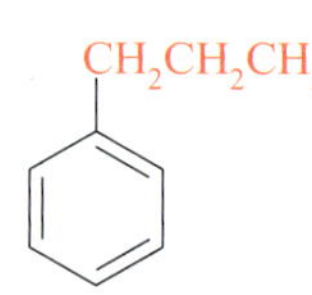

Propylbenzene

알킬-치환 고리화합물은 알킬기의 크기에 따라 다른 명명법을 사용하기도 한다. 만일 알킬 치환기가 고리에 비해 더 크다면 페닐-치환 알케인으로 명명된다. 벤젠 고리가 치환기일 때 **페닐**(phenyl)이라 명명하며, 벤젠 고리에 메틸기가 붙은 $C_6H_5CH_2-$는 **벤질**(benzyl)이라 명명한다.

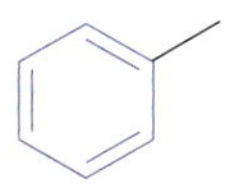

Phenyl기

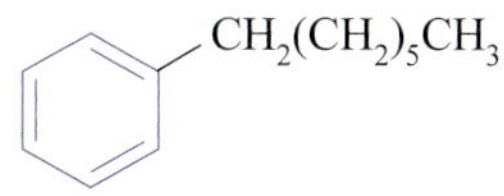

Phenylheptane

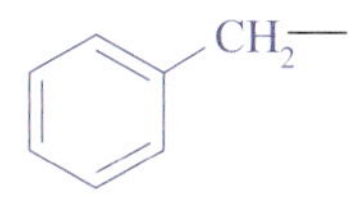

Benzyl기

두 개의 치환기를 가진 벤젠 유도체의 이성질체는 벤젠고리에 있는 치환기의 위치를 표시하기 위해서 오쏘(*o*−), 메타(*m*−), 그리고 파라(*p*−) 라는 접두사를 사용한다. 오쏘-이치환 벤젠은 두 치환기가 고리의 1,2 위치이며, 메타-이치환 벤젠은 두 치환기가 1,3 위치이며, 파라-이치환 벤젠은 1,4 위치이다.

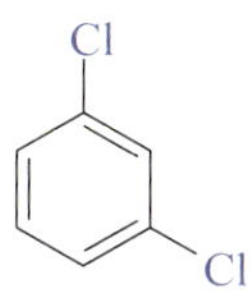

m-Dichlorobenzene
(1,3-Dichlorobenzene)

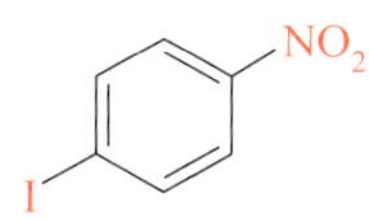

p-Iodonitrobenzene
(4-Iodonitrobenzene)

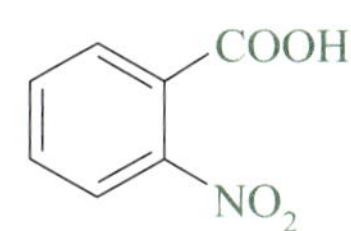

o-Nitrobenzoic acid
(2-Nitrobenzoic acid)

고유명을 가진 일치환 벤젠 유도체는 이름의 끝에 모체의 고유명을 붙인다.

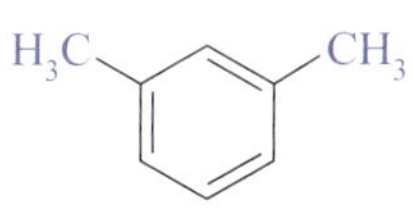

m-Xylene
(3-Methyltoluene)

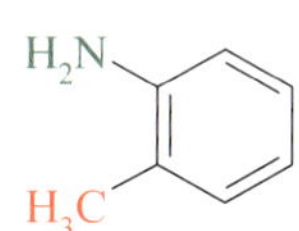

o-Aminotoluene
(2-Methylaniline)

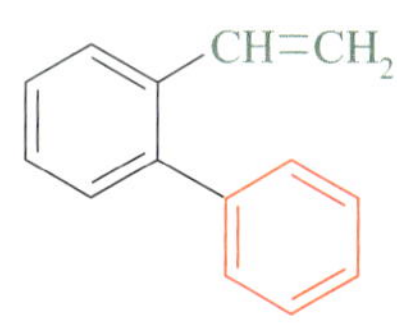

o-Vinylbiphenyl
(2-Phenylstyrene)

여러 개의 치환기가 치환된 벤젠의 위치는 숫자로 나타낸다. 번호를 붙일 때는 치환기의 번호가 가능한 낮은 번호가 되도록 한다. 화합물명을 쓸 때는 치환기 이름의 알파벳 순으로 나열한다.

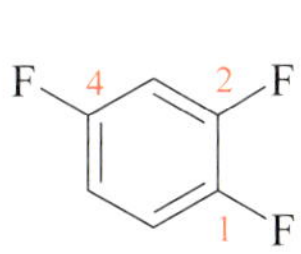

1,2,4-Trifluorobenzene

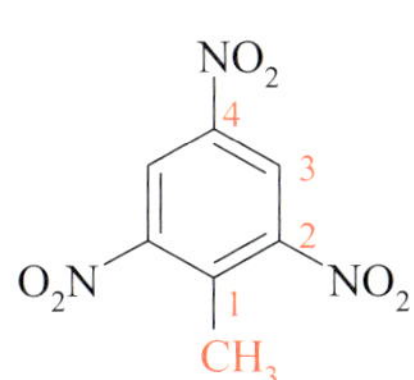

2,4,6-Trinitrotoluene
(TNT)

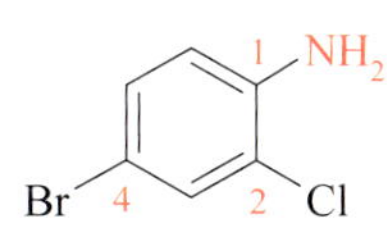

4-Bromo-2-
chloroaniline

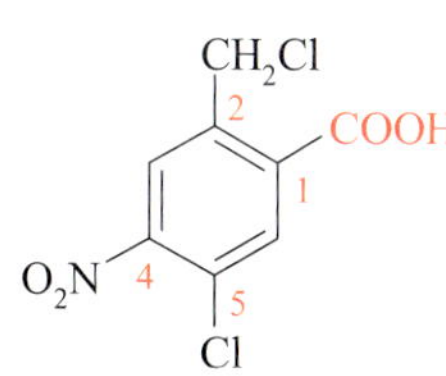

2-Chloromethyl-5-chloro
-4-nitrobenzoic acid

예제 6.1

다음 화합물의 IUPAC명을 쓰시오.

(1) 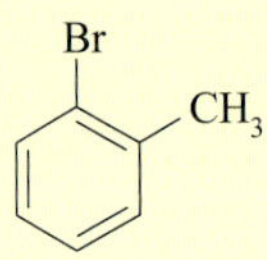

(2) 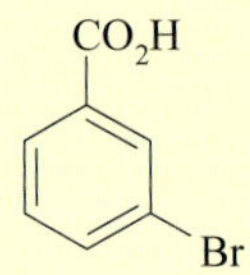

(3) 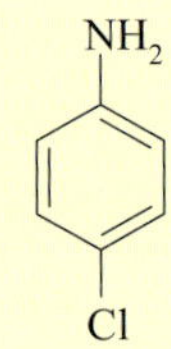

(4) 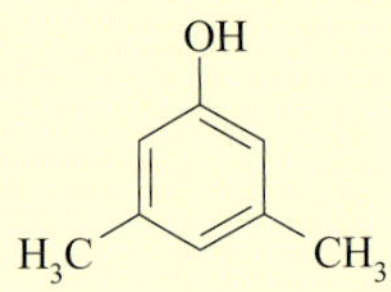

(5) 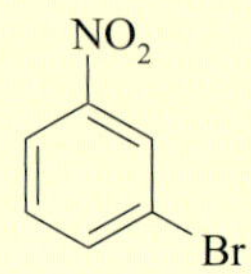

(6) 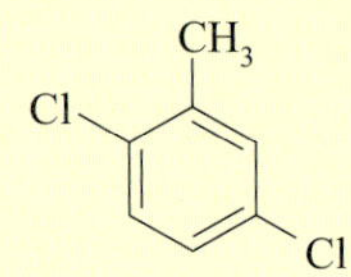

풀이

(1) *m*-Bromotoluene

(2) *m*-Bromobenzoic acid

(3) *p*-Chloroaniline

(4) 3,5-Dimethylphenol

(5) *m*-Bromo-nitrobenzene

(6) 2,5-Dichlorotoluene

예제 6.2

다음 IUPAC명에 해당되는 구조식을 그리시오.

(1) 1-Bromo-4-chlorobenzene

(2) *m*-Chloroaniline

(3) 1-Chloro-3,5-dimethylbenzene

(4) 3-Methyl-2-phenylhexane

(5) *o*-Aminobenzoic acid

(6) *m*-Bromophenol

풀이

(1) 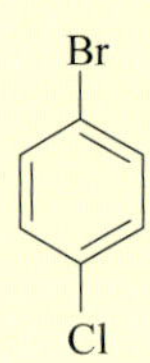

(2) 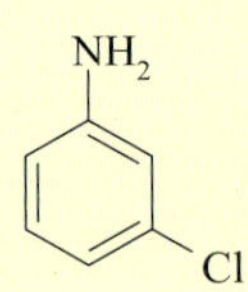

(3) 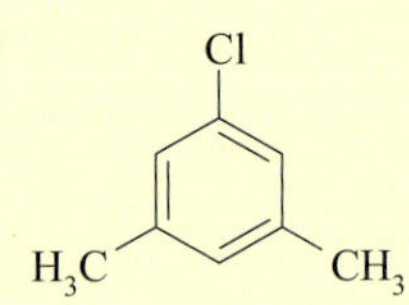

(4) 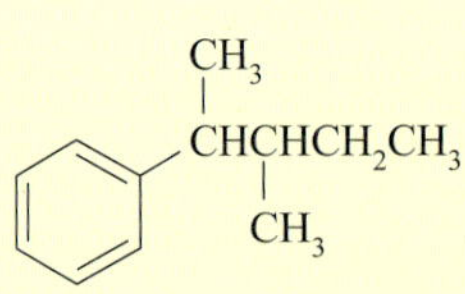

(5) 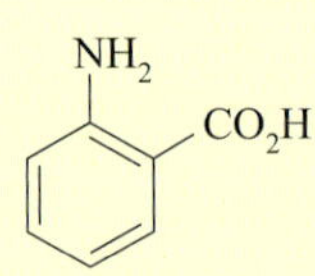

(6) 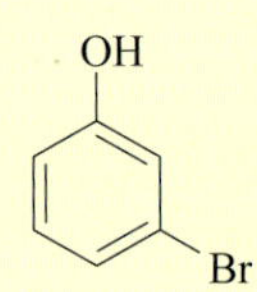

6.2 벤젠의 구조

벤젠의 분자식은 C_6H_6으로 X-선회절 및 분광학적 연구결과 분자는 평면이며, 여섯 개의 탄소 원자는 정육면체를 하고 있음이 밝혀졌다. 각 탄소간의 거리는 1.39 Å 이며, C－H 결합거리는 1.09 Å 이고, 모든 결합각은 120°이다(그림 6.1)

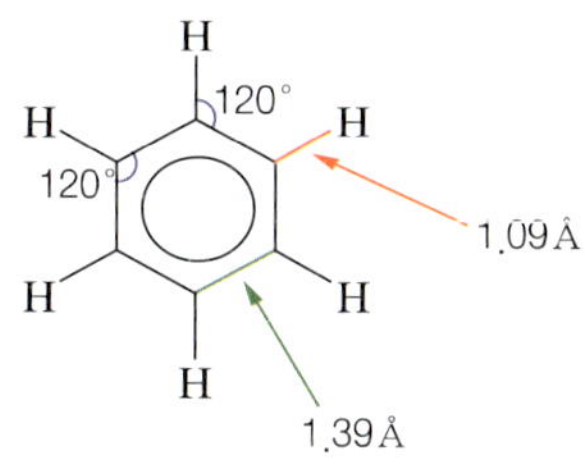

그림 6.1 벤젠 분자의 결합각과 결합길이

같은 평면 위에 있는 여섯 개의 탄소 원자는 sp^2 혼성궤도함수 세 개 중 두 개를 인접한 탄소와 서로 겹쳐 평면구조를 한 C－C 시그마결합 여섯 개를 만들고, 나머지 한 개는 수소의 $1s$ 궤도함수 여섯 개와 겹쳐 C－H 시그마결합 여섯 개를 만든다. 전자가 각 한 개씩 차있는 여섯 탄소의 $2p$ 궤도함수는 분자평면의 수직방향에 있다(그림 6.2). 이들 $2p$ 궤도함수 여섯 개가 옆으로 겹쳐서 파이결합 세 개가 생기게 되며, 따라서 벤젠은 이중결합 세 개를 가진다. 앞서 설명한 바와 같이 탄소－탄소 이중결합(1.34 Å)은 탄소-탄소 단일결합(1.54 Å)보다 짧으므로 벤젠 속에는 세 개의 짧은 이중결합과 긴 단일결합이 교대로 있을 것이다. 다시 말하면 벤젠은 1,3,5-사이클로헥사트라이엔이어야 한다.

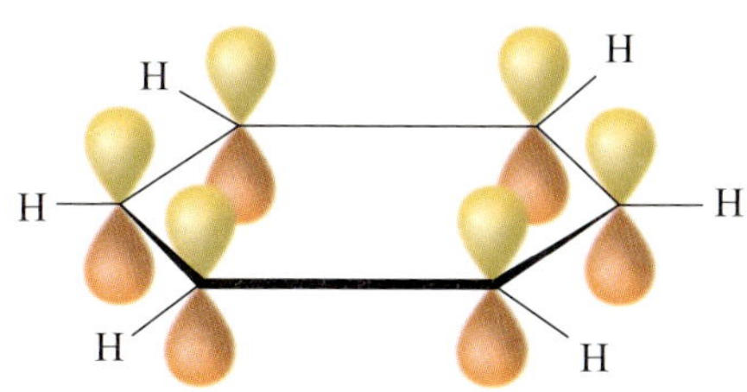

그림 6.2 벤젠의 시그마결합의 골격구조

그러나, 실제로는 벤젠의 모든 탄소－탄소 결합길이는 모두 1.39 Å 이므로 벤젠은 1,3,5-사이클로헥사트라이엔이 아니라는 것을 알 수 있다. 벤젠에서는 단일 및 이중결합을 판별할 수 없다. 모노 알켄에서 이미 설명한 바와 같은 이중결합의 개념은 벤젠에는 적용되지 않는다. 육각형 탄소의 수직면에서 $2p$ 궤도함수 여섯 개는 벤젠고리 위에 골고루 균등하게 겹쳐져 있다.

세 개의 파이결합이 두 탄소에만 편재되어 있는 것이 아니라 그림 6.2에서와 같이 육각형 탄소의 상하에 골고루 퍼져 있다.

화합물의 안정도는 에너지 함유량으로 나타낼 수 있다. 벤젠과 편재된 세 개의 파이결합을 가진 가상적인 1,3,5-사이클로헥사트라이엔의 상대적 에너지 함량은 수소화열로부터 계산할 수 있다. 사이클로헥센의 수소화열은 28.6 kcal/mol 이다.

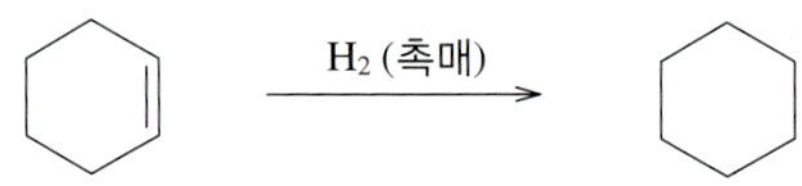

사이클로헥센

따라서, 이중결합을 두 개 가진 1,3-사이클로헥사다이엔에 수소가 첨가될 때에 발생하는 열량은 $\Delta H = -2 \times 28.6$ kcal/mol $= -57.2$ kcal/mol 이지만 실험치는 이보다 1.8 kcal/mol 작다. 가상적인 1,3,5-사이클로헥사트라이엔은 이중결합을 세 개 가지므로 수소화열을 계산하면, ΔH -85.8 kcal/mol 이지만 실제로 실험한 값은 계산치보다 36 kcal/mol 작다.

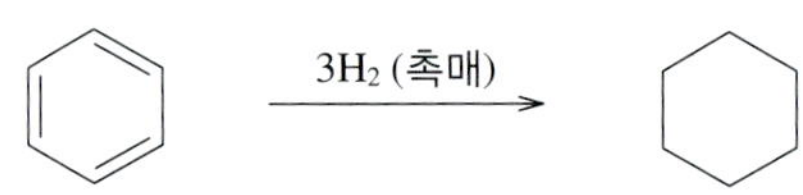

1,3,5-사이클로헥사트라이엔

벤젠의 공명에너지($\Delta H_{공명}$)는 짝다이엔인 1,3-사이클로헥사다이엔(1.8 kcal/mol)에 비해 매우 크다. 이와 같이 파이결합으로 인한 공명 에너지 때문에 벤젠이 방향족성을 가지게 된다.

벤젠은 하나의 구조이다. 그러나, 이 구조는 한 구조식만으로는 나타낼 수 없다. 원자가결합 또는 공명이론에 의하면 벤젠은 편재된 시그마 및 파이결합을 가진 각 구조식, 즉 공명 구조의 혼성으로 나타낼 수 있다. 구조식 사이의 이중화살표는 공명을 의미한다. Kekulé가 가정한 벤젠의 공명 구조는 다음과 같다.

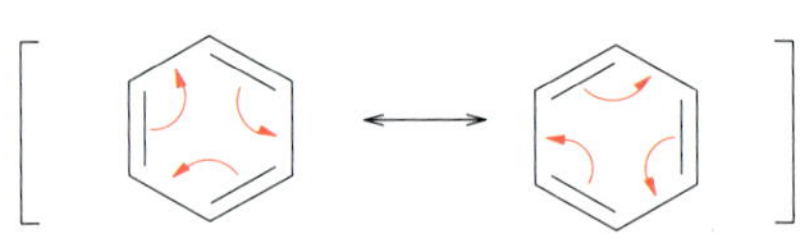

각 공명 구조는 벤젠을 나타내지 않고 모든 공명 구조의 평균이 실제의 벤젠을 나타낸다. 각 구조가 실제의 벤젠에 공헌하는 비율은 다르나 Kekulé 식은 약 70%나 기여하고 있다.

각 공명 구조의 에너지 함유량은 실제 벤젠보다 높다. 공명 구조 사이의 에너지 차이가 없거나 매우 작으면 공명은 효과적으로 일어나 실제분자를 매우 안정화시킨다. 공명에너지는 안정화의 척도가 된다. 두 개의 Kekulé 구조 사이에는 에너지 차가 없으므로 이 구조 사이에는 공명이 잘 일어나며, 따라서 벤젠이 매우 안정함을 알 수 있다. 분자 궤도함수이론에 의하면, 벤젠의 비편재된 파이결합은 고리형으로 비편재된 분자 궤도함수로 설명할 수 있다. 그림 6.2와 같이 벤젠의 각 탄소에 있는 여섯 개의 $2p$ 원자궤도함수의 Ψ 파동함수를 일차 결합시키면 낮은 에너지 상태의 결합성 π 궤도함수와 높은 에너지의 반결합성 π^* 궤도함수를 각각 세 개씩 얻을 수 있다. 벤젠의 바닥상태에서는 파이전자 여섯 개가 결합성 파이궤도함수에 들어간다. 벤젠의 분자궤도함수의 에너지 준위와 파이궤도함수의 모양은 그림 6.3과 같다.

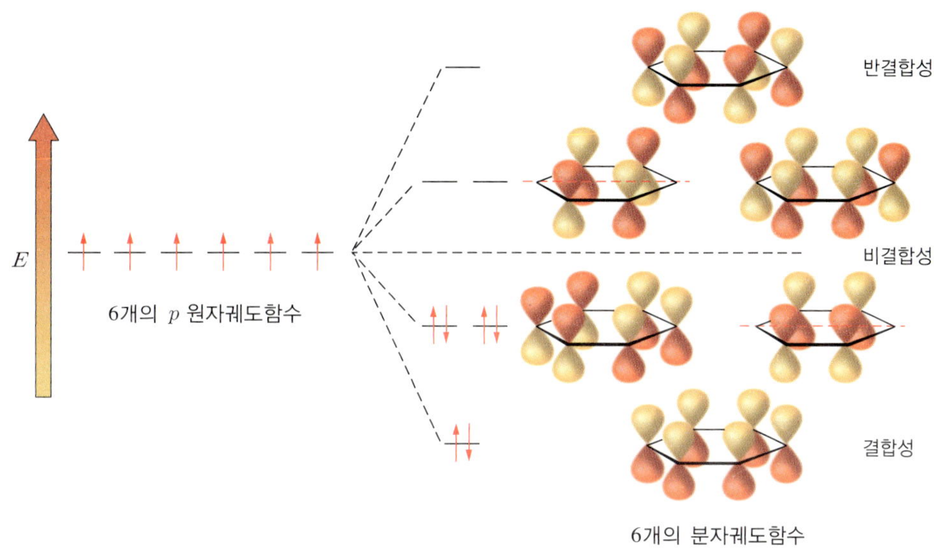

그림 6.3 벤젠의 파이 분자궤도함수

모노치환알켄의 파이궤도함수와는 달리 벤젠의 결합성 파이궤도함수는 두 탄소에만 편재되어 있지 않고, 벤젠의 여섯 탄소에 균등하게 분포되어 있다. 벤젠은 비편재 파이전자구름 세 개가 서로 겹쳐 그림과 같은 파이전자분포를 취한다.

벤젠의 결합상태는 두 이론, 즉 편재된 결합을 가진 가상적인 구조 사이의 공명 구조 또는 파이궤도함수의 비편재(분자 궤도함수이론)에 의하여 설명된다. 벤젠분자는 두 Kekulé 구조의 혼성 또는 세 개의 비편재된 파이궤도함수를 표시하기 위하여 육각형 속에 원을 그려 넣어 나타내기도 한다. 그러나 이러한 원의 표현은 고리 안의 파이전자수를 나타내지 않기 때문에 주의해서 사용해야 한다.

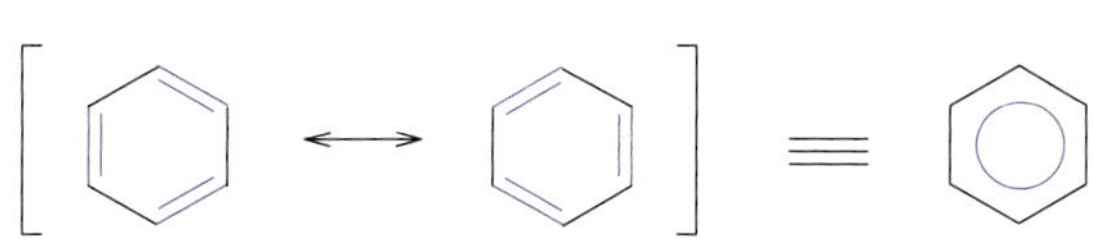

6.3 방향족성

많은 연구결과 방향족성을 나타내는 벤젠은 다음 네 가지의 특징을 가진다.

① 고리형이고 컨쥬게이션 되어 있다.
② 고리형 트라이엔에서 예측한 것보다 낮은 수소화열을 갖는다.
③ 평면이고 정육각형 모양이다. 모든 결합각은 120°이며, 모든 탄소는 sp^2 혼성이고, 모든 탄소－탄소는 결합길이가 같다.
④ 공명혼성체이다.

이러한 사실들은 벤젠 및 다른 방향족 분자들을 기술하는데 모두 적용되지만, 방향족성을 완전히 기술하는데는 파이전자 수와 관련된 다른 요건이 필요하였다. 이것을 **Hückel 규칙**이라 하는데 한 분자가 방향족이 되기 위해서는 평면이어야 하고, $4n+2$개의 파이전자를 가진 단일 고리형 컨쥬게이션이어야 한다. 여기서 n는 영을 포함한 정의 정수를 나타낸다. 표 6.2에 몇 가지 Hückel의 규칙을 나타내었다. 이 표에서 사이클로뷰타다이엔 및 사이클로옥타테트라엔은 방향족이 아님을 알 수 있다.

표 6.2 Hückel 규칙

결합 파이궤도함수의 에너지 준위		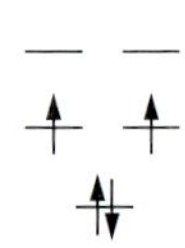	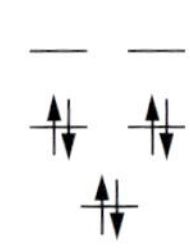	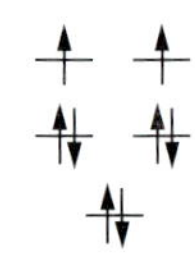	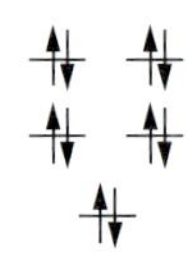
파이전자수	2	4	6	8	10
성질	방향족	비방향족	방향족	비방향족	방향족
대표적 화합물	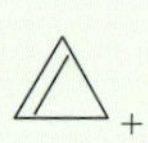 cyclopropenyl cation (2π)	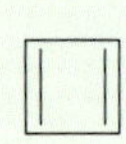 cyclobutadiene	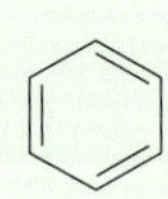 benzene (6π)	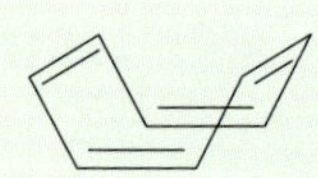 cyclooctatetraene	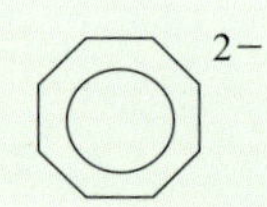 cyclooctatetraene dianion (10π)

Hückel 규칙은 헤테로고리나 여러 고리화합물에는 적용되지 않지만, 방향족성의 일반적인 개념은 여러 고리 방향족 화합물에까지 확장할 수 있다. 여러 고리 방향족은 벤젠고리가 두 개 혹은 그 이상 붙어서 된 것으로, 벤젠과 같이 이런 화합물들은 공명 구조의 혼성으로 나타낼 수 있다.

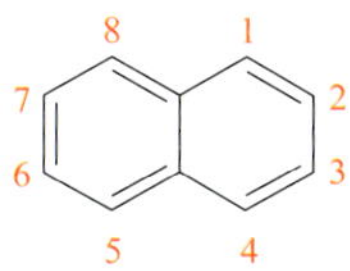

Naphthalene

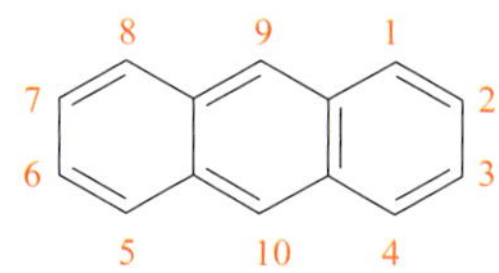

Anthracene

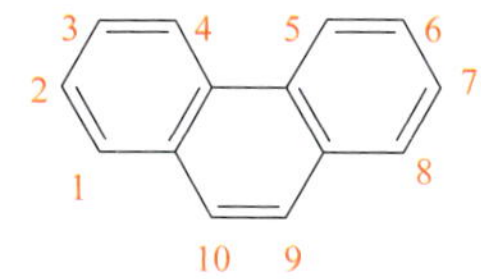

Phenanthrene

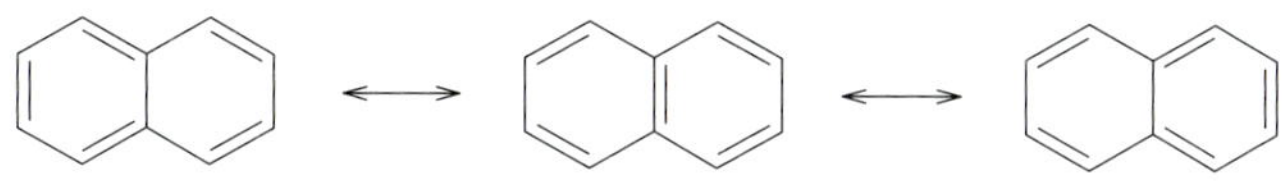

Naphthalene의 공명구조

예제 6.3

다음 화합물의 또다른 공명구조를 그리시오.

(1) 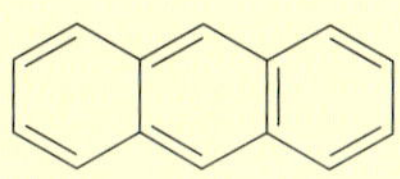

(2) 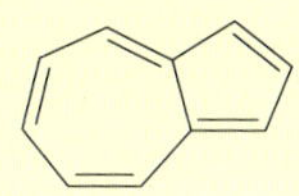

풀이

(1) 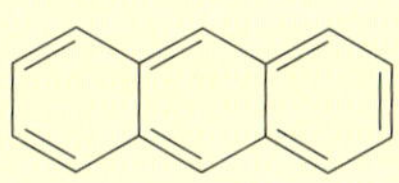

(2) 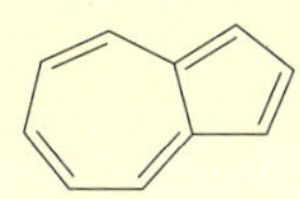

벤젠 고리를 가지지 않은 화합물 중에도 방향족성을 나타내는 것들이 있는데, 이들 화합물은 벤젠과 같이 평면고리의 탄소골격을 가지며 Hückel 규칙을 따른다. 예를 들면, 다음 양이온은 방향족성을 나타낸다.

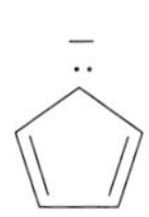

Cyclopentadienyl anion (6π)

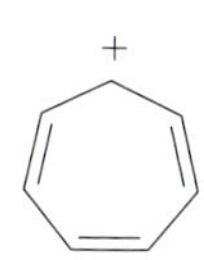

Cycloheptadienyl cation(6π)

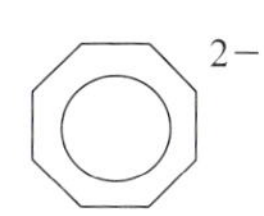

Cyclooctatetraenyl dianion(10π)

다음과 같은 헤테로 고리 화합물은 벤젠과 어느 정도 비슷한 물리화학적 성질을 나타내므로 방향족 헤테로 고리 화합물로 취급된다.

Furan

Pyrrole

Thiophene

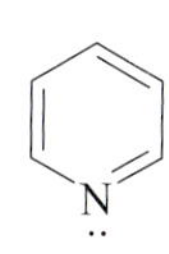

Pyridine

6.4 친전자성 방향족 치환반응

파이전자 구름 때문에 벤젠 분자는 염기성(친핵성) 성질을 갖는다. 벤젠은 주로 친전자체와 반응한다. 이들 반응에서 한 개의 수소 원자는 하나의 친전자체로 치환된다. 이러한 반응형태를 친전자성 방향족 치환반응(electrophilic aromatic substitution)이라고 한다. 친전자성 방향족 치환반응은 여러 단계로 일어난다.

π 착물 형성 친전자성 시약 Y^+은 벤젠의 친핵성 파이전자 구름에 의해 당겨져서 약하게 결합된다.

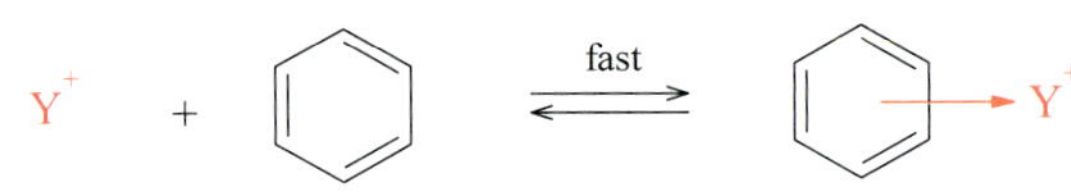

친전자체 친핵체 π 착물

짝지은 탄소양이온의 형성 π 착물 속에 있는 친전자성 시약 Y^+는 한 탄소 원자에 붙고, Y^+가 연결된 탄소 원자는 sp^3 궤도함수로 된다. 양전하는 sp^3 궤도함수의 탄소와 평면을 만들고 있는 다섯 개의 탄소 원자에 퍼지게 된다. 이렇게 하여 탄소의 sp^2 혼성궤도함수는 겹치게 되면서 공명으로 안정화된 탄소양이온을 형성한다. 이 양이온을 σ 착물 이라고 한다. 이 반응 단계가 가장 느리고 속도 결정 단계가 되며, 큰 활성화 에너지가 요구된다.

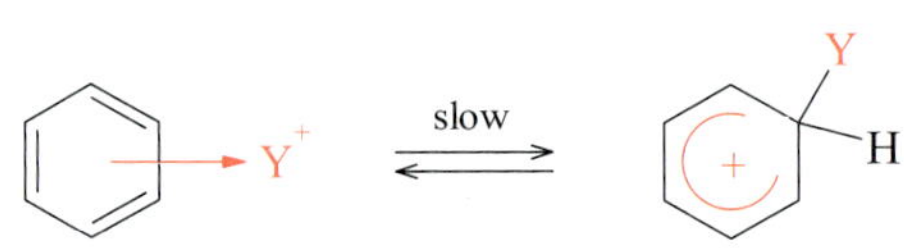

π 착물 σ 착물

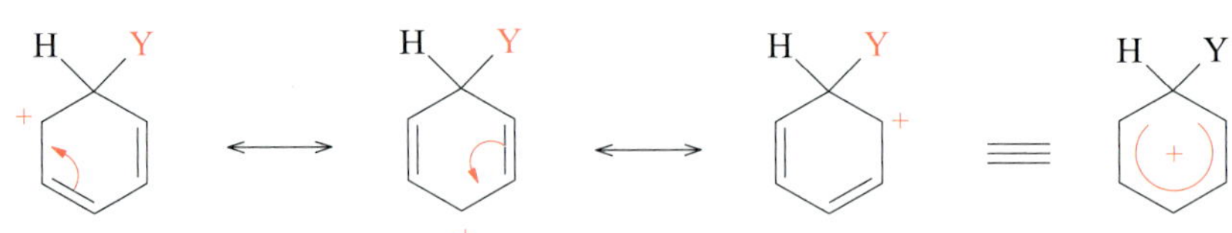

σ 착물은 세 개의 공명 혼성체이다

양성자 떼기 염기로서 α-양성자를 떼어내면 고리계는 방향족 상태로 되돌아간다. 즉, 염기가 첨가되는 것보다 오히려 재방향족화가 일어난다.

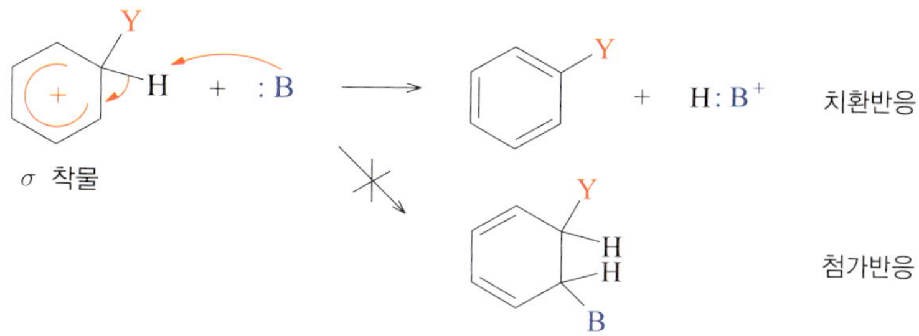

(1) 벤젠의 나이트로화 반응

진한 질산과 황산을 혼합하여 벤젠과 반응시키면 벤젠은 나이트로화 한다. 이때 친핵성 벤젠을 공격하는 친전자체인 나이트로 양이온 $^{+}NO_2$이 생긴다.

1단계 나이트로 양이온의 생성

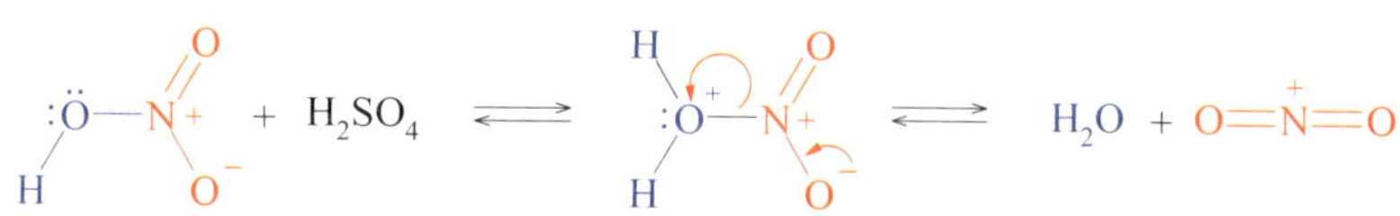

2단계 나이트로늄 이온은 벤젠과 반응하여 탄소양이온 중간체를 생성하고, 이 중간체로부터 H^{+}를 잃고 중성치환 생성물인 나이트로벤젠이 생성된다.

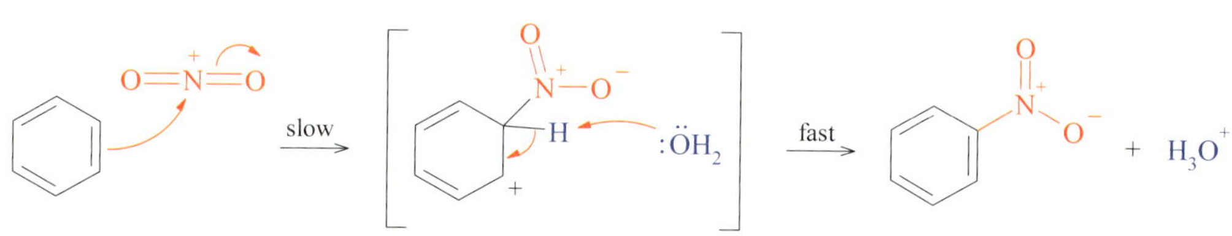

(2) 벤젠의 설폰화 반응

벤젠의 설폰화는 진한 황산을 반응시키면 일어난다. 친전자체는 SO_3이다.

1단계 친전자성 시약의 생성

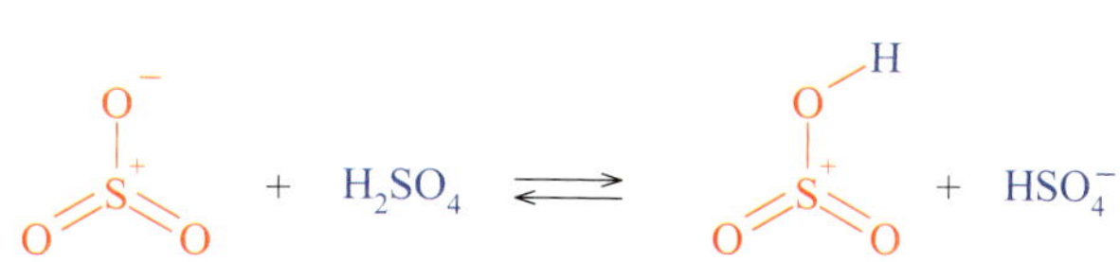

SO_3는 황 원자에 있는 부분적인 양전하 때문에 강한 친전자체이다.

2단계 앞에서 본 나이트로화 반응의 두 단계 메카니즘에 의해 일어나지만 설폰화 반응은 가역적이고 반응조건에 따라 정반응 또는 역반응이 일어날 수 있다. 설폰화 반응은 센산에서 우세하지만, 역반응은 뜨겁고 묽은 산 수용액에서 우세하다.

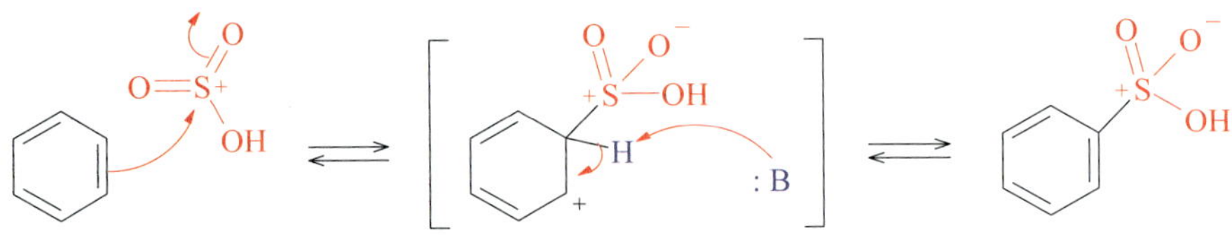

(3) 염소화 반응 및 브로민화 반응

벤젠의 염소화 및 브로민화에는 $AlCl_3$, $FeCl_3$와 같은 촉매(루이스산)가 필요하다. 촉매는 Cl_2 또는 Br_2 분자를 편극화시켜 더욱 친전자성으로 만들어 벤젠의 할로젠화의 진행을 도와준다.

1단계 친전자체의 생성

2단계 편극된 염소 분자는 친핵성 벤젠고리와 반응하여 비방향족 탄소양이온 중간체를 형성한다.

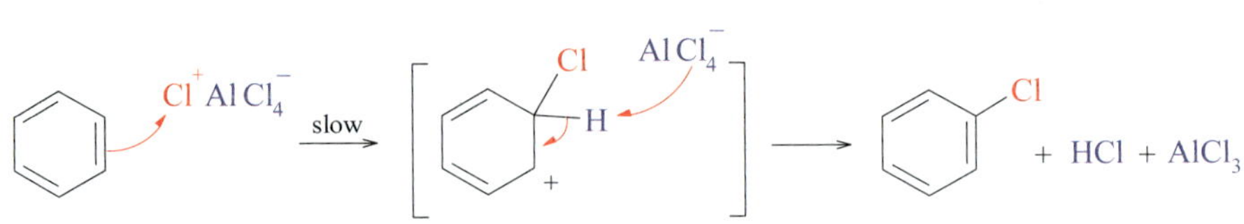

(4) Friedel-Crafts 알킬화반응

알킬기가 치환된 벤젠은 미량의 루이스산($AlCl_3$, BF_3, $FeCl_3$, HF) 존재 하에서 벤젠과 할로젠화 알킬을 반응시키면 만들어진다.

1단계 친전자성 시약의 생성

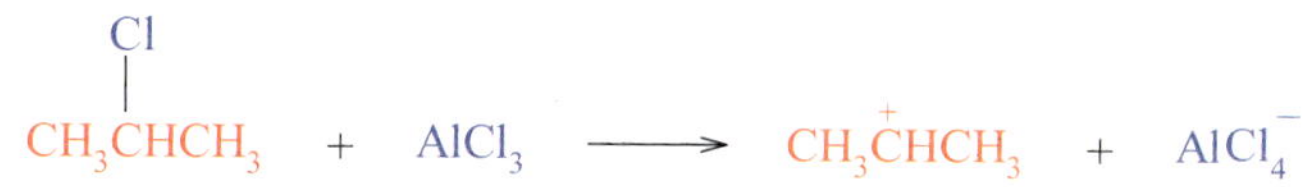

HCl/$AlCl_3$ 존재하에서 알켄, 또는 $AlCl_3$ 존재 하에서 알코올도 알킬기로 치환된 벤젠을 만드는 데 사용할 수 있다. 이 반응에서 탄소양이온의 자리 옮김이 일어날 때는 여러 가지 알킬 벤젠의 혼합물이 생긴다.

2단계 친핵체인 탄소양이온은 친핵성 벤젠고리와 반응하여 비방향족 탄소양이온 중간체를 형성한다. H^+를 잃음으로써 반응은 완결된다.

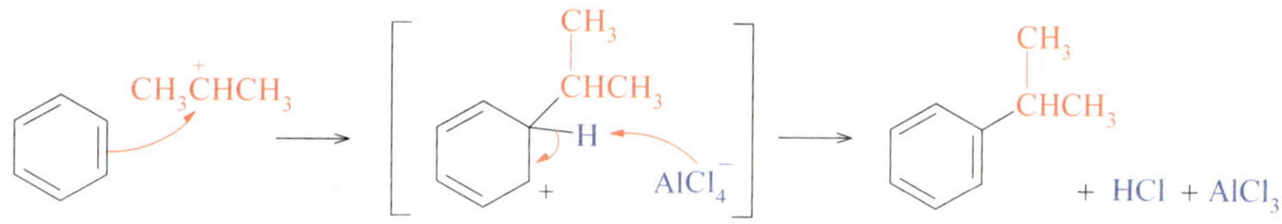

Isopropylbenzene

모든 단계는 평형을 이루고 있으며, Friedel-Crafts 알킬화반응은 가역반응이다.

(5) Friedel-Crafts 아실화 반응

방향족과 지방족을 함께 가진 케톤은 무수 염화알루미늄의 존재 하에서 벤젠과 할로젠화아실(RCOCl)을 반응시키면 만들어진다.

1단계 친전자성 시약의 생성

반응성 친전자체는 $AlCl_3$와 염화아실이 반응하여 만들어지는데, 공명으로 안정화된 아실 양이온을 생성한다. 이러한 안정화 때문에 아실화 반응 동안에 어떠한 탄소양이온 자리옮김도 일어나지 않는다.

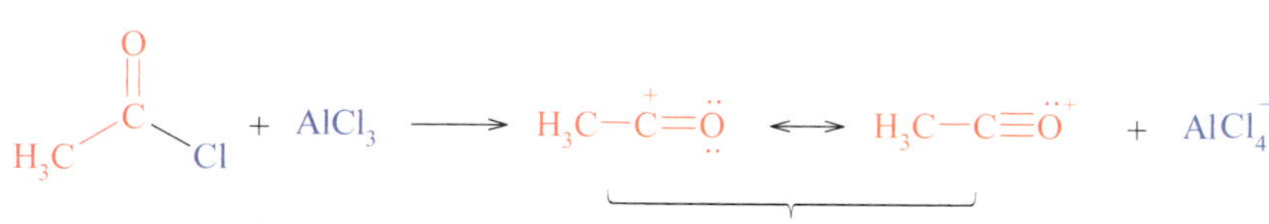

Acyl cation

나이트로벤젠과 같이 유전상수가 큰 용매 속에서는 염화아실이 해리하여 아실륨 이온으로 된다.

2단계

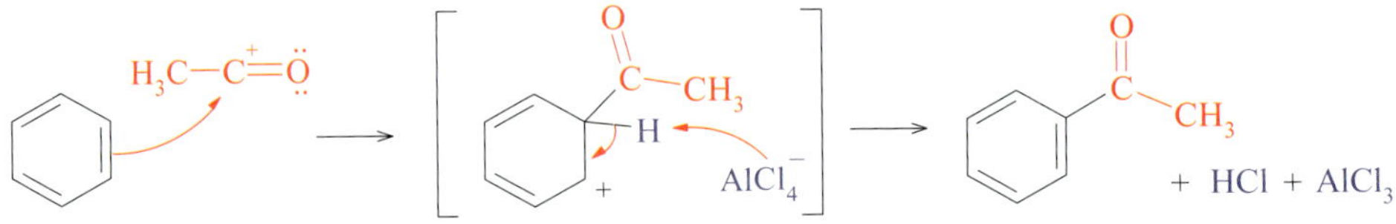

Methyl phenyl ketone

6.5 치환된 방향족 고리의 치환기 효과

(1) 일치환벤젠의 치환기 효과

만일 치환기를 가지고 있는 방향족 고리에서 반응이 일어난다면 어떠한 일이 일어날까? 치환기가 전자주개일 경우 벤젠고리의 전자 밀도를 증가시켜 친전자체(Y^+)에 대한 벤젠고리의 친핵성을 더 크게 한다. 따라서 이들 기는 방향족 고리를 활성화한다. 알킬기는 전자-주기 유발효과로 인해 고리를 활성화시킨다. 전자를 당기는 기는 벤젠고리의 전자 밀도를 감소시켜서 친전자체에 대한 친핵성을 작게 하므로, 이 기들은 방향족 고리를 비활성화한다.

그런데 $-OH$, $-OR$, $-NH_2$기는 **활성화기**이다. 약한 전자끌기 효과가 있지만 이보다는 전자-주기 공명효과 때문에 탄소양이온 중간체를 안전화시켜 고리를 활성화시킨다.

반대로 벤젠고리로부터 전자를 끌어당기면 **활성감소기**이다. 이는 고리의 전자를 부족하게 만들고 탄소양이온 중간체를 불안정화시킨다. 예로 전자끌기 치환기인 $-C=O$, $-Cl$, $-CN$, $-NO_2$가 있다. 예를 들어 벤젠치환기의 나이트로화 반응에서 $-OH$ 치환기는 벤젠의 반응성을 1000배 정도 크게 만들어 주는 반면, $-NO_2$ 치환기는 1000만배 이상 반응성을 작게 만든다.

(2) 공명효과

클로로벤젠의 이중극자 모멘트는 염화에틸보다 작다. 이것은 염소의 비공유 $3p$ 전자쌍과 벤젠의 파이전자가 작용하는 (c), (d), (e) 모양의 공명 구조 때문이다. 즉 치환기인 염소의 비공유 전자쌍이 벤젠 고리의 탄소 원자와 겹쳐져서 벤젠 고리의 전자 밀도가 증가한다.

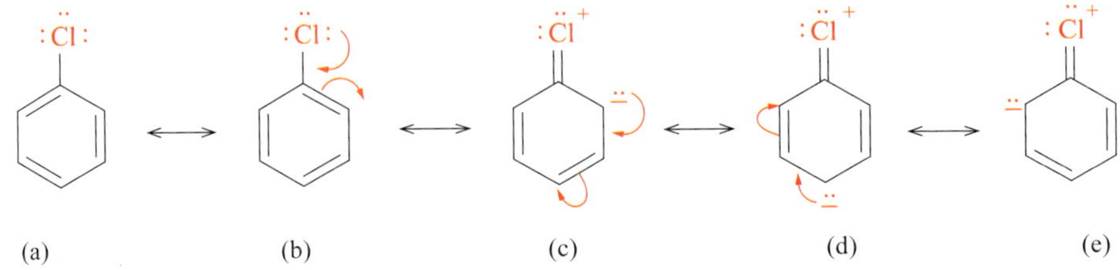

공명에 의하여 벤젠고리에 전자를 주게 되므로 이러한 치환기 효과를 전자주게 공명효과라 한다. 전자주게 공명효과는 $2p$, $3p$, $4p$ 및 $5p$ 원자궤도함수가 고리 탄소와 잘 겹치지 않는 순서인 F > Cl > Br > I 순이다. 하지만 할로젠의 전자끌게 유발효과도 전기음성도의 크기 순서로 전자주게 공명효과의 순서와 같다. **할로젠의 전기음성도는 대단히 크기 때문에 유발효과가 공명효과보다 우세하다.** 결과적으로 할로젠 치환기는 전자를 당긴다. 즉 전자주게 공명효과 < 전자끌게 공명효과 이다.

방향족 아민의 이중극자 모멘트(1.6 D)는 지방족 아민(1.0~1.4 D)보다 크다. 질소의 $2p$ 궤도에 있는 비공유 전자쌍은 벤젠의 파이전자와 작용할 수 있다. 아미노기가 최대로 겹치려면 N 원자는 sp^2 혼성을 한 평면 삼각형 구조를 가져야 한다. 그러나, 이것은 완전하게 가능하지는 않다. 아닐린은 다섯 개의 공명 구조의 혼성체로 표시한다.

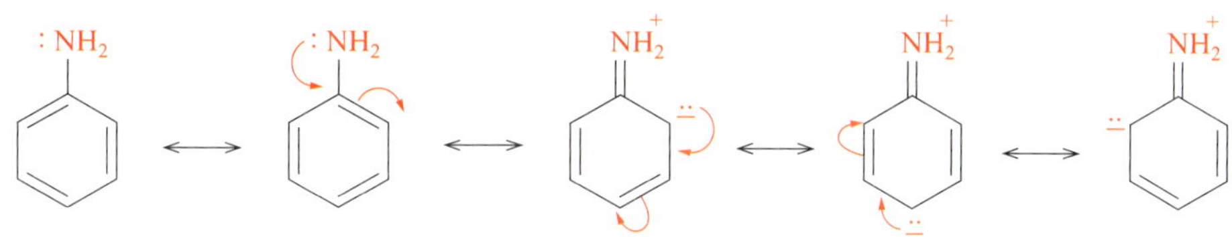

아닐린의 경우 겹침이 완전하지는 못하지만 $-NH_2$기가 **고리에 전자를 밀어주는 공명효과는 크고**, 고리로부터 전자를 끌어당기는 **질소의 유발효과는 작다.** 따라서, 아닐린의 아미노기는 활성화원자단이고, 벤젠고리의 전자밀도를 크게 한다. 이중극자 모멘트의 방향은 클로로벤젠과 반대이다.

나이트로벤젠의 이중극자 모멘트는 지방족 나이트로화합물보다 상당히 크다. 나이트로기의 전자 끄는 유발효과 외에 방향족 고리와 동일평면을 가지므로 **전자 끄는 공명효과가 크다.** 따라서, **나이트로기는 대단히 강하게 전자를 당기는 치환기**로 작용하여 벤젠고리의 전자밀도를 크게 감소시킨다. 큰 이중극자 모멘트의 방향은 아닐린과 반대방향이다. 나이트로벤젠은 다섯 개의 공명 구조의 혼성체로 나타낼 수 있다.

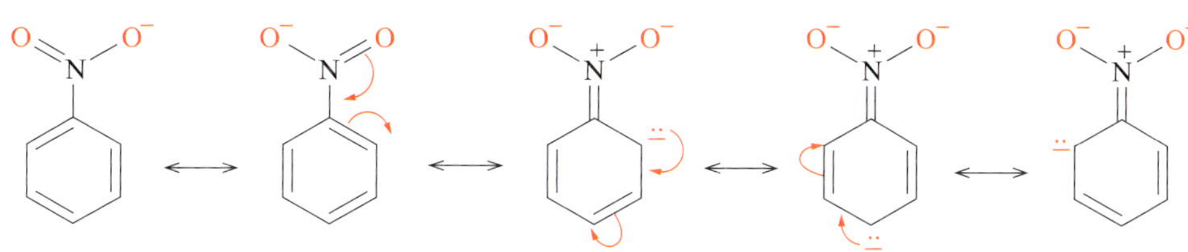

공명은 바닥상태에 있는 분자의 에너지준위에 영향을 미친다. 치환기의 공명효과는 벤젠 치환체의 에너지 준위를 낮게 한다.

표 6.3 친전자성 방향족 친환반응에서 치환기 효과

치환기	반응성	유발효과	공명효과
$-CH_3$	활성화	약한전자주기	
$-OH$, $-NH_2$	활성화	약한전자끌기	강한전자주기
$-F$, $-Cl$, $-Br$, $-I$	활성감소	강한전자끌기	약한전자주기
$-NO_2$, $-CN$, $-CHO$, $-CO_2R$, $-COR$, $-CO_2H$	활성감소	강한전자끌기	강한전자끌기

예제 6.4

다음 화합물을 친전자성 치환반응에 대한 반응성 순서대로 나열하시오.

(1) Nitrobenzene, Phenol, toluene, benzene

(2) Phenol, benzene, chlorobenzene, benzoic acid

(3) Benzene, bromobenzene, benzaldehyde, aniline

풀이

화합물의 치환기를 확인한다. 벤젠고리에 전자를 밀어주는 치환기가 친전자성 치환반응에 유리하다. 그리고 탄소양이온 중간체와 공명구조를 할 수 있는 치환기가 반응이 잘된다.

(1) Nitrobenzene($-NO_2$), Phenol($-OH$), toluene($-CH_3$), benzene

: Phenol > toluene > Benzene > nitrobenzene

(2) Phenol($-OH$), benzene, chlorobenzene($-Cl$), benzoic acid($-COOH$)

: Phenol > benzene > benzoic acid > chlorobenzene

(3) Benzene, bromobenzene($-Br$), benzaldehyde($-CHO$), aniline($-NH_2$)

: Aniline > benzene > benzaldehyde > bromobenze

6.6 이치환 벤젠

일치환벤젠은 종류에 따라 제2의 치환기가 들어가는 곳이 달라진다. 일반적으로 상대적 반응성과 제2의 치환기의 지향성에 따라 일치환벤젠을 다음의 세 가지로 나눈다.

1. 고리를 활성화하여 $o-$ 와 $p-$ 지향인 작용기를 가진 벤젠
2. 고리를 비활성화하여 $m-$ 지향인 작용기를 가진 벤젠
3. 고리를 비활성화하여 $o-$ 와 $p-$ 지향인 작용기를 가진 벤젠

일치환벤젠 반응의 경우와 마찬가지로 탄소양이온의 생성 속도가 제2의 치환 반응속도를 지배한다. 중간체인 탄소양이온을 안정하게 하는 치환기는 탄소양이온의 생성에 필요한 활성화 에너지를 감소시켜준다. 즉, 전자를 주는 치환기는 탄소양이온의 양전하를 분산시켜서 탄소양이온 중간체가 안정화되도록 해준다.

전자를 주는 효과, 즉 벤젠고리의 전자밀도를 증가시키는(친전자체와의 반응성이 커짐) 모든 활성화기(그림 6.4)는 중간체인 탄소양이온을 안정화시킨다. 전자를 당기는 효과를 가진 모든 비활성화기는 벤젠고리의 전자밀도를 감소시켜서(친전자체와의 반응성이 감소) 탄소양이온의 생성에 필요한 에너지를 증가시킨다. 통계적으로 제2의 치환기는 $o-$, $p-$ 및 $m-$ 세 가지 다른 위치에 들어갈 수 있다. 그러나, 이미 고리에 결합되어 있는 기는 제2의 치환기가 들어올 위치를 지시한다.

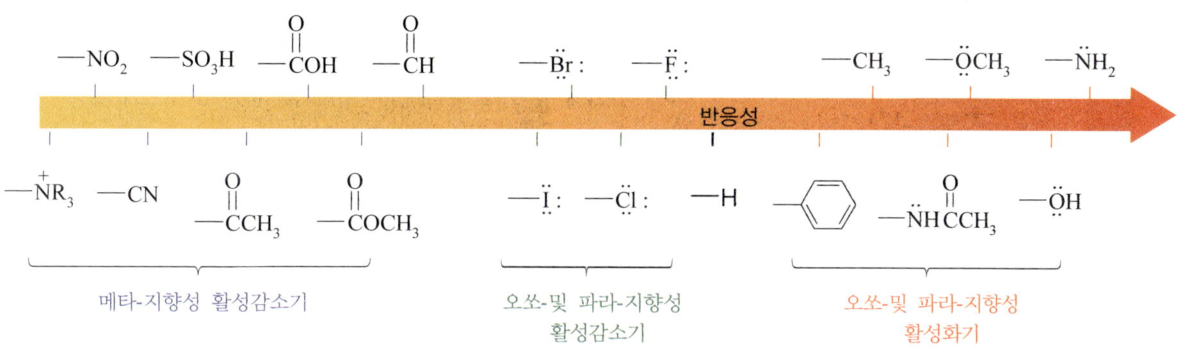

그림 6.4 벤젠의 제2의 치환반응에 대한 치환기 효과

예제 6.5

톨루엔의 설폰화 반응에서의 생성물을 예측하시오.

풀이

톨루엔은 벤젠에 메틸기가 치환된 것으로 알킬치환기는 오쏘, 파라 지향기이다.

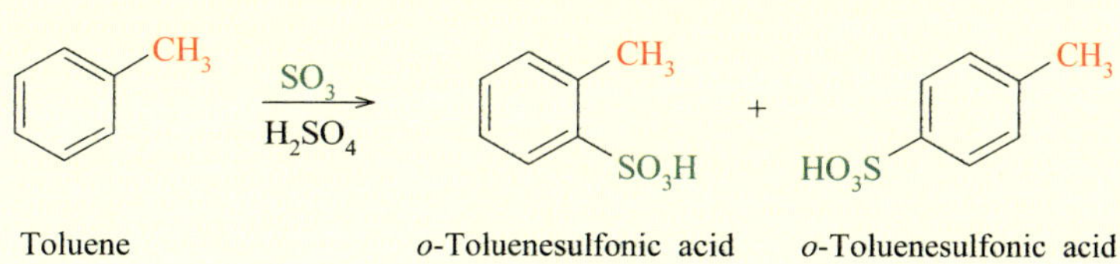

(1) 아닐린의 나이트로화 ; 오쏘- 및 파라-지향성 활성화기

아닐린은 비교적 작은 유발효과와 큰 공명효과를 가지고 있어 전체적으로 보아 전자를 주는 효과를 갖고 있다. 따라서, 아닐린은 벤젠보다 NO_2^+ 이온에 의하여 더 잘 공격을 받는다.

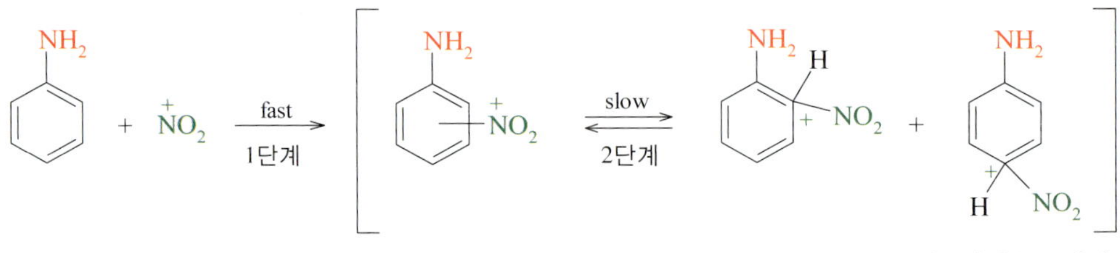

친전자체는 중간체인 탄소양이온의 모든 위치를 공격할 수 있지만 어느 선택된 장소에서 반응이 더 빨리 일어난다. $o-$, $p-$ 탄소양이온 중간체는 공명 구조가 더 많아서 전하의 비편재로 분산이 잘 되기 때문에 더 안정하여, $m-$이성질체보다 잘 만들어진다. 아미노기의 안정화 효과는 $o-$ 및 $p-$ 중간체에서 가장 잘 이루어진다.

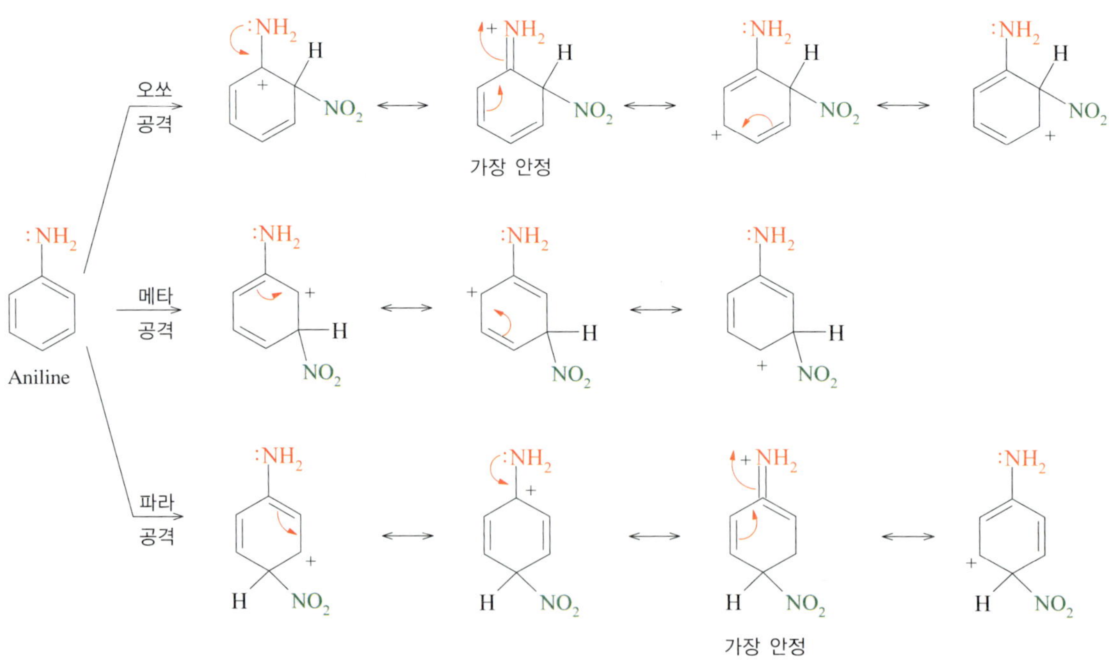

그림 6.5 아닐린의 나이트로화 반응에 있어서 탄소양이온 중간체 : 오쏘와 파라 중간체는 질소와의 공명 구조가 가능하기 때문에 메타 중간체보다 안정하다.

$o-$ 및 $p-$ 중간체를 생성하는데 필요한 활성화 에너지는 $m-$ 이성질체를 만드는데 요구되는 활성화 에너지보다 작고, 치환되지 않은 벤젠의 나이트로화 때보다도 에너지가 작다. 하지만 산성 용액에서 아닐린을 나이트로화하면 주로 m-나이트로아닐린이 얻어진다. 이때 벤젠고리에 있는 $-NH_2$기는 $-N^+H_3$으로 양성자화 되고, 이것은 비활성화하는 메타지향기이다.

마지막으로 나이트로기가 첨가된 탄소양이온 중간체는 짝염기에 의해 양성자가 제거되고 재방향족화가 일어난다.

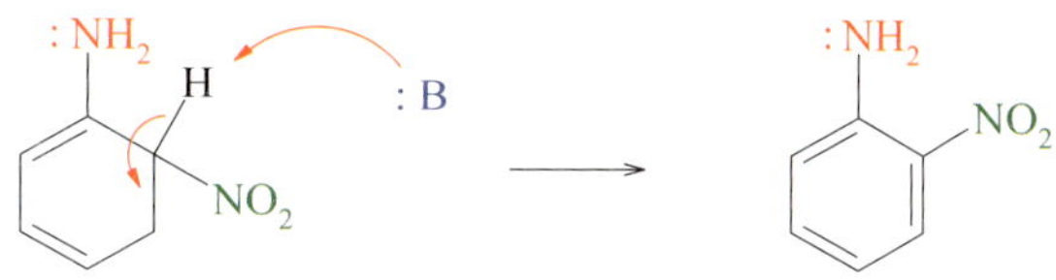

o-위치에 나이트로기가 치환된 생성물

파라위치에 나이트로기가 치환된 것도 같은 방식으로 일어난다.

(2) 나이트로벤젠의 나이트로화 ; 메타-지향성 활성감소기

나이트로벤젠의 $-NO_2$기는 큰 유발 효과와 공명 효과를 가지므로 벤젠고리에서 전자를 세게 당긴다. 나이트로벤젠과 같이 친핵성이 작은 고리는 벤젠보다 $^+NO_2$에 의한 공격이 잘 일어나지 않는다.

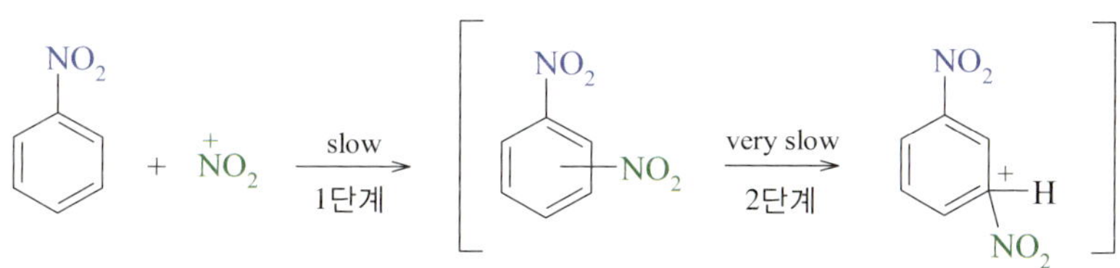

두 개의 탄소양이온의 공명 구조는 인접된 원자가 같은 전하를 띠고 있으므로 매우 불안정하다. 따라서, 공명에 참여하는 구조에서 이 두 탄소양이온을 무시할 수 있다. $m-$이성질체에서는 이 양전하는 더 잘 분산되므로 $o-$ 또는 $p-$ 중간체보다 더 안정하다. $m-$이성질체는 $o-$ 또는 $p-$중간체보다 생성 활성화 에너지가 작기 때문에 $m-$이성질체가 더 잘 만들어진다. 그러나, $m-$이성질체에 대한 활성화 에너지는 치환되지 않은 벤젠의 나이트로화에 필요한 에너지보다 상당히 높다.

$-NH_2$ 또는 $-NO_2$ 이외의 다른 치환기의 지향효과는 탄소양이온 중간체에 미치는 안정화 또는 비안정화하는 유발 효과 및 공명 효과를 같은 방법으로 고려함으로써 설명할 수 있다.

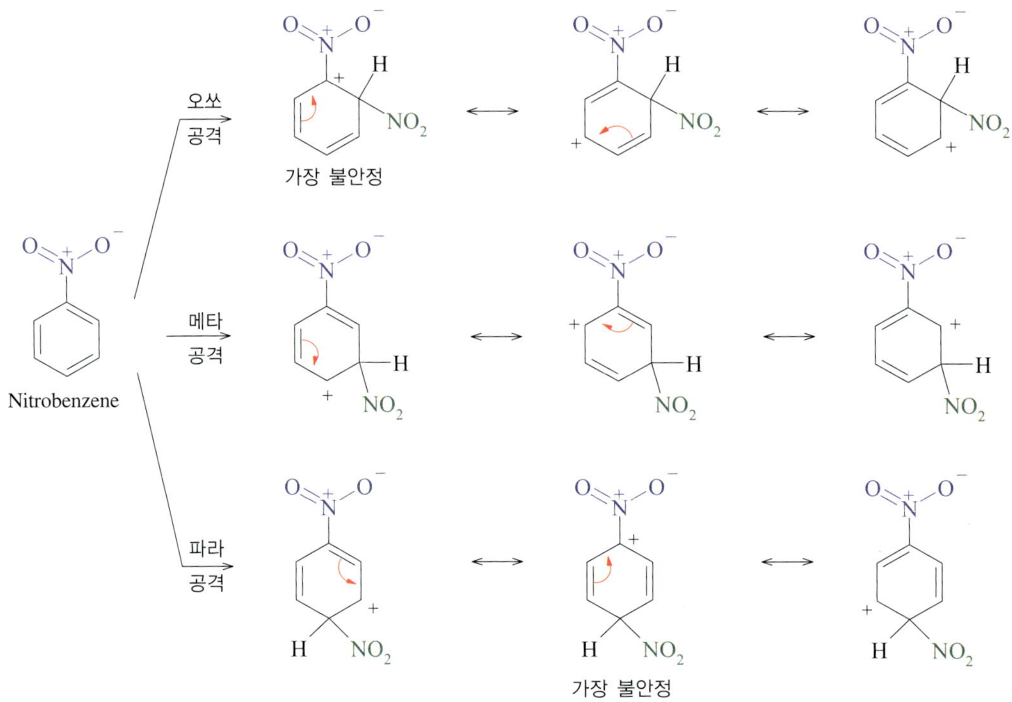

그림 6.6 나이트로벤젠의 나이트로화 반응에 있어서 탄소양이온 중간체 ; 오쏘와 파라 중간체는 메타 중간체에 비해 덜 안정하다.

연습문제

01. 벤젠의 수소화열 $\Delta H = -49.8$ kcal/mol을 1,3-사이클로헥사다이엔 $\Delta H = -55.4$ kcal/mol 및 사이클로헥센, $\Delta H = -28.6$ kcal/mol과 비교하여 어떻게 설명할 수 있겠는가?

02. 방향족성을 나타내는 기본조건을 써라.

03. Hückel 규칙에 의하면 가장 작은 방향족 화합물은 어느 것인가?

04. 다음 이름에 해당하는 구조를 그려라.

(a) *m*-브로모페놀
(b) 벤젠-1,3,5-트라이올
(c) *p*-아이오도나이트로벤젠
(d) 2,4,6-트라이나이트로톨루엔(TNT)
(e) *o*-아미노벤조산
(f) 3-메틸-2-페닐헥세인

05. 화학식이 C_7H_7Cl인 방향족 화합물을 모두 그리고 명명하여라.

06. (a) 다이나이트로벤젠과 (b) 브로모다이메틸벤젠의 이성질체를 모두 그리고 명명하여라.

07. 다음 설명에 부합하는 방향족 탄화수소의 구조를 제시하여라.

(a) C_9H_{12} : 방향족 브로민화 반응으로 한 가지 생성물만 생성된다.
(b) C_8H_{10} : 방향족 염소화 반응으로 세 가지 생성물이 생성된다.
(c) $C_{10}H_{14}$: 방향족 나이트로화 반응으로 두 가지 생성물이 생성된다.

08. 다음 화합물의 구조식을 써라.

(a) *m*-클로로메틸벤젠
(b) *p*-사이아노스타이렌
(c) *o*-하이드록시아닐린
(d) 2,4,-다이바이닐벤조산

09. 다음 반응의 주생성물(들)을 예측하여라.

(a)
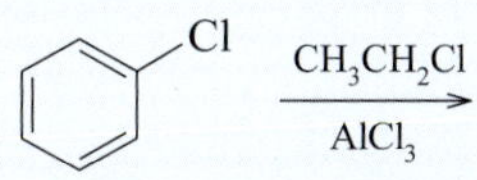

(b)
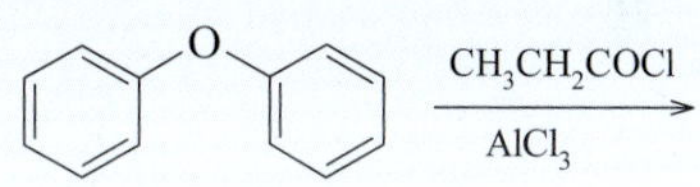

(c)
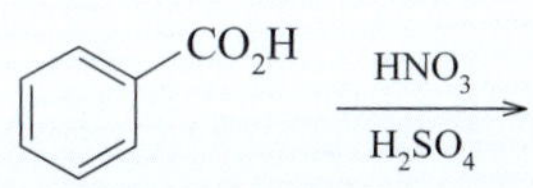

(d)
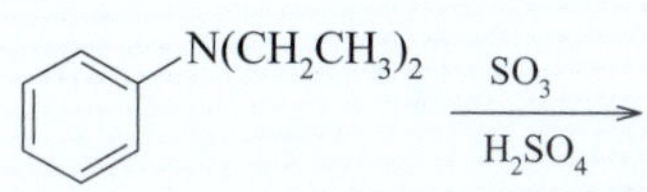

10. 다음 시약으로 벤젠을 친전자성방향족 치환반응을 할 때 반응메카니즘을 써라.

(a) Br_2 / $FeBr_2$
(b) NO_2 + ClO_4^-
(c) CH_3CH_2COCl / $AlCl_3$

11. 다음 물질의 단일 나이트로화반응에서 주생성물을 예측하라.

(a) 브로모벤젠
(b) 벤조나이트릴(사이아노벤젠)
(c) 벤조산
(d) 나이트로벤젠
(e) 페놀
(f) 벤즈알데하이드

12. 벤젠으로부터 다음 화합물을 만드는 방법은?

(a) 아이소프로필벤젠
(b) 벤젠설폰산
(c) 메틸사이클로헥산

13. 클로로벤젠과 염화바이닐의 C−Cl 결합길이가 1.69 Å인데 염화에틸은 그 결합길이가 1.76 Å임을 설명하라.

14. 아닐린의 나이트로화반응을 산성 용액에서 할 때와 약한 알칼리성 용액에서 할 때 다음 것에 대하여 생각하라. (a) 어느 때가 빠를 것인가? (b) 친전자성 시약이 오쏘, 메타 및 파라를 공격할 때 생각되는 모든 중간체를 써라. (c) 두 경우에 있어서 어느 화합물이 가장 잘 얻어지겠는가?

15. 다음 것을 설명하라.

(a) 톨루엔을 설폰화 할 때 얻어지는 생성물의 오쏘-파라 비율이 나이트로화 할 때의 그것보다 작다.
(b) 아이소프로필벤젠을 나이트로화 하여 얻어지는 생성물의 오쏘-파라 비율은 톨루엔을 나이트로화 할 때보다 작다.

16. 톨루엔을 자유라디칼성 염소화 반응을 할 때 다음 것을 생각하라

(a) 반응 혼합물에서 어느 화합물을 분리 할 수 있겠는가?
(b) (a)에서 분리한 각 화합물을 $Cl_2/AlCl_3$로서 친전자성 방향족치환을 할 때 그 생성물은 무엇일까?

17. 다음과 같은 친전자성 방향족 치환반응에서 얻어지는 주생성물은?

(a) 4-나이트로톨루엔의 브로민화
(b) *p*-아미노클로로벤젠의 나이트로화
(c) *m*-다이클로로벤젠의 아세틸화
(d) *m*-자일렌의 알킬화
(e) 2,4-다이나이트로톨루엔의 클로로메틸화
(f) *m*-하이드록시벤즈알데하이드의 염소화
(g) 2,3-다이나이트로에틸벤젠의 설폰화
(h) 염화 3-클로로벤질의 설폰화

07 알코올과 페놀

알코올과 페놀은 물의 수소 중 하나가 유기치환기로 치환된 물의 유기유도체로 생각할 수 있다. 실제로 알코올은 sp^3로 혼성화된 탄소 원자에 $-$OH기가 붙은 것이며, 페놀은 방향족 고리의 sp^2 혼성탄소 $-$OH기가 결합되어 있다.

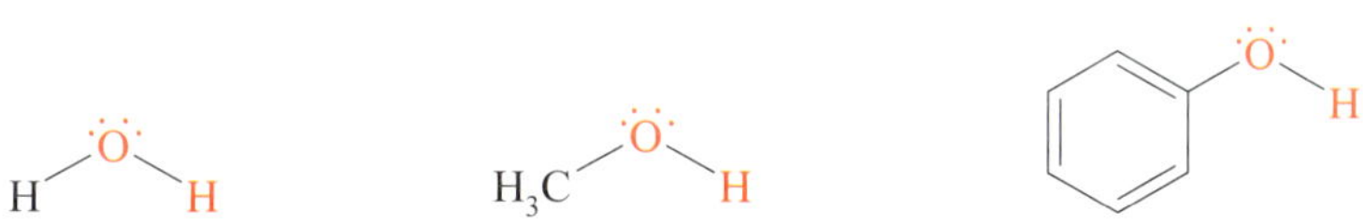

Water　　　Methanol　　　Phenol

알코올과 페놀은 산소 주위의 기하 구조가 물과 거의 같다. R$-$O$-$H의 결합각은 정사면체각인 109.5°에 가까우며, 산소 원자는 sp^3 혼성이다.

우리가 가장 흔히 접할 수 있는 알코올에는 메탄올과 에탄올이 있다. 페놀도 자연에 많이 존재하는 것으로, 다양한 접착제와 방부제 생산의 중간물질로 사용된다. 지금까지 탄화수소 화학과 일반적인 유기반응성에 대한 개념을 살펴보았다면, 이를 바탕으로 생물화학에서 주로 사용되는 산소 원자가 포함된 작용기들에 대해 공부할 필요가 있다. 이 장에서는 알코올과 페놀 화합물의 물리적 성질 및 주요 화학반응을 다루려고 한다.

7.1 알코올과 페놀의 명명

(1) 알코올

알코올은 하이드록시기를 가지고 있는 탄소에 결합된 탄소의 수로서 알코올의 종류를 결정한다. 즉, 일차(1°) 이차(2°) 및 삼차(3°) 알코올로 분류된다.

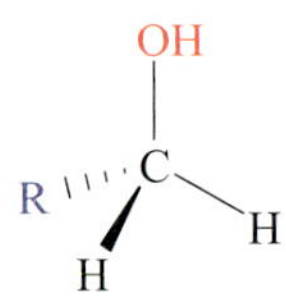

일차알코올

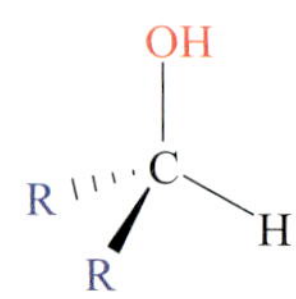

이차알코올

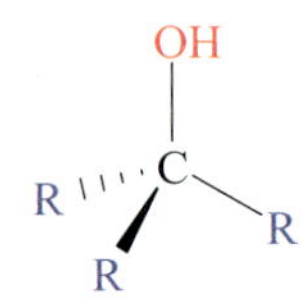

삼차알코올

1. **모체 탄화수소를 찾는다.** 알코올은 하이드록시기를 가지고 있는 제일 긴 탄소사슬을 모체로 선택하여 알케인, 알켄, 알카인의 이름 끝에 있는 "e" 대신 "ol"을 붙인다. 하이드록시기, 곁사슬 또는 파이결합의 위치는 가능한 빠른 숫자가 되도록 표시한다.

	CH_3—OH	CH_3CH_2—OH	$CH_3CH_2CH_2$—OH	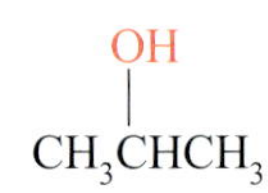
IUPAC명 (관용명)	Methanol (Methyl alcohol)	Ethanol (Ethyl alcohol)	Propan-1-ol (*n*-Propyl alcohol)	Propan-2-ol (Isopropyl alcohol)

2. 하이드록시기가 더 가까운 말단탄소부터 사슬번호를 붙인다.

3. 사슬에 있는 위치에 따라 치환기에 번호를 붙이고 알파벳순서로 치환기를 나열하고, −OH가 붙어있는 위치를 확인하여 이름을 붙인다.

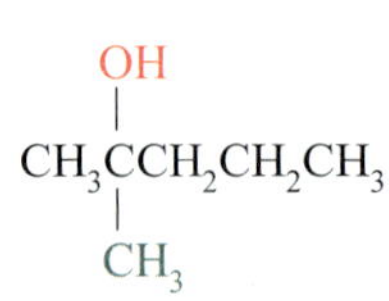

2-Methylpentan-2-ol

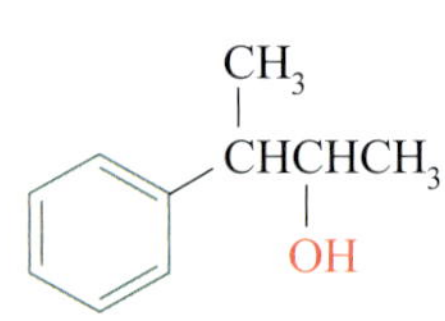

3-Phenylbutan-2-ol

4. 한 개 이상의 하이드록시기가 있을 경우에는 어미인 올(ol) 앞에 di−, tri− 등을 붙여 쓰며 모체 **알케인, 알켄, 알카인의 −e가 어미의 자음 d 앞에서는 그대로 쓰임을 유의하자.**

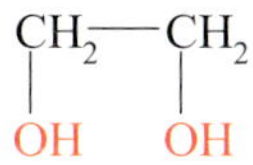

Ethane-1,2-diol
(Ethylene glycol)*

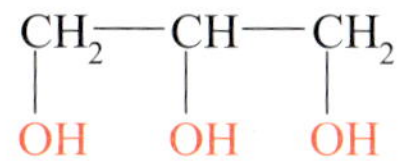

Propane-1,2,3-triol
(Glycerol)*

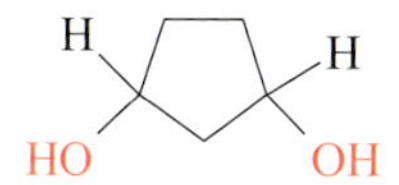

cis-Cyclopentane-1,3-diol

5. 보편적인 알코올들은 **관용명***을 가지는데 IUPAC명에서도 그대로 사용된다.

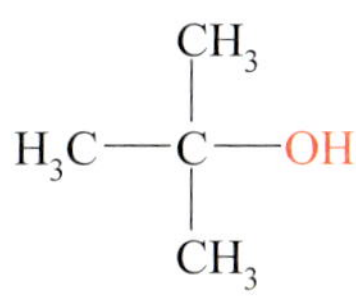

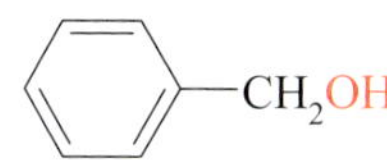

IUPAC명 (관용명)	2-Methyl-propan-2-ol (*tert*-Butyl alcohol)*	Prop-2-enol (Allyl alcohol)*	Phenylmethanol (Benzyl alcohol)*

(2) 페놀

페놀류는 보통 모체 화합물의 유도체로 명명한다.

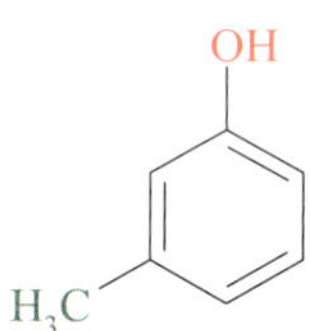

m-Methylphenol
(*m*-cresol)*

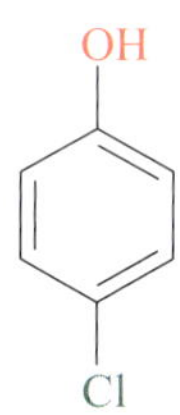

p-Chlorophenol

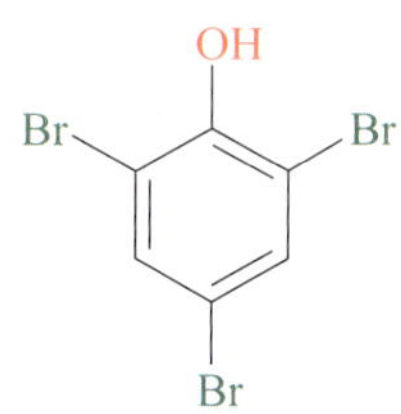

2,4,6-Tribromophenol

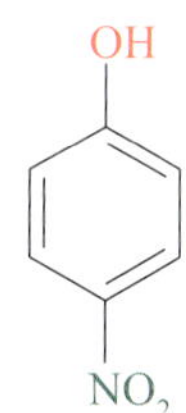

p-Nitrophenol
not (*p*-hydroxy nitrobenzene)

한 분자 내에 하이드록시기가 카복실기(−COOH), 알데하이드기(−CHO)의 작용기와 함께 있을 때는 −OH기를 치환체로 취급한다.

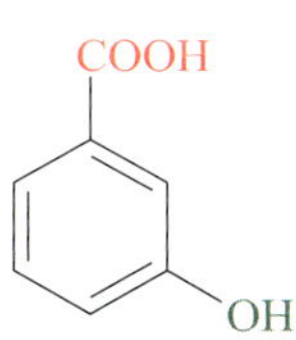

3-Hydroxybenzoic acid

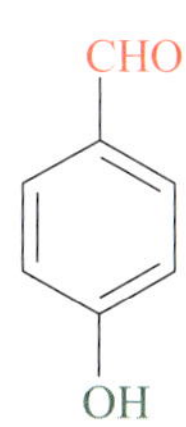

p-Hydroxybenzaldehyde

예제 7.1

다음 화합물의 IUPAC명은 무엇인가?

(1)

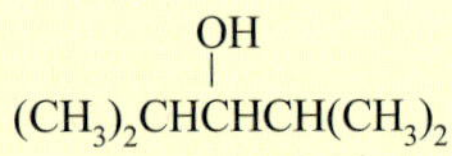

(2)

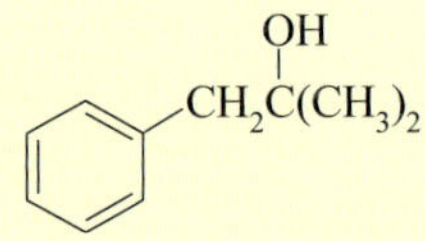

풀이

(1)

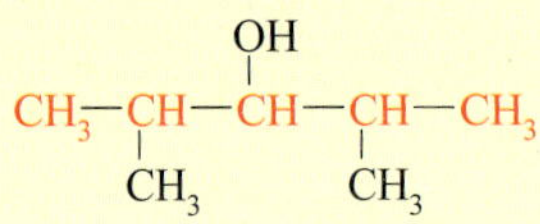

2,4-dimethylpentan-3-ol

(2)

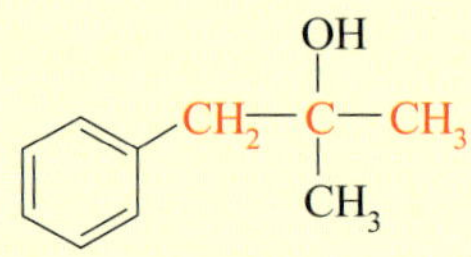

2-methyl-1-phenylpropan-2-ol

예제 7.2

다음 화합물의 IUPAC명을 쓰시오.

(1)

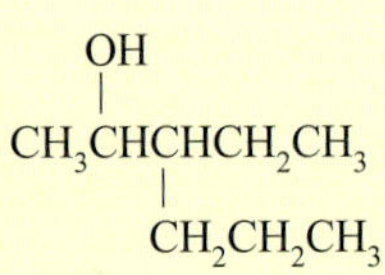

(2)

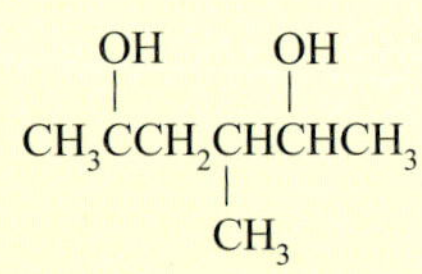

(3)

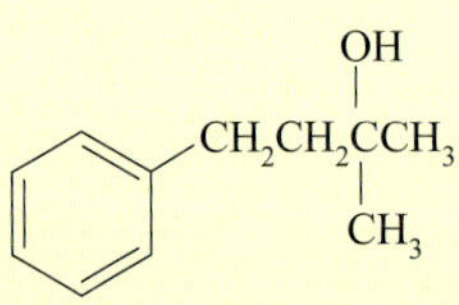

(4)

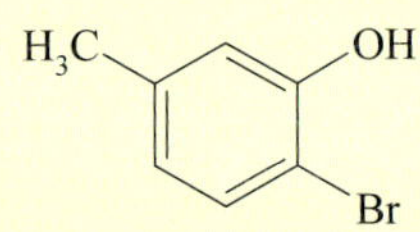

(5)

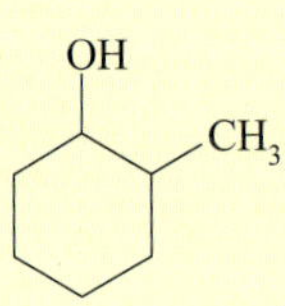

(6)

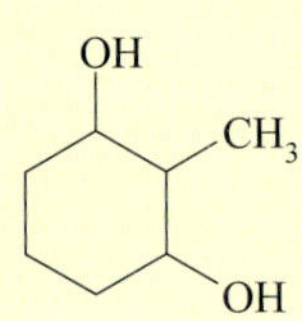

풀이

(1) 3-Ethylhexan-2-ol

(2) 3-Methylhexane-2,5-diol

(3) 1-Benzyl-2-methylpropan-2-ol

(4) 2-Bromo-5-methylphenol

(5) *o*-Methylcyclohexanol

(6) 2-Methylcyclohexane-1,3-diol

예제 7.3

다음 화합물의 구조를 그리시오.

(1) 3-Ethyl-3-methyl-pentan-2-ol
(2) Pentane-1,4-diol
(3) Cyclohex-3-en-1-ol
(4) 2,3-Dimethyl-cyclohexane-1,4-diol
(5) *o*-(2-Hydroxyethyl)phenol
(6) 2,6-Dimethylphenol

풀이

(1)

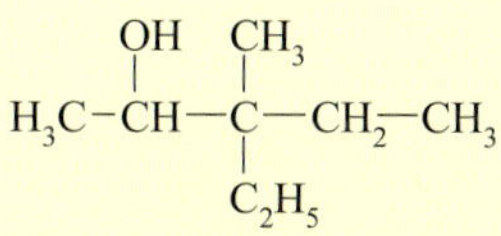

(2)

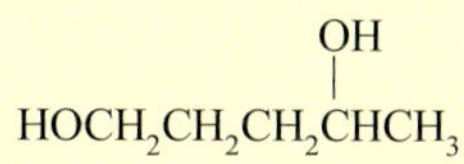

(3)

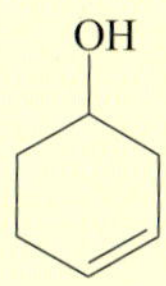

(4)

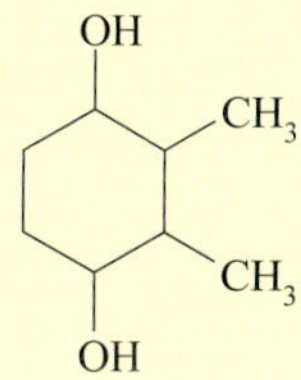

(5)

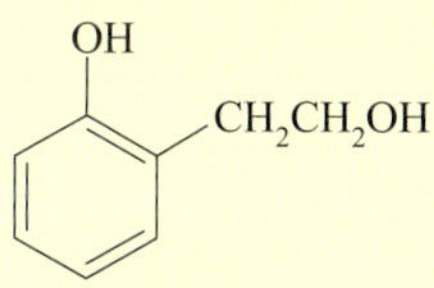

(6)

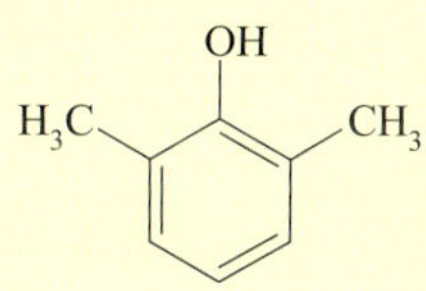

7.2 알코올과 페놀의 성질

(1) 수소결합

알코올류와 페놀류의 끓는점은 분자량이 비슷한 에터(ROR')나 탄화수소에 비하여 상당히 높다. 표 7.1을 보면 에탄올(Mw = 46), dimethylether(Mw = 46), 프로페인(Mw = 44)은 분자량이 거의 비슷하지만, 알케인인 프로페인의 끓는점(bp = −42℃)이 가장 낮고 알코올인 에탄올의 끓는점(bp = 78.5℃)이 가장 높다.

표 7.1 유기화합물의 분자량과 끓는점 비교

	CH_3CH_2OH	CH_3OCH_3	$CH_3CH_2CH_3$	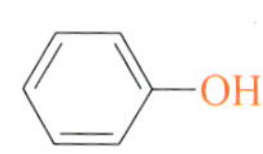	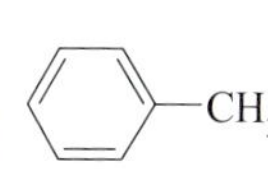
분자량	46	46	44	94	92
끓는점(℃)	78.5	−24	−42	182	110.6

이처럼 알코올과 페놀이 비교적 높은 끓는점을 갖는 것은 분자들이 수소결합을 하기 때문이다. O–H 결합은 산소원자의 전기음성도가 크기 때문에 크게 극성화되어 있다. 수소 원자는 크기가 작고 비교적 큰 부분적 양전하 때문에 아래 그림에서 보인 것과 같이 전기음성도가 큰 두 개의 산소원자들 사이를 연결한다.

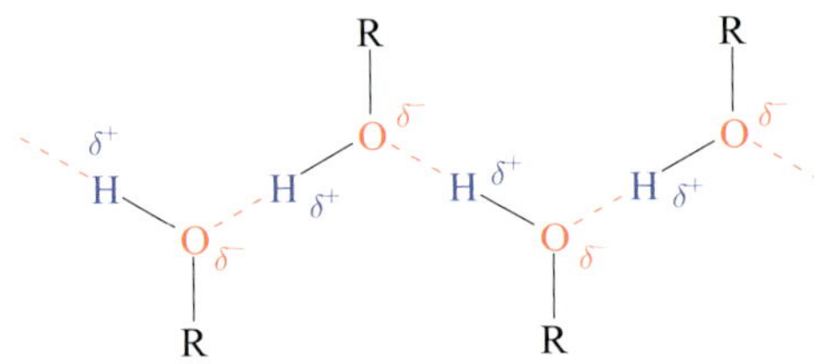

두 개 또는 그 이상의 알코올 분자들은 수소결합에 의하여 서로 회합된다. 수소결합은 5 kcal/mol의 세기이지만 이 값은 무시 못 할 세기이며, 알코올류와 페놀류가 비교적 높은 끓는점을 갖는 이유는 각 분자를 증발시키는데 필요한 에너지뿐만 아니라, 분자 사이의 수소결합을 끊는데 에너지가 필요하기 때문이다.

예제 7.4

탄소수가 네 개인 알코올 이성질체의 끓는점을 아래 제시하였다. 자료를 보면 –OH가 연결된 탄소에 치환기가 증가함에 따라 끓는점이 감소한다. 이러한 경향성에 대해 설명하시오.

Butan-1-ol	bp 117.5℃
Butan-2-ol	bp 99.5℃
2-Methylpropan-2-ol	bp 82.2℃

풀이

한 분자의 –OH의 수소 원자는 다른 분자의 –OH의 산소 원자에 끌리는데 결과적으로 두 부자를 묶어두는 약한 힘이 된다. 한 분자가 액체 상태에서 기체상태로 바뀌기 위해서는 이러한 분자간 인력을 극복해야 하기 때문에 분자간 인력이 강할수록 끓는점이 높아진다.

2-Methylpropan-2-ol는 나머지 두 분자보다 입체장애가 많아 분자간 인력이 약하기 때문에 끓는점이 낮다.

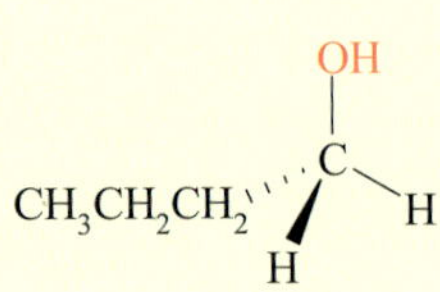

Butan-1-ol

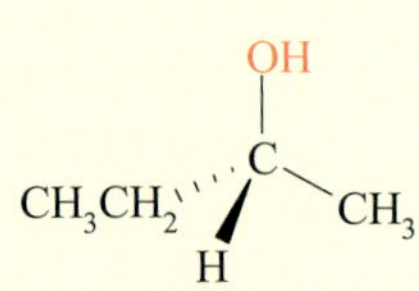

Butan-2-ol

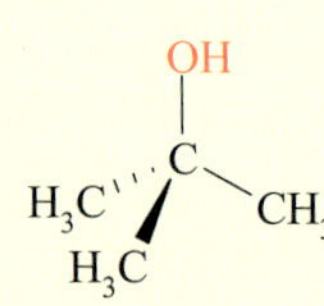

2-Methylpropan-2-ol

(2) 산도

물과 같이 알코올과 페놀은 약산성을 나타낸다. 묽은 수용액 중에서 이들은 약간 해리되어 물에 양성자를 주며 산도(acidity)는 산도상수(K_a)로 나타내고 pK_a값이 작으면 센 산성이고, pK_a값이 클수록 약산성이다.

$$R-OH + H_2O \rightleftarrows R-O^- + H_3O^+$$

$$K_a = \frac{[RO^-][H_3O^+]}{[ROH]} \quad \text{및} \quad pK_a = -\log K_a$$

알코올 산도에 대한 알킬기 치환 효과는 해리의 결과로 생긴 알콕시화 이온의 용매화 때문이다. 알콕시화 이온은 물에 의해 더 많이 용매화가 되면 될수록 더욱 안정해진다. 예로 메탄올과 *tert*-butyl alcohol를 비교해 보자. 메탄올은 입체장애가 없어 알콕시화 이온의 산소 원자에 물이 쉽게 접근할 수 있는 반면, *tert*-butyl alcohol은 입체 장애 때문에 산소 원자는 용매화되기 어려워 덜 안정하다.

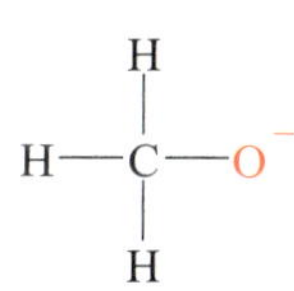

Methoxide ion
pK_a = 15.54

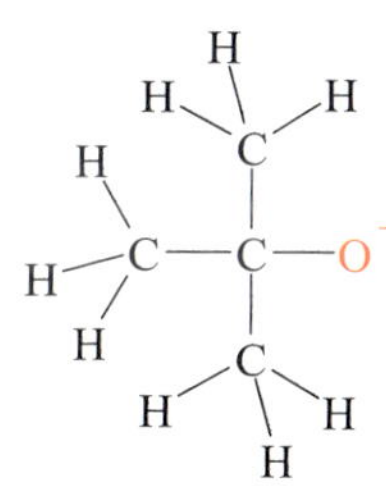

tert-Butoxide ion
pK_a = 18,00

유발효과도 알코올의 산도를 결정하는 중요요인이다. 예로 에탄올과 2,2,2-trifluoroethanol의 산도를 비교해 보자. 2,2,2-Trifluoroethanol은 에탄올의 수소 원자가 전기음성도가 큰 플루오린으로 대체된 것이다. 전자-끄는 할로젠 치환기는 넓은 범위에 걸쳐 전하를 더욱 분산시키는 것을 도와줌으로써 알콕시화 이온을 안정화시켜 알코올이 수소 이온을 쉽게 내놓을 수 있도록 한다.

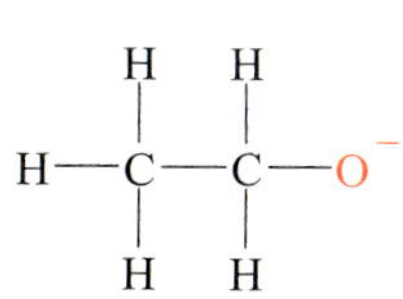

Ethanol
pK_a = 16.00

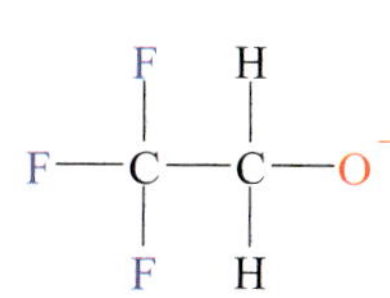

2,2,2-Trifluoroethanol
pK_a = 12.43

표 7.2에 몇몇 알코올 및 페놀들의 pK_a값을 비교해 놓았다. 표를 보면 알코올의 산도는 물과 비슷하지만 페놀은 훨씬 산성이 강하다. 이처럼 페놀류가 알코올류나 물보다 훨씬 센산인 이유는 phenoxide 이온이 공명으로 안정화되기 때문이다. 즉, 수산화이온이나 alkoxide 이온에서는 음전하가 산소 원자에 국한되어 있으나, phenoxide 이온에서는 음전하가 벤젠고리의 오쏘-와 파라-위치에 공명으로 비편재화되어 있다.

표 7.2 몇 가지 알코올류와 페놀류의 pKa값

물질명	화학식	pK_a
Water	HO−H	15.74
Methanol	CH_3O-H	15.54
Ethanol	CH_3CH_2O-H	16.00
t-Butyl alcohol	$(CH_3)_3CO-H$	18.00
2,2,2-Trifluoroethanol	CF_3CH_2O-H	12.43
Phenol	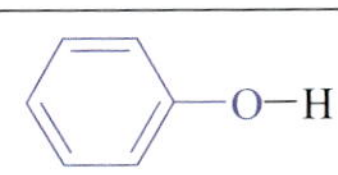	9.89
p-Nitrophenol	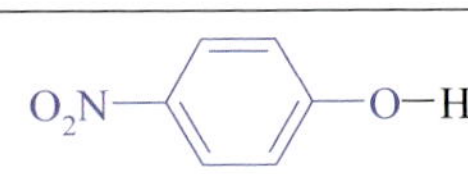	7.15

Phenoxide 이온은 이런 방법으로 안정화될 수 있기 때문에, 알코올이 alkoxide 이온을 생성하는 것보다 phenoxide 이온의 생성이 훨씬 유리해 진다. 따라서 페놀이 알코올보다 큰 산성도를 갖는다.

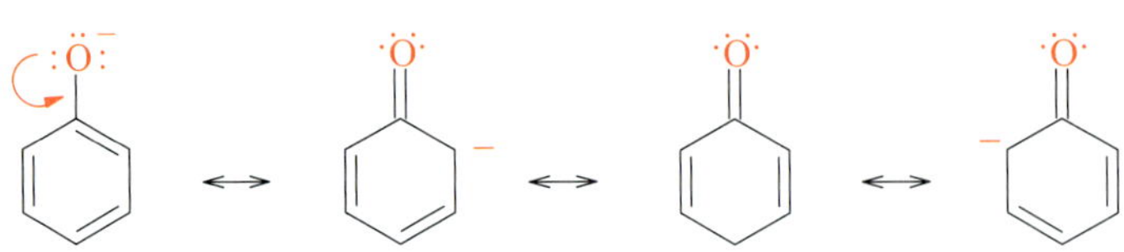

Phenoxide ion

치환된 페놀에 대해 생각해 보자. 페놀에 전자-끄는 기가 치환되어 있을 경우 이들 치환기는 페녹시화 이온의 음전하를 분산시키기 때문에 치환된 페놀은 산성의 세기가 커진다. 반면 전자-주는 기를 가진 페놀은 전자-주는 치환기가 전하를 모으기 때문에 산성의 세기가 작아진다.

예제 7.5

p-hydroxybenzaldehyde는 페놀보다 더 산성인가, 아니면 덜 산성인가?

풀이

우선 *p*-hydroxybenzaldehyde의 구조는 다음과 같다.

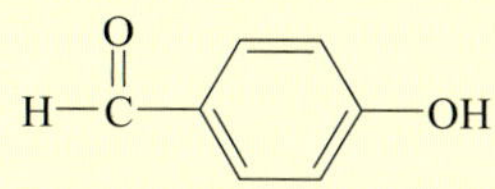

카보닐기는 전자-끄는 기이다(16.5장 참조). 따라서 *p*-hydroxybenzaldehyde는 페놀보다 더 산성이다. 실제로 페놀의 pK_a는 9.89이고 *p*-hydroxybenzaldehyde의 pK_a는 7.9이다.

예제 7.6

산도의 크기 순으로 다음 화합물을 나열하시오.

(a) methanol, phenol, *p*-nitrophenol, *p*-methylphenol

(b) benzylalcohol, *p*-bromophenol, 2,4-dibromophenol, *p*-methoxyphenol

풀이

(1) 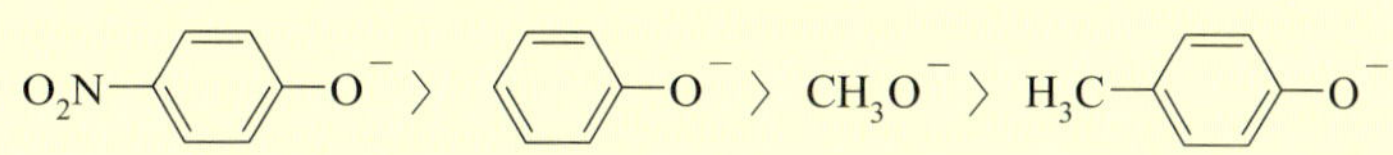

수소가 떨어진 짝염기(음이온)의 안정도 순서

p-nitrophenol이 공명 구조로 가장 안정한 구조를 갖는데, NO_2^-는 전자를 끌어당기는 효과가 강하다. 수소가 떨어진 음이온의 형태가 안정할수록 수소를 내놓는 정도(산도)는 강하다. 따라서 산도의 크기순은 다음과 같다.

p-nitrophenol > phenol > methanol > *p*-methylphenol

(2) 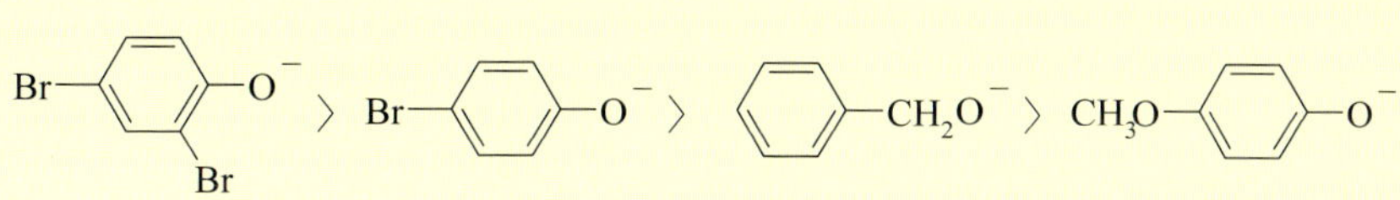

짝염기의 안정도 순서

브로민은 비결합전자쌍을 가지고 있어서 전자주개 역할을 하지만 전자를 끌어당기는 효과가 더 크기 때문에 수소를 방출한 후 형성된 음이온을 안정화하는데 도움을 준다.

7.3 알코올과 페놀의 제법

(1) 알코올

여러 가지 면에서 알코올은 유기화학에서 중요한 위치를 차지하고 있다. 이들은 수많은 작용기로부터 합성될 수 있고, 또 여러 형태의 다른 화합물로 변형될 수 있다. 우리가 이미 알고 있는 몇 가지 알코올의 합성법을 알아보기로 하자.

① 할로젠화 알킬의 친핵성 치환반응

일차 할로젠화 알킬, 아릴할라이드 및 벤질할라이드는 수산화물과 치환반응을 일으켜 알코올을 생성한다. 이차와 삼차 할라이드는 치환반응보다 제거반응을 일으키기 쉬우므로 일반적으로 알코올의 합성에 쓰이지 않는다.

$$CH_3CH_2CH_2Br + OH^- \xrightarrow[\text{1-Propanol}]{\text{가열}} CH_3CH_2CH_2OH + Br^-$$

② 알켄의 수화반응

알켄은 센산의 존재 하에서 물과 반응하면 물이 이중결합에 첨가되는 수화반응이 일어나며 이때의 생성물은 알코올이다.

$$H_2C{=}CH_2 + H_2O \xrightarrow{H^+} H_3C{-}CH_2{-}OH$$

③ 카보닐 화합물의 환원

알데하이드와 케톤은 쉽게 환원되어 알코올이 된다. 알데하이드는 일차알코올로 환원되고, 케톤은 이차알코올로 환원된다. 케톤과 알데하이드를 환원시키는 데는 $NaBH_4$가 안정하고 취급이 용이하기 때문에 많이 사용된다. $LiAlH_4$도 사용되긴 하는데 $NaBH_4$보다 반응성이 크고 더 위험하다. 물과 격렬하게 반응하기 때문에 120℃ 이상으로 가열하면 폭발적으로 분해된다.

알데하이드 일차알코올 케톤 이차알코올

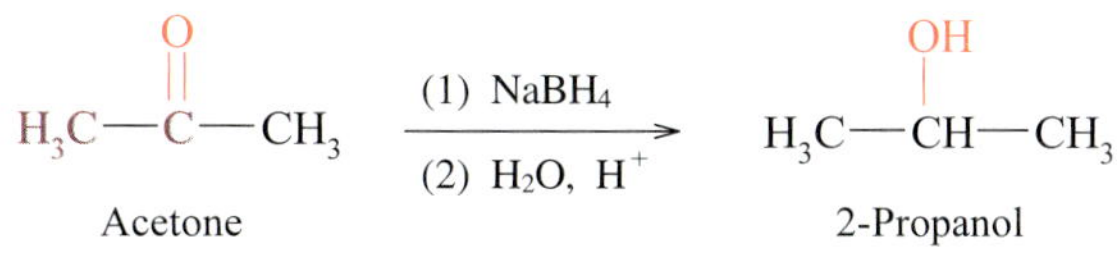

카복실산과 에스터는 환원되어 일차알코올로 된다. 이 반응은 알데하이드와 케톤의 환원에 비해 빠르지 않다. 따라서 에스터와 카복실산 환원에는 반응성이 더 큰 $LiAlH_4$를 사용한다.

예제 7.7

다음의 알코올을 얻기 위해 어떤 카보닐 화합물을 환원시키면 될까?

(1) 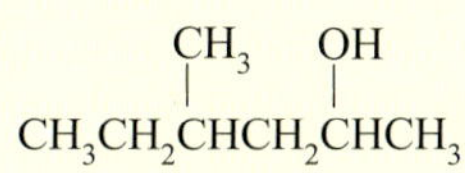

(2) 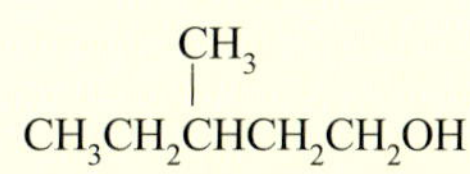

풀이

(1) 대상물질은 이차알코올로, 케톤을 환원시켜 얻을 수 있다.

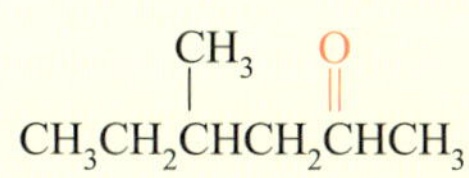

케톤의 환원에는 $NaBH_4$ 또는 $LiAlH_4$를 이용한다.

(2) 대상물질은 일차알코올로, 알데하이드(−COH), 에스터(−COOR), 카복실산(−COOH)을 환원시켜 얻을 수 있다.

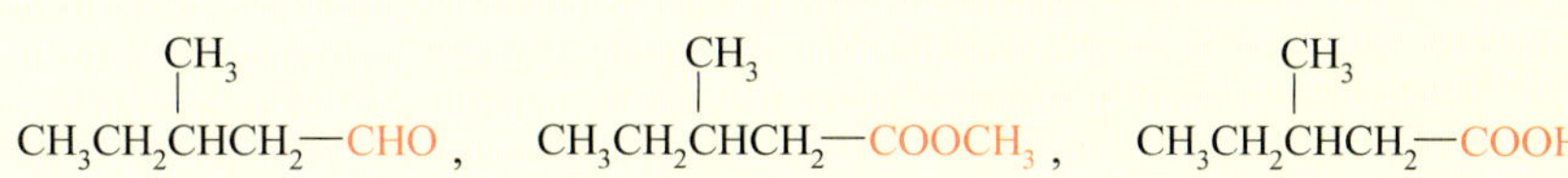

알데하이드의 환원에는 $NaBH_4$ 또는 $LiAlH_4$를 이용한다.
에스터와 카복실산의 환원에는 $LiAlH_4$를 이용한다.

④ Grignard 반응

Grignard 시약(R − MgX)은 알코올 합성에 사용된다. 이 합성은 카보닐화합물 (C = O기를 갖는 화합물)과 Grignard 시약과의 반응이다. 카보닐기에서 탄소 − 산소결합의 전자는 전기음성도가 큰 산소쪽으로 끌리게 된다. 카보닐기의 탄소는 부분 양전하를 띠게 되고 Grignard 시약의 친핵성 탄소의 공격을 받게 된다. 다음 반응식은 Grignard 시약이 케톤과 어떻게 반응하는가를 보이고 있다.

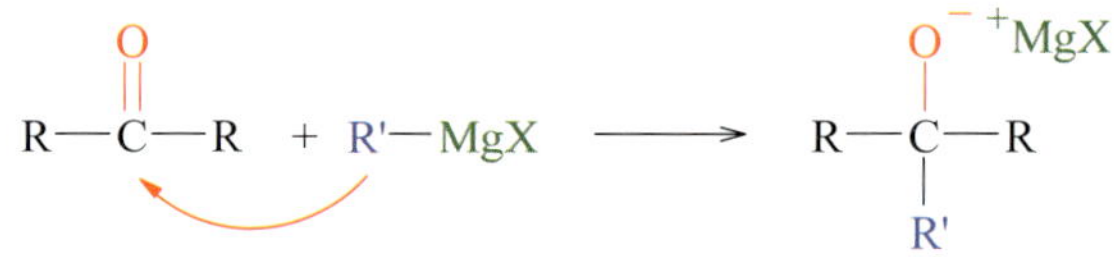

케톤과 RMgX와의 반응생성물은 알코올의 마그네슘염이다. 물 혹은 산성 수용액으로 처리하면 이 마그네슘염은 알코올과 무기 마그네슘의 복염을 생성한다.

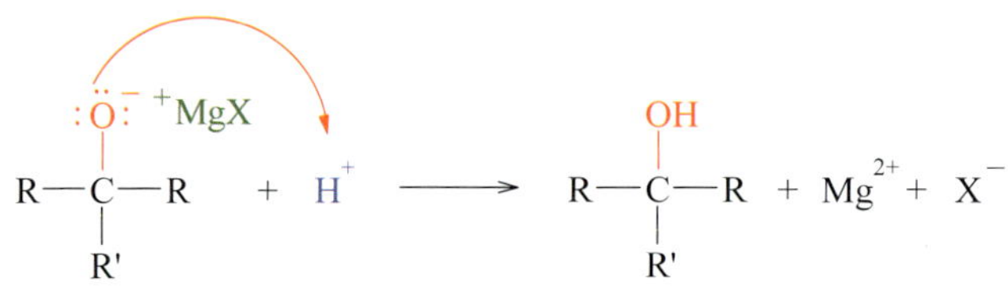

Grignard 반응은 매우 복잡한 탄소골격을 갖는 알코올을 합성하는 훌륭한 시약이다. Grignard 시약이 폼알데하이드(HCHO)와 반응하면 일차알코올을, 알데하이드(RCHO)와 반응하면 이차알코올을 생성한다. 케톤(RCOR')과 반응하면 삼차알코올을 생성한다.

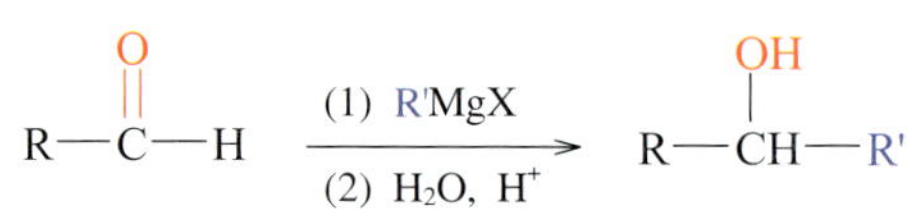

예제 7.8

2-Methylbutan-2-ol, $CH_3C(OH)(CH_3)CH_2CH_3$을 합성하려면 어떤 카보닐 화합물에 어떤 Grignard 시약을 어떻게 첨가할 것인가?

풀이

생성물이 삼차알코올이므로 출발물질로 케톤을 사용하는데, 출발물질의 선택에는 두 가지가 있다.

(1)

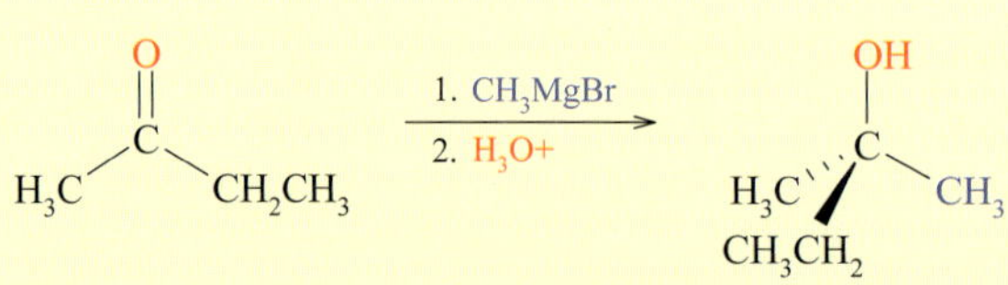

(2)

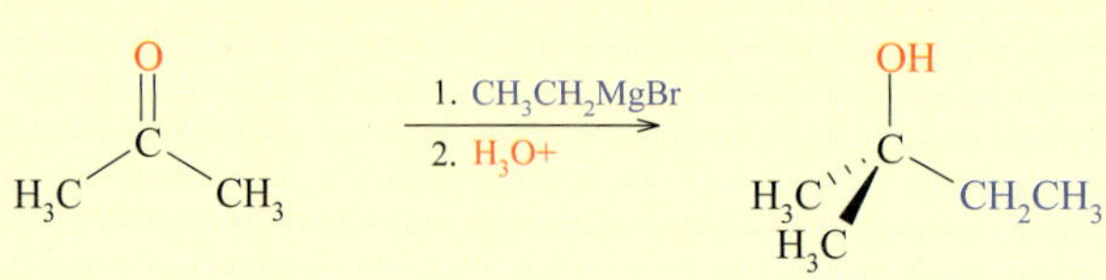

표 7.3 알코올 제법의 요약

알코올 제법	반응
일차, 이차, aryl 및 벤질할라이드의 치환반응	$R-X + {}^{-}OH \longrightarrow ROH$
알켄의 수화반응	$R_2C{=}CHR + H_2O \xrightarrow{H^+} R_2C(OH)-CH_2R$ $R_2C{=}CHR \xrightarrow[(2)\ H_2O_2]{(1)\ BH_3} R_2CH-CH(OH)R$
카보닐 화합물의 환원	$RHC{=}O \xrightarrow[(2)\ H_2O,\ H^+]{(1)\ NaBH_4} RCH_2OH$ $R_2C{=}O \xrightarrow[(2)\ H_2O,\ H^+]{(1)\ NaBH_4} R_2CHOH$
Grignard 반응	$H_2C{=}O \xrightarrow[(2)\ H_2O,\ H^+]{(1)\ RMgX} RCH_2OH$ $RHC{=}O \xrightarrow[(2)\ H_2O,\ H^+]{(1)\ R'MgX} RCH(R')OH$ $R-C(=O)-R \xrightarrow[(2)\ H_2O,\ H^+]{(1)\ R'MgX} R-C(OH)(R')-R$

(2) 페놀

① Benzenesulfonate의 알칼리 용융

출발물질을 SO_3/H_2SO_4로 sulfonation시키고, 생성된 방향족 설폰산을 높은 온도에서 NaOH로 처리하면 페놀로 전환된다.

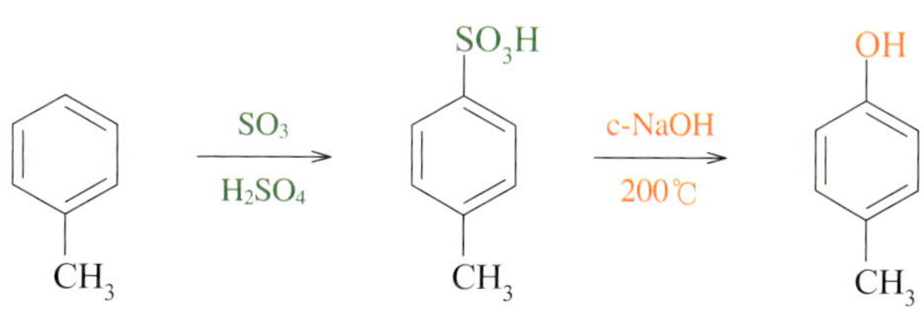

Toluene　*p*-Toluenesulfonic acid　*p*-Methylphenol (*p*-Cresol)

② Chlorobenzene의 가수분해

Chlorobenzene을 고압과 350℃에서 수산화소듐 용액과 반응시킨다. 이 과정에서 생성되는 sodium phenoxide를 산성화하여 페놀을 만든다.

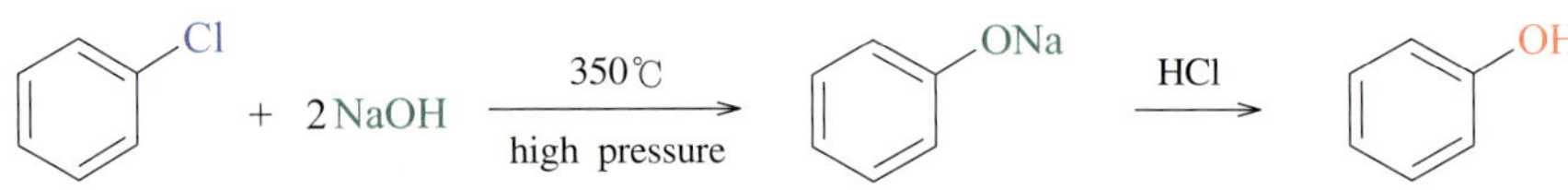

③ Cumene과 산화물로부터 제조

이 방법이 공업적 제조 방법으로 가장 적합하다. 그 이유는 값이 저렴한 벤젠과 프로펜에서 값비싼 아세톤과 페놀을 만들 수 있기 때문이다. 이 방법에서 소비되는 것은 공기 중의 산소뿐이다. 대부분의 페놀은 이 방법으로 생산되는데, 아래 그림과 같이 벤젠과 프로펜을 Friedel-Craft alkylation에 의해 isopropyl benzene(cumene)을 만드는 것으로 시작된다.

1. Cumene을 산화시켜 cumene과산화물을 만든다.

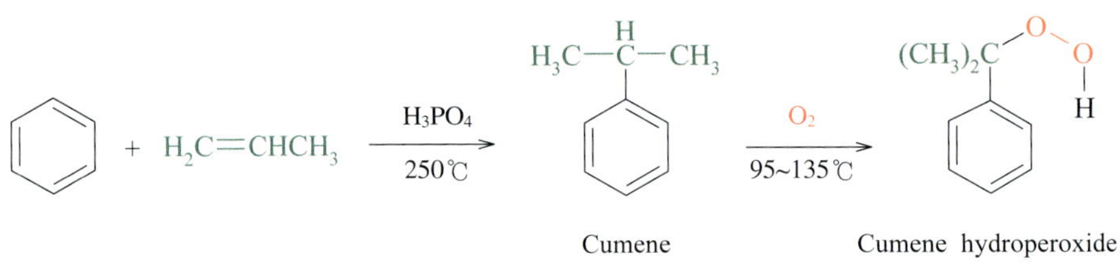

2. 10% 황산으로 처리하면 자리옮김이 일어나 페놀과 아세톤이 생성된다.

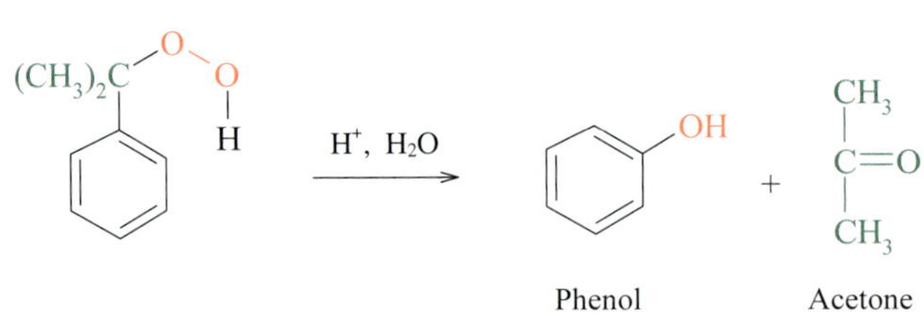

7.4 알코올의 반응

(1) 알코올의 탈수에 의한 알켄 생성

센산에서 알코올을 가열하면 탈수반응이 일어나 알켄이 생성된다. 이 반응은 알켄 수화반응의 역반응으로 반응의 메커니즘은 단순한 E1 반응이다. 센산이 알코올 산소에 양성자를 첨가시키고, 양성자가 첨가된 중간체가 E1 메커니즘에 따라 물을 잃게 되면 탄소양이온이 생긴다. 여기에서 탄소로부터 양성자가 떨어져 나가면 알켄이 생성된다.

단계 1　양성자 첨가와 물을 잃음

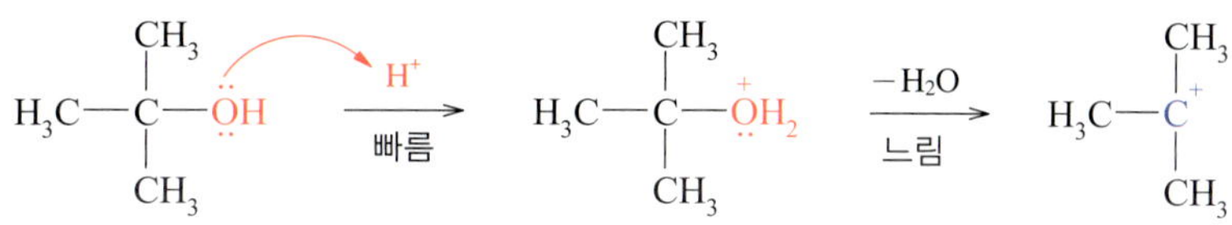

단계 2　β 수소를 잃음

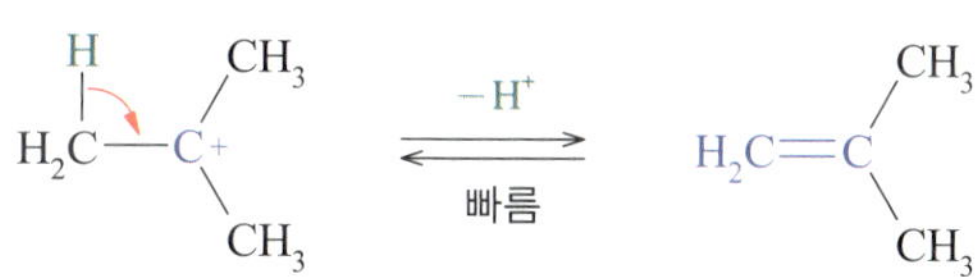

할로젠화 알킬의 제거반응에서와 같이, 한 종류 이상의 수소를 갖는 알코올의 탈수반응은 보다 안정한 알켄, 즉 더 치환된 trans 알켄을 더 많이 생성한다.

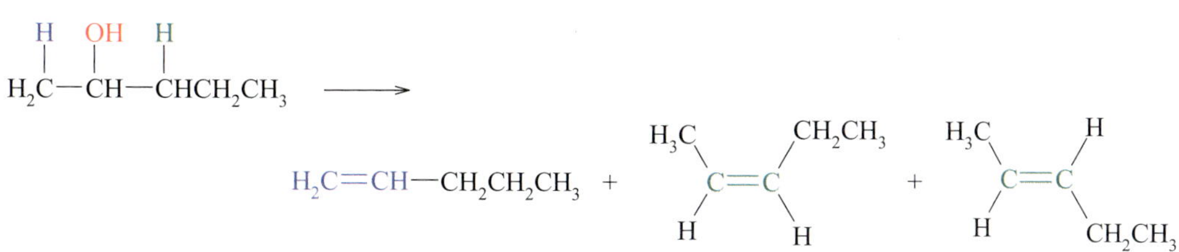

1-Pentene　　*cis*-Pentene　　*trans*-2-Pentene (주생성물)

(2) 알코올의 에스터화 반응

알코올과 산이 반응하면 물을 잃고 에스터를 생성한다.

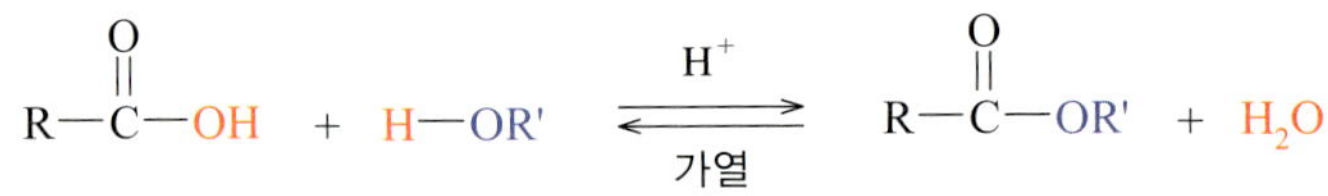

알코올의 에스터화 반응과 그 역반응은 가역반응으로 모두 산촉매 반응이다.

(3) 알코올의 산화

반응 조건에 따라, 일차 알코올은 중크롬산염의 산성 또는 과망간산염의 알칼리성용액과 같은 산화제를 사용하면 알데하이드나 카복실산으로 산화된다. 이차 알코올은 케톤으로 산화되나, 삼차 알코올은 탈수반응을 일으켜 알켄을 생성하고 이 알켄이 산화반응을 일으킨다.

1차 알코올

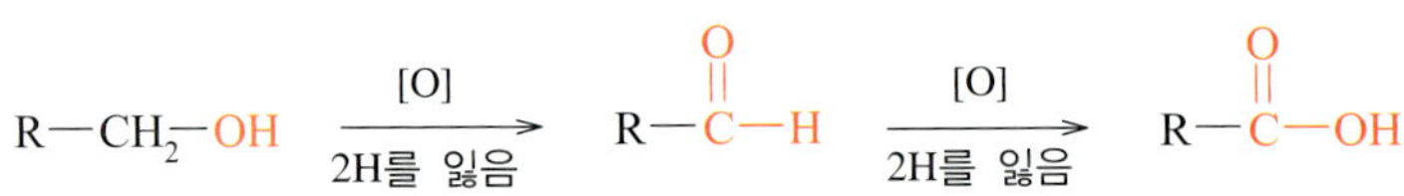

2차 알코올

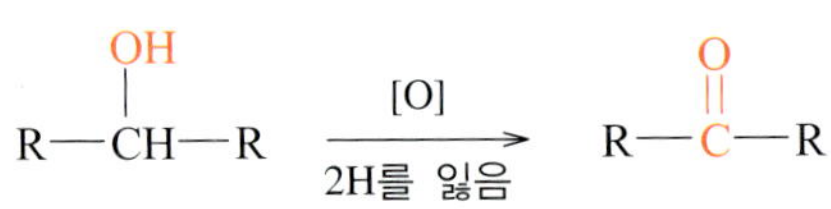

3차 알코올

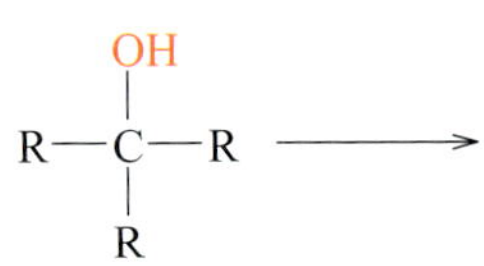

알칼리성에서는 반응이 일어나지 않음
산성에서는 알켄과 알켄산화물을 생성한다.

예제 7.9

다음의 생성물을 예측하시오.

(1) 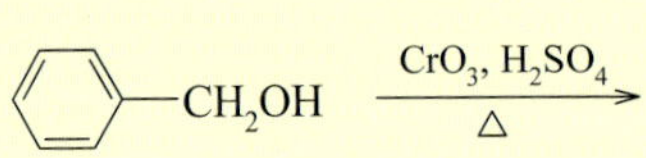

(2) $CH_3CH_2CH_2OH \xrightarrow[\Delta]{CrO_3,\ H_2SO_4}$

풀이

(1) Benzyl alcohol이 산화하여 benzaldehyde(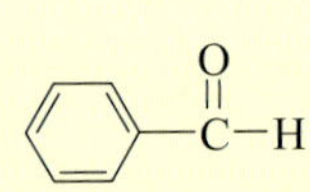), benzoic acid(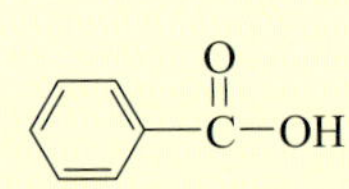)가 생성된다.

(2) Propyl alcohol이 산화하여 propyl aldehyde(CH_3CH_2CHO), propionic acid(CH_3CH_2COOH)가 생성된다.

7.5 페놀의 반응

(1) 알코올로서의 반응

페놀과 알코올 사이에는 화학적으로 많은 차이점이 있다. 페놀은 산처리에 의한 탈수반응도 일어나지 않으며, HX로 처리하여 할로젠화 알킬로 전환할 수도 없으나 염기의 존재 하에 할로젠화 알킬과 반응하여 에터로 될 수 있다. 페놀을 이용한 에터 합성은 온건한 조건에서 가능한데, 이는 페놀이 알코올보다 산도가 커서 쉽게 음이온으로 되기 때문이다.

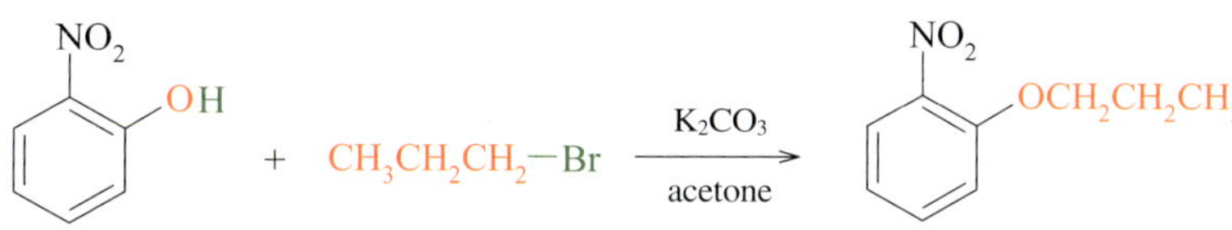

m-Nitrophenol   1-Bromopropane   1-Nitro-2-propoxybenzene

(2) 페놀의 산화

페놀은 알코올과 같은 방법으로 산화되지 않는다. 왜냐하면 하이드록시기를 가진 탄소에 수소 원자가 없기 때문이다. 대신에 페놀은 강한 산화제와 반응하여 퀴논(quinone)을 만든다. 이 반응은 온화한 조건에서 라디칼 메커니즘으로 진행되며, 일반적으로 수득률이 아주 좋다.

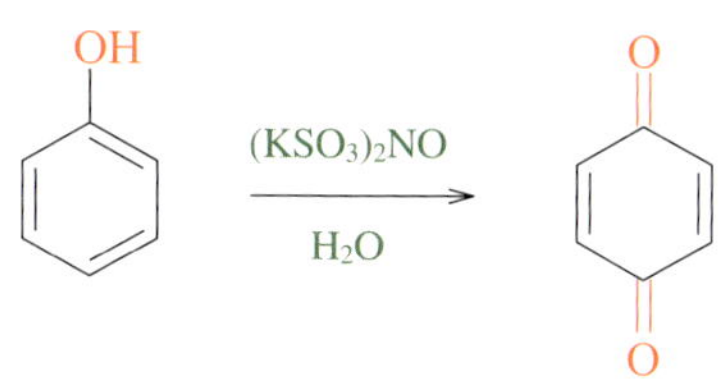

Phenol   Benzoquinone

Quinone은 그의 산화-환원 성질 때문에 매우 흥미있고 또 중요한 화합물에 속한다. $NaBH_4$나 $SnCl_2$에 의해 용이하게 환원되어 hydroquinone이 되는가 하면, hydroquinone은 Fremy염에 의해 용이하게 산화되어 다시 quinone이 된다.

Benzoquinone   Hydroquinone

연습문제

01. 적당한 알켄을 산촉매 탈수하여 아래 알코올들을 합성하여라.

(a) *tert*-Butyl alcohol
(b) Hexan-2-ol
(c) Cyclopentanol
(d) 1-Methyl cyclohexanol

02. 2-Methoxyethanol($CH_3OCH_2CH_2OH$)의 수용액에서의 수소결합을 나타내는 식을 그려라.

03. 다음 화합물의 구조식을 그려라.

(a) Pentan-2-ol
(b) Cyclopentanol
(c) 1-Phenylethanol
(d) *cis*-But-2-ene-1-ol

04. 다음 각 알코올의 가능한 이름을 쓰고 각기 1차, 2차 및 3차로 분류하여라.

(a) $(CH_3)_2CHCH_2CH_2OH$

(b)
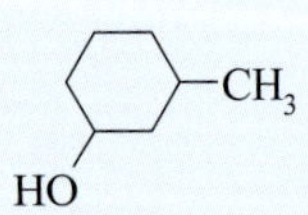

(c)
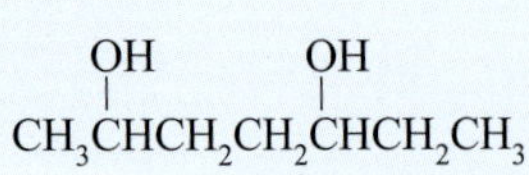

(d)
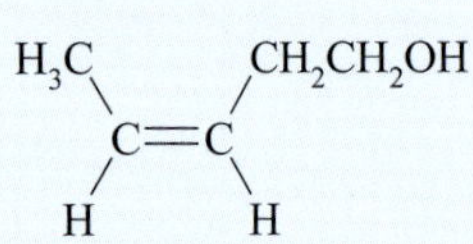

05. 다음 각 화합물의 상용명을 써라.

(a) $CH_3CH_2CH_2OH$
(b) $CH_2=CHCH_2OH$

(c)
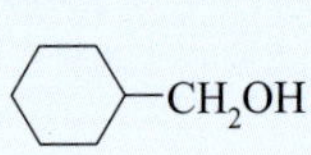

(d)
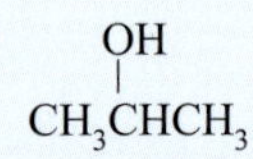

06. 다음 각 알코올을 HI와 반응시킬 때 일어나는 반응을 식으로 써라.

(a) Propan-2-ol
(b) Butan-1-ol

07. 다음 반응식을 완결하여라.

(a)
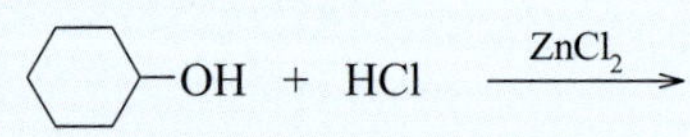

(b)
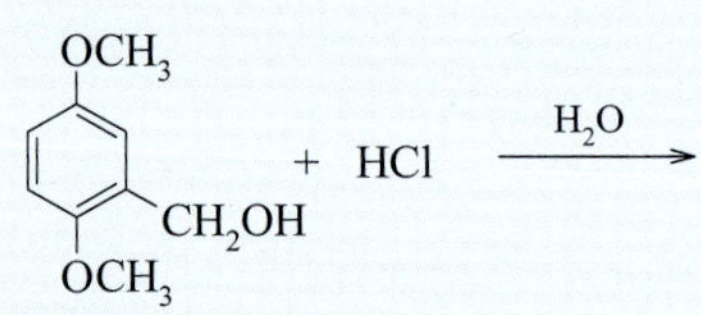

(c)
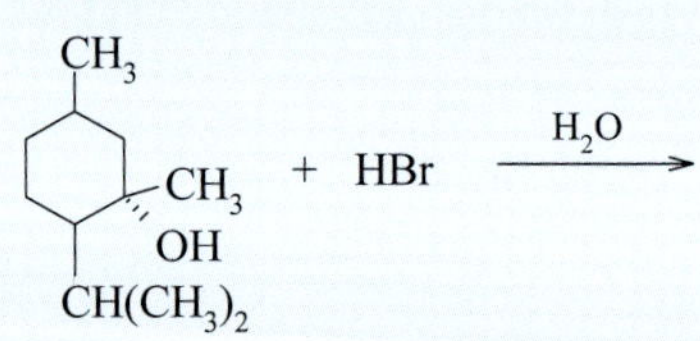

08. 다음 화합물을 IUPAC 명명법에 따라 명명하시오.

(a)
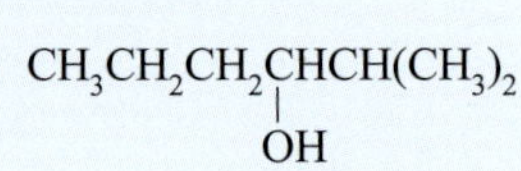

(b)
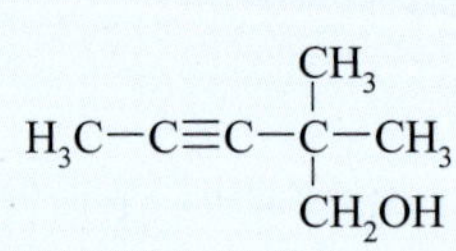

(c)
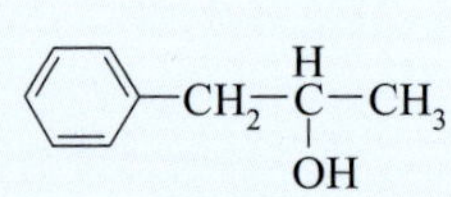

(d)
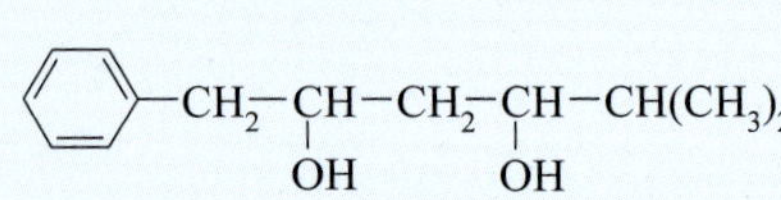

09. 다음 반응식을 완결하고, 그 생성물의 이름을 써라.

(a) 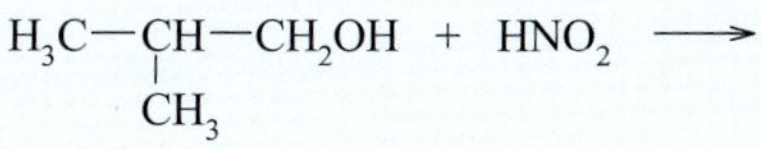

(b) 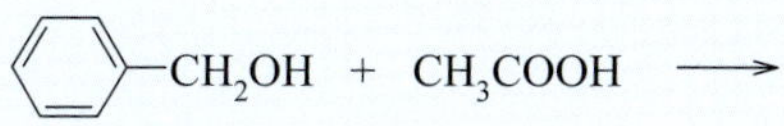

(c) 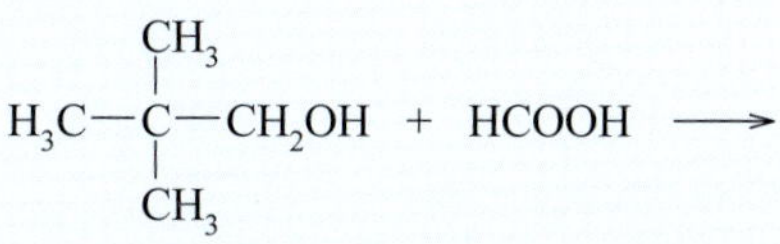

(d) 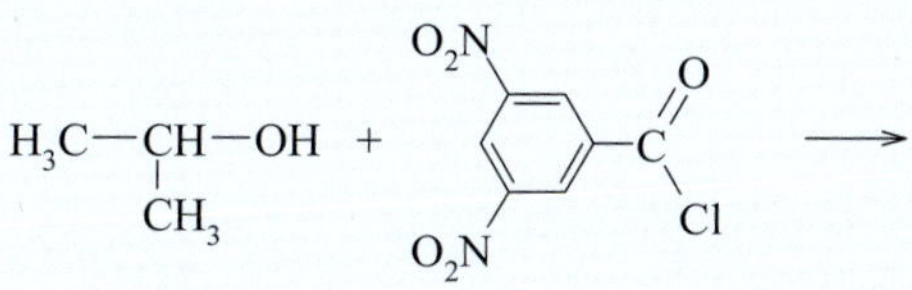

10. 다음 화합물의 산촉매하의 탈수반응이 일어날 때 생성물의 구조를 가능한 모두 적어라.

(a) cyclohexanol
(b) Butan-2-ol
(c) 1-Methyl cyclopentanol
(d) 2-Phenylethanol

둘 이상의 알켄이 생성되면 어느 것이 주생성물인지 나타내어라.

08 에 터

에터(ether)는 앞 장에서 다룬 알코올의 구조와 비슷하지만, 에터는 산소에 한 개가 아닌 두 개의 유기 원자단이 결합되어 있다. 유기 원자단은 알킬, 아릴 또는 바이닐기이며, 산소 원자는 고리이거나 열린사슬의 구조를 가질 수 있다. 지방족 에터는 R－O－R, 방향족 에터는 Ar－O－Ar, 그리고 지방족-방향족 에터는 R－O－Ar의 일반식을 가진다. 가장 잘 알려진 에터는 diethyl ether로 오래전부터 마취제로 사용되어 왔다. 이 외에도 향료로 사용되는 anisole이 있으며, 용매로 사용되는 tetrahydrofuran(THF) 등이 있다.

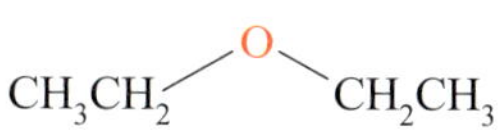

Diethyl ether

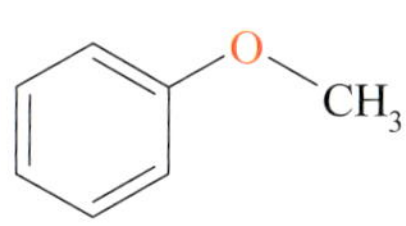

Anisole

Tetrahydrofuran

알코올처럼 에터는 물과 거의 동일한 기하구조를 가진다. R－O－R 결합은 정사면체 결합각인 109.5°에 가까우며 산소 원자는 sp^3 혼성이다. 예로 Dimethyl ether의 결합각은 112°이다.

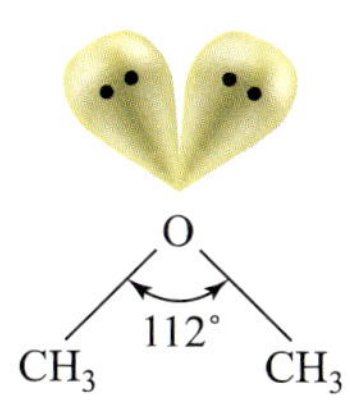

Dimethyl ether

8.1 에터의 명명법

다른 작용기가 없는 간단한 에터는 두 개의 유기치환기의 이름을 알파벳 순서로 쓰고 에터(ether)를 붙인다.

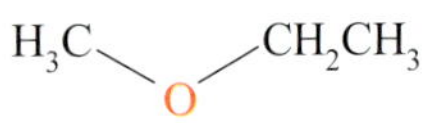

Ethyl methyl ether

Diisopropyl ether

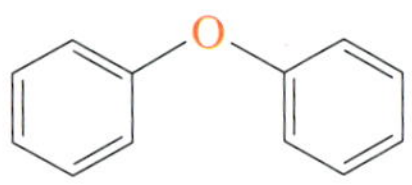

Diphenyl ether

만일 다른 작용기가 있으면 알콕시(alkoxy) 치환기로 생각한다. 단, C5 이상의 경우는 알킬기명에 옥시(oxy)를 부가하여 명명한다. 예로 $C_5H_{11}O-$는 pentyloxy이고 pentoxy라고 하지 않는다.

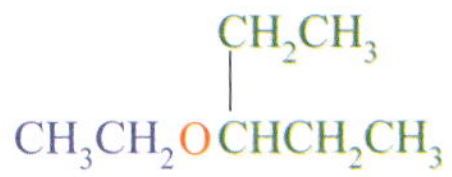

Ethyl 1-ethylpropyl ether

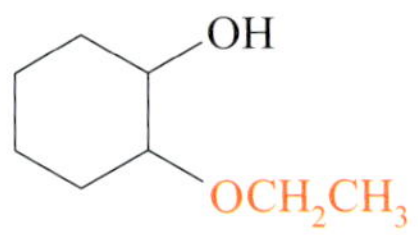

2-Ethoxycyclohexanol

예제 8.1

다음 화합물을 명명하시오.

(1)

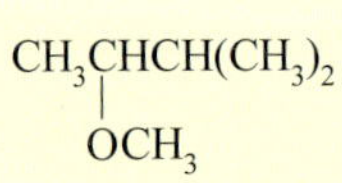

(2)

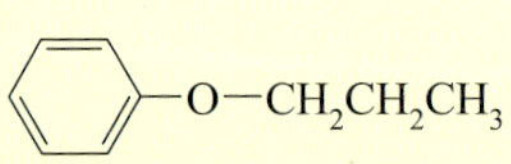

(3)

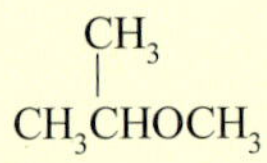

(4)

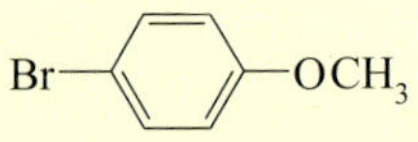

(5)

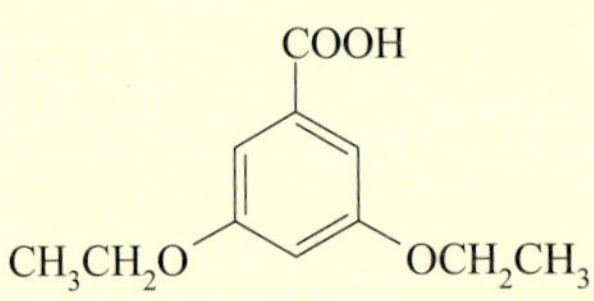

(6)

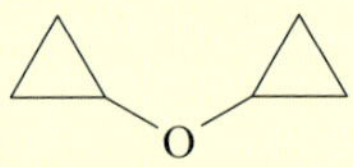

풀이

(1) Isopentyl methyl ether

(2) Phenyl propyl ether

(3) Isopropyl methyl ether

(4) *p*-Bromophenyl methyl ether

(5) 3,5-Diethoxybenzoic acid

(6) Dicyclopropyl ether

8.2 에터의 성질

에터는 독특한 향기로운 냄새를 가진 무색의 화합물로서 같은 탄소 원자수를 가진 알코올 보다 끓는점이 낮고 에터의 산소가 $-CH_2-$로 치환된 탄화수소와 끓는점이 거의 같다. 또한 에터는 산소에 결합된 수소가 없으므로 에터 분자간의 수소결합은 할 수 없으나 $-OH$ 화합물과는 수소결합을 할 수 있다. 이러한 이유로 인해서 에터는 알코올보다 낮은 온도에서 끓으며, 알코올에 잘 녹는 성질이 있다.

표 8.1 몇 가지 에터의 특성

화합물	구조식	끓는점(℃)
Butan-1-ol	$CH_3CH_2CH_2CH_2-OH$	117.5
Diethyl ether	$CH_3CH_2-O-CH_2CH_3$	34.6
Pentane	$CH_3CH_2CH_2CH_2CH_3$	36
Tetrahydrofuran		65
Cyclopentane	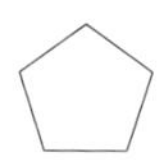	49
Methyl phenyl ether	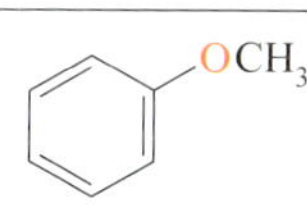	158
Ethyl benzene	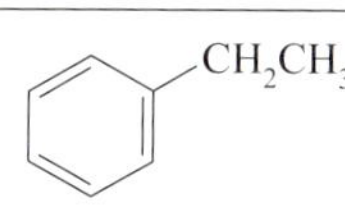	136

예제 8.2

다음 화합물의 구조를 쓰고 끓는점이 증가하는 순으로 배열하여라.

3-Methoxy-1-propanol, 1,2-Dimethoxyethane, 1,4-Butanediol

풀이

$CH_3OCH_2CH_2OCH_3$ < $CH_3OCH_2CH_2CH_2OH$ < $HOCH_2CH_2CH_2CH_2OH$

1,2-Dimethoxyethane (끓는점이 가장 낮다)   3-Methoxy-1-propanol   1,4-Butanediol

8.3 에터의 제법

(1) 알코올의 탈수에 의한 방법

알코올을 산촉매 하에서 탈수시키면 에터를 만들 수 있다.

$$CH_3CH_2OH + HOCH_2CH_3 \xrightarrow{H^+} CH_3CH_2{-}O{-}CH_2CH_3 + H_2O$$

Diethyl ether

알코올을 탈수시켜 에터를 만들 때는 알켄(3.6장)을 만들 때보다 낮은 온도에서 반응시키며 또한 에터가 생성되는 데로 증류한다. Diethyl ether는 에탄올을 140℃에서 반응시켜 얻는데, 만약 180℃에서 에탄올을 반응시키면 주생성물로 에텐이 얻어진다. 에터의 반응메커니즘은 일차 알코올의 경우 S_N2이고 이차와 삼차알코올의 경우는 S_N1 반응에 의해서 이루어진다.

1단계 알코올의 양성자 첨가

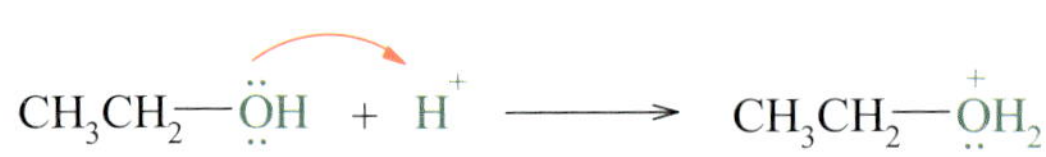

2단계 친핵성치환

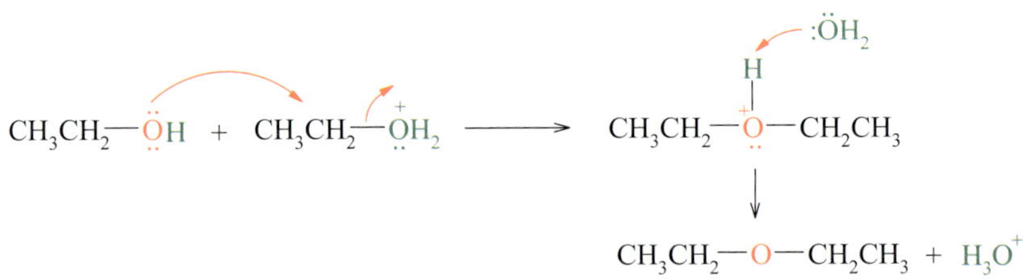

(2) Williamson 에터 합성

이 방법은 에터를 만드는 가장 유용한 방법으로, 알콕시화 이온과 일차 할로젠화 알킬의 S_N2 반응으로 합성된다. 알콕시화 이온은 알코올을 NaH와 같은 센염기로 처리하면 제조된다.

Dialkyl ether의 합성

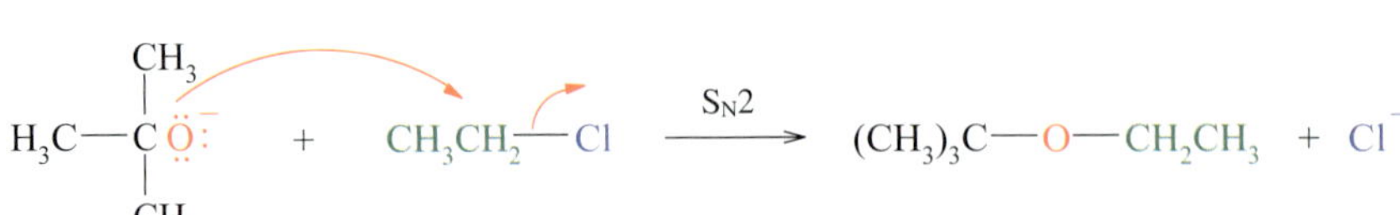

tert-Butyl ethyl ether

Alkylaryl ether의 합성

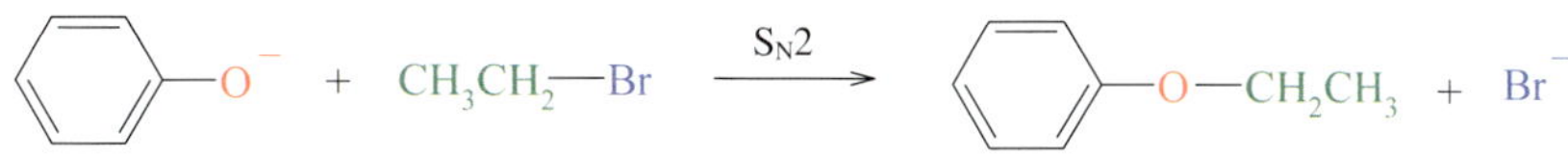

Ethyl phenyl ether

(3) 에폭사이드의 합성

대부분 고리형 에테는 열린 사슬 에테처럼 작용하는데, 그렇지 않은 고리형 에터는 에폭사이드(epoxide)라 불리는 삼원자 고리화합물이다. 가장 간단한 에폭사이드는 ethylene oxide로, 이름 끝 -ene는 분자 내에 이중결합의 존재를 뜻하기 때문에 체계적인 이름은 아니다. 체계적인 이름은 1,2-epoxyethane이다. 그러나 ethylene oxide는 에틸렌으로부터 산소 원자의 첨가에 의해 얻어지기 때문에 자주 이 이름이 사용된다.

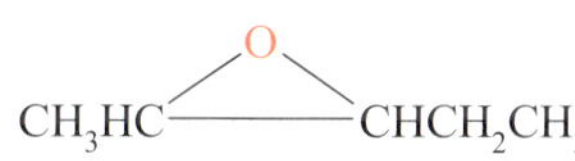

2,3-Epoxypentane

세 원자 고리의 사이클로에터는 알켄을 과산화산으로 산화하거나 halohydrin에서 HX를 제거하면 얻어진다.

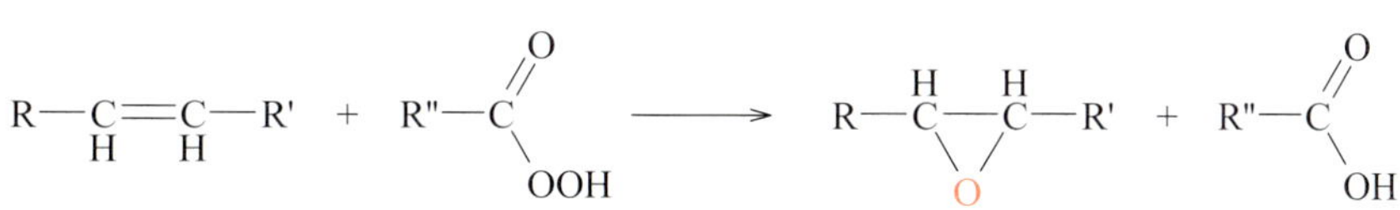

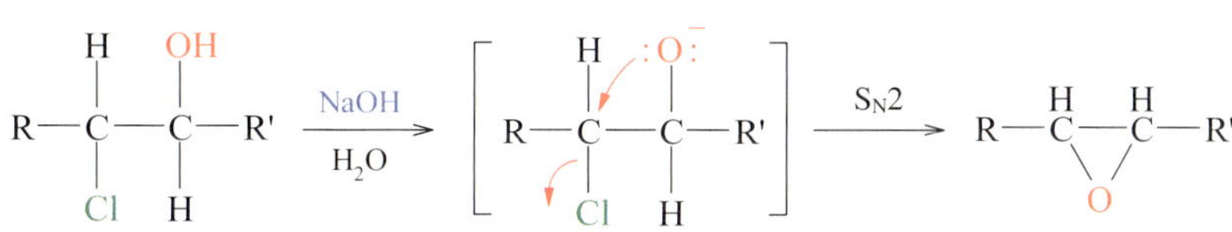

Halohydrin

과산화산의 산소원자가 알켄으로 이동하는 메카니즘은 다음과 같다.

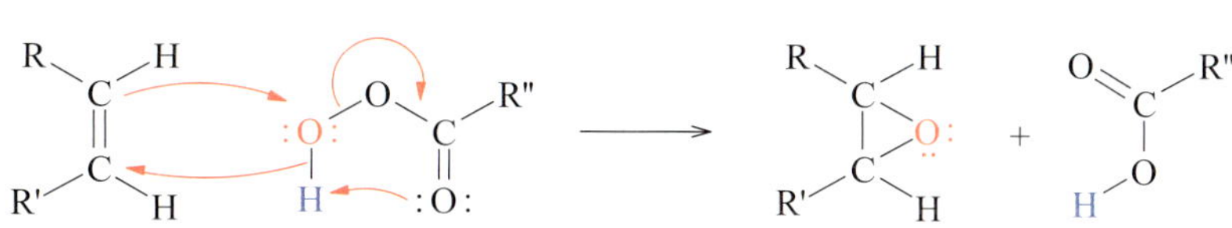

8.4 에터의 반응

에터는 매우 낮은 반응성을 나타내는데 다른 작용기를 가지고 있는 유기화합물과 비교하면 거의 알케인과 같을 정도로 반응성이 낮다. 에터는 염기와는 어떠한 반응도 하지 않으나 센산과 가열하면 치환반응을 일으킨다.

(1) Dialkyl ether

Dialkyl ether와 반응하는 시약은 별로 없다. Dialkyl ether는 C－H의 결합과 C－O 결합이 세기 때문이다. 그러나 에터는 HI나 HBr과 함께 가열하면 치환반응을 일으켜서 알코올과 할로젠화 알킬을 생성하며, 생성된 알코올은 다시 HX와 반응하여 할로젠화 알킬을 생성한다.

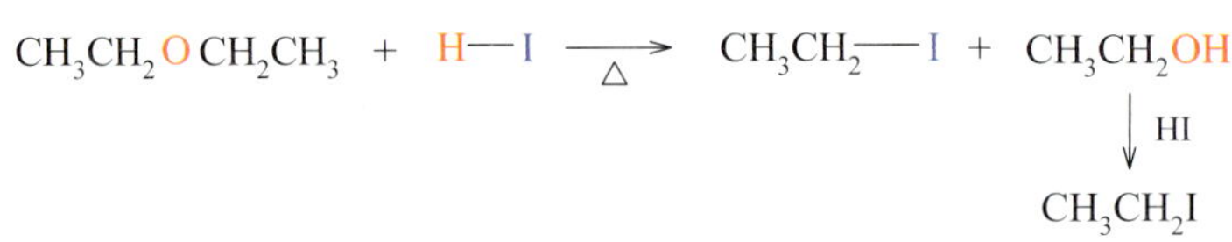

1단계 산소 원자에 대한 양성자 첨가

2단계 양성자가 첨가된 에터의 친핵성치환반응

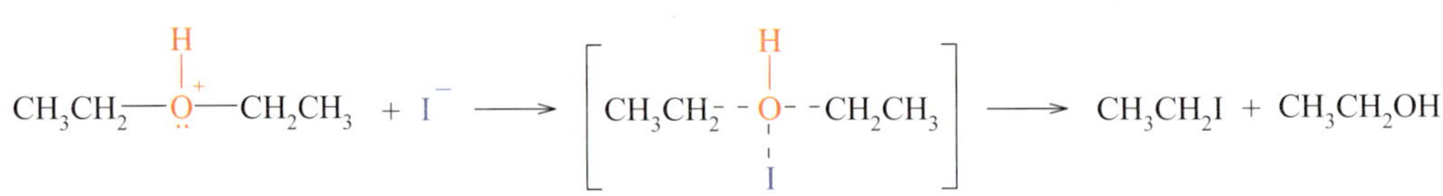

$$CH_3CH_2OH + H-I \longrightarrow CH_3CH_2-I + H_2O$$

산에 의한 에터의 분해는 전형적인 친핵성 치환반응이며, 기질의 구조에 따라 S_N2 또는 S_N1 반응경로로 일어난다. 일차와 이차 알킬기를 가진 에터는 S_N2 메커니즘으로 반응하며, 할로젠 이온은 양성자가 첨가된 에터의 덜 가리워진 자리를 공격한다.

삼차, 벤질 또는 알릴 치환기를 가진 에터는 안정한 탄소양이온 중간체를 형성할 수 있기 때문에, S_N1이나 E1 메커니즘에 의해 분해된다.

예제 8.3

HI에 의한 diisopropyl ether의 쪼개짐 반응(S_N1 반응)의 단계를 적어라.

풀이

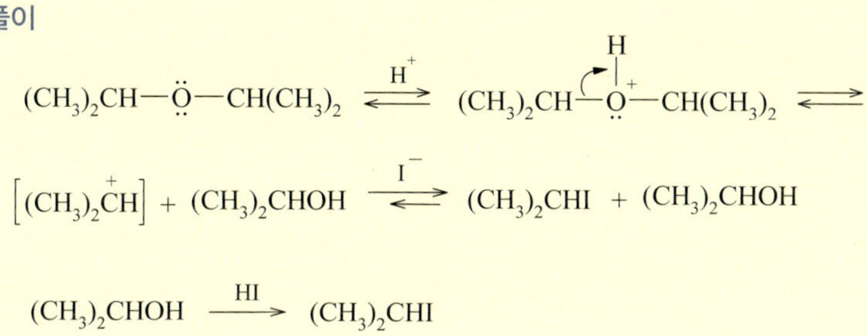

예제 8.4

다음 에터들과 HI를 반응시키면 어떤 생성물이 얻어지는가?

(1) $CH_3CH_2OCH_3$　　(2) cyclohexylethyl ether　　(3) $(CH_3)_3COCH_2CH_3$

풀이

(1) $CH_3CH_2OCH_3 + HI \rightarrow CH_3CH_2I + CH_3OH \xrightarrow{HI} CH_3I$

(2)

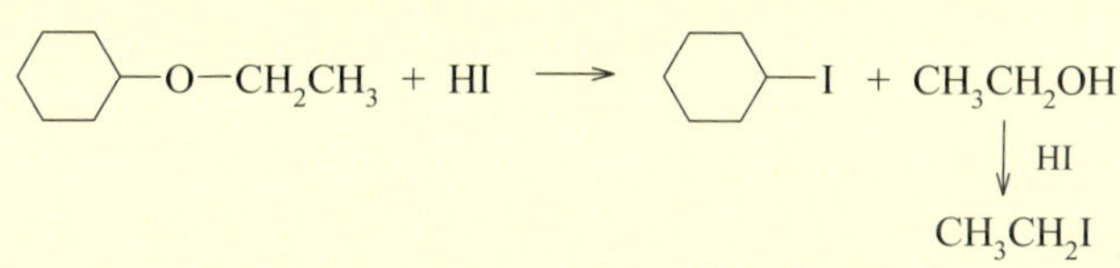

(3) $(CH_3)_3COCH_2CH_3 + HI \rightarrow (CH_3)_3CI + CH_3CH_2OH \xrightarrow{HI} CH_3CH_2I$

(2) 에폭사이드

에폭사이드는 일반적인 sp^3 결합의 결합각인 109°를 가질 수 없고 대신 스트레인(strain)이 큰 삼원자고리를 가진다. 이러한 고리의 스트레인과 더불어 C－O 결합의 극성으로 인하여 다른 에터와는 달리 친핵성 치환반응에서 대단히 큰 반응성을 갖는다.

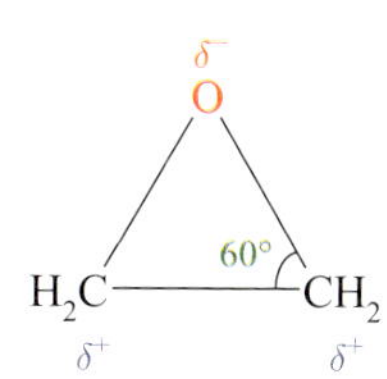

극성이 크고 스트레인이 큰 고리

스트레인이 있는 삼원자 고리가 열리고 낮은 에너지의 안정한 생성물이 형성된다. 에폭사이드의 특징적인 반응은 고리열림반응이며, 이 반응은 염기 또는 산 촉매에 의해 일어난다. 산성용액에서는 친핵성 공격이 일어나는 탄소에 붙은 이탈기가 더 좋은 이탈기(알코올)로 되면서 고리열림반응이 일어나는데, 물, 알코올 혹은 X^- 이온과 같은 약한 친핵체의 경우에도 일어난다.

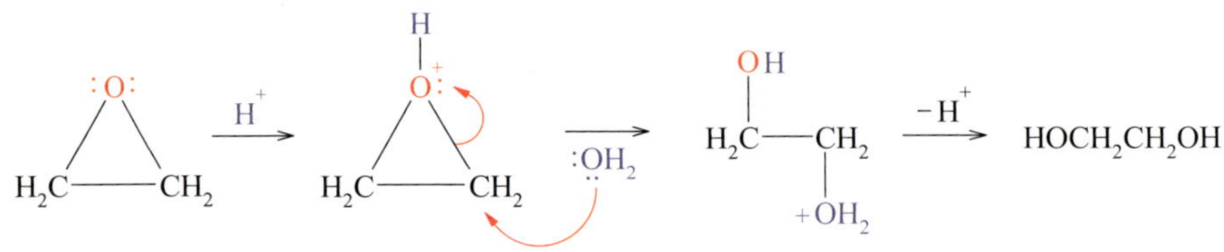

양성자화된 에폭사이드는 탄소양이온의 성질을 나타낸다. 그러므로 알킬기의 수가 더 많은 탄소가 부분양전하를 띠게 되고, 뒤 이은 친핵성 공격은 입체장애는 좀 더 크더라도 양성인 탄소를 공격하기가 보다 쉽다(탄소양이온의 안정도 : 삼차 > 이차 > 일차).

에폭사이드의 고리열림반응은 또한 염기성 용액에서 수산화이온 또는 알콕사이드 이온과 같은 친핵체에 의해서 S_N2 반응으로 일어나며, 염기성 용액에서의 친핵체는 S_N2 공격(일차 > 이차 > 삼차)에서 예상되는 것처럼 입체장애가 적은 탄소를 공격한다.

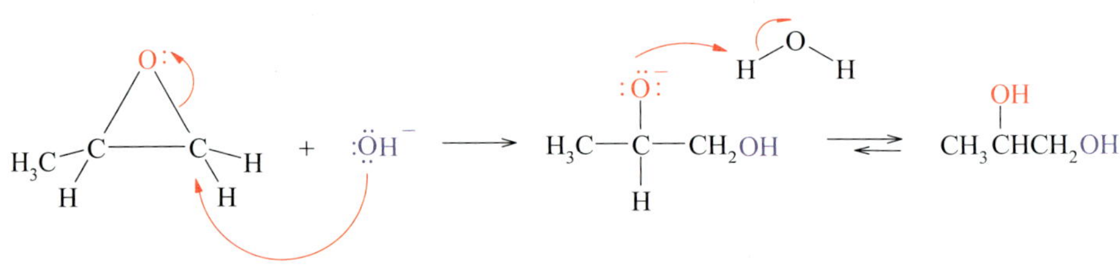

예제 8.5

다음 에폭사이드가 (1) sodium methoxide ($NaOCH_3$) (2) HCl 수용액과 반응하여 생기는 생성물을 예측하시오.

풀이

(1)

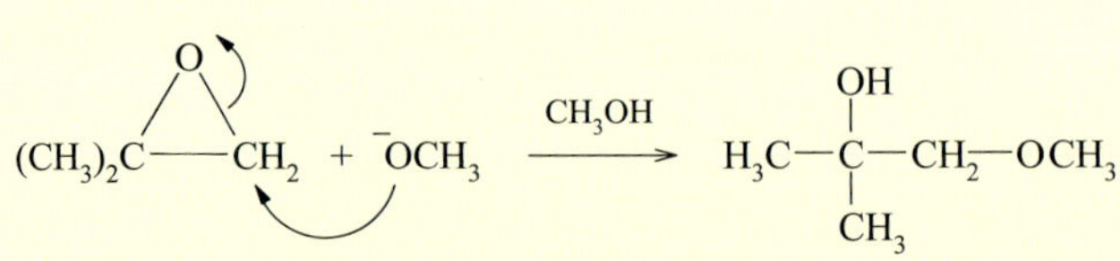

(2)

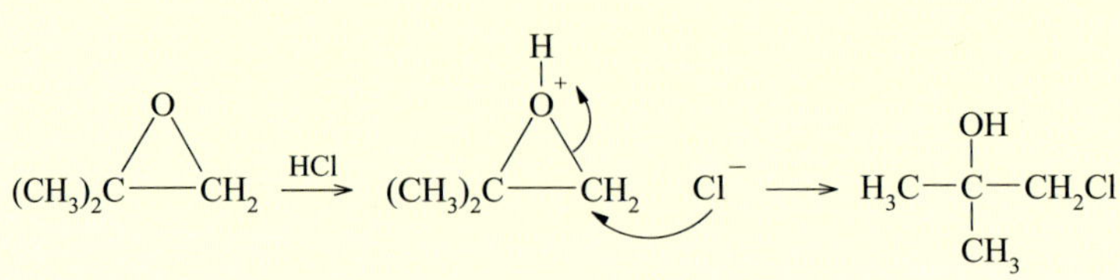

예제 8.6

Bromobenzene에서 시작하여 2-phenylethanol의 합성법을 제안하라.

풀이

1. Bromobenzene을 Grignard시약으로 변환

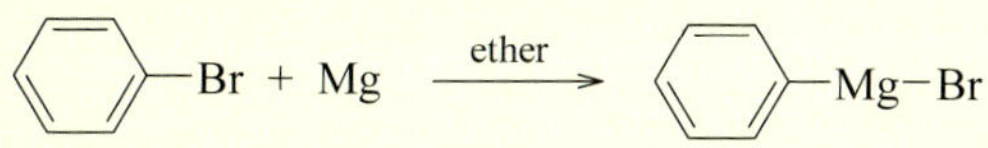

2. 산화에틸렌과 Grignard시약과 반응

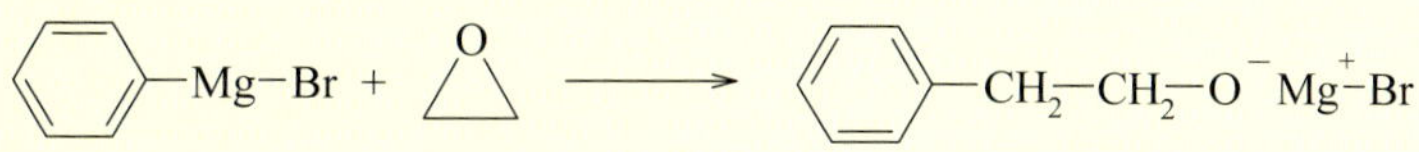

3. 알콕시화마그네슘의 가수분해

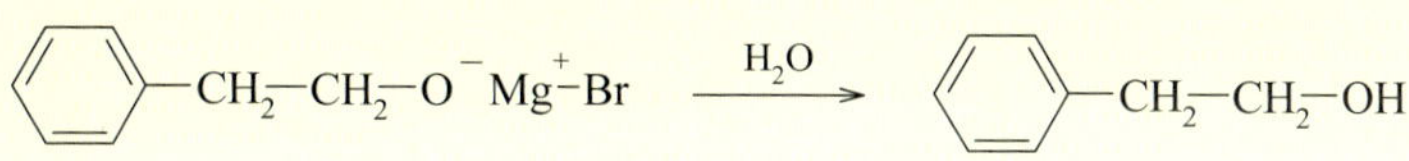

연습문제

01. 다음 에터 및 에폭사이드를 명명하라.

(a) $(CH_3)_2CHOCH_2CH_3$

(b)

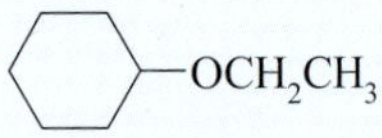

(c) $CH_3OCH_2CH_3$

(d) $CH_3OCH_2CH_2OH$

02. 다음 에터와 에폭사이드의 구조를 그려라.

(a) *t*-Butylphenyl ether

(b) *cis*-2-Isopropyl-3-cyclohexyloxyrane

(c) 3,4-Epoxyheptane

03. 다음 분해반응에서의 가능한 생성물을 써라.

(a) $CH_3CH_2OCH_2CH_3 \xrightarrow{HI,\ H_2O}$

(b) $(CH_3)_3CCH_2OCH_3 \xrightarrow{HI,\ H_2O}$

04. 다음 에터는 어떻게 합성하겠는가?

(a)

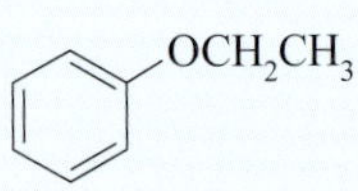

(b)

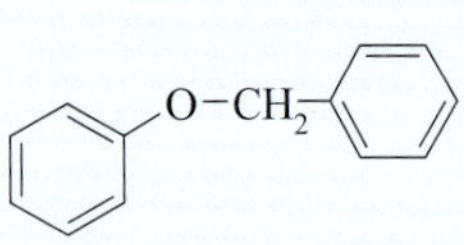

(c)

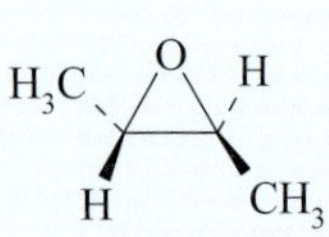

05. 2,2,3-Trimethyloxylane을 다음 시약과 반응시킬 때 얻어지는 주 생성물을 예측하라.

(a) Pentan-1-ol과 HCl

(b) CH_2=$CHCH_2MgBr$, 2단계 묽은 HCl

(c) C_6H_5Li, 2단계 묽은 HCl

(d) Phenol과 NaOH의 수용액

06. 다음 반응식을 완성하여라.

(a)

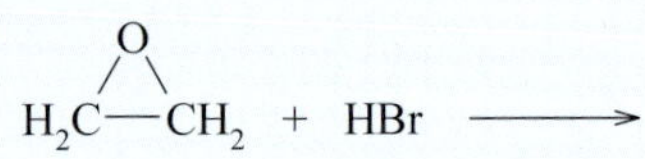

(b)

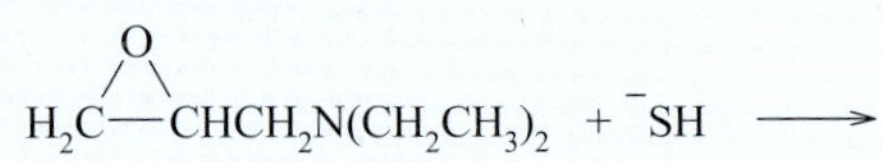

(c)

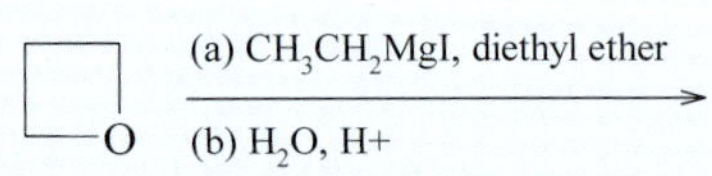

(d)

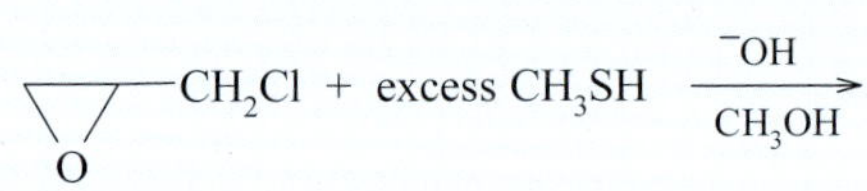

(e)

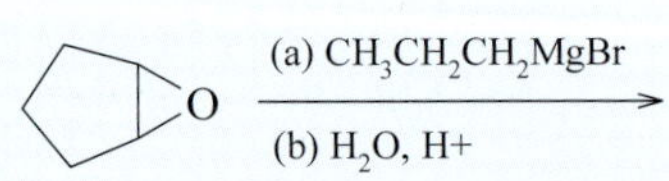

(f)

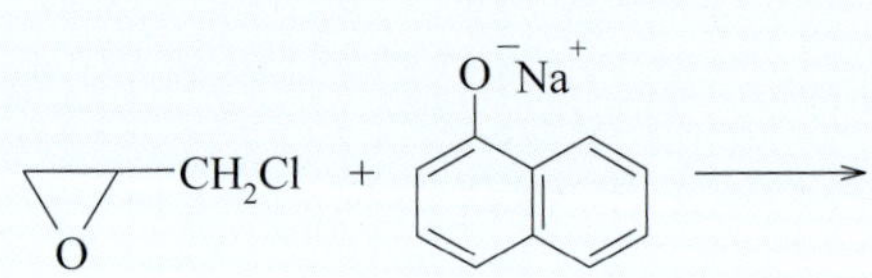

(g)

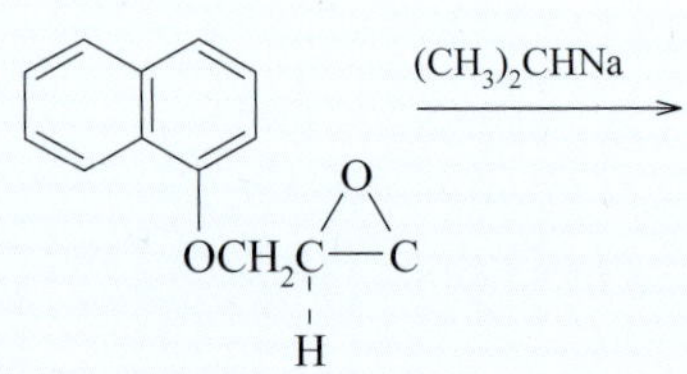

09 알데하이드와 케톤

카보닐기(C = O)를 갖는 화합물을 카보닐 화합물이라 하며, 크게 두 영역으로 분류한다. 알데하이드와 케톤 영역, 그리고 카복실산과 그 유도체 영역이다.

알데하이드와 케톤은 아실기($R-\overset{O}{\overset{\|}{C}}-$)가 음전하를 안정화시킬 수 없는 원자(H 또는 C)에 결합되어 있다. 카복실산과 그 유도체는 아실기가 음전하를 안정화시킬 수 있는 원자(O, X, N, S)에 결합되어 있다.

알데하이드와 케톤

알데하이드　　케톤

카복실산과 그 유도체

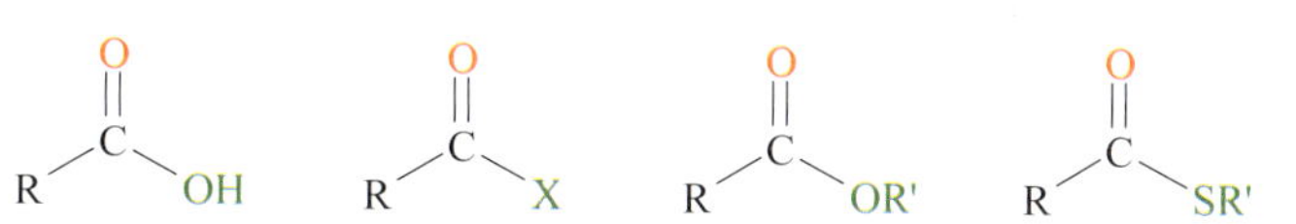

카복실산　　산 할로젠화물　　에스터　　싸이오에스터

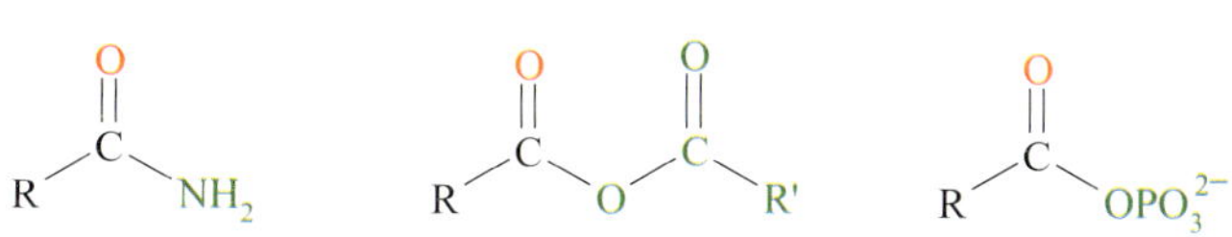

아마이드　　산무수물　　아실 인산염

9.1 카보닐기의 특징

카보닐기의 C=O 이중결합의 구조는 알켄의 탄소-탄소 이중결합 구조와 유사하다. 카보닐 탄소 원자는 sp^2 혼성구조로 시그마결합 세 개를 갖는데, 탄소의 전자중 sp^2 결합에 참여하지 않은 전자 한 개는 p 오비탈에 남아 있어 산소의 p 오비탈과 파이결합을 형성한다.

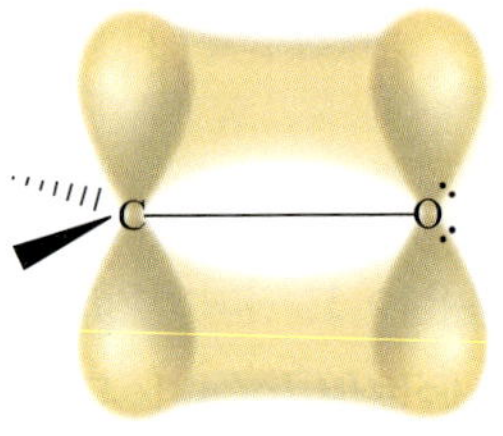

그림 9.1 카보닐기의 결합

알켄에서처럼 카보닐 화합물은 이중결합에 대한 평면구조이고, 약 120°의 결합각을 갖는다. C=O 이중결합은 C−O 단일결합보다 더 짧고 더 강하다.

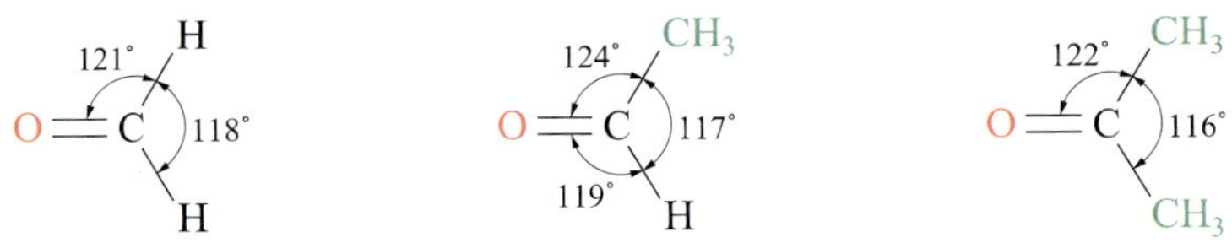

탄소-산소 이중결합은 탄소에 비해 산소의 전기음성도가 상대적으로 크기 때문에 산소쪽으로 전자가 강하게 편극되어 있다. 그러므로 부분적인 양전하를 갖는 카보닐 탄소 원자는 친전자성(루이스산) 자리가 되어 친핵체와 반응하게 된다. 반재로 부분적인 음전하를 갖는 산소 원자는 친핵성(루이스염기) 자리가 되어 친전자체와 반응한다. 이러한 이유로 알데하이드와 케톤의 가장 일반적인 반응은 카보닐기의 친전자성 탄소에 친핵체가 첨가되는 친핵성첨가반응이다.

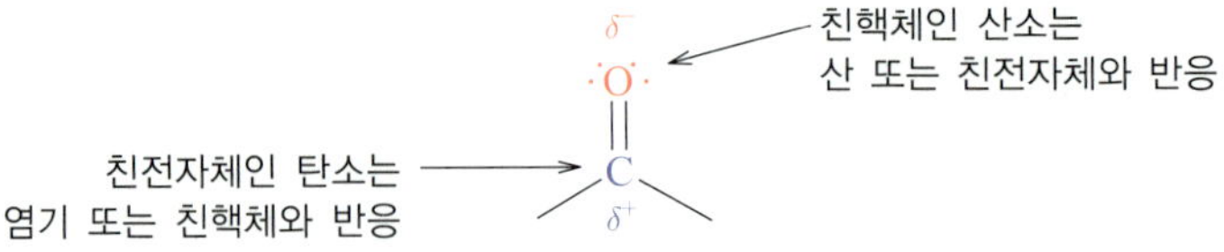

친핵체(: Nu^-)는 탄소와 새로운 결합을 형성하기 위하여 자신의 전자쌍을 사용하기 때문에, 탄소-산소 이중결합에 있는 두 개의 전자는 전기음성도가 큰 산소 원자로 이동하여 알콕시화

이온을 만든다. 카보닐 탄소는 반응이 일어나는 동안 sp^2에서 sp^3로 재혼성되고 알콕시화 이온 생성물은 정사면체 구조를 가지게 된다.

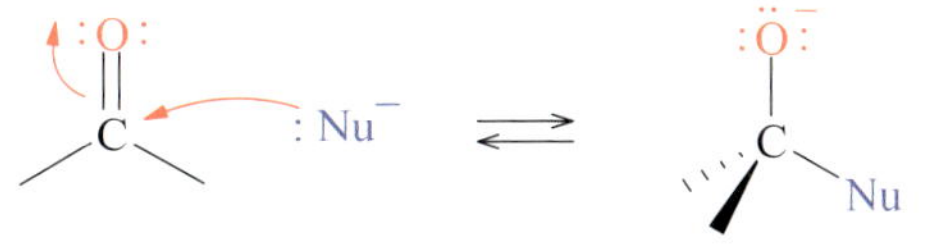

카보닐 화합물　　　　　　　　정사면체 중간체

카보닐 화합물은 탄소-산소 사이의 극성으로 분자간 인력이 작용하여 비슷한 분자량을 가진 무극성 화합물에 비해 끓는점이 높다. 그러나 알데하이드와 케톤은 분자 간에 수소결합을 할 수 없으므로 수소결합을 하는 알코올의 끓는점보다 낮다.

	Isobutane	Propanal	Propanone	Isopropyl alcohol
bp	−12℃	49℃	56℃	82℃

단, 알데하이드와 케톤은 물이나 알코올의 수소 원자와는 수소결합을 형성할 수 있다. 이러한 수소결합으로 알데하이드와 케톤은 물에 어느 정도 용해한다(표 9.1).

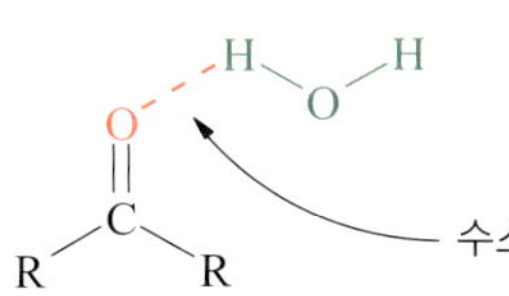

유기화학의 많은 부분이 카보닐 화합물의 화학이라 할 만큼 그 수가 많다. 특히 알데하이드와 케톤은 다양한 의약품의 합성, 거의 모든 생물학적 경로 및 수많은 산업공정 등에 있어 중간체로 작용하기 때문에 이들의 성질과 반응을 이해하는 것은 중요하다.

우선 카보닐 화합물 중 알데하이드는 카보닐(−C=O) 탄소에 한 개 혹은 두 개의 수소가 결합된 유기화합물이다.

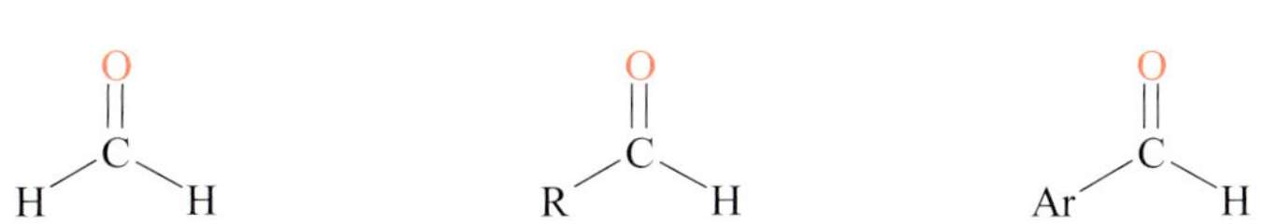

Formaldehyde　　　Aliphatic aldehyde　　　Aromatic aldehyde

케톤은 카보닐 탄소에 두 개의 탄소 원자가 결합되어 있는 화합물이다.

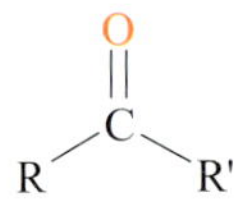

Aliphatic ketone

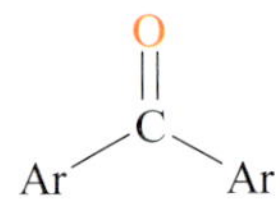

Aromatic ketone

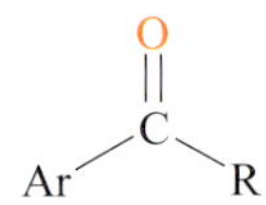

Alkyl aryl ketone

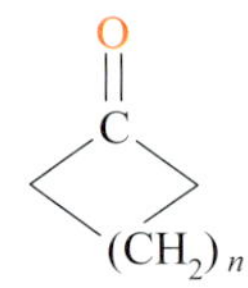

Cyclic ketone

9.2 알데하이드와 케톤의 명명

1. IUPAC명명법에 의하면, 알데하이드의 이름은 **알케인명의 마지막 −e를 −al로 바꾸면 된다.** 명명의 토대가 될 가장 긴 탄소사슬은 반드시 알데하이드기를 포함하여야 하며 알데하이드 탄소가 1번이 된다.

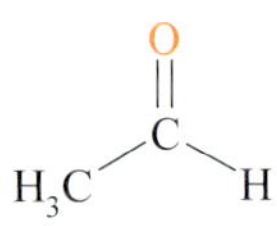

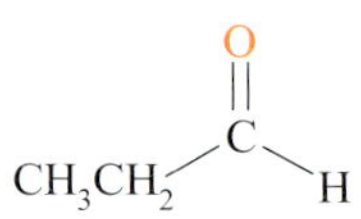

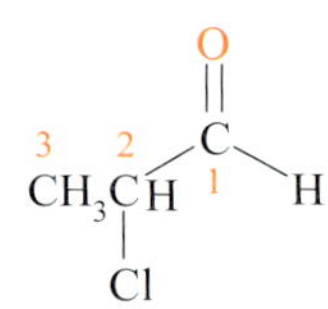

IUPAC	Ethanal	Propanal	2-Chloropropanal
(관용명)	(Acetaldehyde)	(Propionaldehyde)	(α-Chloropropionaldehyde)

2. 분자구조에서 알데하이드기는 항상 말단에 위치하기 때문에 −CHO의 위치는 표시할 필요가 없다.

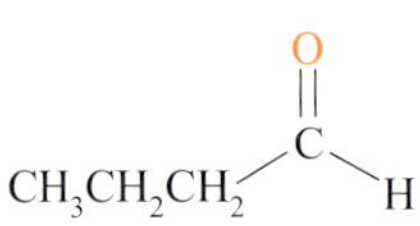

Butanal

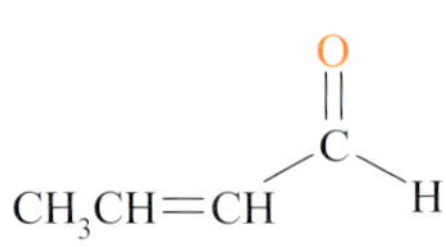

But-2-enal

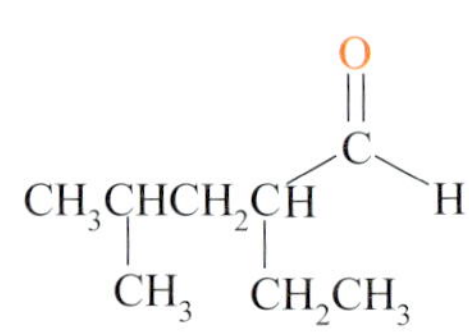

2-Ethyl-4-methylpentanal

2-Ethyl-4-methylpentanal에서 가장 긴 사슬은 hexane이지만, 이 사슬은 −CHO기를 포함하고 있지 않으므로 모체는 pentane이 된다.

3. **고리에 −CHO가 붙은 알데하이드에는 −carbaldehyde를 붙인다.**
또한 방향족에 −CHO기가 붙은 몇몇 화합물에 대해서는 **관용명***을 허용한다(표 9.1).

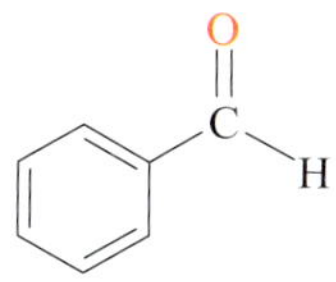

Benzenecarbaldehyde
(Benzaldehyde)*

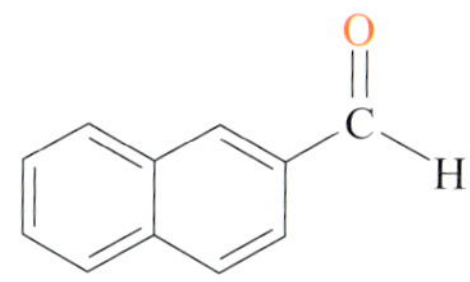

2-Naphthalenecarbaldehyde
(β-Naphthaldehyde)*

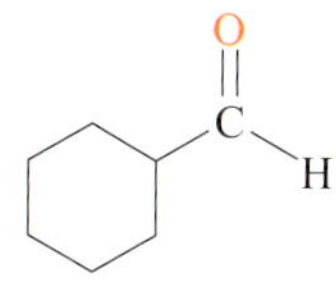

Cyclohexanecarbaldehyde

표 9.1 몇 가지 알데하이드 및 케톤의 물리적 성질

화학식	IUPAC명	관용명	끓는점(℃)	물에 대한 용해도
Aldehydes :				
HCHO	Methanal	Formaldehyde	−21	∞
CH_3CHO	Ethanal	Acetaldehyde	20	∞
CH_3CH_2CHO	Propanal	Propionaldehyde	49	16g/100mL
$CH_3CH_2CH_2CHO$	Butanal	Butyraldehyde	76	7g/100mL
C_6H_5CHO	Benzenecarbaldehyde	Benzaldehyde	178	소량
Ketones :				
$CH_3C(O)CH_3$	Propanone	Acetone	56	
$CH_3C(O)CH_2CH_3$	Butan-2-one	Butan-2-one	80	26g/100mL
$C_6H_5C(O)CH_3$	1-Phenyl ethanone	Acetophenone	202	불용성
$C_6H_5C(O)C_6H_5$	Diphenyl methanone	Benzophenone	306	불용성

예제 9.1

다음 알데하이드를 IUPAC명으로 나타내어라.

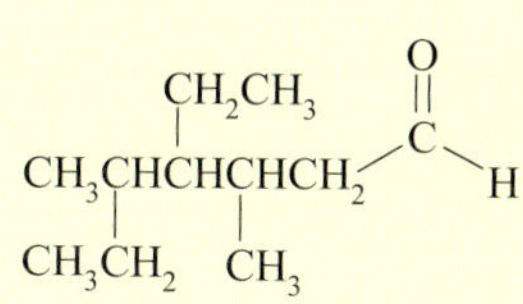

풀이

알데하이드를 포함하는 가장 긴 탄소사슬을 찾는다. −CHO의 탄소를 1번으로 한다. 7개 탄소사슬이 가장 긴 탄소사슬이므로 4-Ethyl-3,5-dimethyl-heptanal이다.

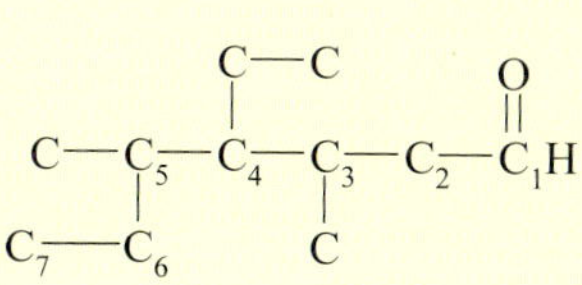

4. **케톤은 알케인명의 −e 대신에 −one을 붙여 명명한다.** 모체 사슬은 케톤기가 포함된 것 중에서 가장 긴 사슬이며, 번호는 카보닐 탄소에 가까운 말단 탄소부터 시작한다.

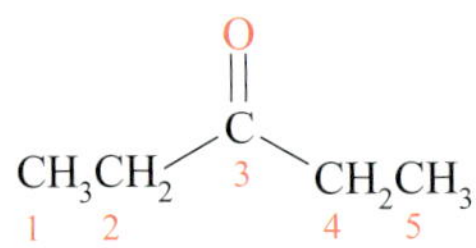

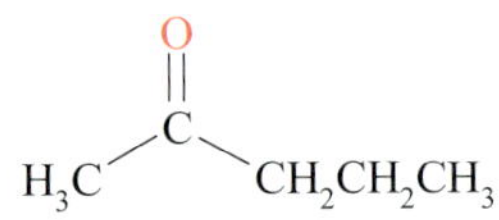

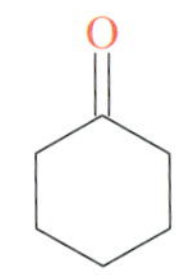

(IUPAC명) Pentan-3-one   Pentan-2-one   Cyclohexanone

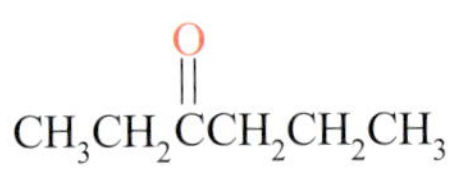

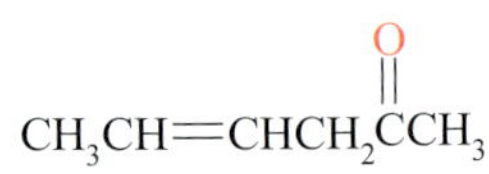

(IUPAC명) Hexan-3-one   Hex-4-en-2-one   Hexan-2,4-dione

또한 몇 가지 케톤은 관용명을 사용한다.

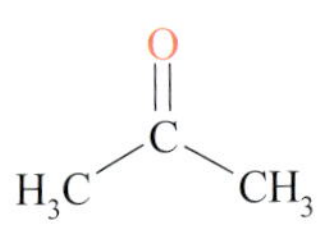

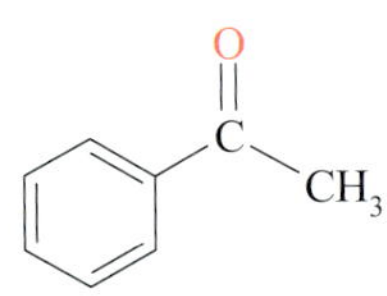

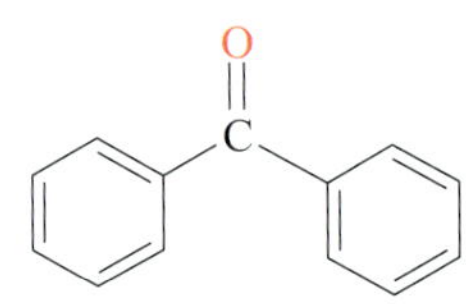

(관용명) Acetone   Acetophenone   Benzophenone

5. **만일 다른 작용기가 존재하고 이중결합된 산소 원자를 모체내 치환기로 간주해야 할 경우 접두사 oxo-가 사용된다.**

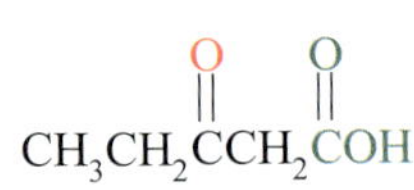

3-Oxopentanoic acid

R—C(=O)—가 치환기가 될 때는 이름의 끝에 −yl을 붙인다. CH_3CO−는 아세틸(acetyl)기이고, CHO−는 폼일(formyl)기이며, C_6H_5CO−는 벤조일(benzoyl)기이다.

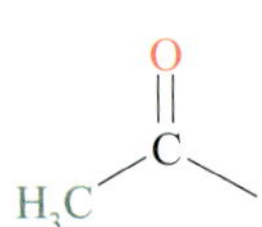

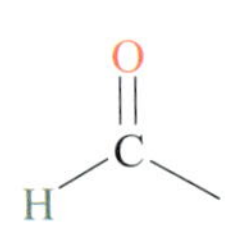

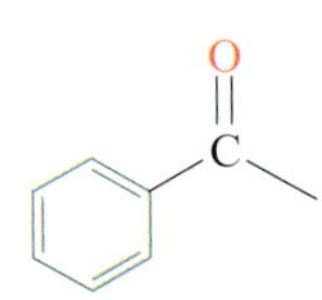

Acetyl   Formyl   Benzoyl

예제 9.2

다음 알데하이드와 케톤을 IUPAC규칙에 따라 명명하시오.

(1) 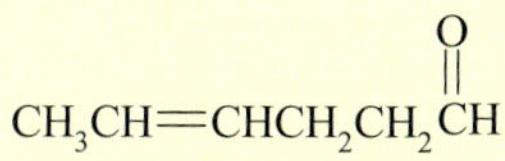

(2) 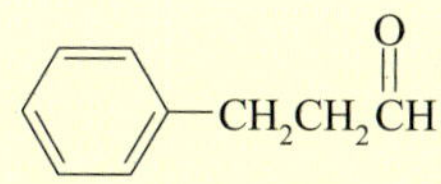

(3) 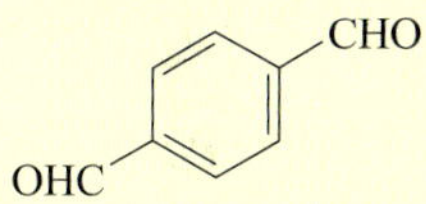

(4) 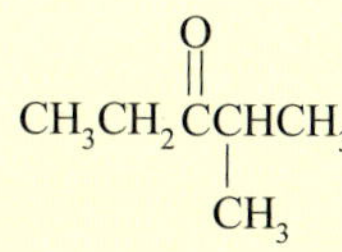

(5) 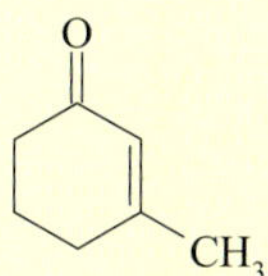

(6) 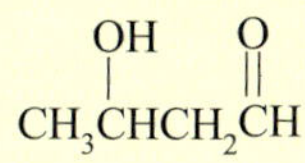

풀이

(1) Hex-4-enal

(2) 3-phenylpropanal

(3) Benzene-1,4-dicarbaldehyde

(4) 2-Methylpentan-3-one

(5) 3-Methylcyclohex-2-enone

(6) 3-Hydroxybutanal

참고 : 한 분자 내에 하이드록시기가 카복실기(−COOH), 알데하이드기(−CHO)의 작용기와 함께 있을 때는 −OH기를 치환체로 취급한다.

예제 9.3

다음 IUPAC명에 해당되는 구조식을 그리시오.

(1) 3-Methylbutanal

(2) 4-*tert*-Butylcyclohexancarbaldehyde

(3) 2-Phenylethanal

(4) 4-Chloropentan-2-one

(5) 3-Methylbut-3enal

(6) *p*-Nitroacetophenon

풀이

(1) 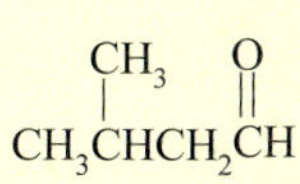

(2) 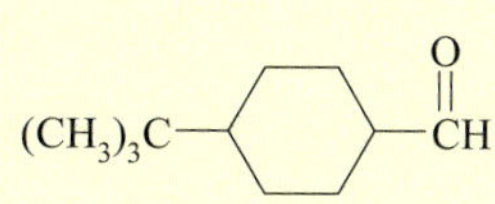

(3) 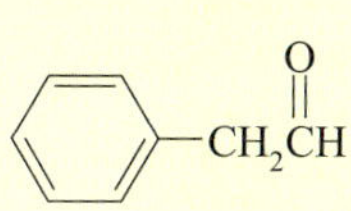

(4) 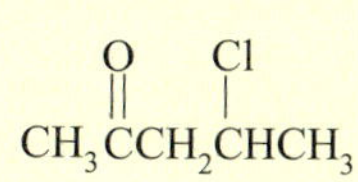

(5) 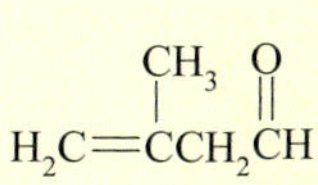

(6) 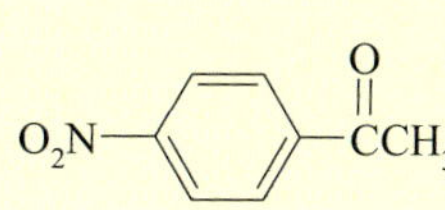

9.3 알데하이드와 케톤의 합성

(1) 알데하이드의 합성

알데하이드는 일차알코올의 산화와 알켄의 산화(3.8장)로 합성될 수 있다.

① 일차알코올은 알데하이드로 산화될 수 있다. 산화제인 pyridinium chlorochromate(PCC), $C_5H_5NH^+CrO_3Cl^-$를 사용하여 실온의 CH_2Cl_2 용매에서 일차알코올을 산화시킨다.

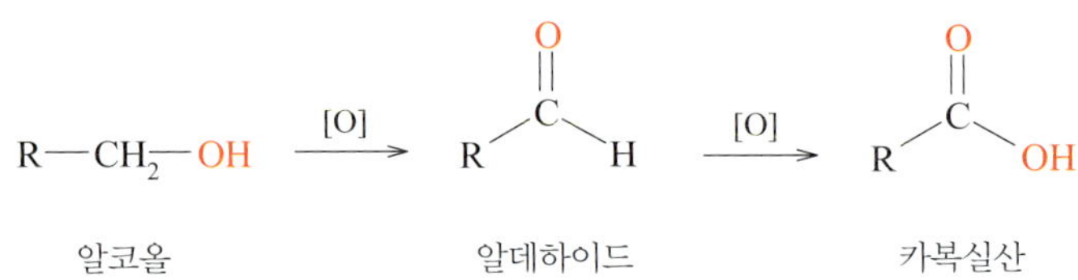

② 카복실산의 할로젠화물은 환원제인 $LiAlH[OC(CH_3)_3]_3$에 의해 알데하이드로 환원된다.

③ 적어도 하나 이상의 바이닐 수소를 가지고 있는 알켄을 오존으로 처리하면 산화성 분해반응이 일어나 알데하이드를 생성한다.

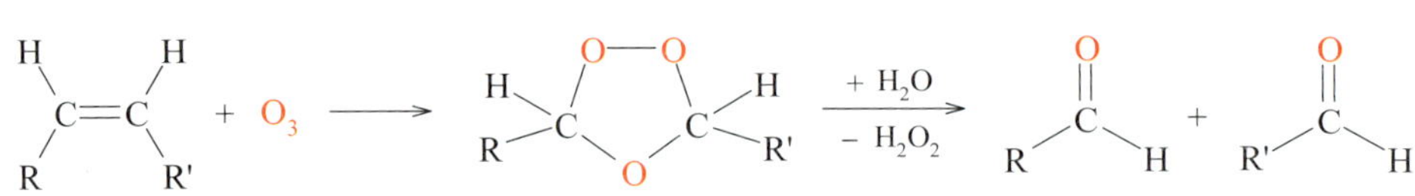

(2) 케톤의 합성

케톤의 합성법은 알데하이드와 비슷하다.

① 케톤을 합성하는 방법 중에서 가장 보편적인 방법은 이차알코올의 산화에 의한 방법이다. 산화제로 CrO_3, $Na_2Cr_2O_7$, $KMnO_4$, PCC 등이 사용된다. 산화제의 선택은 반응의 크기, 가격, 알코올의 산 혹은 염기에 대한 반응성 등과 같은 여러 조건에 달려 있다.

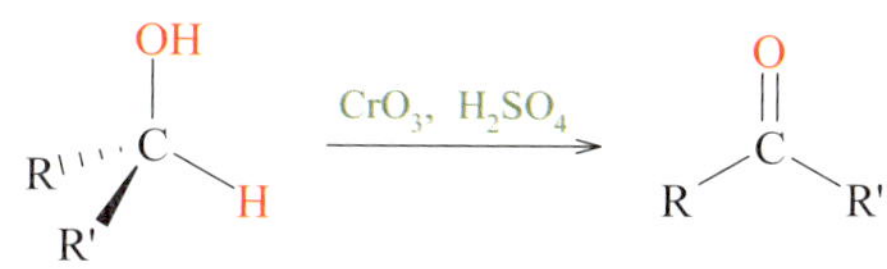

② 불포화 탄소 원자 중에 한 개가 이치환되어 있다면, 알켄의 가오존 분해반응과 수화반응에 의해서 케톤이 형성된다.

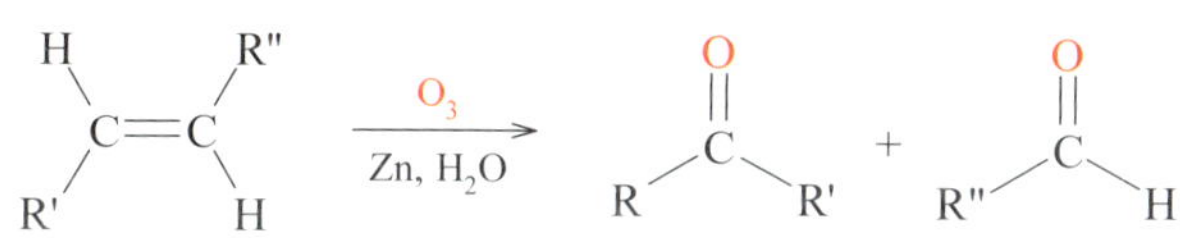

③ Friedel-Crafts의 아실화 반응에 의하여 방향족 케톤을 합성할 수 있다.

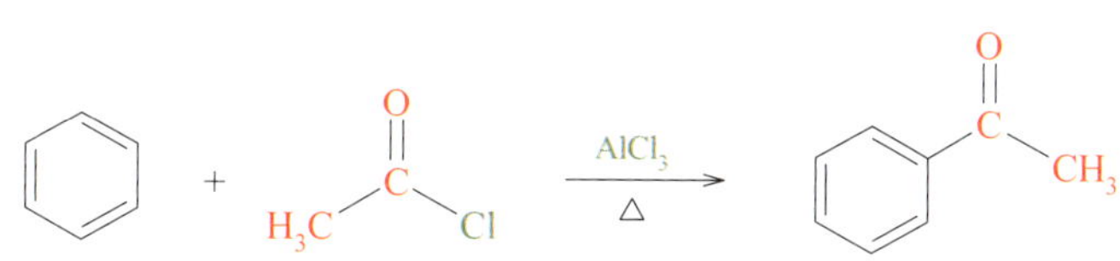

④ 메틸케톤은 Hg^{2+} 촉매 존재하에서 말단 알카인의 수화반응에 의해 제조된다.

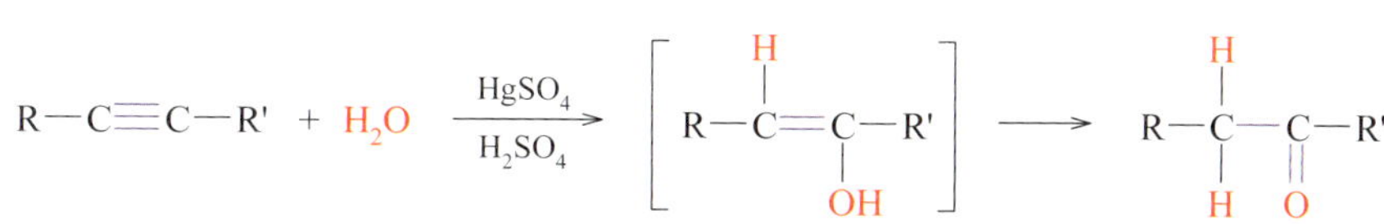

이와 같이 vinyl 자리에 알코올이 존재하면 산의 존재 하에 쉽게 케톤으로 변화되는데 이를 **토오토메리현상**(tautomerization)이라 한다.

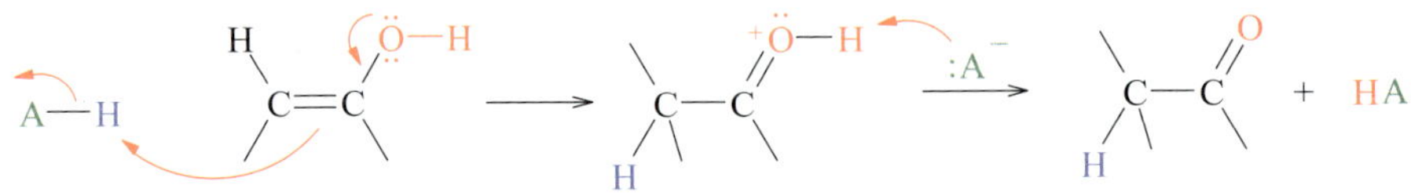

엔올 토토머 케토 토토머

Vinyl 자리 알코올의 이중결합의 한 탄소 원자에서 양성자를 받아들여 양이온성 중간체가 되고 산소 원자로부터 양성자를 잃어 케톤을 형성한다. Vinyl 자리 알코올은 흔히 엔올(enol)이라 불린다("–엔"은 알켄의 접미사 + "–올"은 알코올의 접미사). 자리옮김반응의 생성물은 대개 케톤인데, 이러한 자리옮김반응은 케토-엔올 토오토메리현상(keto-enol tautomerization)이라고 알려져 있다.

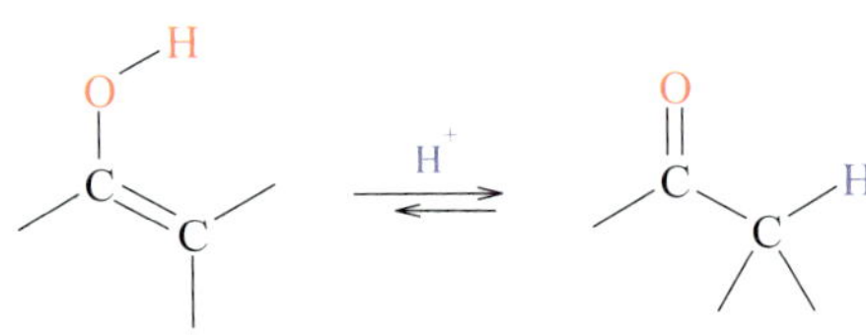

엔올 토토머 케토 토토머

알카인에 물이 첨가되면 Markovnikov 규칙에 의하여 알데하이드보다는 케톤을 형성한다.

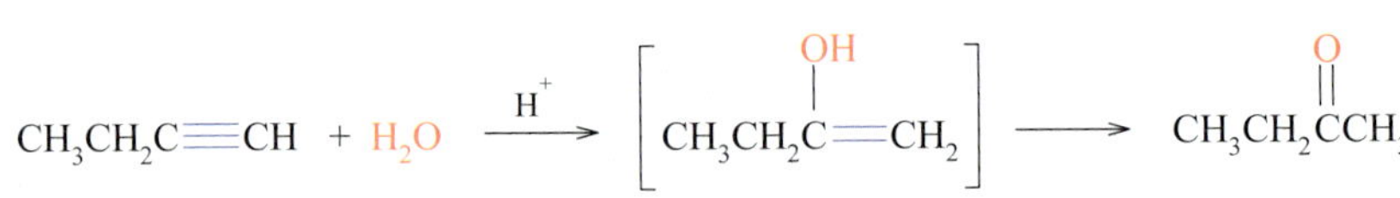

9.4 알데하이드와 케톤의 산화 환원

(1) 알데하이드와 케톤의 산화반응

알데하이드는 쉽게 산화되어 카복실산을 생성하지만, 케톤은 일반적으로 산화반응에 대해 비활성이다. 알데하이드는 수소를 가지고 있지만 케톤은 그렇지 않기 때문이다.

알데하이드는 과망간산포타슘($KMnO_4$)과 같은 센 산화제에 의해 쉽게 산화되고, 산화은 (Ag_2O)과 같은 약한 산화제에도 산화된다.

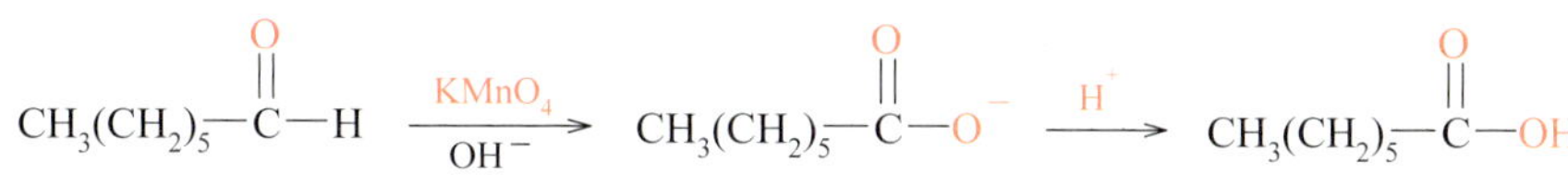

실험실에서는 Tollens 시약(은-암모니아 착이온의 염기성 수용액)을 사용하는데, 탄소-탄소 이중결합이나 산에 민감한 다른 작용기와는 반응하지 않기 때문에 수득률이 높다. 반응이 일어나면 알데하이드는 카복실 음이온으로 산화되고 Ag^+는 Ag금속으로 환원되며 시험관에 은거울을 형성한다. 그래서 알데하이드의 검출시약으로 사용된다.

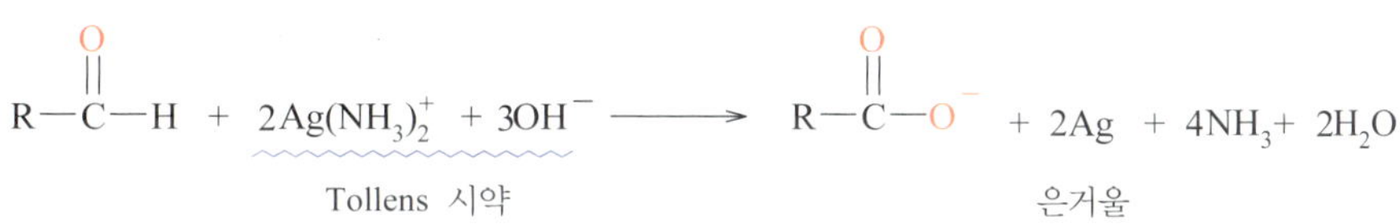

(2) 알데하이드와 케톤의 환원반응

알데하이드와 케톤은 촉매작용에 의한 수소의 첨가반응으로 환원될 수 있다. 일반적으로 사용되는 환원제로는 수소화붕소소듐(Sodium borohydride, $NaBH_4$)과 같은 수소화 금속이다. $NaBH_4$는 알데하이드, 케톤 등은 쉽게 환원시키나 에스터는 쉽게 환원시키지 못한다. 그러나 더 센 환원제인 $LiAlH_4$ (lithium aluminum hydride : LAH)는 알데하이드, 케톤, 에스터 등을 모두 환원시킨다.

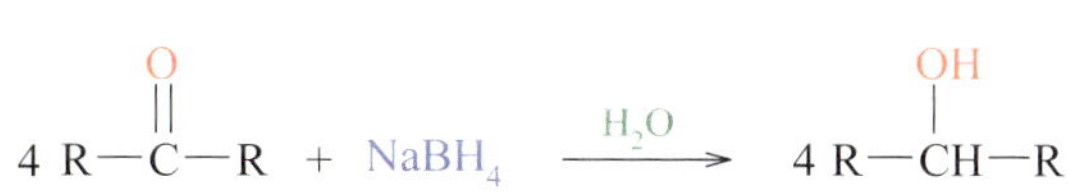

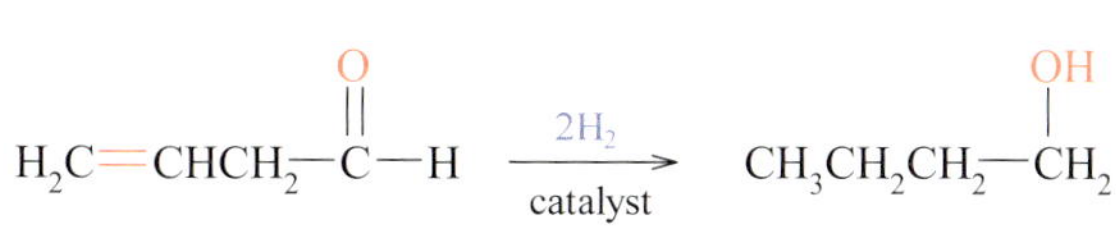

9.5 알데하이드와 케톤의 친핵성 첨가반응

알데하이드와 케톤의 가장 일반적인 반응은 친핵성 첨가반응이다. 카보닐 탄소는 산소의 전기음성도에 의해 극성을 띠게 된다. 카보닐 탄소는 전자가 결핍되어 δ^+ 상태에 놓이고 산소는 δ^- 상태에 있다.

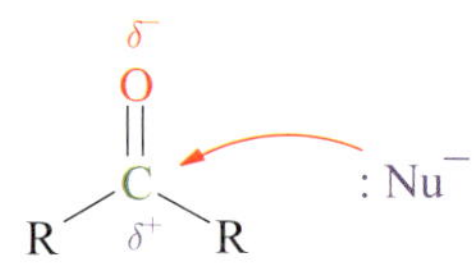

음으로 하전된 HO^-, H^-, RO^- 등이 친핵체로 작용하며, 중성의 H_2O, ROH, NH_3, RNH_2도 친핵체로 작용한다. 카보닐기의 탄소를 친핵체가 공격하면 카보닐 탄소는 sp^2에서 sp^3로 재혼성화가 일어나고 C=O 결합으로부터 전자 한 쌍이 전기음성도가 큰 산소 원자로 이동하면 정사면체의 알콕시화 이온 중간체가 형성된다. 이 때 물이나 산에 의해 양성자가 첨가되면 최종 생성물로 알코올이 만들어진다.

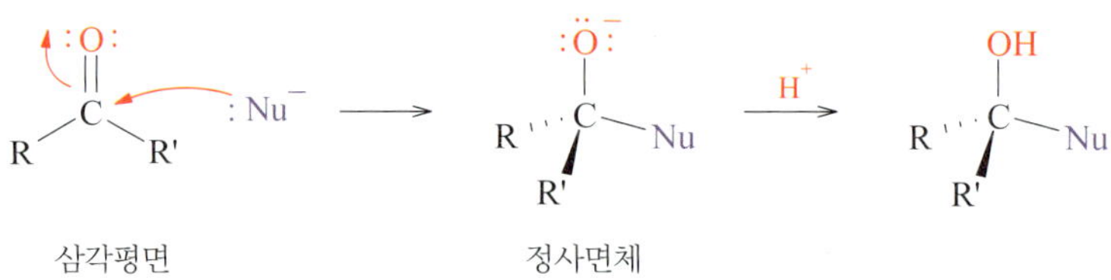

친핵체가 약한 반응성을 가지는 경우는 카보닐 산소 원자에 H^+가 첨가하고 그 다음 친핵체와 반응시킨다.

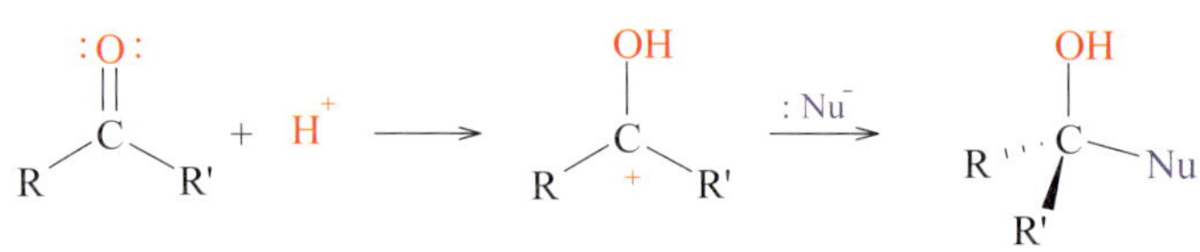

친핵성 첨가반응에 있어서 입체적 또는 전자적인 이유 때문에 알데하이드가 케톤보다 반응성이 높다. 입체적 이유는, 알데하이드는 C=O 탄소에 한 개의 치환기를 갖는 반면, 케톤은 치환기가 두 개이기 때문에 친핵체가 알데하이드의 탄소에 더 쉽게 접근할 수 있다.

전자적 이유는, 알데하이드 카보닐기가 케톤보다 편극이 더 크다. 알데하이드는 카보닐 탄소의 부분적인 양전하를 안정화시킬 수 있는 알킬기를 한 개만 갖기 때문에 케톤보다 반응성이 크다. 즉 카보닐 탄소의 반응성은 전자의 편재화 정도에 의하여 좌우된다.

카보닐 탄소의 반응성

(1) 물의 첨가반응

알데하이드와 케톤에 물이 첨가되면 1,1-diol이 형성된다. 물의 첨가반응은 가역적이며 산의 존재 하에서 물의 첨가가 증가된다. 물의 첨가는 산이나 염기 모두에 의해 촉진되기 쉽다. 다시 말해서, 첨가반응은 순수한 물 속에서 일어나는 것보다 약간의 산이나 염기의 존재 하에서 훨씬 빨리 일어난다.

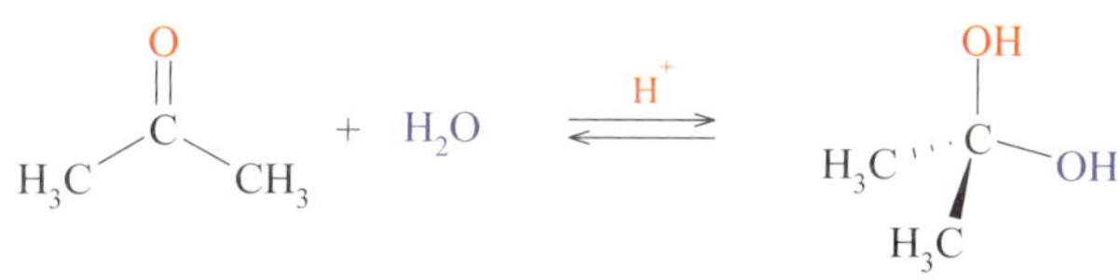

Acetone Propane-2,2-diol

산-촉매 수화반응은 카보닐 산소 원자에 양성자 첨가로 시작되는데, 이 때 양전하는 산소에 놓이고 카보닐기를 더욱 친전자성으로 만들어준다. 이어서 양성자가 첨가된 알데하이드 또는 케톤에 물의 친핵성 첨가가 일어나면 양성자가 첨가된 다이올이 형성되고, 이후 H^+를 잃고 중성인 생성물이 생성된다.

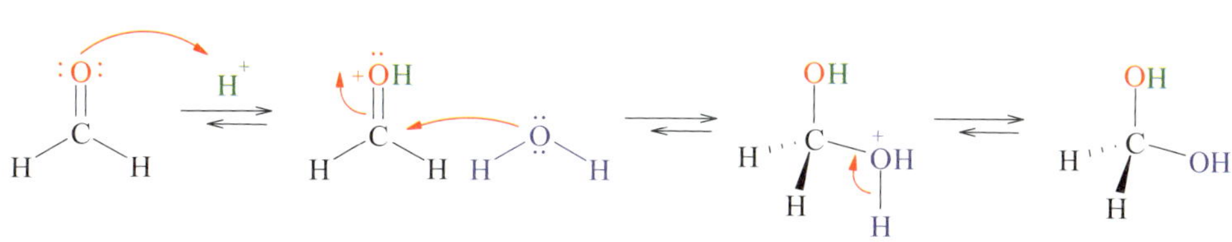

Formaldehyde

Formalin
(안정한 수화물)

(2) 알코올의 첨가반응

알데하이드와 케톤은 산-촉매 존재하에서 2당량의 알코올과 가역적으로 반응하여 **아세탈**(acetal), $R_2C(OR')_2$를 생성한다. 알데하이드에 한 분자의 알코올이 첨가된 화합물을 헤미아세탈(hemiacetal)이라 하고, 케톤으로부터 형성된 경우는 hemiketal과 ketal이라 부른다.

아세탈 형성은 물의 첨가반응과 비슷하다. 물처럼 알코올도 중성조건에서 느리게 알데하이드와 케톤에 첨가되는 약한 친핵체이다. 그러나 산성 조건에서는 양성자 첨가에 의해 카보닐기의 반응성은 커지고, 따라서 알코올의 첨가는 빠르게 일어난다.

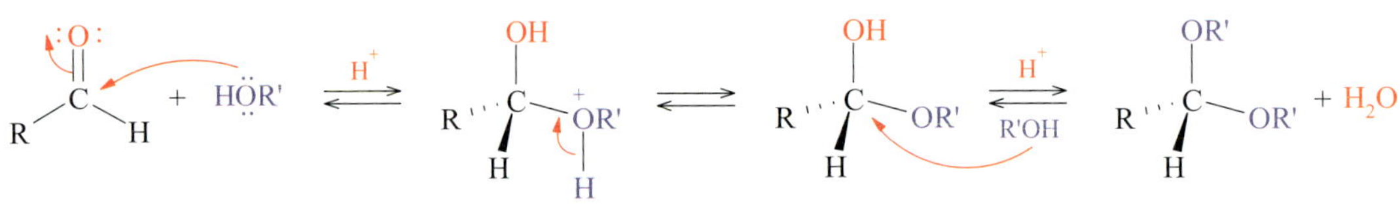

Aldehyde Alcohol

Hemiacetal (매우 불안정)

Acetal

알코올의 산소 전자쌍이 카보닐 탄소를 공격한다.

R'OH의 산소 전자쌍이 Hemiacetal의 탄소를 공격한다.

카보닐기에 알코올의 친핵성 첨가반응이 일어나면 헤미아세탈이라 부르는 하이드록시 에터가 먼저 만들어진다. 헤미아세탈은 가역적으로 형성되나 평형은 카보닐 화합물쪽으로 치우쳐 있다. 그러나 산 존재하에서는 반응이 헤미아세탈쪽으로 더욱 진행된다.

(3) HCN의 첨가반응

알데하이드와 입체장애가 없는 케톤은 HCN과 친핵성 첨가반응하여 사이아노하이드린(cyanohydrin, RCH(OH)C≡N)을 형성한다. HCN (bp 26℃)은 센산 용액 조건에서 KCN이나 NaCN으로부터 만들어지며 매우 독성이 강한 화합물이다. 순수한 HCN을 사용하면 반응이 천천히 일어나지만, 소량의 염기를 첨가하면 친핵성 사이안화 이온, CN^-이 생성되어 반응이 빨라진다. 다른 방법으로는 HCN에 소량의 KCN을 첨가하여 반응을 촉진시키기도 한다.

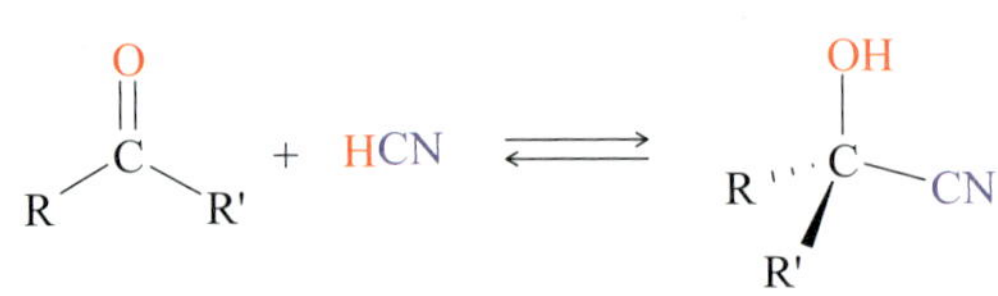

Cyanohydrin

(4) Grignard 시약의 첨가반응

알데하이드 및 케톤을 Grignard 시약(RMgX)으로 처리하면 알코올을 얻을 수 있다. Grignard 시약의 탄소 음이온이 친핵성첨가반응을 한다.

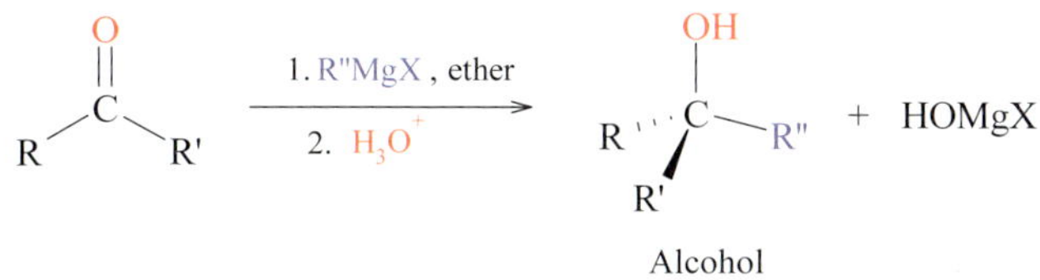

Grinard 시약에서 R은 일차, 이차 또는 삼차의 알킬, 아릴 또는 바이닐기 이고, X는 Cl, Br 또는 I이다. R – X (알케인이나 아릴, 바이닐의 할라이드)는 에터 용매에서 마그네슘과 반응하여 Grignard 시약을 생성한다.

$$R-X + Mg \longrightarrow \overset{\delta^-}{R}-\overset{\delta^+}{Mg}X$$

Grignard 시약

Grinard 반응은 알데하이드 또는 케톤의 카보닐 산소 원자에 Mg^{2+} 이온의 산-염기 착물 형성으로 시작되고, 따라서 카보닐기를 더 좋은 친전자체로 만들어준다. 그 다음 R^-의 친핵성 첨가가 일어나 정사면체의 알콕시화 마그네슘 중간체를 생성하고, 분리된 단계에서 물 또는 묽은 산 수용액에 의한 양성자 첨가로 중성인 알코올을 생성한다.

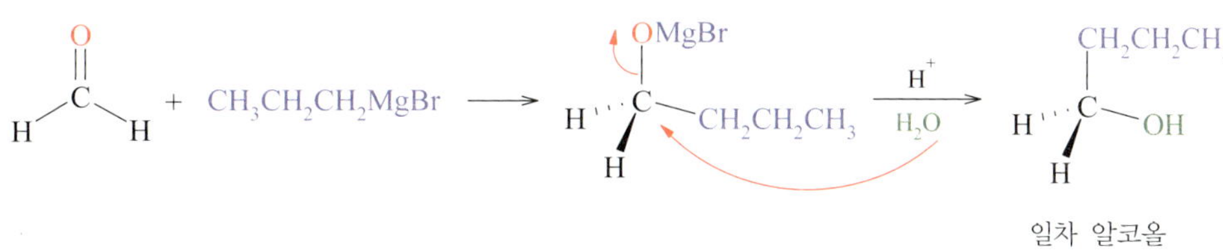

물이나 HCN의 친핵성 첨가반응과는 다르게, Grinard 반응은 탄소 음이온이 좋지 않은 이탈기이고 가역단계에서 떨어져 나가지 않기 때문에 실제로 비가역적이다.

9.6 알데하이드와 케톤의 반응

알데하이드와 케톤의 첨가반응을 살펴보았다. 위에서 살펴본 첨가반응 외에도 많은 첨가반응과 다양한 반응들이 있다. 다음에 몇 가지 첨가반응을 요약하였다.

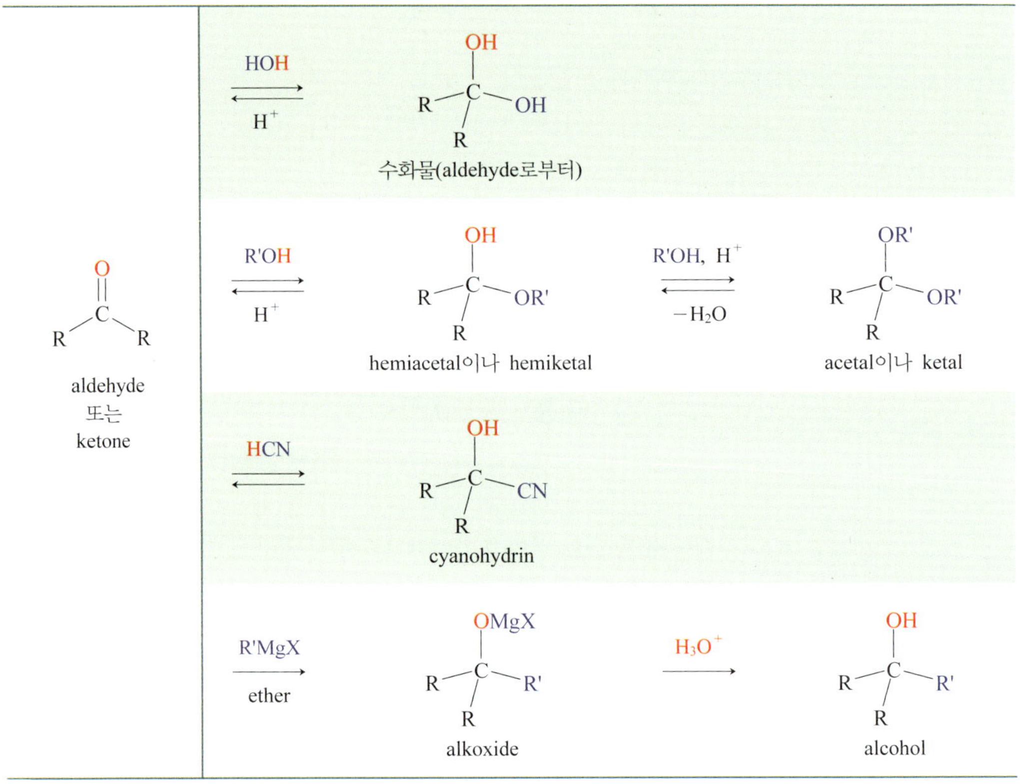

(1) Wittig 반응

1954년 Wittig은 알데하이드와 케톤에 인 일리드(phosphorus ylide), R_2C^{-}-$P^{+}(C_6H_5)_3$를 이용하여 알켄을 합성하였는데 이를, Wittig 반응이라 한다.

일리드는 인접한 (+)와 (−)전하를 갖고 있는 분자이다(아래의 공명 구조를 보라). 양전하를 가진 헤테로 원자(P^+, S^+ 혹은 N^+과 같은)에 인접한 탄소로부터 양성자를 제거함으로써 일리드가 생성된다. 인 일리드는 다음과 같은 순서로 만들어진다. 즉, (1) Triphenylphosphine(약한 염기로서 좋은 친핵체이다)과 같은 삼차 포스핀과 할로젠화 알킬 사이에 친핵성 치환반응(S_N2)이 일어나 alkyltriphenylphosphonium ion이 생성되고 (2) *n*-butyllithium($CH_3(CH_2)_3Li$)과 같은 센염기로 처리하여 alkyl-triphenylphosphonium ion으로부터 양성자를 제거하면 일리드가 생성된다.

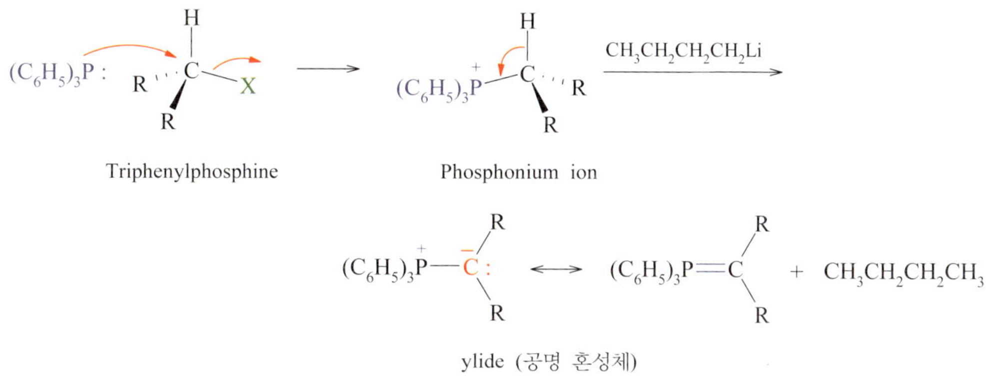

위에서 보는 바와 같이 일리드는 두 개의 공명 혼성체이다. 위 공명 구조 중 첫 번째 구조의 탄소 음이온이 카보닐기의 탄소를 공격한다.

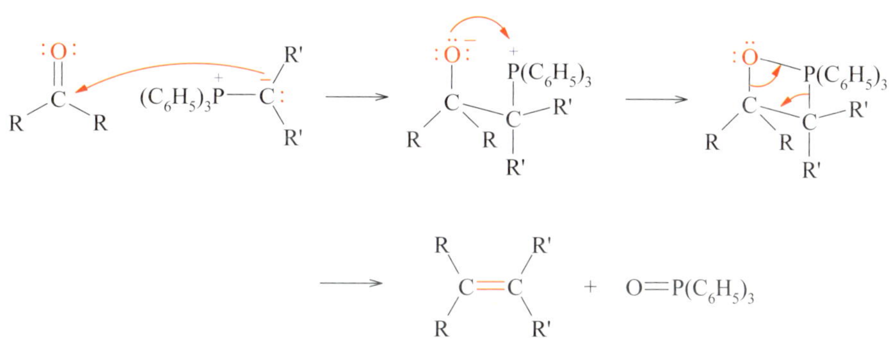

(2) 알돌축합반응

아세트알데하이드를 알코올 용매에서 수산화소듐이나 소듐에톡사이드 등의 염기성 촉매로 처리하면 급격한 가역적 축합반응이 일어난다. 이때 생성물은 흔히 알돌(aldol : 알데하이드+알코올)이라고 부르는 β-hydroxy aldehyde이다.

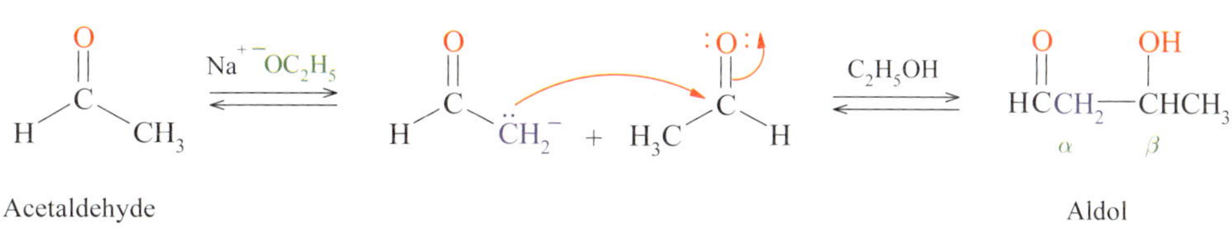

염기 촉매에 의한 이러한 이합체화 반응(일명 Aldol 반응)은 α 수소 원자를 가진 모든 케톤과 알데하이드의 일반적 반응이다. α 수소 원자가 없는 케톤이나 알데하이드에서는 알돌축합

반응이 일어나지 않는다. 알돌 평형의 정확한 위치는 반응조건과 기질 구조에 따라 달라진다. 다음 보기에서 알 수 있듯이 알돌 평형은 단일치환된 아세트알데하이드(RCH_2CHO)에서는 반응물의 생성 쪽으로 놓이나, 이중치환된 아세트알데하이드(R_2CHCHO)와 대다수의 케톤에서는 출발 물질 쪽으로 놓인다.

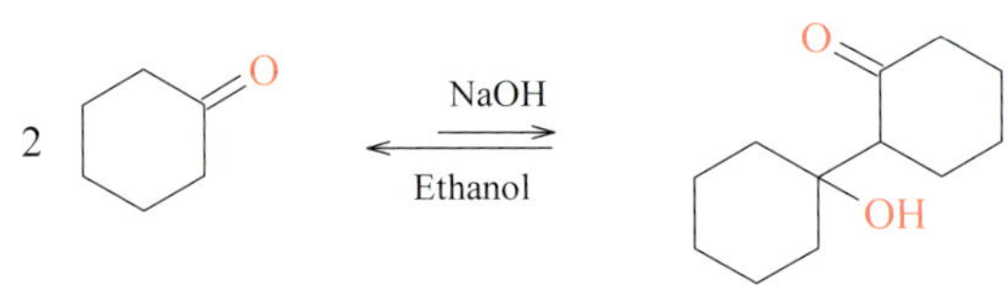

Cyclohexanon 22%

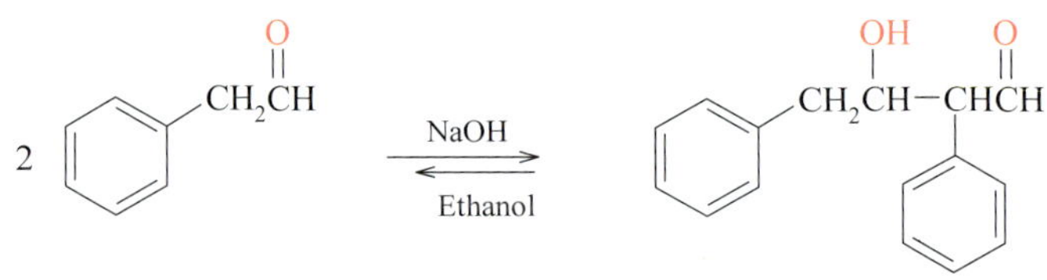

Phenylacetaldehyde 90%

알돌 축합반응은 다음과 같은 반응 순서로 일어난다.

1단계

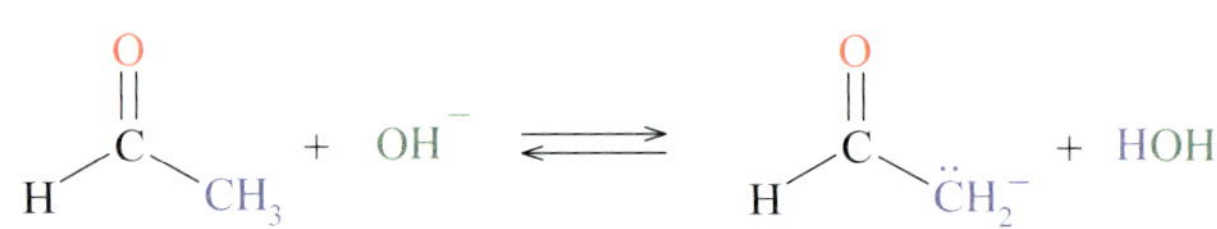

Enolate anion

2단계

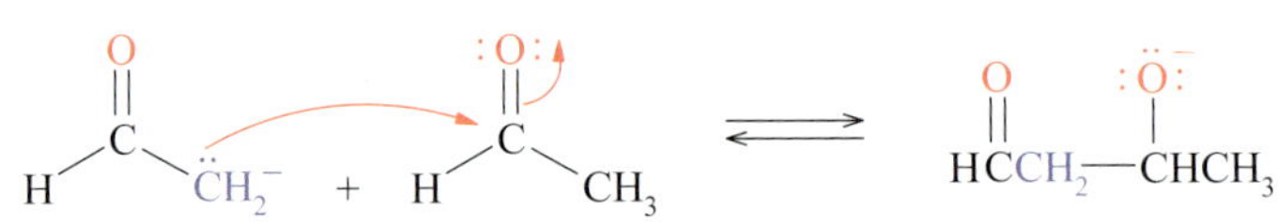

친핵체 Alkoxide ion

3단계

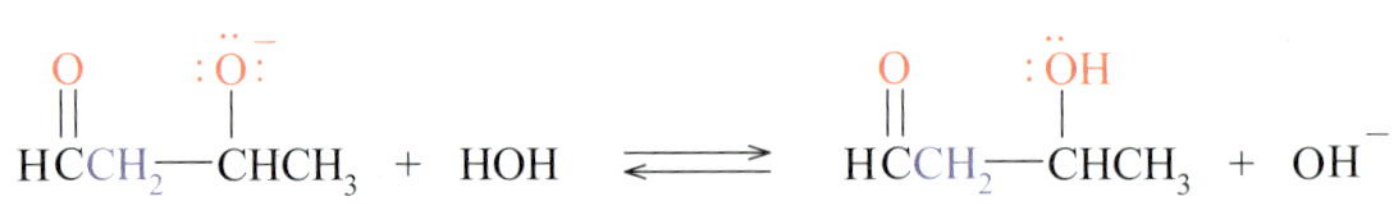

Aldol

연습문제

01. 다음 알데하이드와 케톤을 IUPAC 체계에 의해 명명하여라.

(a) 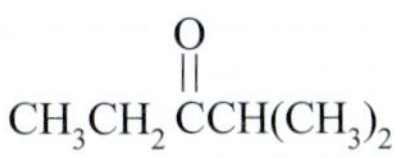

(b) 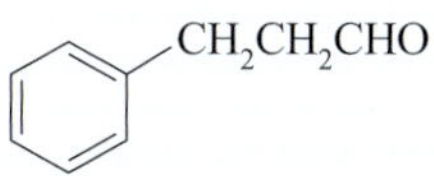

(c) 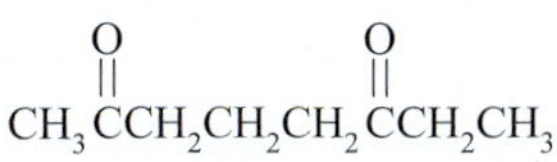

(d) 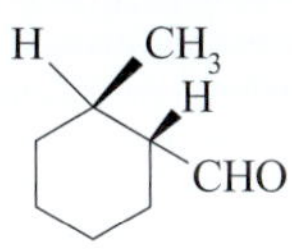

(e) 

(f) 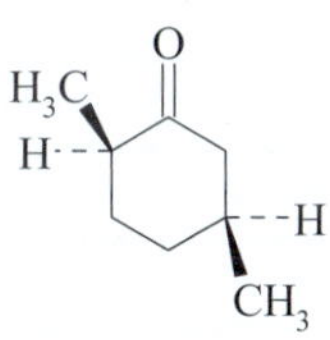

(g) 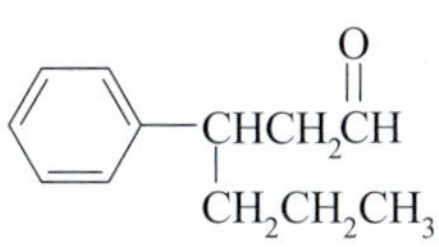

(h) 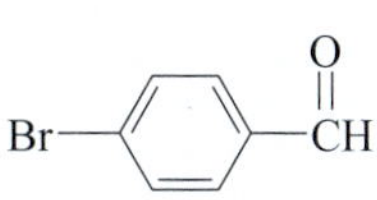

(i) 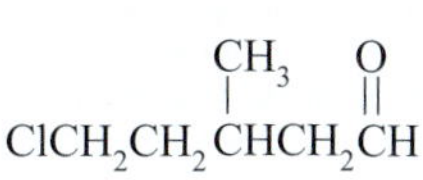

02. 다음 IUPAC명을 갖는 화합물의 구조를 나타내어라.

(a) 3-Methylbutanal
(b) 3-Methylbut-3-enal
(c) 4-Chloropentan-2-one
(d) Phenylacetaldhyde
(e) 2,2-Dimethylcyclohexanecarbaldehyde
(f) Cyclohexane-1,3-dione
(g) 3-Ethyl-3-hydroxypentanal
(h) 2-Chlorohexanal
(i) 2-Chloroethanal
(j) 2,4-Dichlorobenzaldehyde
(k) Acetophenone
(l) Acetaldehyde
(m) Methyl ethyl ketone
(n) Benzophenone

03. 다음 물질에서 Pentanal을 만들어라.

(a) Pentan-1-ol
(b) Hex-1-ene
(c) Dec-5-ene

04. 알데하이드의 반응성이 증가하는 순으로 나열하여라.

CH_3CHO, $ClCH_2CHO$, Cl_2CHCHO, Cl_3CCHO

05. 다음 반응의 과정을 설명하여라.

(a) Hexan-2-ol → Hexan-2-one
(b) Hex-3-ene → Hexan-3-one
(c) Benzene → 1-Phenylethanol

06. 다음 화합물을 이용하여 수화물을 합성하여라. 또 어느 수화물이 더 안정하겠는가?

(a) 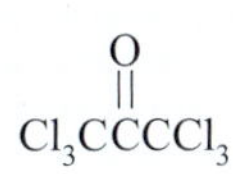

(b) 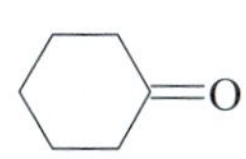

(c) 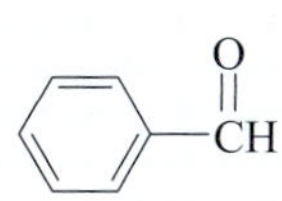

07. 다음 구조에서 hemiaetal이나 hemiketal을 갖고 있는 것은 어느 것인가? 또한 acetal이나 ketal을 갖고 있는 것은? 표시하여라.

(a)

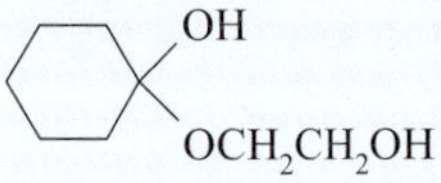

(b)

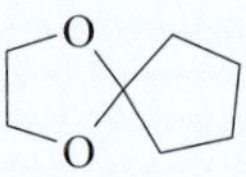

(c)

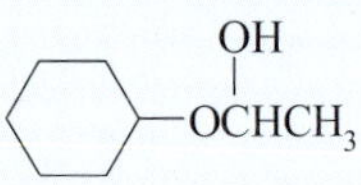

08. Propanal과 다음 시약들을 반응시켰을 때 생기는 생성물은?

(a) NaOH 수용액에서 $NaBH_4$
(b) C_6H_5MgBr 그리고 H_2O
(c) $LiAlH_4$ 그리고 H_2O
(d) OH^-, H_2O
(e) OH^-, H_2O 그리고 가열
(f) H_2와 Pt
(g) $HOCH_2CH_2OH$와 H^-
(h) $CH_3CH{=}P(C_6H_5)_3$
(i) $Ag(NH_3)_2^+$
(j) Hydroxylamine
(k) Semicarbazide
(l) Phenylhydrazine
(m) 차고 묽은 $KMnO_4$

09. Diisopropyl ketone을 다음 방법으로 합성하여라.

(a) 알코올의 산화
(b) Grignard시약을 사용
(c) 알켄의 분해

10. $C_6H_5CH_2CHO$와 다음 시약이 반응하면 어떤 화합물이 생성되겠는가?

(a) $NaBH_4$, 그리고 H_3O^+
(b) Tollens 시약
(c) NH_2OH
(d) CH_3MgBr 그리고 H_3O^+
(e) CH_3OH, H^+촉매
(f) H_2NNH_2, KOH
(g) $(C_6H_5)_3P^+ \cdot {}^-CH_2$

10 카복실산과 유도체

카복실산($R-\overset{\overset{\displaystyle O}{\|}}{C}-OH$)은 카보닐 화합물의 중심적인 위치를 차지한다. 카복실산은 그들 화합물 자체로서 중요할 뿐만 아니라, 산 할로젠화물, 산 무수물, 에스터, 아마이드와 같은 아실 유도체(RCO－)의 합성을 위한 출발물질로 사용된다. 카복실기(－COOH)는 카보닐기(－CO－)와 하이드록시기(－OH)를 포함하며, 두 작용기의 상호작용으로 특유의 화학적 성질을 가진다.

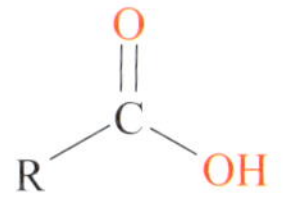

Carboxylic acid

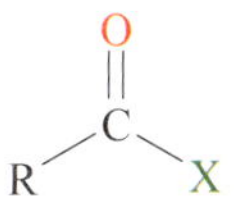

Acid halide

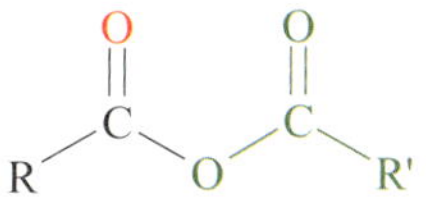

Acid anhydride

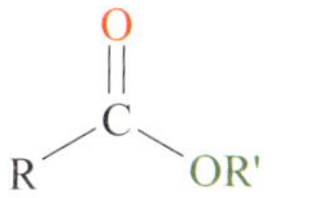

Ester

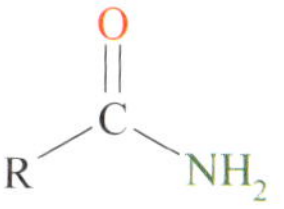

Amide

대단히 많은 카복실산이 자연계에서 발견된다. 예를 들면, 아세트산은 식초의 주요 성분이며, butanoic acid는 상한 버터 냄새가 나며, hexanoic acid는 더러운 발냄새가 난다. 또한 팔미틱산은 지방과 다른 식물성 기름의 생물학적 전구체로 긴 사슬형태의 지방족산이다.

카복실산은 많은 산업공정과 대부분의 생물학적 과정에 포함되기 때문에 카복실산의 성질 및 반응을 이해하는 것은 유기화학을 이해하는 기본이 된다.

10.1 카복실산과 유도체의 명명

(1) 카복실산의 명명

1. 사슬 알케인류로부터 유도된 간단한 카복실산의 IUPAC 명명법은 카복실기를 포함하는 가장 긴 탄소사슬을 모체로 하여 해당하는 **알케인의 마지막 −e를 −oic acid로 바꾸어 명명하며, 우리말은 모체 알케인명에 산을 붙여 명명한다.** 또한 카복실기의 탄소가 1번 탄소가 된다.

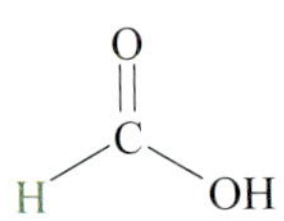
Methanoic acid

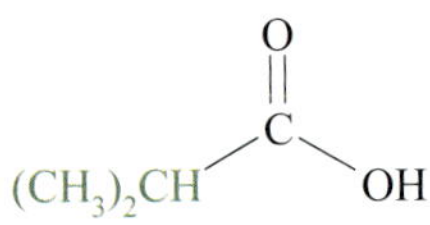
2-Methylpropanoic acid

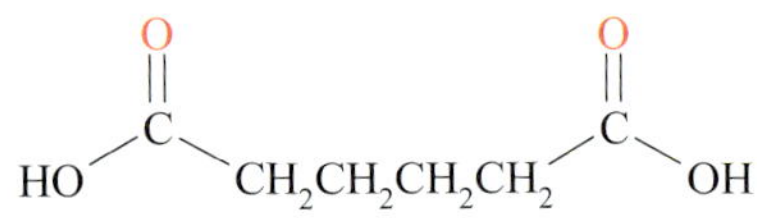
Hexanedioic acid

2. IUPAC명에서는 숫자로 치환위치나 곁사슬을 나타내나, **관용명***에서는 2번 탄소부터 α, β, γ, δ 등을 붙여 나타낸다. 그리고, 한 분자 내에 할로젠기나 하이드록시기가 카복실기의 작용기와 함께 있을 때는 −X나 −OH기를 치환체로 취급한다.

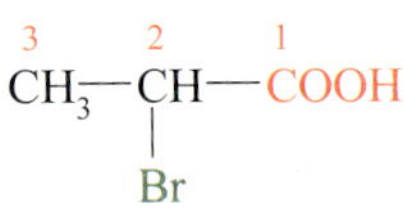
2-Bromopropanoic acid
(α-Bromopropionic acid)*

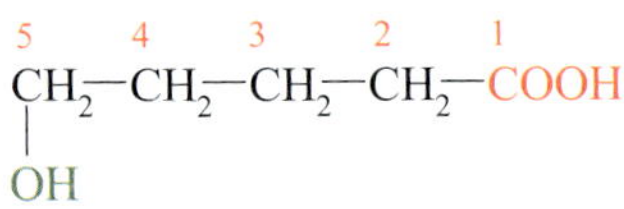
5-Hydroxypentanoic acid
(δ-Hydroxyvaleric acid)*

3. **방향족 카복실산은 사이클로알케인 모체에 접미사로 −carboxylic acid(카복실산)를 사용하여 명명한다.** COOH가 붙어있는 고리의 탄소가 1번이 되고 카복실기 자체에는 번호를 붙이지 않는다. 또한 여러 개의 카복실기가 있으면 모체의 구조명에 카복실산을 붙이며 카복실기의 수는 "di−" "tri−" "tetra−"를 붙여 나타내고 위치는 작은 번호가 되도록 한다.

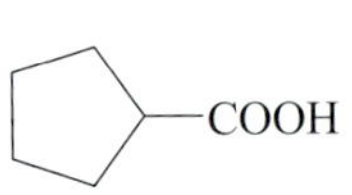
Cyclopentanecarboxylic acid

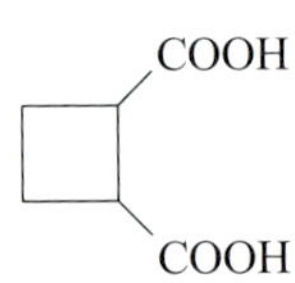
Cyclobutane-1,2-dicarboxylic acid

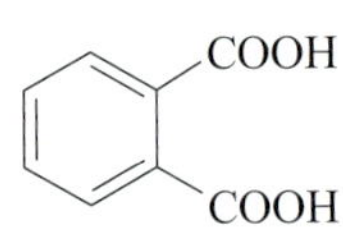
Benzene-1,2-dicarboxylic acid

4. 방향족 카복실산은 방향족 탄화수소의 유도체로서 명명하며, 방향족 탄화수소의 어미 −ene 대신에 −oic acid를 붙인다.

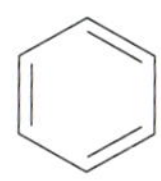

Benzene

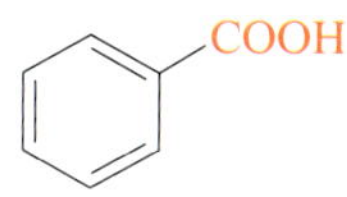

Benzoic acid*
(Benzenecarboxylic acid)

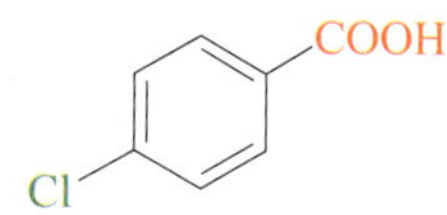

p-Chlorobenzoic acid*
(4-Chlorobenzenecarboxylic acid)

많은 카복실산이 관용명이 사용되고 있으며, 특히 생명화학에서 관용명을 자주 사용한다. 이 책에서는 IUPAC명을 사용하겠지만, 폼산(formic acid), 아세트산(acetic acid), 벤조산(benzoic acid)의 경우 IUPAC에서도 허용되는 이름으로 체계적인 이름보다 더 많이 쓰이고 있다. 표 10.1은 카복실산과 아실기의 관용명을 나타낸 것이다.

표 10.1 간단한 카복실산과 아실기의 관용명

화학식	IUPAC명	관용명	아실기의 관용명
HCOOH	Methanoic acid	Formic acid	Formyl
CH_3COOH	Ethanoic acid	Acetic acid	Acetyl
CH_3CH_2COOH	Propanoic acid	Propionic acid	Propionyl
$CH_3(CH_2)_2COOH$	Butanoic acid	Butyric acid	Butyryl
$CH_3(CH_2)_3COOH$	Pentanoic acid	Valeric acid	Valeryl
$CH_3(CH_2)_4COOH$	Hexanoic acid	Caproic acid	Caproyl
HO_2CCO_2H	Ethanedioic acid	Oxalic acid	Oxalyl
$HO_2CCH_2CO_2H$	1,3-Propanedioic acid	Malonic acid	Malonyl
$HO_2C(CH_2)_2CO_2H$	1,4-Butanedioic acid	Succinic acid	Succinyl
$H_2C{=}CHCOOH$	Prop-2-enoic acid	Acrylic acid	Acryloyl
$HO_2CCH{=}CHCO_2H$	But-2-enoic acid	Maleic acid	Maleoyl
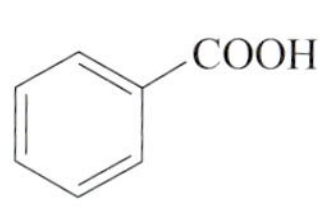	Benzenecarboxylic acid	Benzoic acid	Benzoyl
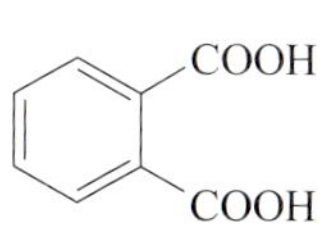	1,2-Benzenedicarboxylic acid	Phthalic acid	Phthaloyl

아실기(RCO－)는 관용명의 －ic acid를 －oyl로 바꾸어 명명한다. 예로 acetic acid의 아실기는 acetyl로 명명한다.

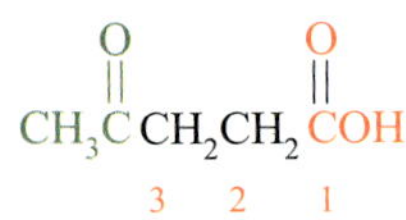

3-Acetylpropanoic acid

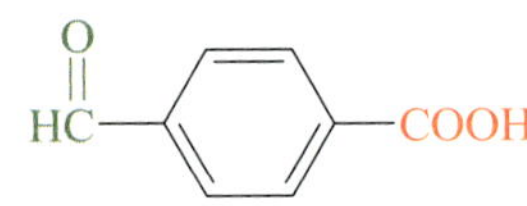

p-Formylbenzoic acid

(2) 나이트릴의 명명

－C≡N 작용기를 포함하는 화합물을 나이트릴(nitrile)이라 부르고 카복실산 작용기와 비슷한 화학반응을 한다. 사슬 알케인으로 구성된 간단한 나이트릴기는 나이트릴기를 포함하는 가장 긴 탄소사슬을 모체로 하여 해당하는 **알케인명에 －nitrile를 붙여 명명한다.** 또한 나이트릴기의 탄소가 1번 탄소가 된다.

$CH_3CH_2C\equiv N$

3 2 1

Propanenitrile

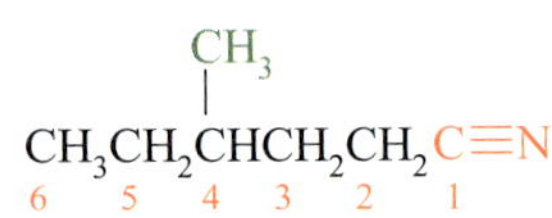

4-Methylhexanenitrile

나이트릴 화합물은 카복실산의 －ic acid 대신에 －onitrile를 사용하거나, －carboxylic acid를 －carbonitrile로 바꾸어 카복실산 유도체로서 명명한다. 이 경우 나이트릴기와 연결된 탄소 원자가 1번이 된다.

$CH_3C\equiv N$

Acetonitrile
from (Acetic acid)

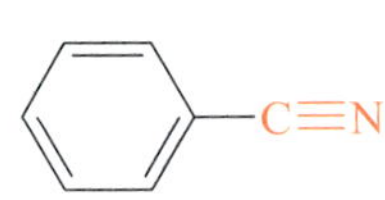

Benzonitrile
(Benzoic acid)

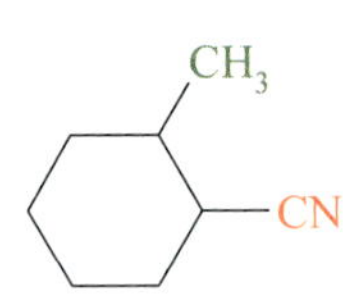

2-Methylcyclohexanecarbonitrile
(2-Methylcyclohexanecarboxylic acid)

예제 10.1

다음 화합물을 IUPAC규칙에 따라 명명하시오.

(1)
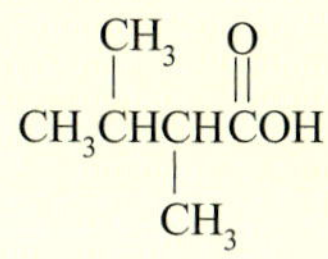

(2)
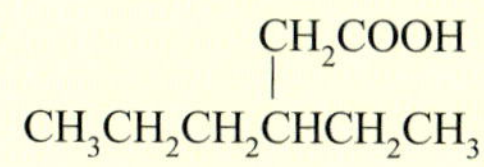

(3)
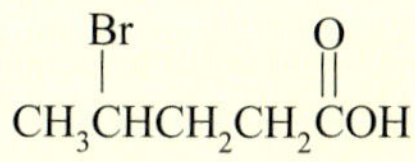

(4)
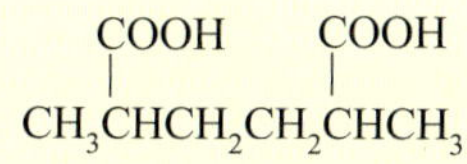

(5)
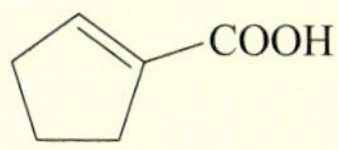

(6)
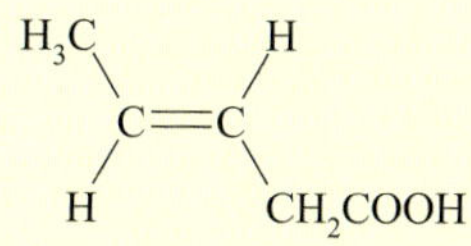

(7)
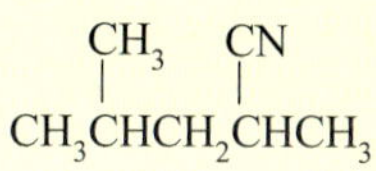

(8)
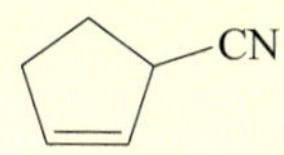

풀이

(1) 2,3-Dimethylbutanoic acid
(2) 3-Ethylhexanoic acid
(3) 4-Bromopentanoic acid
(4) 2,5-Hexanedioic acid
(5) 1-Cyclopentenecarboxylic acid
(6) *trans*-Pent-3-enoic acid
(7) 1,3-Dimethylbutanenitrile
(8) Cyclopent-2-ene-carbonitrile

예제 10.2

다음 IUPAC명에 해당되는 구조를 그리시오.

(1) Heptanedioic acid
(2) 4-Ethyl-2-propylhexanoic acid
(3) 4-Methylpentanoic acid
(4) *o*-Hydroxybenzoic acid
(5) 3-Chlorophtahalic acid
(6) Diphenylacetic acid
(7) Pent-2-enenitrile
(8) *m*-Benzoylbenzonitrile

풀이

(1) $HO_2CCH_2CH_2CH_2CH_2CH_2CO_2H$

(2)
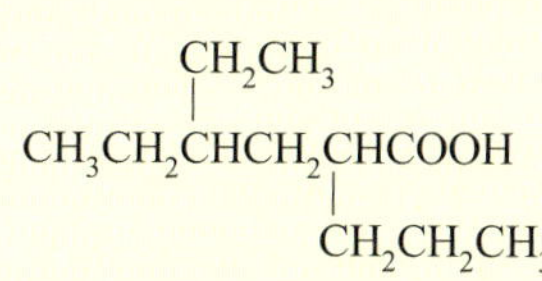

(3)
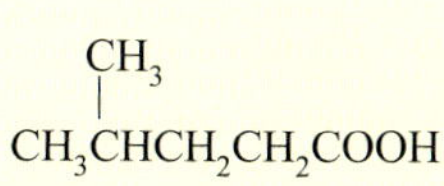

(4)
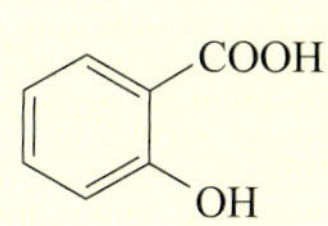

(5)

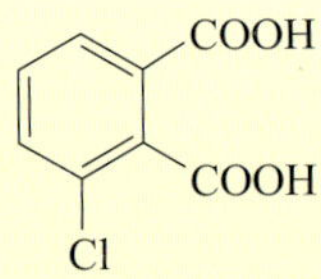

(6)

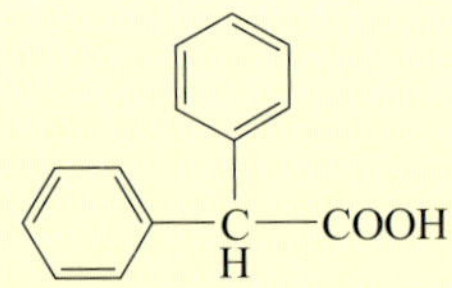

(7)

$CH_3CH_2CH{=}CHCH_2CN$

(8)

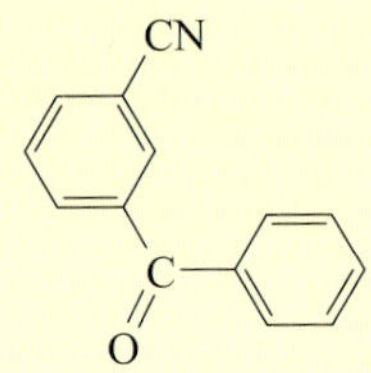

(3) 산 할로젠화물의 명명

산 할로젠화물은 먼저 아실기를 나타내고 해당하는 할로젠을 붙여 명명한다. 아실기의 명칭은 산의 마지막 –ic acid를 빼고 –yl로 바꾸거나 –카복실산을 –카보닐로 바꾸어 명명한다.

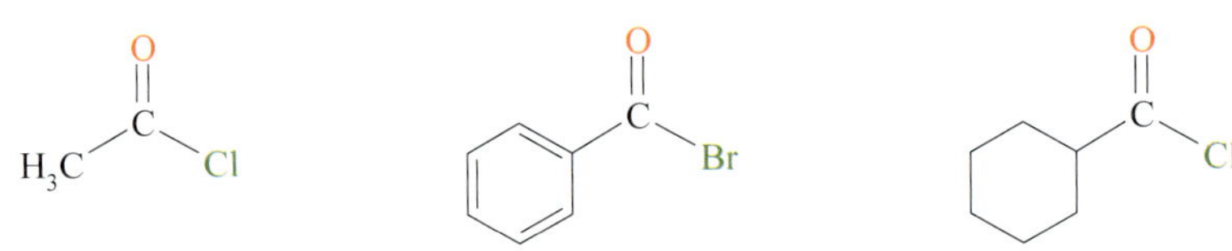

Acetyl chloride　　Benzoyl bromide　　Cyclohexanecarbonyl chloride

(4) 산 무수물의 명명

카복실산의 무수물은 두 개의 카복실산 분자에서 물 한 분자를 제거한 구조와 같다.

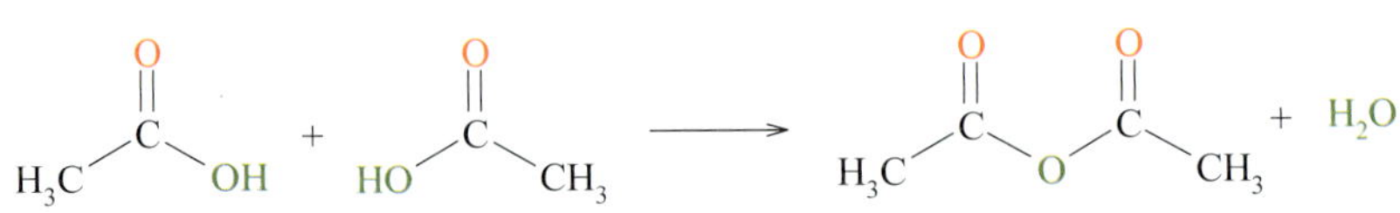

산 무수물

치환되지 않은 단일 카복실산의 대칭성 무수물은 모체 카복실산의 acid 대신에 anhydride(무수물)을 붙여 명명한다. 이들 모체가 다른 경우에는 두 산들을 알파벳 순서대로 인용하고 anhydride를 붙여 명명한다.

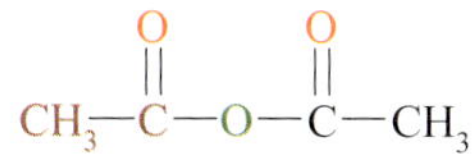

IUPAC (관용명): Ethanoic anhydride (Acetic anhydride)

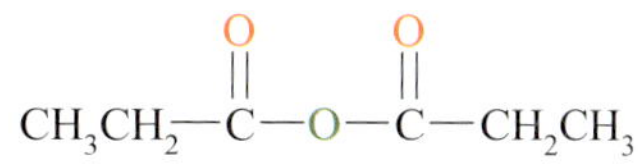

Propanoic anhydride (Propionic anhydride)

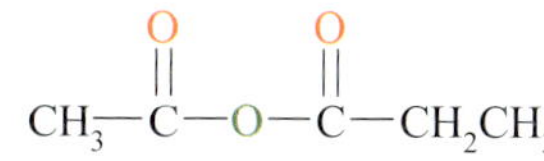

Ethanoic propanoic anhydride

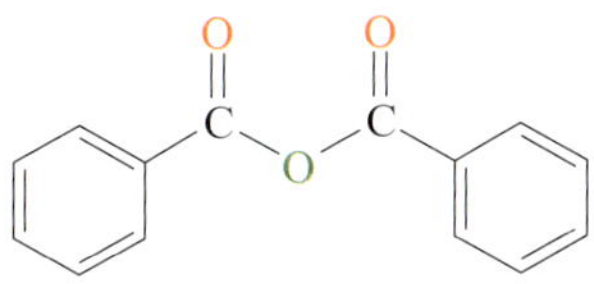

(관용명) Benzoic anhydride

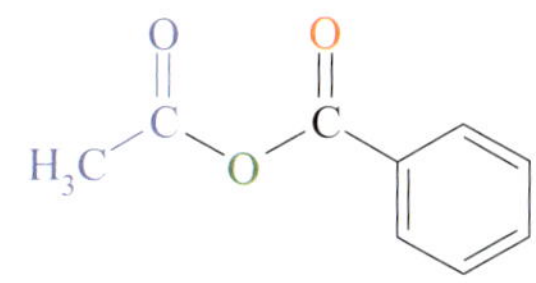

Acetic benzoic anhydride

(5) 에스터의 명명

에스터의 이름은 두 단어로 이루어져 있다. 앞부분은 산소에 결합된 부분으로 알킬기로 명명하고, 뒷부분은 카복실산 이름의 −ic acid를 −ate로 바꾸어 부른다(우리말 명명은 앞뒤를 바꾸어 부른다. 예로서 Methyl acetate는 아세트산 메틸이라고 부른다).

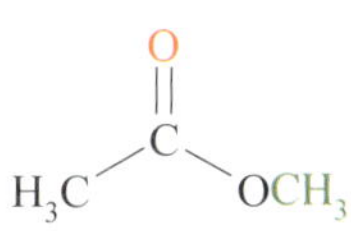

Methyl acetate

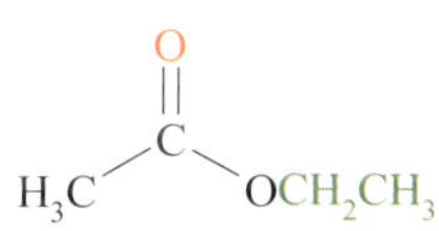

Ethyl acetate

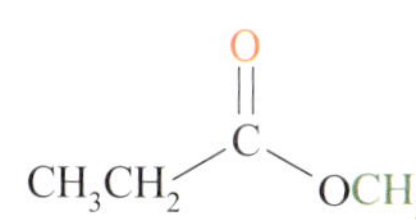

Methyl propanoate

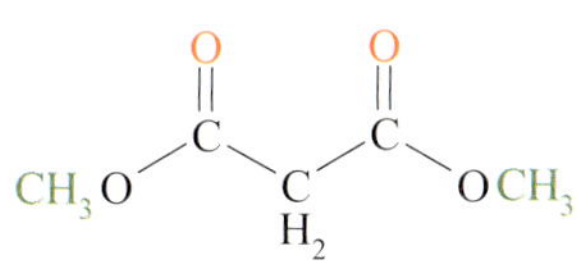

Dimethyl malonate

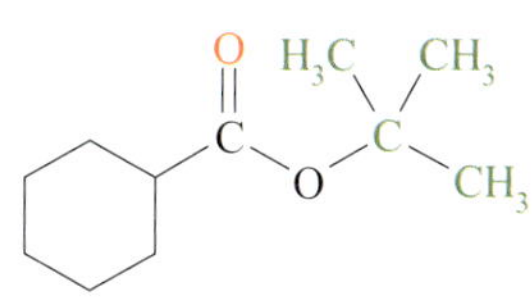

tert-Butyl cyclohexanecarboxylate

(6) 아마이드의 명명

$-NH_2$를 가진 아마이드는 모체가 되는 카복실산의 −ylic acid, −oic acid 대신에 amide를 붙인다.

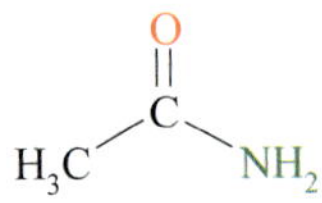

Acetamide

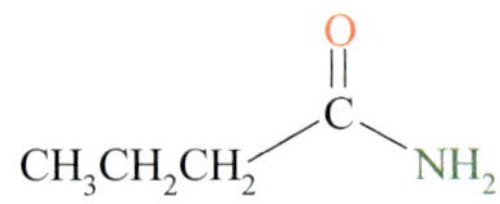

Butanamide

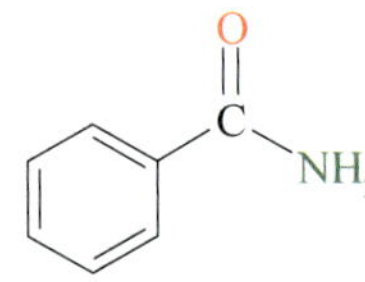

Benzamide

또는 −carboxylic acid를 −carboxamide로 하여 명명한다. N 원자는 $-NH_2$ 외에도 −NHR 또는 $-NR_2$를 가질 수 있다. 이 경우에는 치환된 치환기를 나타내고 모체명을 더한다. 치환기 앞에 *N*-을 붙여 이들이 질소에 치환되어 있음을 나타낸다.

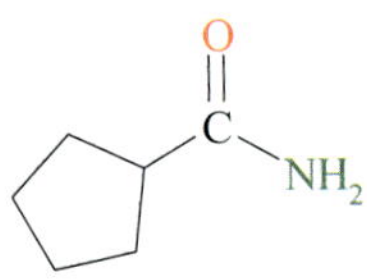

Cyclopentanecarboxamide

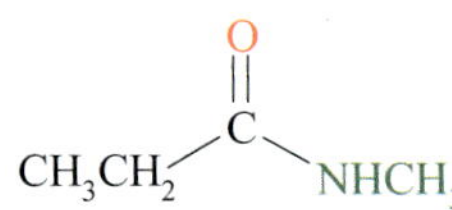

N-Methylpropanamide

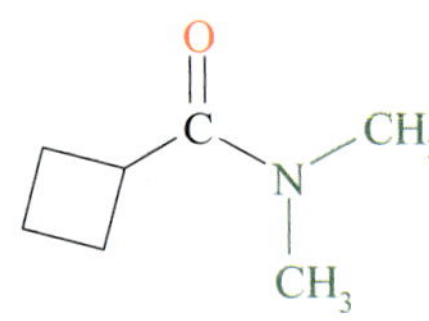

N,*N*-Dimethylcyclobutanecarboxamide

예제 10.3

다음 화합물을 IUPAC규칙에 따라 명명하시오.

(1)

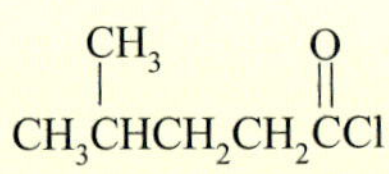

(2)

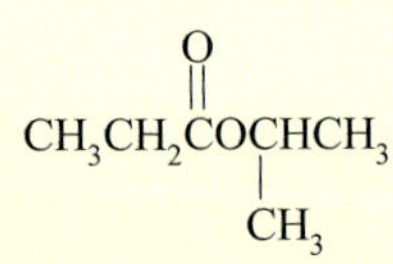

(3)

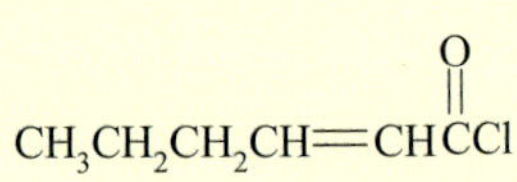

(4)

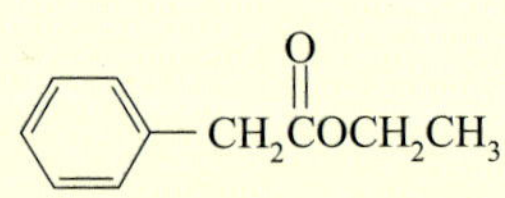

(5)

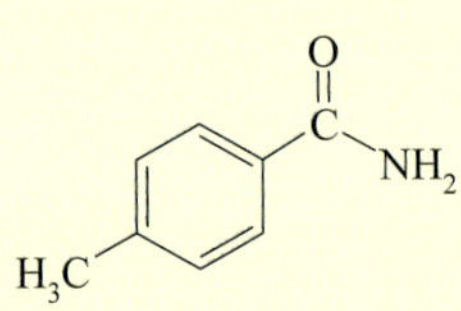

(6)

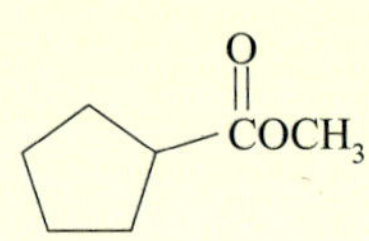

풀이

(1) 4-Methylpentanoyl chloride

(2) isoPropyl propanoate

(3) Hex-2-enoyl chloride

(4) Ethyl 2-phenylacetate

(5) *p*-Methylbenzamide

(6) Methyl cyclopentanecarboxylate

예제 10.4

다음 IUPAC명에 해당되는 구조를 그리시오.

(1) *p*-Bromophenylacetamide
(2) Phenyl benzoate
(3) 2,4-Dimethylpentanoyl chloride
(4) Formic propanoic anhydride
(5) Ethyl cyclobut-2-enecarboxylate
(6) *m*-Benzoylbenzoamide

풀이

(1)

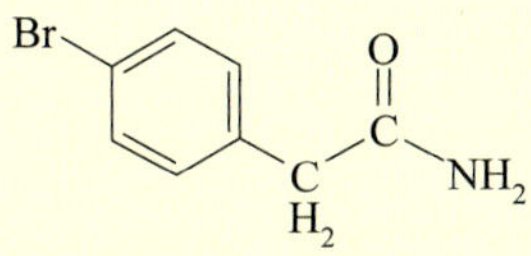

(2)

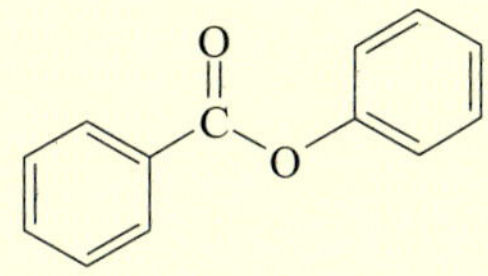

(3)

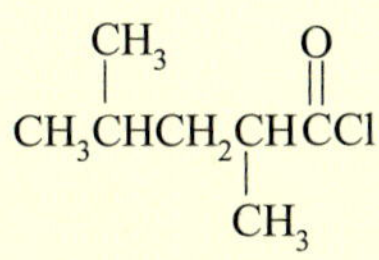

(4)

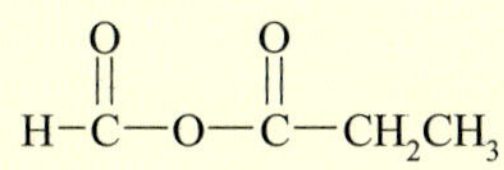

(5)

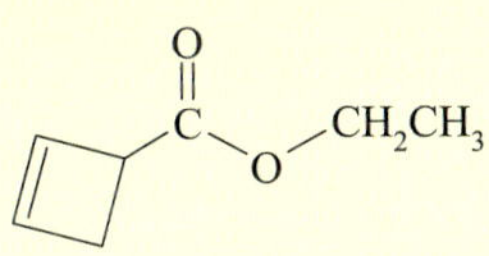

(6)

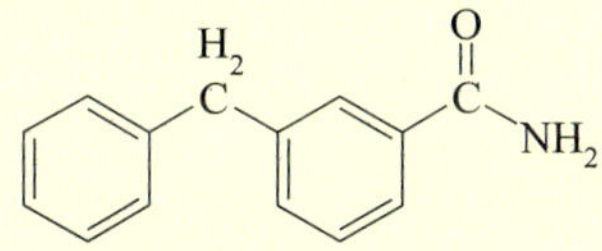

10.2 카복실산의 구조와 성질

카복실산은 몇 가지 점에서 케톤 및 알코올과 비슷하다. 케톤에서처럼 카복실 탄소는 sp^2 혼성이기 때문에 평면구조이며 약 120°의 결합각을 갖는다. 각각의 산소원자는 비공유전자를 갖고 있으며 전기음성도의 차이로 카복실기는 극성이다.

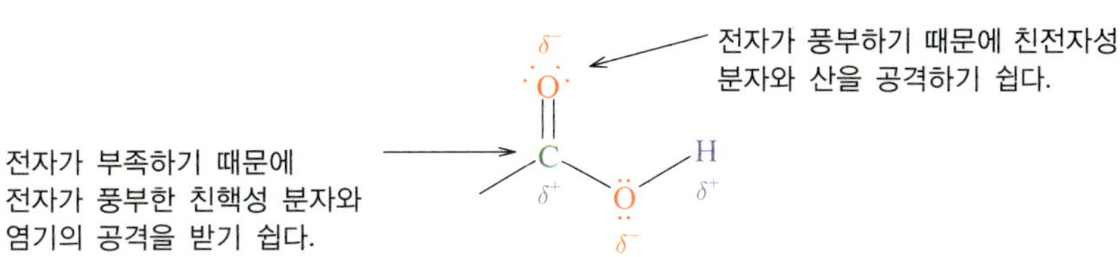

카복실산은 비슷한 분자량을 가진 알코올보다 끓는점이 높은데, 이는 카복실산이 강한 수소결합을 하기 때문이다. 증기밀도법으로 분자량이 낮은 카복실산의 분자량을 측정하면 화학식

량의 2배에 해당하는 값을 얻는데, 이는 증기상태에서도 수소결합에 의하여 산분자가 이합체로 있기 때문이다.

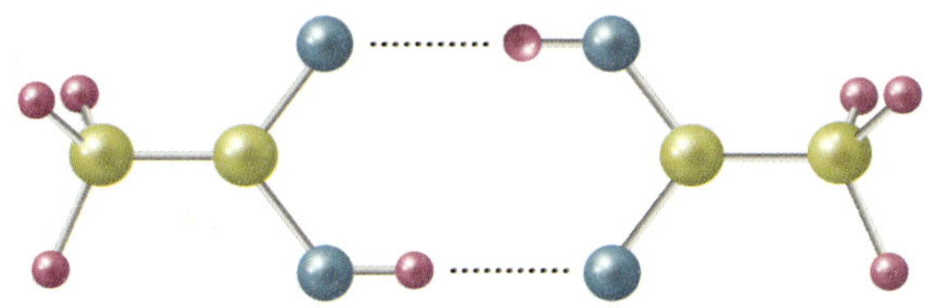

Acetic acid 이합체
(탄소－초록, 산소－파랑, 수소－보라)

OH^-기를 가지는 모든 분자들은 서로 다른 분자 사이에서도 수소결합이 가능하며, 예를 들면 카복실산 수용액 속에서는 카복실산 분자와 물분자 사이에도 수소결합을 한다.

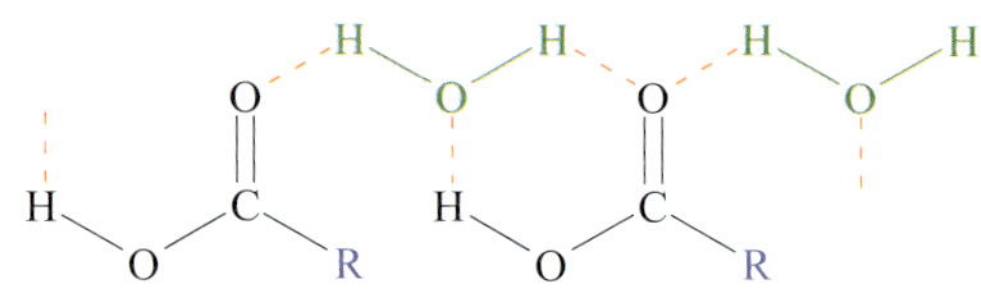

알킬기 R－이 커지면 분자 중의 탄화수소 부분이 큰 비를 차지하므로 물에 대한 용해도는 감소한다. 카복실산의 가장 큰 특징은 그들의 산도이다. 카복실산은 수용액에서 카복실산 음이온과 hydronium ion(H_3O^+)으로 해리한다.

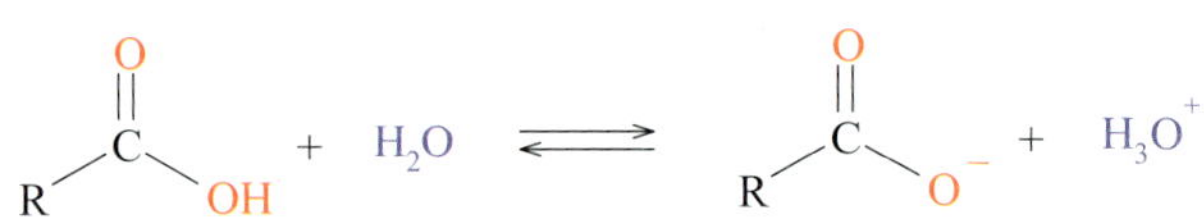

$$K_a = \frac{[RCOO^-][H_3O^+]}{[RCOOH]} \quad \text{및} \quad pK_a = -\log K_a$$

카복실산 음이온의 공명안정화 때문에 알코올보다 더 센 산성 (pK_a가 작은 값)을 나타낸다. 다음의 표 10.2에 몇가지 산의 이온화상수를 나타내었다. 에탄올과 아세트산의 이온화상수를 비교해보면 아세트산이 10^{11}배 정도 강한 산이다. 왜 그럴까? 알코올이 해리되면 음전하가 한 개의 전기음성도가 큰 산소 원자에 고정된 알콕시화 이온을 생성한다. 그러나 카복실산은 음전하가 두 개의 동등한 산소 원자에 비편재화된 카복실산 음이온을 생성한다. **공명개념**으로 보면, 카복실산 음이온은 알콕시화 이온보다 더 안정하기 때문에 에너지가 낮고 더 안정적이다.

표 10.2 몇 가지 카복실산의 이온화상수

화합물	화학식	K_a	pK_a
Formic acid	HCOOH	2.1×10^{-4}	3.68
Acetic acid	CH_3COOH	1.8×10^{-5}	4.74
Chloroacetic acid	$ClCH_2COOH$	1.5×10^{-3}	2.82
Dichloroacetic acid	$Cl_2CHCOOH$	5.0×10^{-2}	1.30
Benzoic acid	C_6H_5COOH	6.6×10^{-5}	4.18
m-Chlorobenzoic acid	*m*-Cl-C_6H_4COOH	1.6×10^{-4}	3.80
p-Nitrobenzoic acid	*p*-NO_2-C_6H_4COOH	4.0×10^{-4}	3.40
Phenol	C_6H_5OH	1.0×10^{-10}	10.00
Ethanol	CH_3CH_2OH	1.0×10^{-16}	16.00
Water	HOH	1.8×10^{-16}	15.74

전자를 끄는 힘 $CH_3- < H- < CH_2CH- < C_6H_5- < HO- < CH_3O- < I- < Br- < Cl- \ll F-$

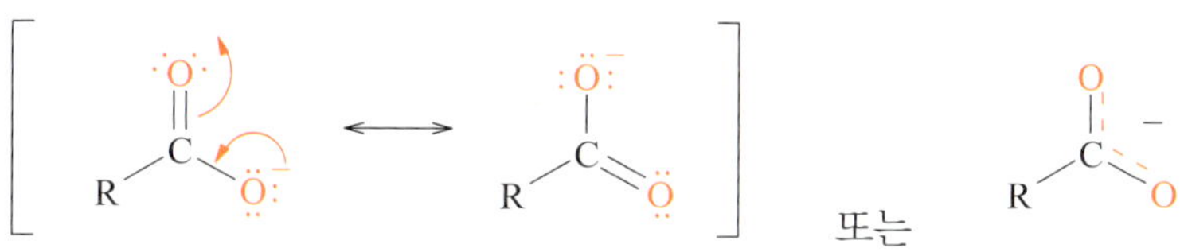

표 10.2를 보면 Chloroacetic acid은 acetic acid보다 약 100 정도 더 센 산이다. 카복실산 음이온이 안정할수록 카복실산의 해리가 증가된다. 카복실산 음이온에 결합된 염소 원자는 전기음성도가 큰 원자로 음이온의 전자를 끌어당긴다. 이와 같은 차이는 카복실기에 인접한 원자단의 유발효과(inductive effect) 때문이다. 전자를 끄는 기는 산성도를 높이고 전자를 밀어주는 기는 산도를 감소시킨다. 또한 전자를 끄는 작용기가 많을수록 유발효과가 커진다.

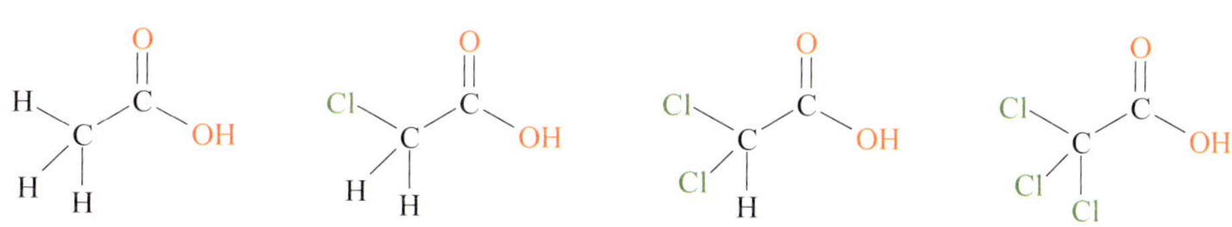

pK_a=4.76 pK_a=2.85 pK_a=1.48 pK_a=0.64

카복실기에 인접한 원자단의 유발효과

유발 효과는 시그마결합을 통해서 작용하기 때문에 거리에 의존하며, 따라서 할로젠 치환효과는 카복실기로부터 멀리 떨어져 치환될수록 감소한다.

$pK_a = 4.52$

$pK_a = 4.05$

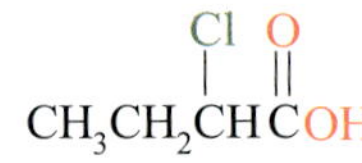

$pK_a = 2.86$

산도에 대한 치환기 효과는 benzoic acid에서도 볼 수 있다. 6.3장의 친전자성치환반응에서 방향족 고리의 치환기는 반응성에 크게 영향을 줌을 설명하였다. 전자-주개 치환기는 방향족 고리의 친전자성 치환반응을 더 활성화시키고, 전자-끄는 치환기는 방향족 고리의 활성을 감소시킨다. 마찬가지로 나이트로기와 같은 전자-끄는 기는 카복실산 음이온을 안정화시키기 때문에 산도를 증가시키고, 메톡시기와 같은 전자-주는 기는 카복실산 음이온을 불안정하게 만들어 산도를 감소시킨다.

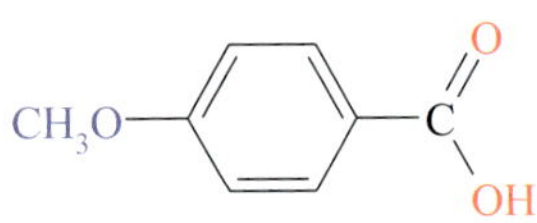

$pK_a = 4.46$

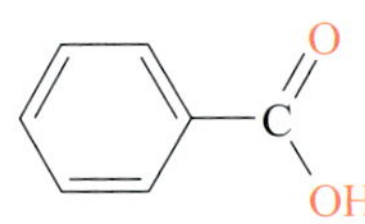

$pK_a = 4.19$

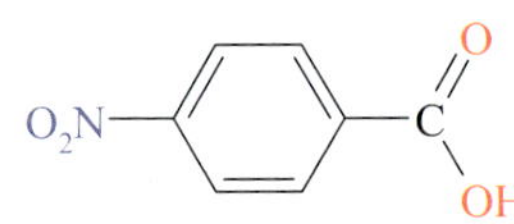

$pK_a = 3.41$

표 10.3 Benzoic acid의 산도에 대한 치환기 효과

치환기	$K_a \times 10^{-5}$
$-NO_2$	39
$-CN$	28
$-CHO$	18
$-Br$	11
$-Cl$	10
$-H$	6.46
$-CH_3$	4.3
$-OCH_3$	3.5
$-OH$	3.3

(K_a 증가 ↑)

예제 10.5

p-(Trifluoromethyl)benzoic acid의 pK_a는 3.6이다. 그럼 친전자성 방향족치환반응에서 trifluoromethyl 치환기는 고리의 활성화기인가 활성감소기인가?

풀이

Benzoic acid의 pK_a는 4.19로 *p*-(Trifluoromethyl)benzoic acid가 더 센산이다.
그러므로 trifluoromethyl 치환기는 카복실산 음이온을 안정화시키는 역할을 한다.
따라서 trifluoromethyl 치환기는 전자-끄는 기로 친전자성 방향족치환반응에서 활성감소기이다.

10.3 카복실산의 합성

카복실산의 합성에는 여러 가지 반응들이 사용될 수 있다. 이들 반응들은 1차 알코올류와 알데하이드류의 산화, 방향족고리 알킬곁사슬의 산화, Grignard 시약반응과 나이트릴류의 가수분해 등이다.

(1) 알킬 방향족 화합물의 산화

방향족 카복실산은 알킬벤젠을 산화시켜 합성할 수 있다. 일차 및 이차알킬기는 산화될 수 있지만, 삼차알킬기는 영향을 받지 않는다.

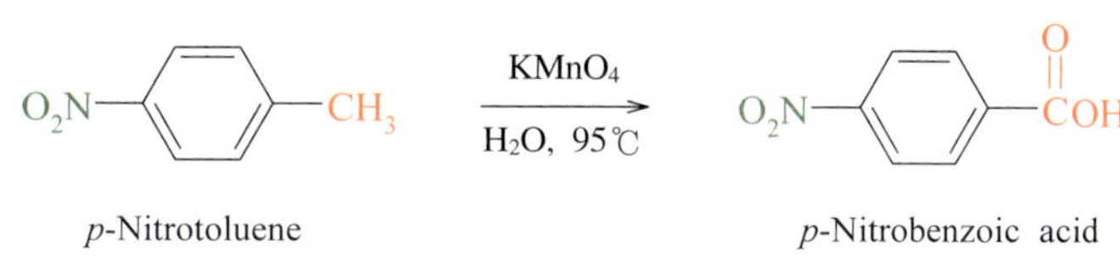

(2) 알케인의 산화성 분해반응

이중결합의 탄소 하나에 수소 하나가 결합된 알켄은 센 산화제에 의해 카복실산을 형성한다.

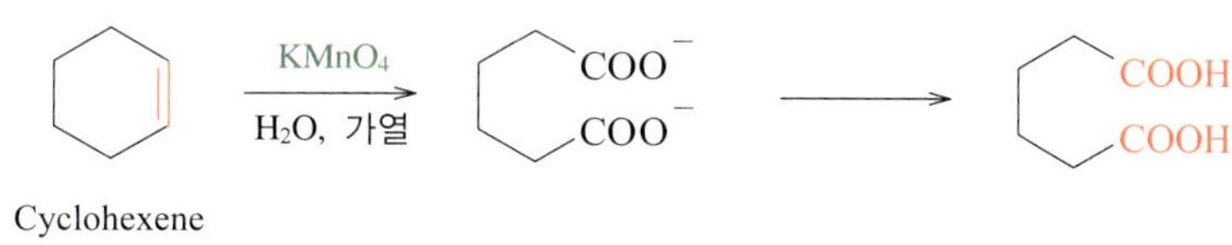

(3) 일차알코올류와 알데하이드류의 산화

일차알코올 혹은 알데하이드를 산화시키면 카복실산이 생성된다. 일차알코올은 산 수용액의 CrO_3에 의해 산화되고, 알데하이드는 산성 CrO_3 혹은 염기성 silver oxide(Tollen's 시약)에 의해 산화된다.

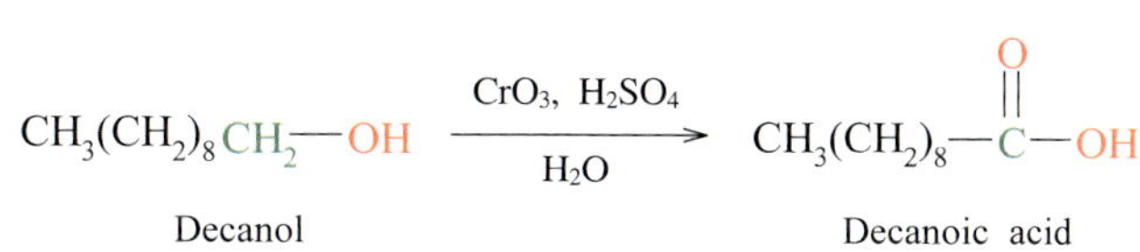

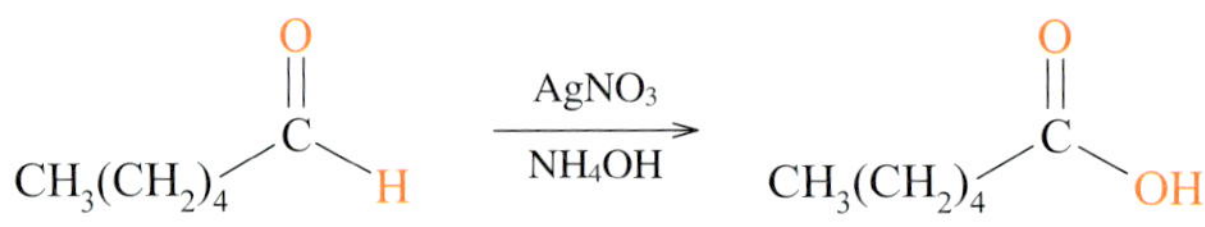

Hexanal Hexanoic acid

(4) Grignard 시약의 카복시화 반응

이산화탄소도 카보닐기를 가지고 있기 때문에 Grignard 시약의 친핵성공격을 받는다. Grignard 시약 용액에 건조된 이산화탄소 기체가 통과하면 카복실산 금속염이 생성되고, 이어서 양성자 첨가에 의해 카복실산으로 된다.

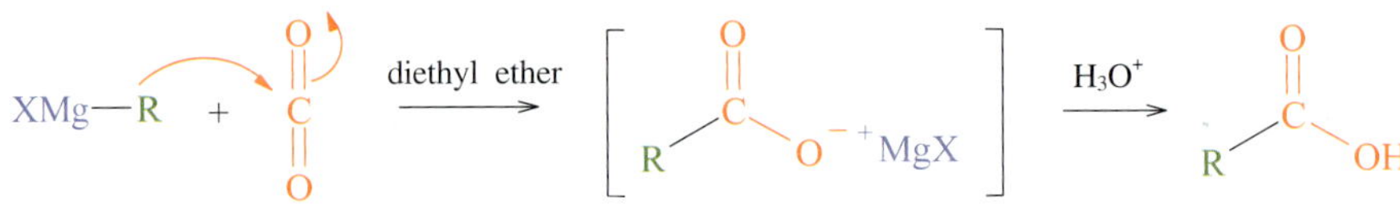

(5) 나이트릴의 가수분해반응

카복실산은 나이트릴을 뜨거운 산성 수용액 혹은 염기성 수용액과 반응시켜 제조될 수 있다. 나이트릴 화합물은 할로젠화 알킬과 CN^- 사이의 S_N2 반응으로 만들어지기 때문에 할로젠화 알킬로부터 카복실산을 제조하는 아주 좋은 방법이다. 단 생성물인 카복실산은 출발물질인 할로젠화 알킬보다 탄소 한 개가 많다.

(6) 카복실산 유도체의 가수분해

① 산에서의 가수분해

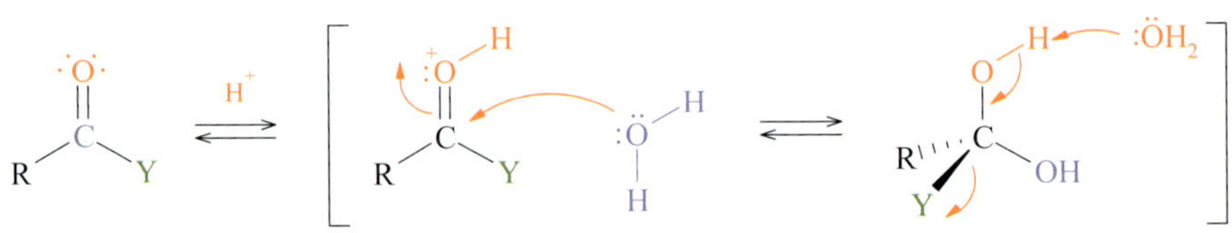

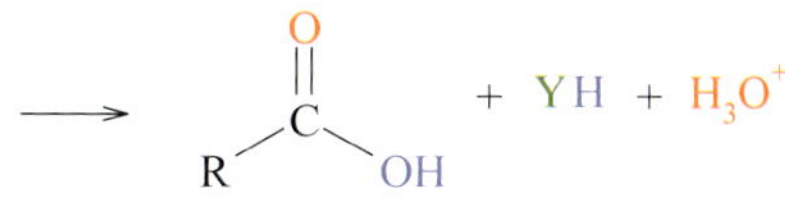

② 염기에서의 가수분해

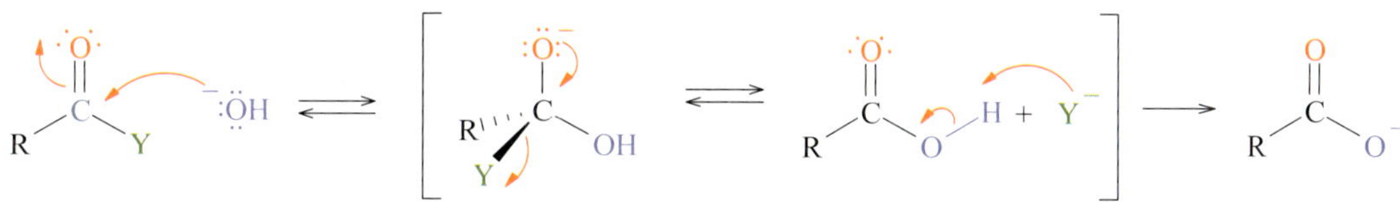

가수분해에 의해 카복실산으로 되는 화합물을 카복실산 유도체라 하며, 유도체를 산이나 염기 수용액에서 가열하면 전기음성도가 큰 원자는 카보닐 탄소로부터 떨어져 나올 수 있다. 절단이 산성용액에서 일어난다면 산유도체의 카보닐 부분은 카복실산으로 된다. 반응이 염기에서 일어날 경우에 카보닐 부분은 카복실산 음이온이 된다. 카복실산 염은 산성화하면 카복실산으로 전환될 수 있다.

예제 10.6

Benzyl bromide로부터 phenylacetic acid를 합성하려 한다. 어떻게 합성할 수 있을까?

풀이

Benzyl bromide는 할로젠화 알킬로, 첫 번째는 Grignard 시약으로 만든 다음 카복시화 시키는 방법이 있고, 두 번째는 CN^- 이온으로 치환반응한 후 가수분해시키는 방법이 있다.
첫 번째 방법은 Grignard 시약이 사용되므로 분자에 산성 수소 또는 반응성 작용기가 없어야 한다.

(1)

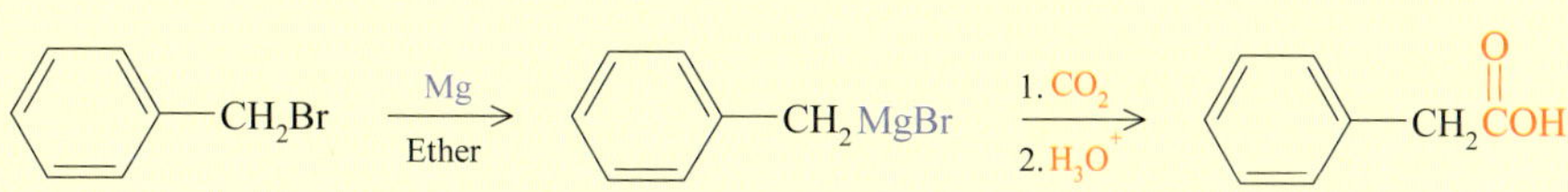

두 번째 방법은 S_N2 반응으로 할로젠화 알킬이 일차 또는 이차알킬이어야 한다.

(2)

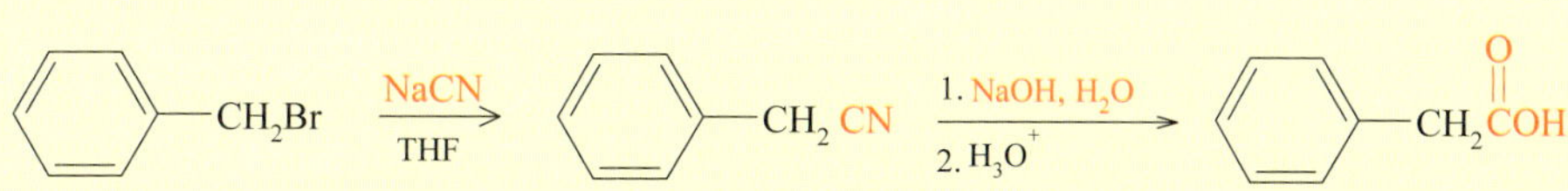

이런 면에서 두 가지 방법 모두 적용이 가능하다.

10.4 카복실산의 반응

카복실산은 양성자가 이탈되어 음이온으로 될 수 있으며, 친핵체의 첨가반응이 일어날 수도 있다. 이 외에 카복실산은 특징적인 두 가지 중요한 반응을 한다. 알코올로의 환원과 에스터, 산 할로젠화물, 산무수물로의 전환이 가능하다.

① 카복실산은 센 환원제인 수소화알루미늄리튬($LiAlH_4$)에 의해 **일차 알코올**로 쉽게 환원된다.

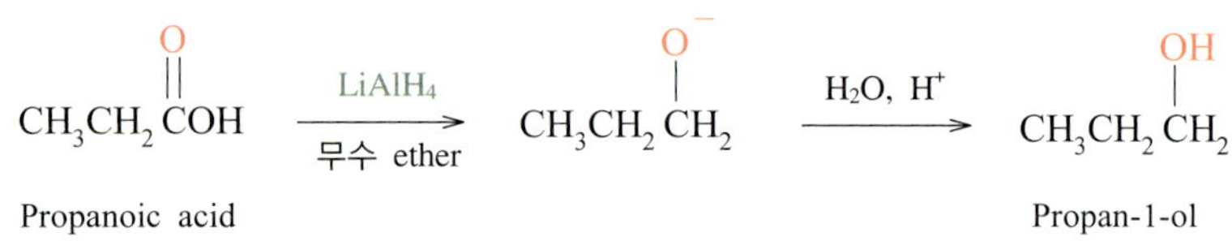

② 알코올과 카복실산은 미량의 센 산 촉매 하에서 **에스터**를 생성한다. 이 반응을 에스터화 반응(esterification)이라 한다.

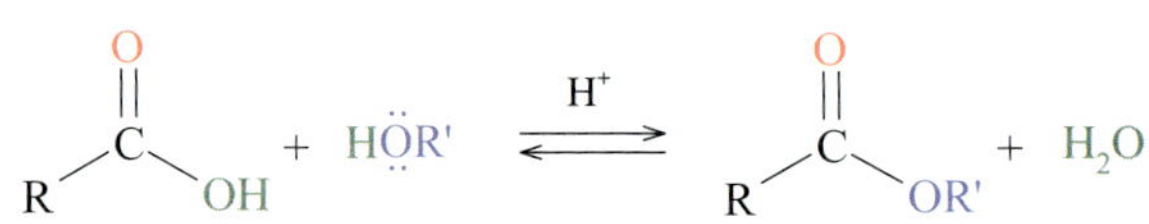

이 과정을 Fischer esterification반응이라 하고 19세기 유기화학자 Emil Fischer가 개발한 방법이다. 이 반응은 평형상태이나 평형을 오른쪽으로 이동시켜 에스터를 많이 얻을 수 있으며, 이것은 기술적으로 해결할 수 있다. 즉, 값이 싼 알코올이나 산을 과량 사용하든가 또는 이 반응에서 생성되는 에스터나 물을 생성되는 대로 제거하면 된다.

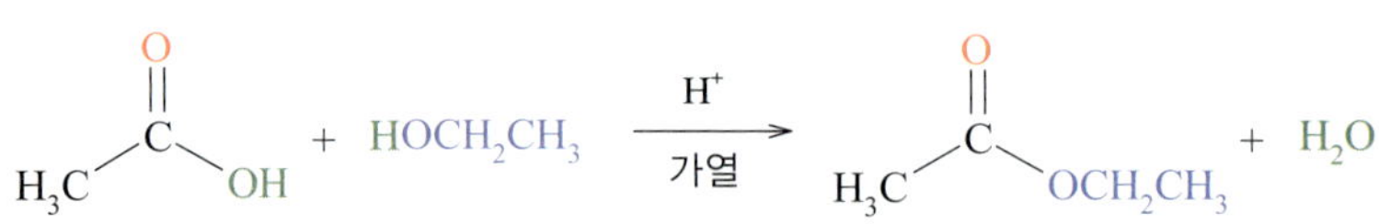

카복실산의 esterification 속도는 알코올의 입체장애와 카복실산의 반응성에 좌우되며 산의 세기는 크게 영향을 주지 않는다. 또한 $CH_3{}^{18}OH$의 동위원소를 이용하여 정확한 반응 메커니즘을 알 수 있다.

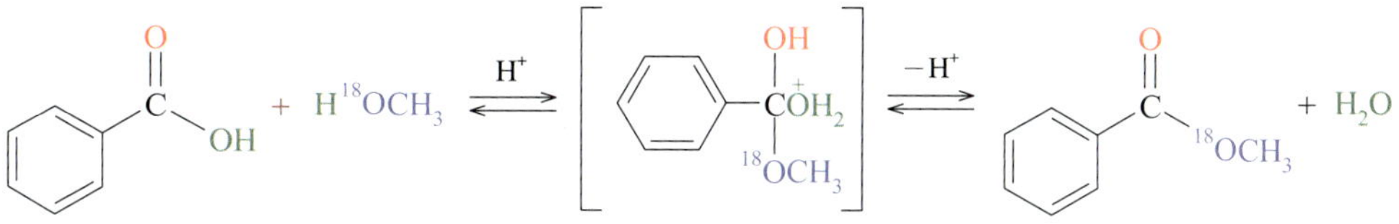

③ **카복실산 할로젠화물**은 카복실산을 $SOCl_2$(thionyl chloride)나 PCl_3로 처리하여 얻을 수 있다.

④ 실험실에서 **산 무수물**은 산 할로젠화물과 카복실산 염으로부터 만들 수 있다. 이 반응은 친핵성 아실 치환반응이며, 산 할로젠화물과 물 또는 알코올의 반응과 같은 형태이다. 이 반응은 서로 다른 카복실산으로부터 얻을 수 있으며, 카복실산과 아세트산 무수물을 이용해서도 합성할 수 있다.

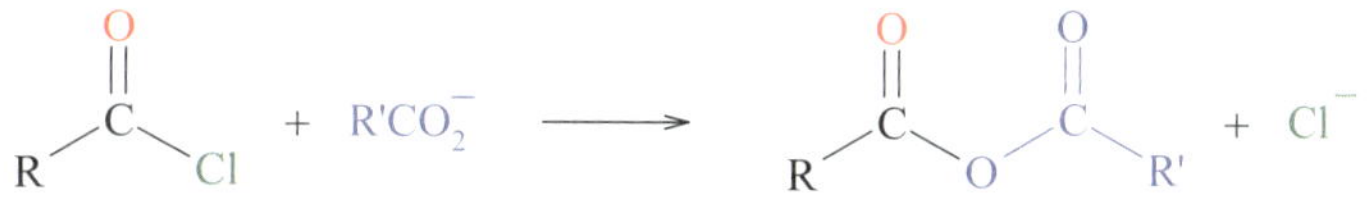

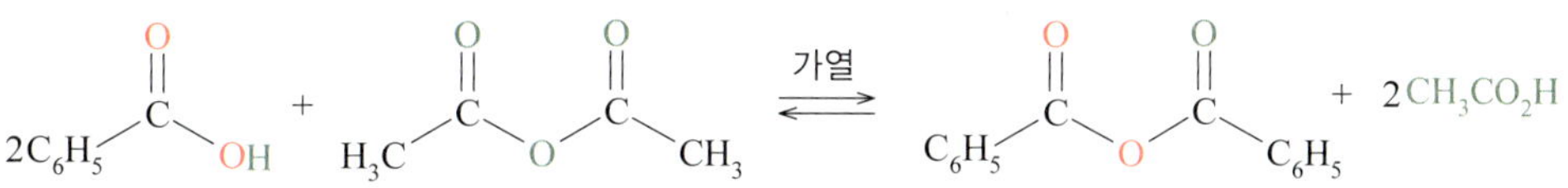

또는 탄소고리가 5~6인 고리형 무수물은 이중산(diacid)에서 고온 가열과 탈수과정으로 얻어질 수 있다.

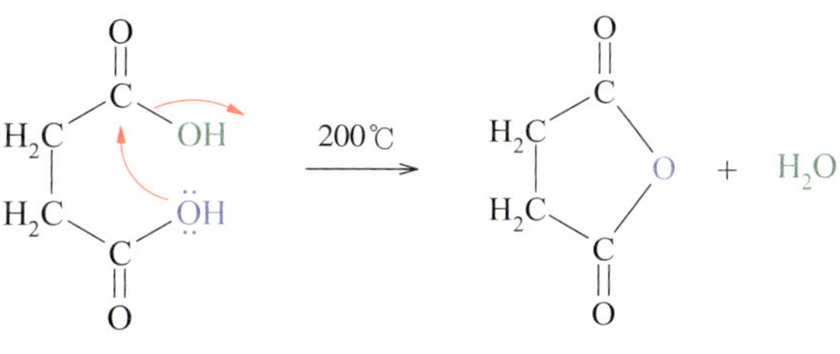

diacid　　Succinic anhydride

10.5 카복실산 유도체의 반응

극성 C=O 결합에 대한 친핵체의 첨가반응은 앞서 9.5장 알데하이드와 케톤의 친핵성첨가반응에서 설명하였다. 그러나 카복실산 유도체에 친핵체가 첨가되는 반응과정은 알데하이드와 다르다. 알데하이드와 케톤에서는 정사면체형 중간체에 양성자가 첨가되면 알코올이 얻어지거나, 카보닐의 산소가 제거되면서 새로운 이중결합이 생긴다. 하지만 카복실산 유도체는 초기에 형성된 정사면체형 중간체에서 원래 카보닐 탄소에 결합된 치환기(Y^-)가 제거되고 치환반응이 일어난다.

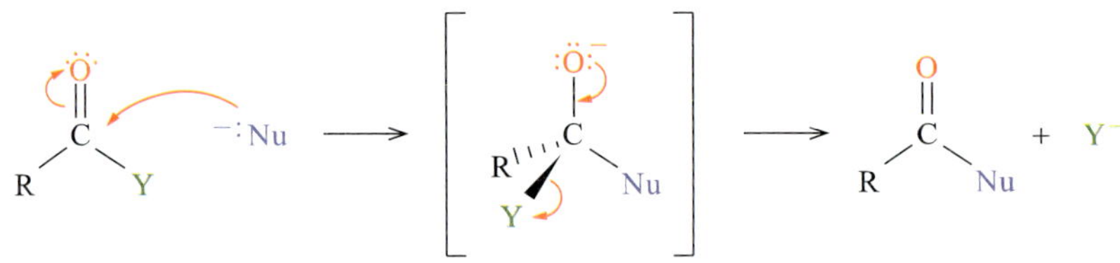

정사면체형 중간체

카복실산 유도체는 안정한 음이온으로 이탈될 수 있는 −Y기가 결합되어 있다. 정사면체형 중간체가 형성되는 즉시 이탈기는 떨어져 나가고 새로운 카보닐 화합물이 생성된다. 알데하이드와 케톤은 이러한 이탈기가 없어 치환반응이 일어나지 않는다.

예제 10.7

다음 친핵성 아실 치환반응에 대한 메커니즘을 나타내시오. 전자의 흐름을 화살표를 사용하여 표현하시오.

$$H_3C-\overset{\displaystyle O}{\overset{\|}{C}}-Cl \xrightarrow[CH_3OH]{NaOCH_3} H_3C-\overset{\displaystyle O}{\overset{\|}{C}}-OCH_3$$

풀이

Acetyl chloride의 이탈기는 −Cl이며, 친핵체는 $^-OCH_3$이다. $^-OCH_3$가 acetyl chloride의 카보닐 탄소를 공격하면 이탈기인 염소 원자가 빠져나간다.

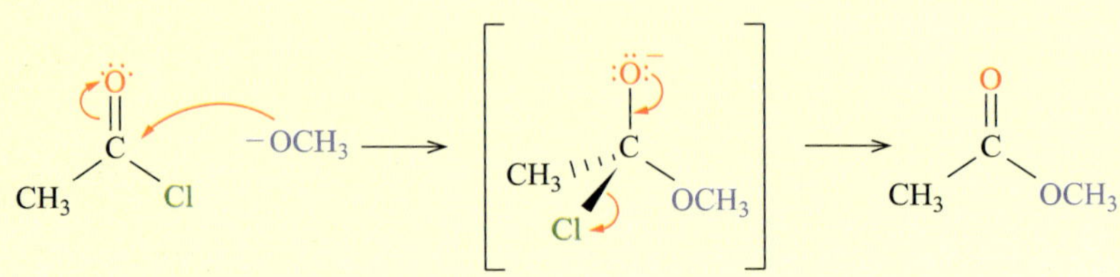

(1) 산 할로젠화물의 반응

산 할로젠화물의 카보닐 탄소는 부분적인 양전하를 띠며 할로젠은 좋은 이탈기이다. 따라서 물이나 알코올과 같은 약한 친핵체의 공격에 의해서도 친핵성 아실치환반응(nucleophilic acyl substitution reaction)을 일으킨다.

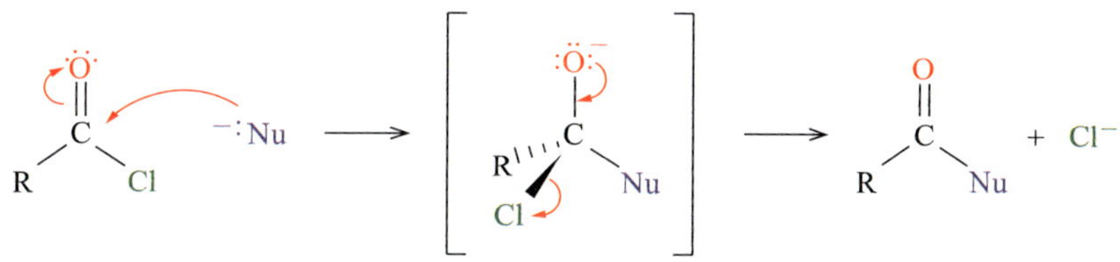

가수분해는 산 염소화물과 친핵체와의 전형적인 반응이다.

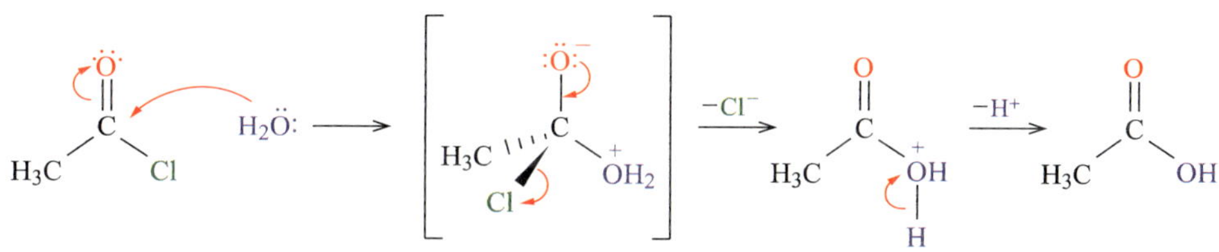

또한, 산 염소화물은 알코올과 반응하여 가수분해와 직접적으로 유사한 반응으로 에스터와 HCl을 생성한다. 알코올과 유기화합물과의 반응을 가알코올 분해(alcoholysis)라고 한다. 산 할로젠화물의 가알코올 분해는 입체적 장애가 있는 에스터나 phenylester의 합성에 유용하다. 부산물인 HCl이 생성되었을 때 HCl을 제거하기 위해 산제거제인 삼차 아민이나 피리딘을 첨가한다.

예제 10.8

Benzoyl chloride와 propan-2-ol의 친핵성 아실치환반응에서 생성물을 예측하시오.

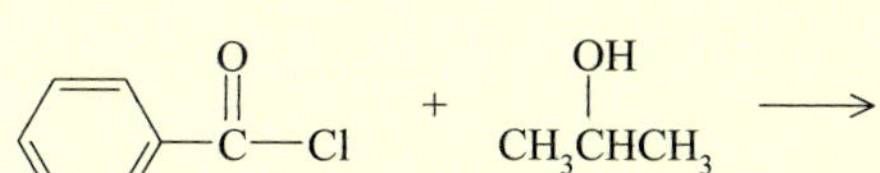

풀이 Benzoyl chloride의 이탈기는 $^-$Cl이며, 친핵체는 알코올의 산소 원자이다. Propan-2-ol의 산소 원자가 Benzoyl chloride의 카보닐 탄소를 공격하면 이탈기인 염소 원자가 빠져나간다.

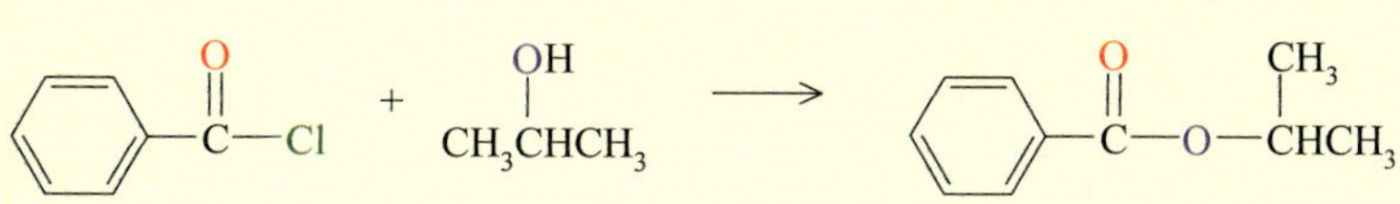

Benzoyl chloride　　　　Isopropyl benzoate

산 염소화물과 아민의 반응은 아마이드의 합성에 이용된다. 암모니아와 아민은 좋은 친핵체로서 산 염소화물과 반응한다.

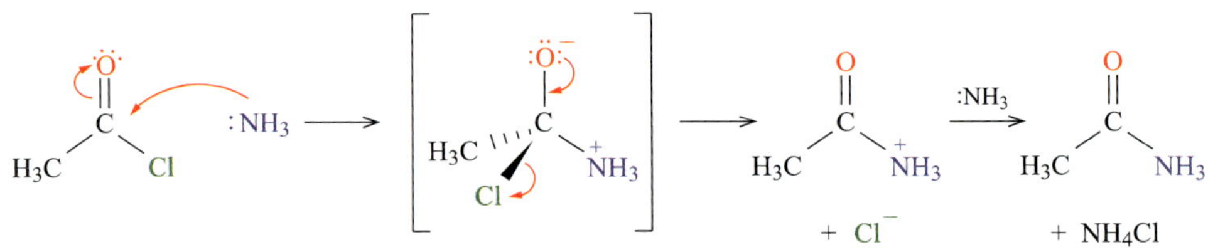

산 할로젠화물은 Fridel-Crafts 아실화 반응에 사용되며 aryl ketone의 제법에 많이 사용된다.

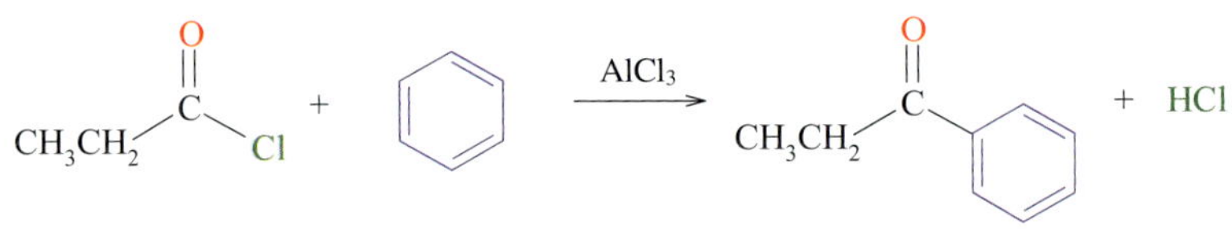

산 할로젠화물은 Grignard 시약과 반응하여 케톤을 생성하고, 케톤은 Grignard 시약과 반응하여 가수분해한 후 3차 알코올을 합성한다.

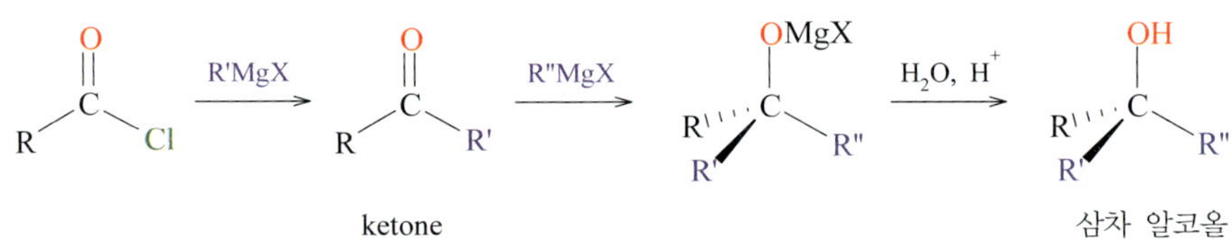

예제 10.9

Benzoyl chloride로부터 1,1-Dimethyl benzyl-1-alcohol를 합성하려 한다. Grignard 시약을 사용하여 제조하는 방법을 제시하시오.

풀이

Benzoyl chloride의 이탈기는 $^{-}$Cl로 1,1-Dimethyl benzyl-1-alcohol을 제조하기 위해서는 친핵체로 CH_3^{-}이어야 한다. 따라서 Grignard 시약으로 CH_3MgBr을 이용한다.

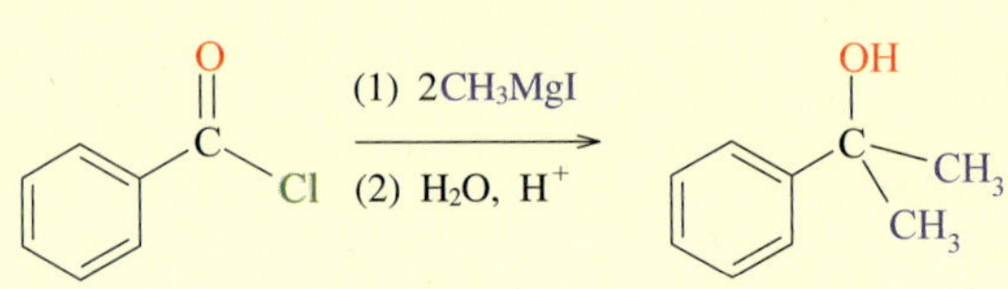

(2) 산무수물의 반응

산 무수물은 산 할로젠화물과 같은 유형의 반응을 하며, 단지 반응속도가 느린 것이 차이점이다. 산 무수물의 친핵성 아실치환반응의 메커니즘은 산 할로젠화물의 경우와 거의 같다.

물과의 반응

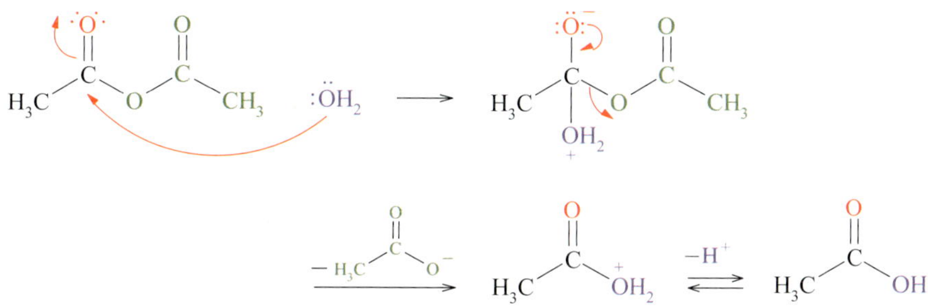

알코올이나 Phenol과의 반응

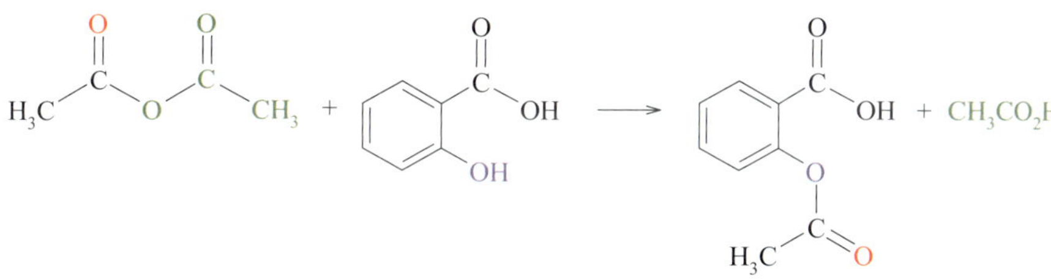

Salicylic acid

Acetylsalicylic acid (Aspirin)

암모니아나 아민과의 반응

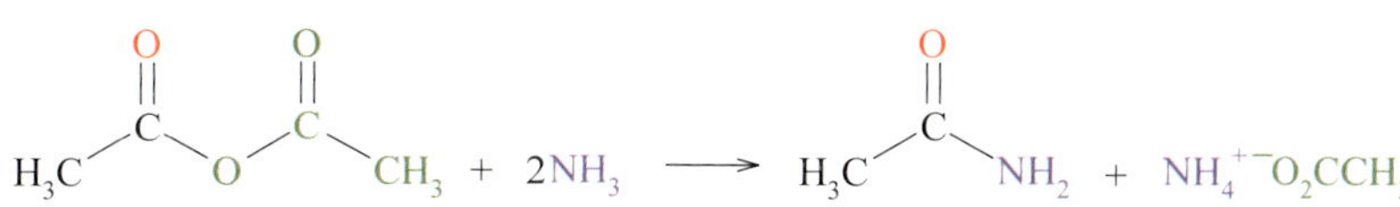

(3) 에스터의 반응

에스터는 산 할로젠화물이나 무수물보다 친핵체에 대한 반응성이 작다. 에스터를 산성의 조건에서 가수분해하면 카복실산과 알코올이 얻어진다.

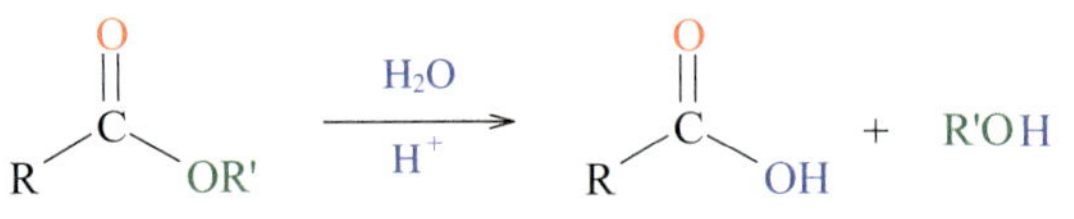

염기성 용액에서 가수분해가 일어나는 것을 비누화(saponification)라 한다.

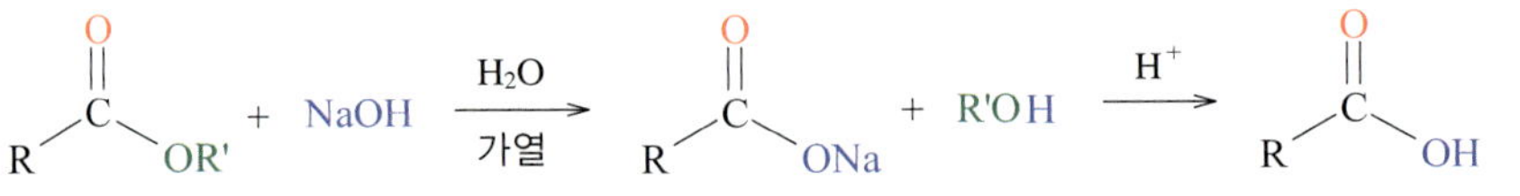

에스터는 암모니아 또는 아민과 반응하여 아마이드를 생성하며 이를 가암모니아 분해(ammonolysis)라고 한다. 에스터와 암모니아와의 반응은 산 할로젠화물이나 산무수물과 암모니아의 반응에 비해 속도가 느리기 때문에, 높은 수율을 얻을 수 있는 산 할로젠화물이 많이 이용된다.

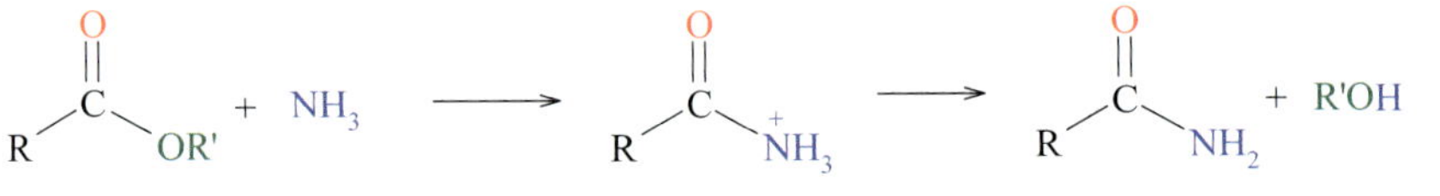

에스터는 Grignard 시약과 반응하여 삼차알코올을 생성한다. 반응은 에스터 카보닐기에 대한 친핵성 공격으로 시작되며, 생성물인 케톤은 삼차알코올로 전환된다. 이 방법은 생성 알코올의 구조에서 세 개의 알킬기를 원하는 데로 선택하여 합성할 수 있다.

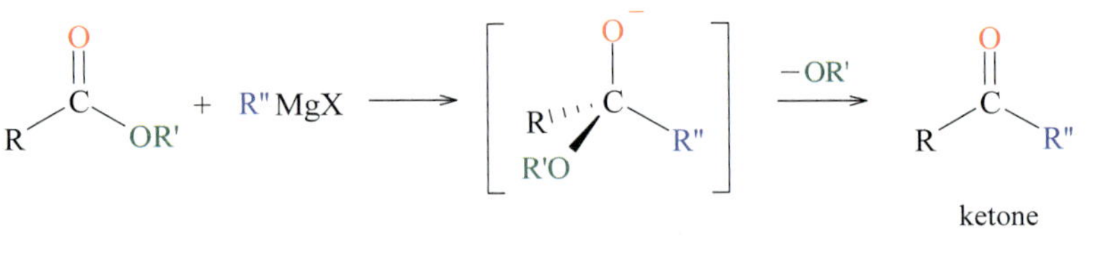

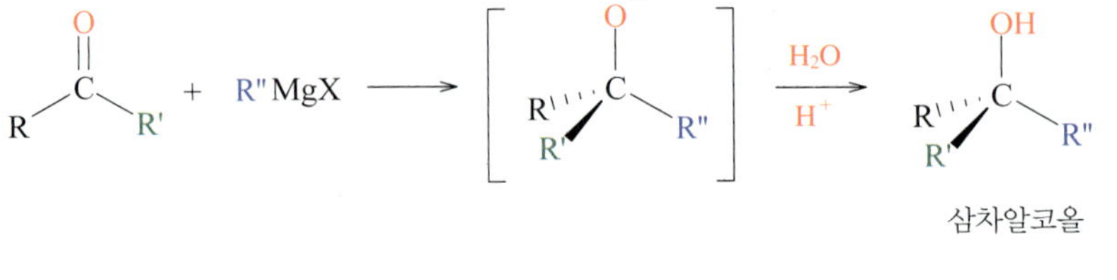

에스터는 $LiAlH_4$에 의해 쉽게 환원되어 일차알코올을 생성한다.

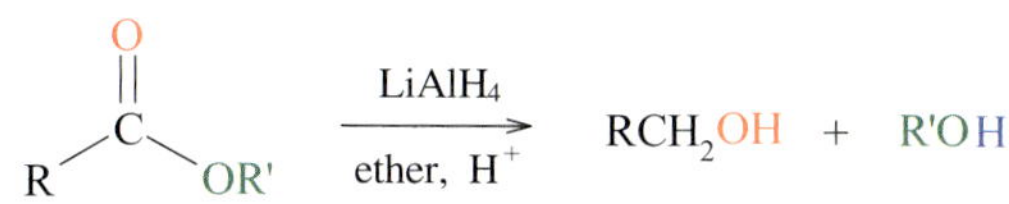

표 10.4와 10.5에 몇 가지 중요한 카복실산 유도체의 반응을 요약하였다.

산유도체의 반응성은 산 할로젠화물 > 산 무수물 > 에스터 > 아마이드의 순이며 반응성이 낮은 아마이드는 매우 안정하여 모든 단백질의 기본 구성단위가 된다.

(4) 아마이드의 반응

아마이드의 안정성은 아마이드기의 공명안정화로 설명된다.

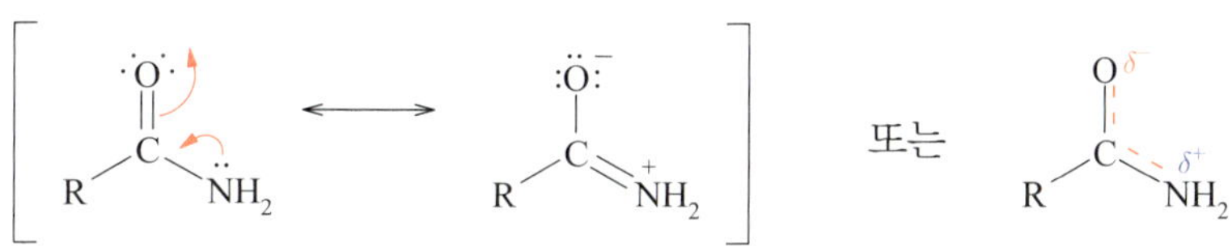

아마이드의 공명 구조에서 보는 바와 같이 탄소－질소결합은 이중결합성을 가지므로 N－C－O 결합은 같은 평면에 존재하며 C－N 결합의 회전은 일어나지 않는다. 실제 아마이드의 C－N 결합의 길이는 1.32 Å에 불과하고 보통 탄소－질소 단일결합길이(약 1.47 Å)보다 아주 짧다. 쌍극성 공명기여구조가 암시하는 바와 같이 아마이드는 극성이 크고 또한 쉽게 수소결합을 형성한다.

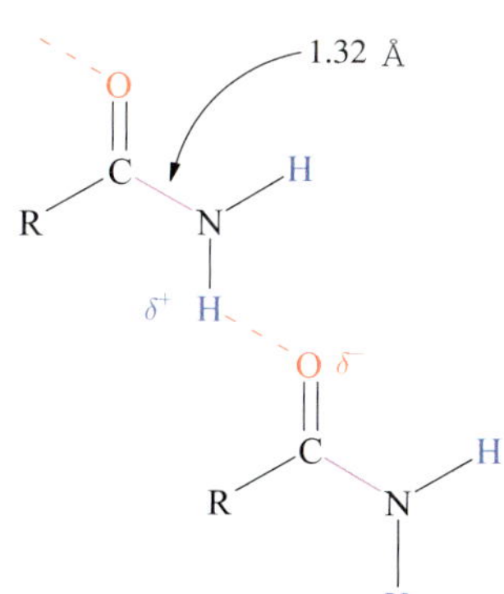

아마이드는 에스터와 마찬가지로 산 혹은 염기 수용액에서 가열하면 가수분해된다. 에스터보다도 반응성이 작으므로 더 진한 산이나 염기가 필요하며 오랫동안 가열하여야 한다.

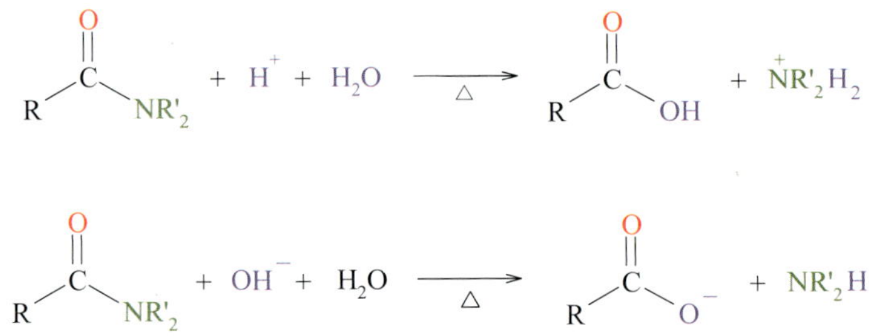

아마이드는 다른 산유도체와 같이 $LiAlH_4$에 의해 환원되며 이때 생성물은 알코올이 아니라 아민이다.

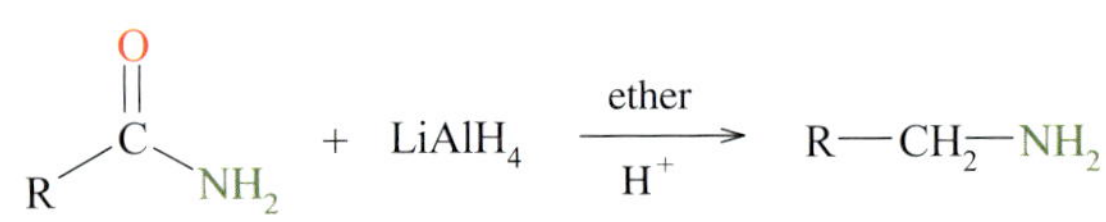

일차아민

또한 아마이드를 탈수하면 시안화물(nitrile)이 된다.

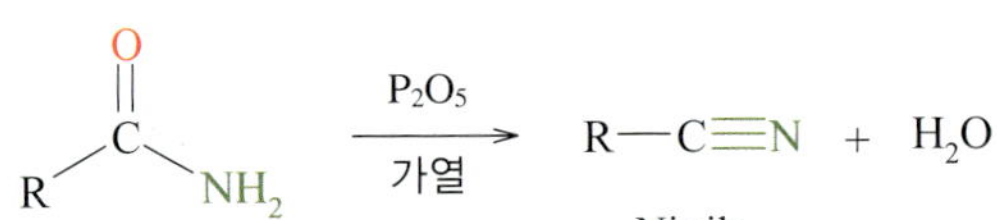

Nitrile

표 10.4 산 할로젠화물의 반응 요약

반응물			생성물	
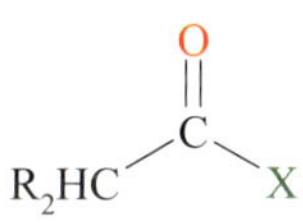 X=Cl 또는 Br	HO−H		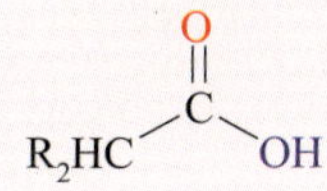	Carboxylic acid
	R'O−H	Pyridine	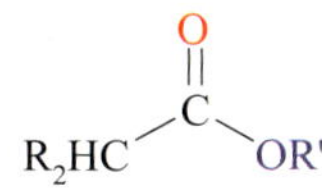	Ester
	R'_2N−H		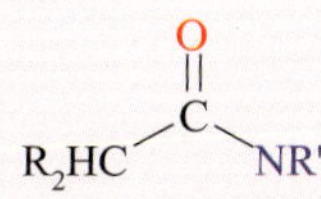	Amide
	$R'CO_2^-$		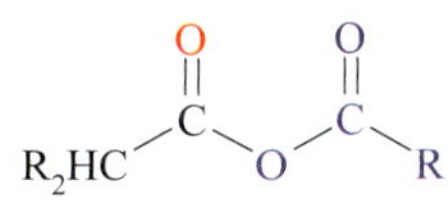	Anhydride
	Ar−H	$AlCl_3$	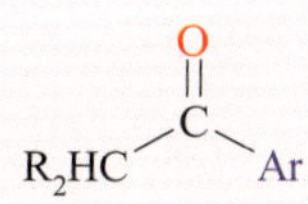	Aryl ketone
	R'_2CuLi	Ether	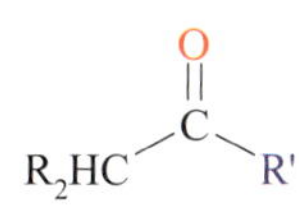	Ketone
	(1) $LiAlH[OC(CH_3)_3]_3$ (2) H_2O, H^+	Ether	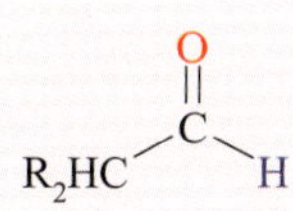	Aldehyde
	(1) 2R'MgX (2) H_2O, H^+	Ether	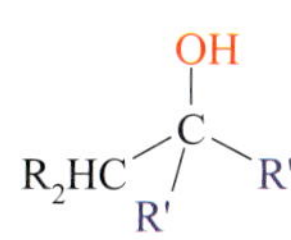	3° Alcohol
	(1) $LiAlH_4$ (2) H_2O, H^+	Ether	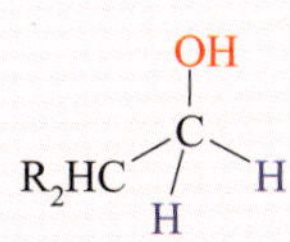	1° Alcohol
	X_2		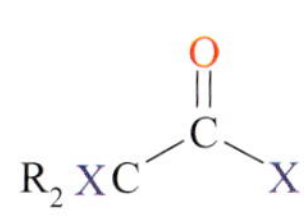	α-Halocarboxylic acid halide

표 10.5 산 무수물과 에스터의 반응 요약

반응물		생성물	
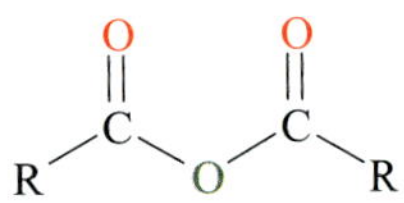	$HO-H$ ⟶	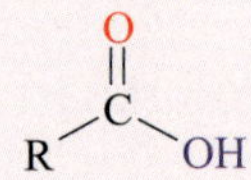 Carboxylic acid	+ 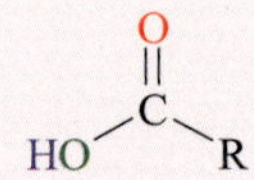 Carboxylic acid
	$R'O-H$ ⟶	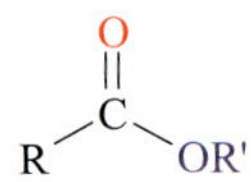 Ester	+ 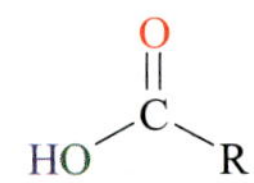 Carboxylic acid
	$R'2N-H$ ⟶	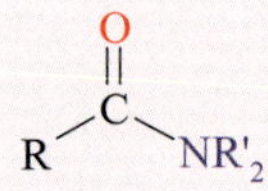 Amide	+ 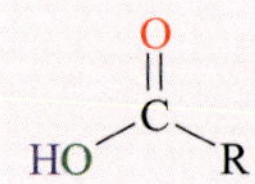 Carboxylic acid
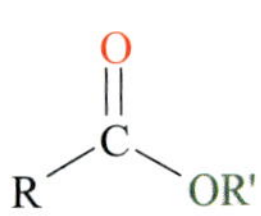	(1) H−OH, 가열 (2) H^+ ⟶	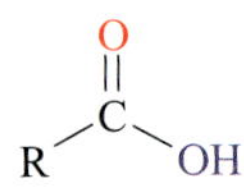 Carboxylic acid	+ HOR'
	$R''O-H$, H^+ ⟶	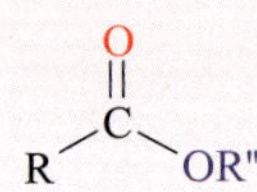 Ester	+ HOR'
	$H-NH_2$ ⟶	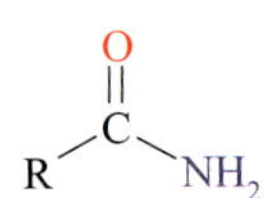 Amide	+ HOR'
	(1) $LiAlH_4$ (2) H_2O, H^+ —Ether⟶	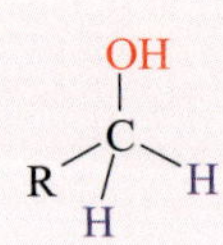 1° Alcohol	+ HOR'
	(1) $2R''MgX$ (2) H_2O, H^+ —Ether⟶	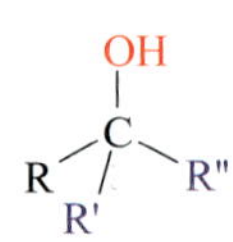 3° Alcohol	+ HOR'

연습문제

01. 다음 화합물의 IUPAC명을 적어라.

(a) 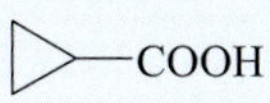

(b) 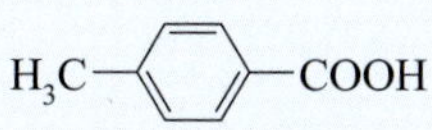

(c) 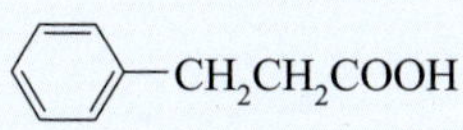

(d) $CH_3\underset{\displaystyle |\atop Br}{C}HCH_2CH_2COOH$

(e) $CH_3CH{=}CHCH_2CH_2COOH$

(f) $CH_3CH_2\underset{\displaystyle |\atop COOH}{C}HCH_2CH_2CH_3$

(g) 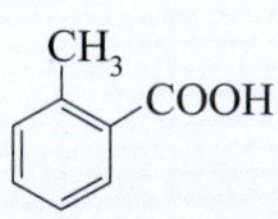

(h) 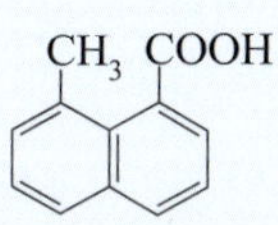

(i) 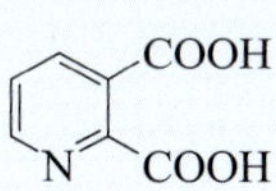

(j) $H_2C{=}CHCOOH$

(k) $H-\overset{O}{\overset{\|}{C}}-OCH_3$

(l) $CH_3CH_2-\overset{O}{\overset{\|}{C}}-OCH_2CH_2CH_3$

(m) $CH_3CH_2CH_2-\overset{O}{\overset{\|}{C}}-Br$

(n) $CH_3CH_2-\overset{O}{\overset{\|}{C}}-Cl$

(o) $CH_3CH_2CH_2-\overset{O}{\overset{\|}{C}}-O-\overset{O}{\overset{\|}{C}}-CH_2CH_2CH_3$

(p) 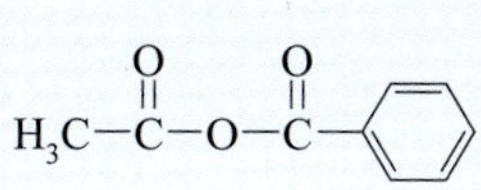

(q) $CH_3(CH_2)_4-\overset{O}{\overset{\|}{C}}-NH_2$

(r) 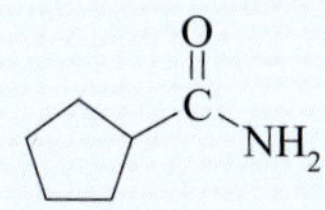

(s) 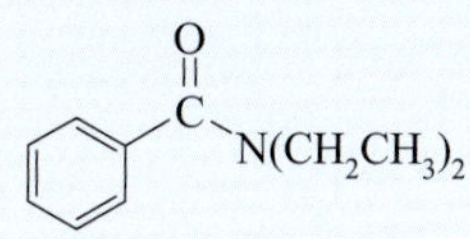

(t) 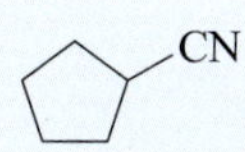

02. 산성도가 증가하는 순서로 나열하라. 그 이유는?

(a) Ethanol, Benzoic acid, *p*-Methylbenzoic acid

(b) CH_3CH_2COOH, $BrCH_2COOH$, $BrCH_2CH_2COOH$

(c) *p*-Methylbenzoic acid, *p*-Bromobenzoic acid, *p*-Nitrobenzoic acid

03. 카복실산 합성에서 Grignard 반응을 사용하여 다음의 산을 어떻게 합성하는지 나타내어라.

(a) $CH_3CH_2-\overset{O}{\overset{\|}{C}}-OH$

(b) 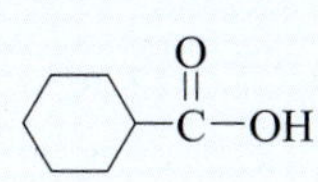

04. 다음 반응생성물을 예측하여라.

(a) $CH_3CH{=}CHCH_2CH_3 \xrightarrow[\Delta]{CrO_3,\ H_2SO_4}$

(b) 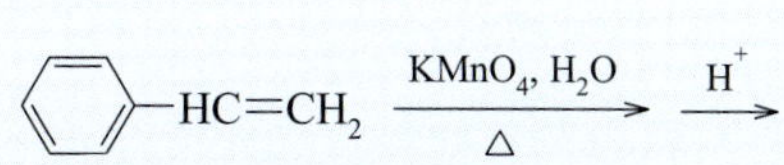

(c) $CH_3(CH_2)_2CH_2OH \xrightarrow[\Delta]{CrO_3,\ H_2SO_4}$

05. 다음 반응을 완결 또는 합성하여라.

(a)

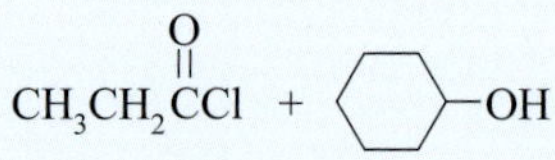

(b)

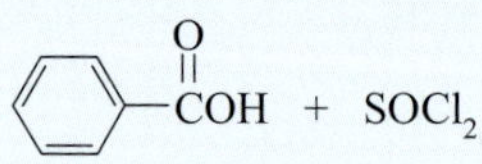

(c)

$H_3C-\overset{O}{\overset{\|}{C}}-OCH_2CH_3$

(d)

$ClCH_2CH_2\overset{O}{\overset{\|}{C}}OH + Cl_2 \xrightarrow{PCl_3}$

(e)

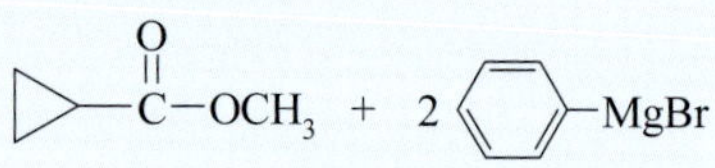

(f)

$CH_3CH_2-\overset{O}{\overset{\|}{C}}-O-\overset{O}{\overset{\|}{C}}-CH_3$

(g) Ester로부터 2-Methyl-2-butanol

(h) 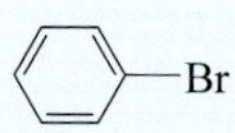 로부터 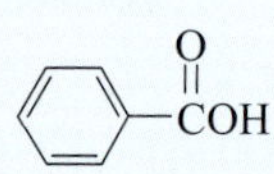

(i)  로부터 CH_3OCH_2COOH

(j) 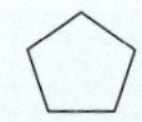 로부터 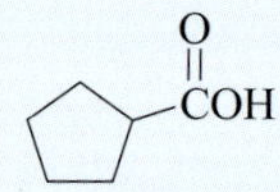

(k) $CH_3CH_2CH_2OH$로부터 $CH_3CH_2CH_2COOH$

06. 다음 반응에 대한 화학반응식을 적어라.

(a) Acetyl chloride의 가수분해
(b) Benzoyl chloride와 methanol의 반응
(c) Pentan-1-ol과 acetic anhydride의 esterification
(d) 4-Bromobutanoyl bromide의 가암모니아 분해
(e) Valeric acid와 ethanol의 Fischer esterification

07. Butanoic acid로부터 다음 화합물을 어떻게 제조할 수 있는가?

(a) Butan-1-ol
(b) Butanal
(c) 1-Bromobutane
(d) Pentanenitrile
(e) But-1-ene
(f) Butylamine(1° amine)

11 아 민

아민(amine)은 알킬기나 방향족기를 가지고 있는 질소 원자로 구성된다. 질소 원자의 고립 전자쌍으로 인하여 아민은 염기성을 나타내며 친핵성이다. 유기 화합물 중에서 아민을 포함한 화합물들은 흥미 있는 몇 가지 효과를 만들어 낸다. 많은 아민들은 습관성을 띠고 있어서 이것을 섭취하면 기분 전환을 하거나 환각작용 또는 죽음에 이르는 생물학적 반응이 일어난다. 아민은 식물이나 동물에 널리 존재한다.

예를 들면 트라이메틸아민은 동물 조직에 존재하며, 특히 생선의 독특한 냄새의 원인 중 하나이다. 니코틴은 담배 속에 들어있고 코카인은 남아메리카산 코카 관목에 들어 있는 흥분제이다. 아민은 암모니아의 알킬－ 또는 아릴－치환 유도체이다.

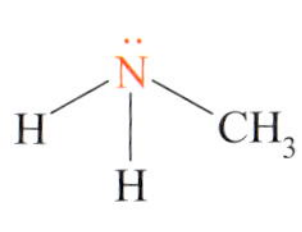

Methylamine

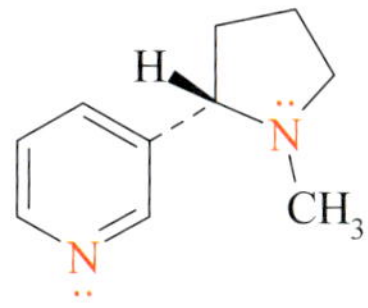

Nicotine

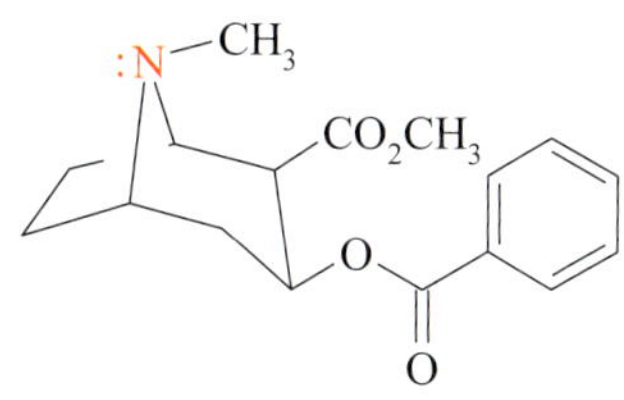

Cocaine

11.1 아민의 명명

아민은 알킬기 또는 아릴기가 치환된 형태를 가질 수 있다. 아민은 질소에 결합된 알킬 또는 아릴기의 수에 따라 일차, 이차 및 삼차 아민으로 분류된다.

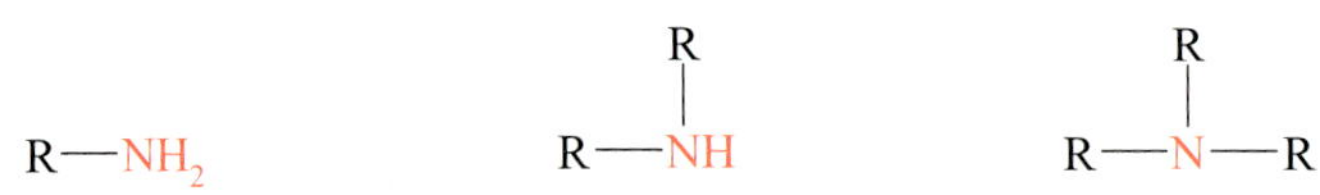

일차 아민　　　이차 아민　　　삼차 아민

R은 알킬 또는 아릴기를 표시한다. 암모니아에서와 같이 아민의 질소는 염기성이고, 산과 반응하여 알킬암모늄염 또는 아릴암모늄염을 만든다. 테트라알킬암모늄염 또는 테트라아릴암모늄염은 사차염이다.

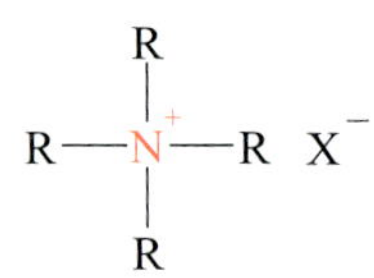

테트라알킬암모늄염 (사차 아민)

예제 11.1

다음 아민을 1차, 2차, 또는 3차로 분류하시오.

(1) 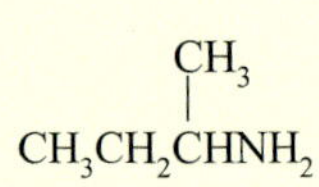　(2) 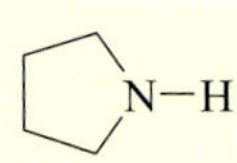　(3) 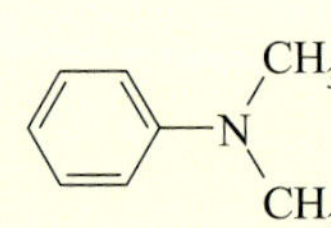

풀이 (1)은 질소에 붙은 알킬기를 한 개 가지므로 1차 아민
(2)는 질소에 붙은 두 개의 알킬기를 가지므로 2차 아민, 그리고 (3)은 3차 아민이다.

1. 일차 아민은 IUPAC 명명법에서도 여러 가지 방법으로 명명된다.
   ① 간단한 아민은 알킬 치환기의 이름 끝에 접미사 －amine을 붙인다.

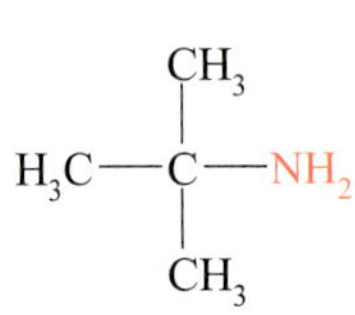　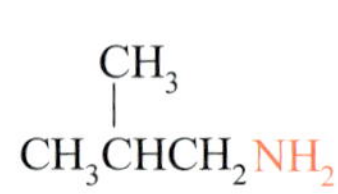　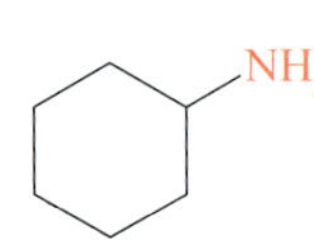

(관용명)　*tert*-Butylamine　　Isobutylamine　　Cyclohexylamine

② 또 다른 방법으로는, 모체 화합물 이름의 마지막 −e 대신에 −amine을 사용한다. (IUPAC명, 1번)

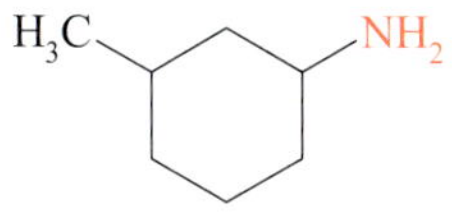

3-Methylcyclohexanamine

$CH_3CH_2CH_2CH_2NH_2$

Butanamine

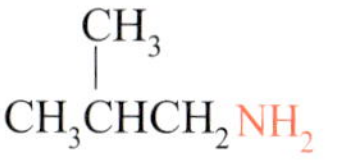

Propan-2-amine

③ 세 번째 명명법은, $-NH_2$를 모체 분자의 치환기인 아미노기로 간주하여 명명한다. (IUPAC명, 2번)

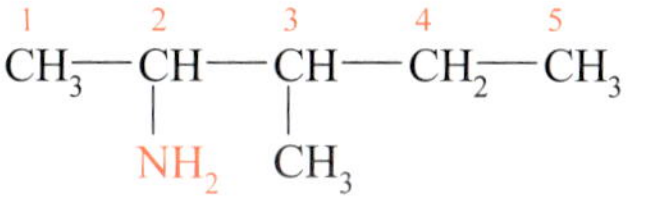

2-Amino-3-methylpentane

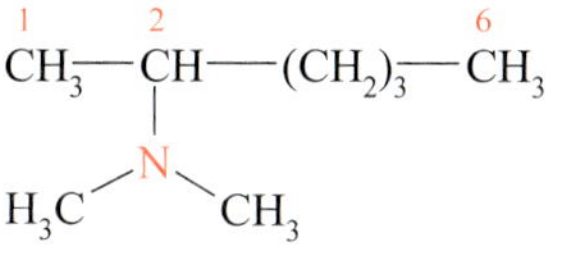

2-(*N*,*N*-dimethylamino-)hexane

아미노기로 명명하는 방법은 한 개 이상의 작용기를 가진 아민에서 주로 사용된다. (IUPAC명, 3번)

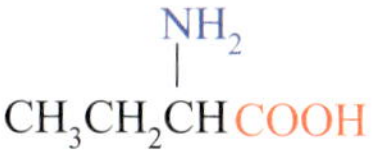

2-Aminobutanoic acid

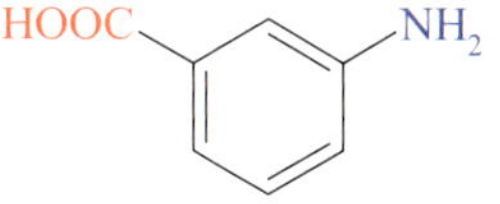

3-Aminobenzoic acid

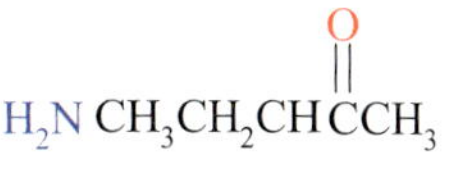

5-Aminopentan-2-one

2. 대칭적인 이차 또는 삼차 아민은 알킬기 앞에 접두어 di− 또는 tri−를 사용한다. 비대칭적으로 치환된 이차 또는 삼차 아민은 *N*-치환된 일차 아민으로 명명한다. 가장 큰 알킬기를 모체명으로 선택하고, 다른 알킬기는 모체의 *N*-치환기로 간주한다. *N*-치환기의 알킬기는 알파벳순으로 적는다.

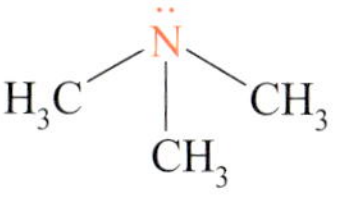

Trimethylamine

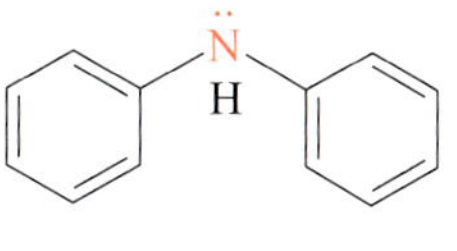

Diphenylamine

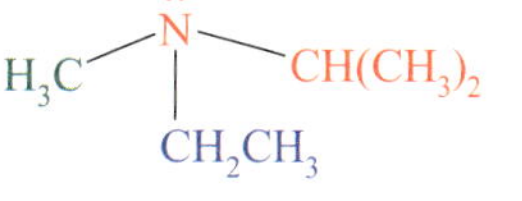

N-Ethyl-*N*-methylisopropylamine

3. 한 개 이상의 아미노기를 가진 아민은 접미사 −diamine, −triamine 등을 모체화합물 이름 뒤에 붙여 명명한다. 아미노기의 위치는 접미사 앞에 표시한다.

$H_2N-CH_2CH_2-NH_2$

Ethanediamine

$NH_2CH_2CH_2CH_2CH_2NH_2$

Butane-1,4-diamine

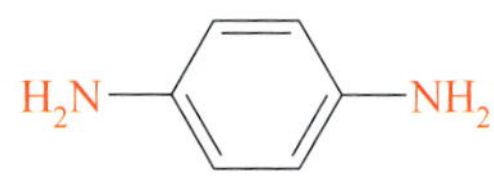

Benzene-1,4-diamine

암모늄염의 명명법도 이와 같은 규칙에 따른다. 예를 들면,

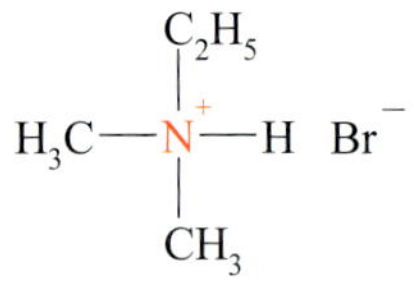

Dimethylethylammonium bromide

4. 아미노벤젠(페닐아민)은 아닐린이라는 **관용명**으로 불린다. 아미노톨루엔의 이성체는 *o*−, *m*− 및 *p*−톨루이딘으로 불린다. 아미노벤젠 치환체는 보통 아닐린 치환체로 명명한다.

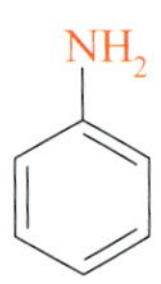

Aniline

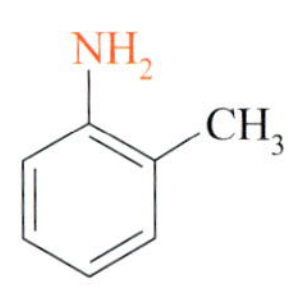

o-Toluidine

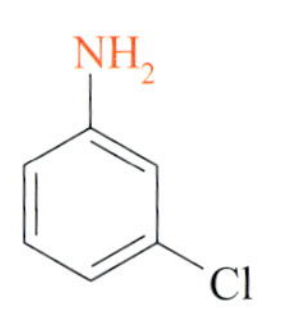

m- 또는 3-Chloroaniline

5. 헤테로고리 아민(heterocyclic amine)은 질소 원자가 고리의 한 부분을 이루는 화합물이다. 이 아민은 또한 보편적이고 각각의 다른 헤테로 고리계는 자신들의 이름을 가진다. 모든 경우에 질소 원자를 1번으로 한다.

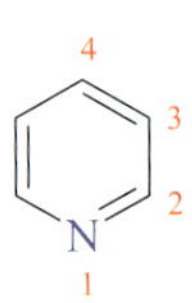

Pyridine

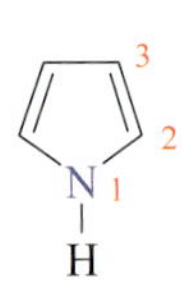

Pyrrole

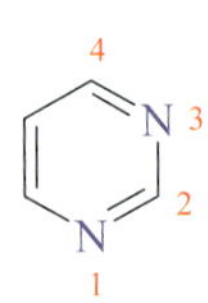

Pyrimidine

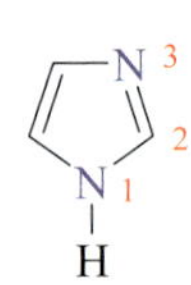

Imidazole

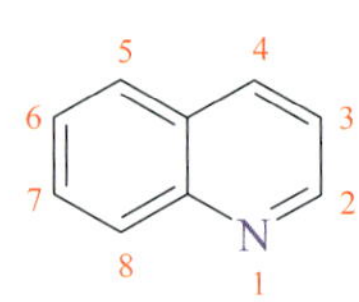

Quinoline

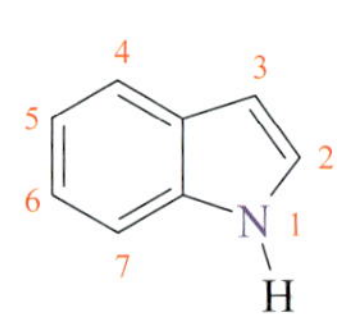

Indole

예제 11.2

다음 화합물을 IUPAC규칙에 따라 명명하시오.

(1) $CH_3NHCH_2CH_3$

(2)
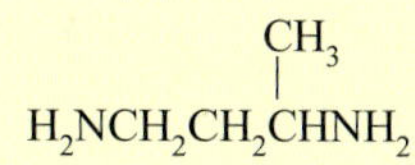

(3)
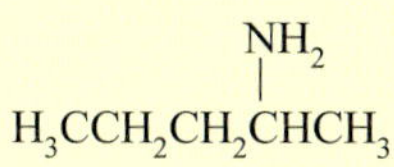

(4) $H_2NCH_2CH_2CH_2CN$

(5)
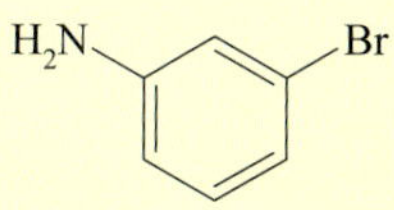

(6)
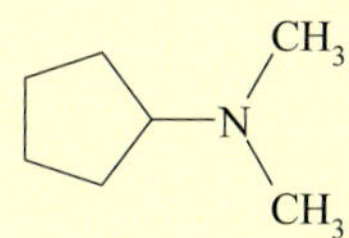

풀이

(1) *N*-Methylethanamine
(2) Butane-1,3-diamine
(3) Pentan-2-amine
(4) 3-Aminobutanenitrile
(5) *m*-Bromoaniline
(6) *N,N*-Dimethylcyclopentanamine

예제 11.3

다음 IUPAC명에 해당하는 구조를 그리시오.

(1) Triisopropylamine
(2) *N*-Methylcyclohexylamine
(3) *N,N*-Dimethylaniline
(4) *N*-Ethyl-*N*-methylcyclopentylamine
(5) *N*-Ethylpyrrole
(6) 3-(*N,N*-Dimethylamino)propanoic acid

풀이

(1)
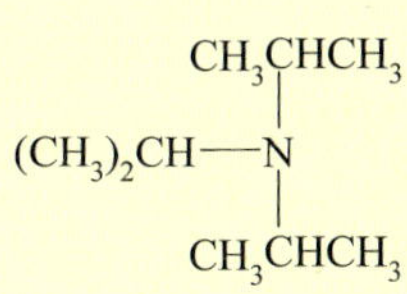

(2)
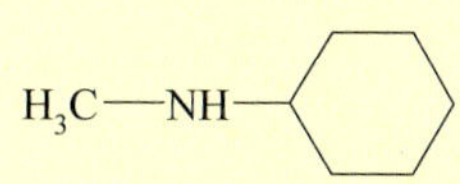

(3)
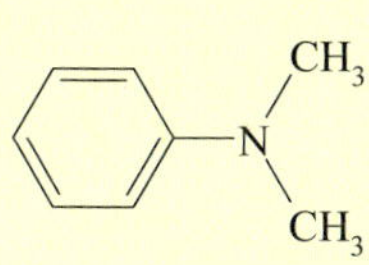

(4)
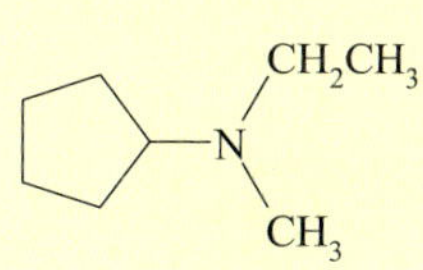

(5)
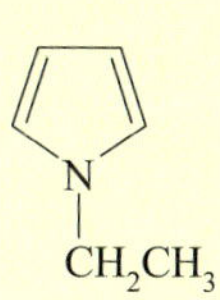

(6)
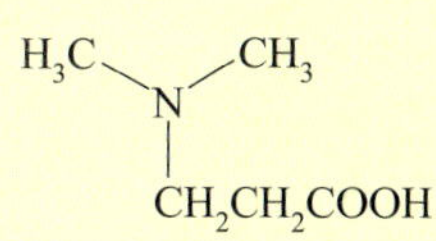

11.2 아민의 구조와 성질

알킬아민은 암모니아의 결합과 비슷하다. 질소 원자는 sp^3 혼성으로, 세 개의 치환기가 정사면체의 세 모서리를 차지하고 있는 고립전자쌍은 네 번째 모서리를 차지한다.

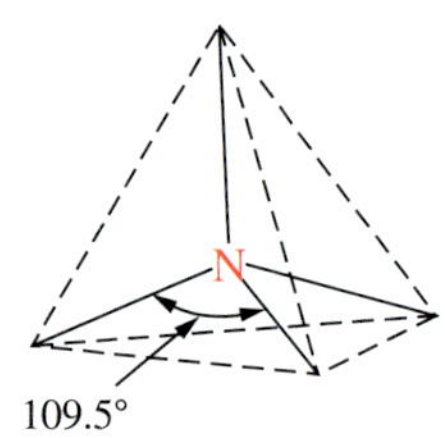

피라밋형

따라서 질소가 중심이 되는 사면체형으로 된 피라밋 구조는 4가의 탄소와 같은 결합각 109.5°를 가질 것이다. 암모니아와 트라이메틸아민은 다음과 같은 결합각을 가진다.

NH_3	(H－N－H)	:	107°
$N(CH_3)_3$	(C－N－C)	:	108°

트라이에틸아민에서 볼 수 있는 108°의 결합각은 sp^3 혼성궤도의 결합각인 109.5°에 매우 가깝다. 질소는 네 개의 sp^3 궤도함수를 갖는데, 그 중 세 개의 궤도함수에는 한 개의 전자가, 나머지 한 개 궤도함수에는 고립전자쌍이 채워져 있다. 전자 한 개가 채워진 질소의 궤도함수는 수소의 s 궤도함수나 탄소의 sp^3 궤도함수와 결합할 수 있다. 질소는 고립전자쌍을 가지고 있는데 이는 질소가 루이스 염기의 성질을 가질 수 있다는 것을 뜻하며, 전자 주개기로 작용하여 전자가 부족한 원자나 이온의 빈 궤도함수와 겹칠 수 있다.

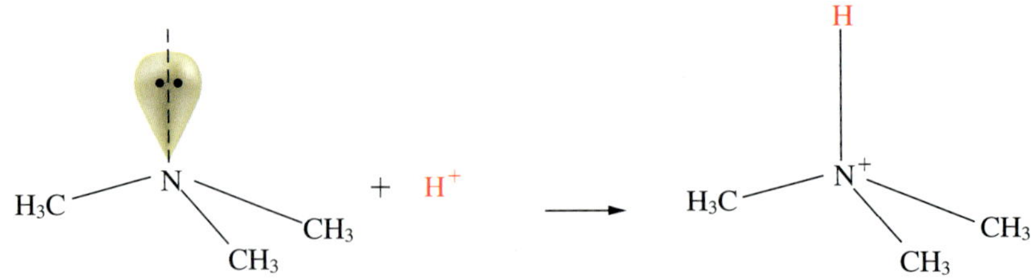

Trimethylamine : 전자주개
양성자 받개 : 염기

Trimethylammonium 이온

질소 원자에 세 개의 서로 다른 치환기가 결합된 아민은 카이랄이다. 따라서 비대칭탄소 원자를 가진 화합물과 같이 두 개의 포개어지지 않는 거울상이성질체를 가진다.

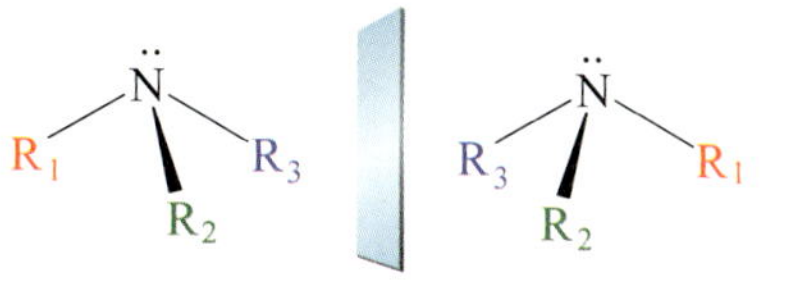

포개어지지 않는 거울상이성질체

카이랄 탄화수소와 달리 아민의 두 거울상이성질체는 분리되지 않는다. 두 거울상이성질체가 빠른 속도로 상호전환하기 때문이다. 이러한 과정을 반전(inversion)이라 한다.

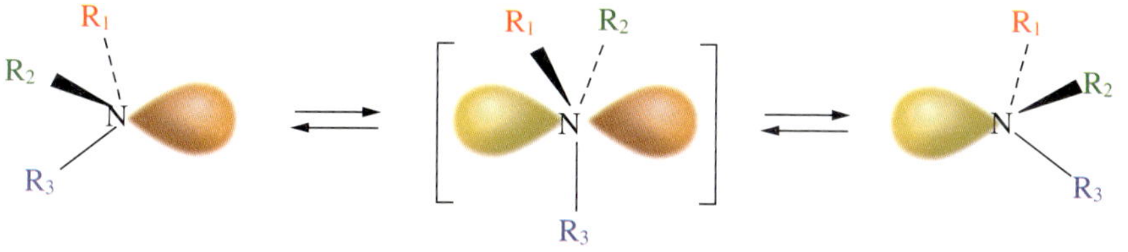

I II III

I에서 III로 될 때에는 평면의 전이 상태인 II을 거치며, 이 전환에 필요한 에너지($\Delta E_{반전}$)는 불과 5 kcal/mol 밖에 되지 않는다. 실온에서 아민 분자는 전환을 시작할 수 있을 만큼 충분한 열 에너지를 가지고 있다. 따라서, 거울상이성질체의 비대칭성 아민의 분할은 불가능하다. 그러나, 아미노 질소 원자를 고정시키거나 치환기가 유동성이 없는 고리계로 만들어 반전을 방해할 때는 이성질체의 분할은 가능하다. Tröger's 염기는 이런 경우의 한 예이다.

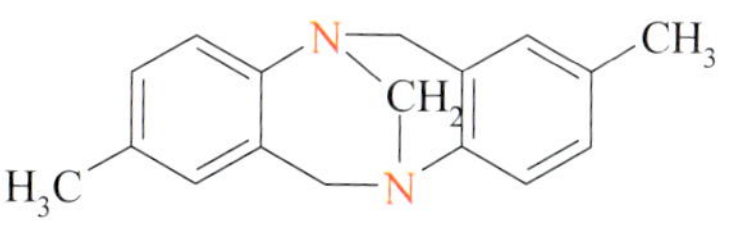

Tröger's 염기

비대칭 탄소 원자를 가진 화합물과 같이 비대칭으로 치환된 암모늄염은 결합이 끊어지지 않는 한 거울상이성질체의 상호전환이 불가능하기 때문에 광학이성질체로 분할할 수 있다. 같은 이유로 비대칭 삼차 아민 *N*-산화물을 광학적으로 활성이 있는 두 거울상이성질체로 분할할 수 있다.

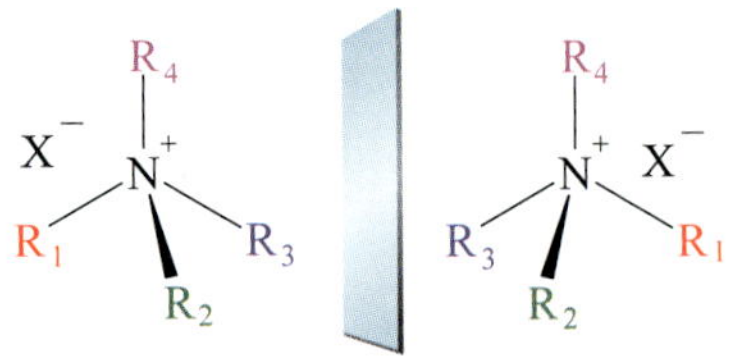

암모늄염의 거울상이성질체

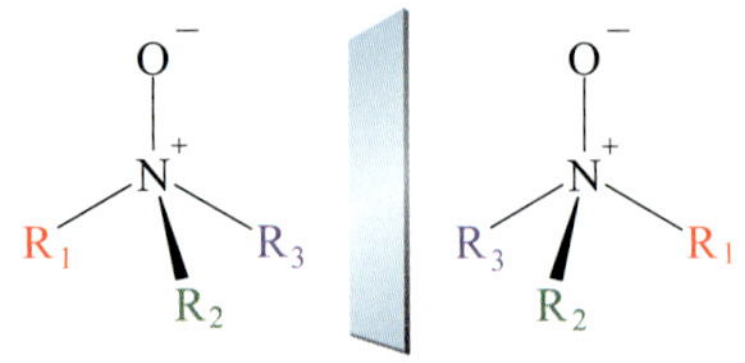

N-산화물의 거울상이성질체

아민은 전기음성도가 큰 질소 원자를 가지기 때문에 극성 물질이다. 삼차아민을 제외한 (N−H의 수소가 없으므로) 일차 및 이차 아민은 암모니아와 같이 분자간 수소 결합을 형성한다. 아민 분자간의 수소 결합은 알코올이나 카복실산 사이의 수소 결합보다는 약하다. 극성과 수소 결합으로 회합하고 있기 때문에 아민은 분자량이 비슷한 알케인이나 에터와 같은 무극성물질보다 끓는점이 높다. 예로 펜테인(Mw = 72)은 36.1℃에서 끓는 반면, diethylamine(Mw = 73)은 56.3℃에서 끓는다. 그러나, 알코올이나 카복실산보다는 수소 결합이 약하기 때문에 분자량이 비슷한 이들 화합물보다는 끓는점이 낮다.

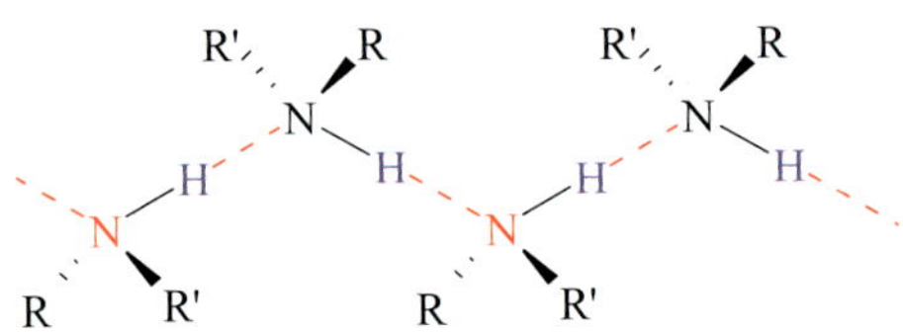

탄소 원자수가 다섯보다 작은 아민들은 물과 수소 결합으로 회합할 수 있으므로 물에 매우 잘 녹는다. 아민의 물에 대한 용해도는 질소에 결합되어 있는 무극성 알킬기가 커질수록 감소한다. 또, 아민은 알코올 에터, 할로젠화 알킬 및 벤젠과 같은 극성이 작은 용매에도 녹는다.

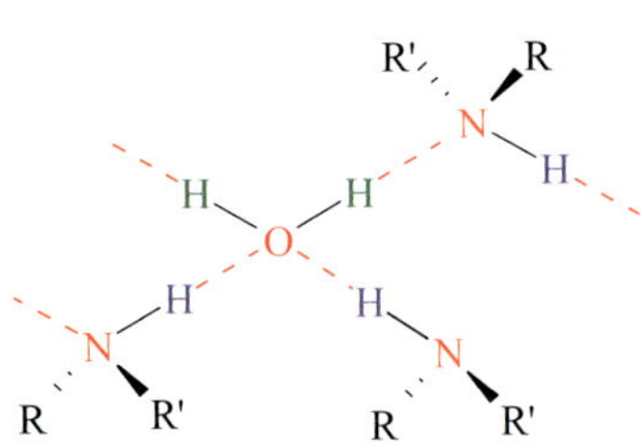

이차 아민

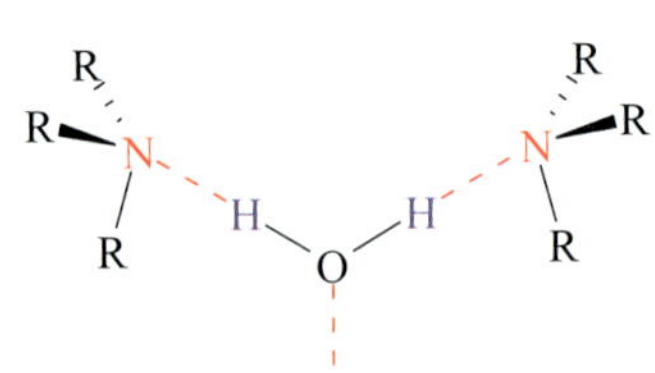

삼차 아민

메틸과 에틸아민의 냄새는 암모니아와 아주 비슷하다. 아민의 냄새는 질소에 결합되어 있는 알킬기가 클수록 물고기 냄새와 비슷해진다.

표 11.1 아민의 물리적 성질과 염기도

이름	구조식	bp(℃)	물에 대한 용해도(25℃)	pK_b (25℃)
일차-알킬아민				
Methylamine	CH_3-NH_2	−7.5	∞	3.34
Ethylamine	$C_2H_5-NH_2$	17	∞	3.19
이차-알킬아민				
Diethylamine	$(C_2H_5)_2NH$	55		3.27
고리 아민				
Cycloethyleneamine	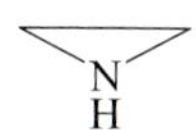	55	∞	
지방족 다이아민				
Ethylenediamine	$H_2N-CH_2CH_2-NH_2$	117	녹음	
방향족 일치환아민				
N-Methylaniline	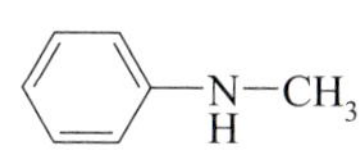	196	약간용해	5.14
치환방향족 아민				
o-Toluidine	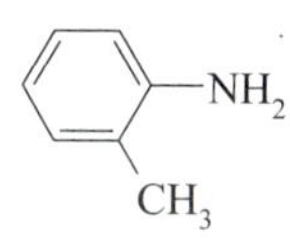	200	1.7	5.60
o-Nitroaniline	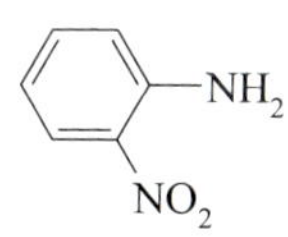	284	0.1	9.46
방향족 다이아민				
o-Phenylenediamine	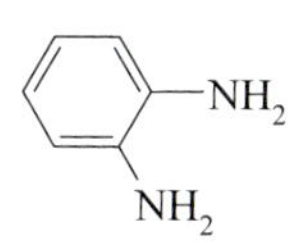	252	3	5.49

11.3 아민의 제법

(1) 치환반응에 의한 제법

할로젠화 알킬은 암모니아에 의해서 친핵성 치환반응을 하여 알킬암모늄염을 만든다. 아민염에 수산화물을 가하면 아민이 생긴다.

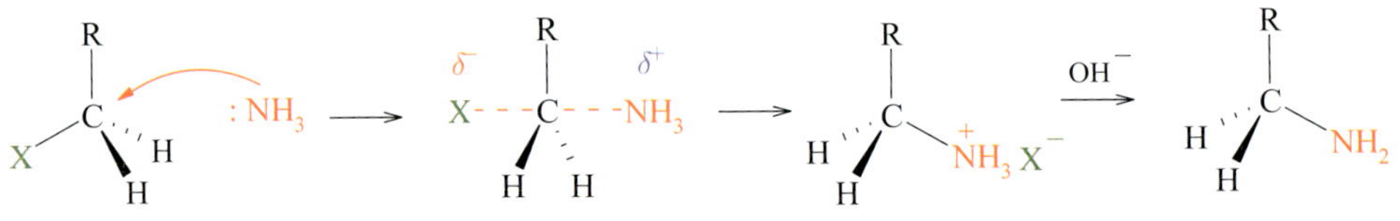

알킬암모늄염　　일차아민

만들어진 일차 아민은 할로젠화 알킬에 의해서 다시 알킬화 반응을 하여 이차, 삼차 아민 및 사차 암모늄염을 생성할 수 있다. 암모니아의 양이 작을 때는 알킬기가 두 개 이상 치환된 알킬화 반응이 우선적으로 일어난다. 일차 아민을 만들 때는 알킬화 반응을 시킬 때 과량의 암모니아를 사용하는 것이 유리하다. 어떤 경우에는 일차, 이차, 삼차 아민 및 사차 암모늄염의 혼합물이 만들어진다. 이러한 경우에는 증류나 결정법에 의하여 분리해야 한다.

$$R\ddot{N}H_2 + R{-}X \longrightarrow R_2\overset{+}{N}H_2\,X^- \xrightarrow{OH^-} R_2NH$$

이차 아민

$$R_3\ddot{N} + R{-}X \longrightarrow R_4\overset{+}{N}\,X^-$$

사차 아민

아민의 합성에 사용하는 할로젠화 알킬의 가암모니아 분해반응(ammonolysis)은 치환반응이 제거반응보다 더 잘 일어나는 일차 및 이차 지방족 할로젠화 알킬을 사용하여 아민을 만들 수 있을 때만 이용할 수 있다. 삼차 할로젠화 알킬에서는 제거반응이 잘 일어나므로 염화 *t*-뷰틸과 암모니아를 사용하여서는 삼차 뷰틸아민을 만들 수 없다.

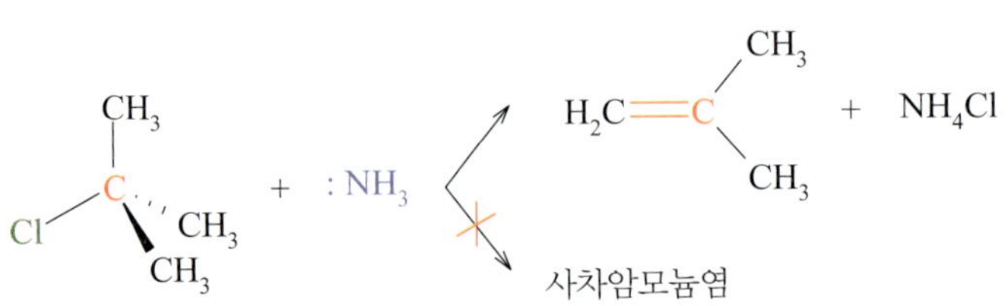

제거반응

사차암모늄염　　치환반응

할로젠화 아릴은 중간체인 아릴 탄소양이온을 안정화시킬 수 있는 나이트로기와 같은 전자를 끄는 기가 있을 때만 반응한다.

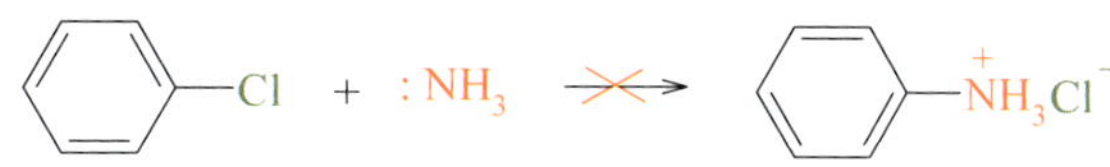

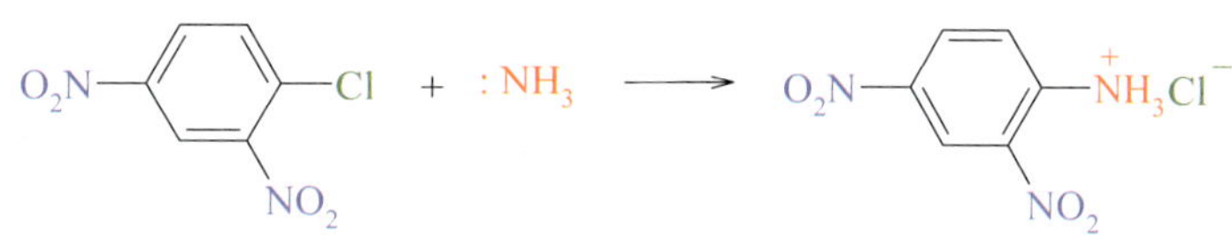

일차 아민의 제법인 Gabriel 합성법은 먼저 포타슘 프탈이미드를 할로젠화 알킬과 반응시켜 *N*-알킬 프탈이미드(*N*-alkyl phthalimide)를 만든다. 이 반응은 프탈이미드 음이온에 의한 할로젠화 알킬의 친핵성 치환반응이다. 염산이나 하이드라진 수화물(hydrazine hydrate)을 사용하여 *N*-알킬 프탈이미드를 분해하면 일차 아민이 생성된다.

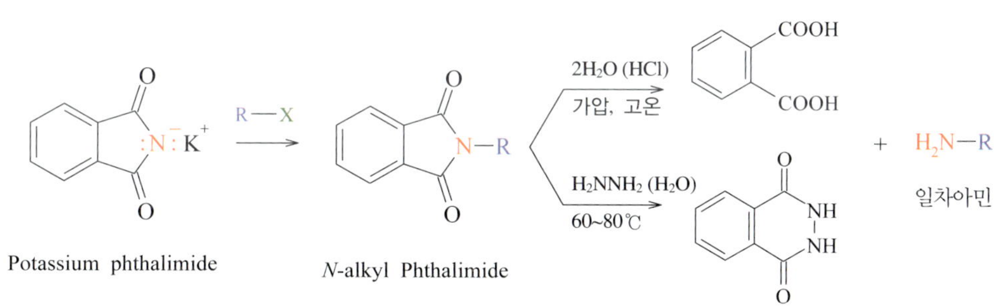

(2) 첨가반응에 의한 아민의 제법

① 암모니아와 일차 및 이차 아민을 알켄에 첨가하면 일차, 이차 및 삼차 아민이 생긴다. 이러한 반응은 높은 압력과 코발트염과 같은 촉매가 있을 때 일어난다.

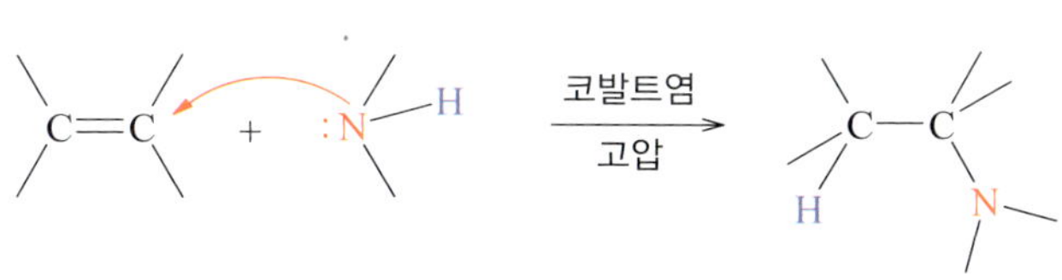

이중 결합이 나이트릴기나 카보닐기와 같이 극성을 가진 불포화기와 짝지어서 활성화 되어 있을 때는 압력이나 촉매가 없어도 첨가반응이 일어난다.

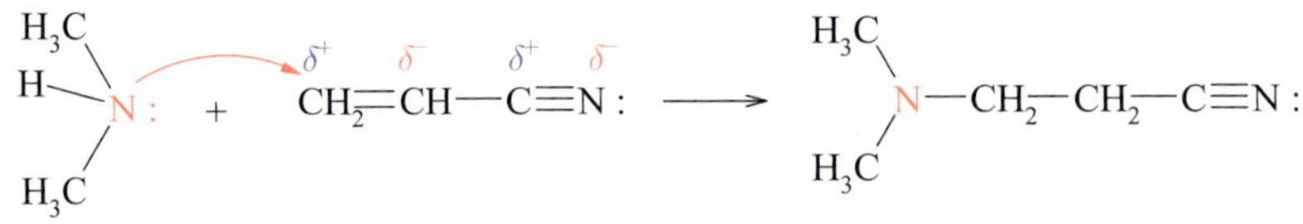

β-Dimethylaminoacrylonitrile

② 암모니아와 일차 또는 이차 아민에 의하여 산화에틸렌이 친핵성 공격을 받으면 β-아미노, β-(*N*-알킬아미노) 및 β-(*N*,*N*-다이알킬아미노)에탄올로 변환되며 이러한 것들을 에탄올아민이라고 한다.

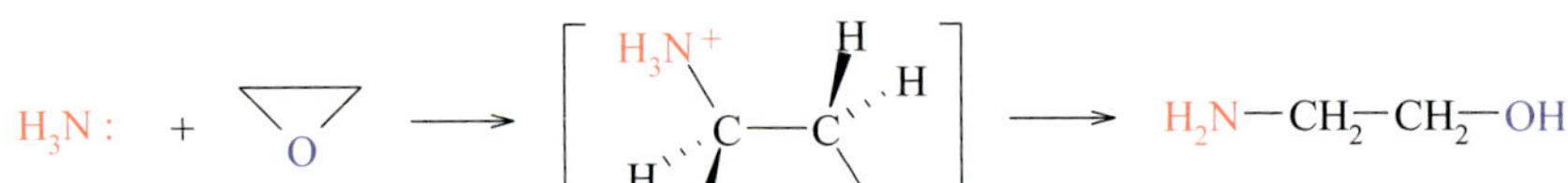

β-aminoethanol

에탄올아민은 알코올과 아민의 성질을 모두 가지고 있다. 다이 및 트라이에탄올아민은 과량의 산화에틸렌에 에탄올아민을 첨가시키면 생성된다.

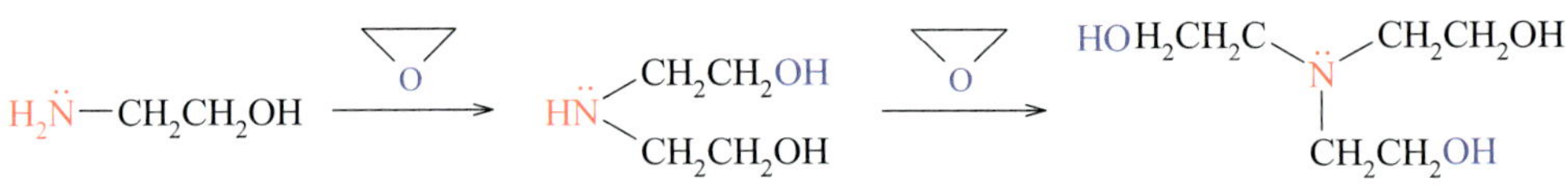

Diethanolamine Triethanolamine

(3) 환원에 의한 아민의 제법

① 방향족 나이트로 화합물을 촉매 수소화 반응이나 환원제에 의한 환원반응을 시키면 방향족 일차아민이 합성된다.

$$\underset{\text{방향족나이트로화합물}}{ArNO_2} \xrightarrow[\text{또는 환원제}]{H_2/\text{촉매}} \underset{\text{방향족 일차아민}}{ArNH_2} + 2H_2O$$

아닐린은 나이트로벤젠을 산성용액에서 철 가루로 환원시킨 다음 염기로 처리하여 대량으로 제조가 가능하다.

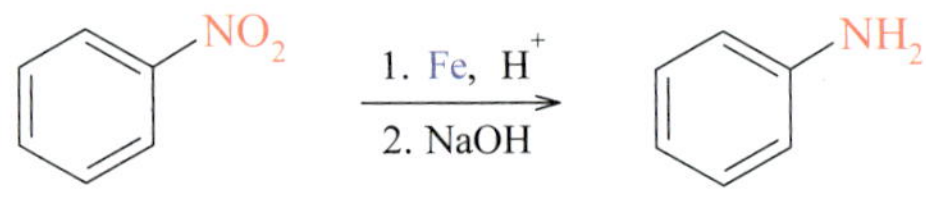

예제 11.4

벤젠으로부터 *p*-메틸아닐린을 어떻게 합성할 수 있겠는가?

풀이

메틸기는 $CH_3Cl/AlCl_3$를 써서 Friedel-Crafts 반응으로 벤젠 고리에 도입한다. 그리고 아미노기는 나이트로화 및 환원반응으로 도입한다. 메틸기는 오쏘 및 파라 지향성이므로 메틸기를 먼저 도입한 후 나이트로화와 환원반응을 시키는 것이 최선의 방법이다.

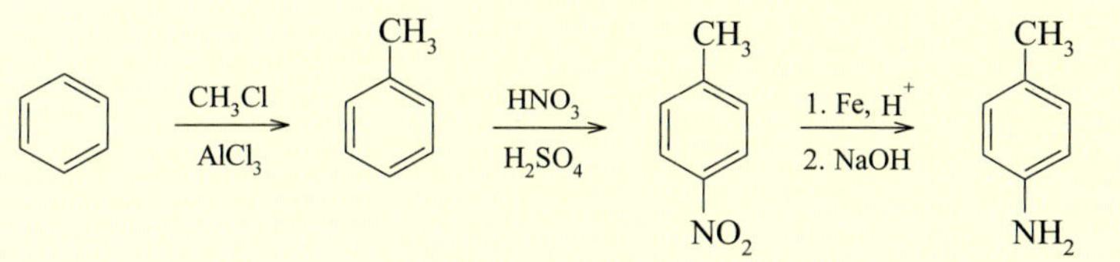

벤젠 톨루엔 *p*-나이트로톨루엔 *p*-메틸아닐린

② 지방족 일차 아민은 지방족 나이트로 화합물을 환원시켜 얻을 수 있다. 수소화알루미늄리튬은 이 반응에 가장 좋은 환원제이다.

$$RCH_2NO_2 \xrightarrow[\text{in ether}]{LiAlH_4} RCH_2NH_2$$

지방족 나이트로 화합물 지방족 일차아민

③ 옥심을 환원시키면 일차 아민이 생성된다. 아조 화합물은 하이드라조(치환 하이드라진)화합물을 거쳐서 일차 아민으로 환원된다.

$$R{-}N{=}N{-}R \xrightarrow{2[H]} R{-}NH{-}NH{-}R \xrightarrow{2[H]} 2R{-}NH_2$$

Azo 화합물 Hydrazo 화합물 일차아민

아조 벤젠을 촉매 수소화 반응시키면 아닐린으로 된다.

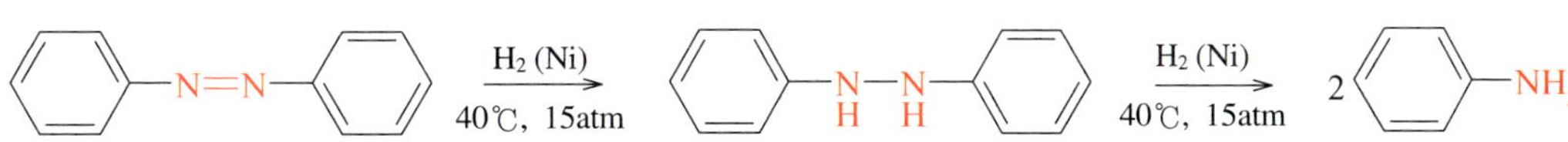

Azobenzene Hydrazobenzene Aniline

④ 촉매수소화반응, 에탄올 속의 금속 소듐 또는 에터 속의 수소화알루미늄리튬 등은 나이트릴을 효과적으로 환원시켜서 이차 아민으로 만든다.

$$\mathrm{R-C{\equiv}N} \xrightarrow[\text{in ether}]{\mathrm{LiAlH_4}} \mathrm{R-CH_2-NH_2}$$

나이트릴화합물 일차아민

따라서, *o*-메틸벤질 아민은 무수 에터에서 $LiAlH_4$를 작용시켜 *o*-메틸벤조나이트릴을 환원시키면 된다.

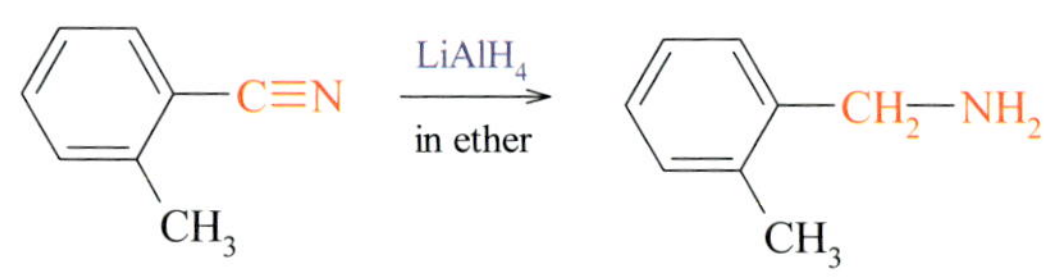

o-Methylbenzonitrile *o*-Methylbenzylamine

예제 11.5

N-에틸사이클로헥실아민을 합성하려면 어떤 아마이드를 사용해야 하는가?

풀이

아마이드를 $LiAlH_4$로 환원하면 아마이드 카보닐기가 메틸렌($-CH_2-$) 단위로 대체된다($RCONR_2 \rightarrow RCH_2NR_2$). *N*-에틸사이클로헥실아민은 질소에 결합된 단 하나의 $-CH_2-$ 탄소를 가지므로(에틸기) 생성물은 *N*-사이클로헥실아세트아마이드를 환원하여 얻는다.

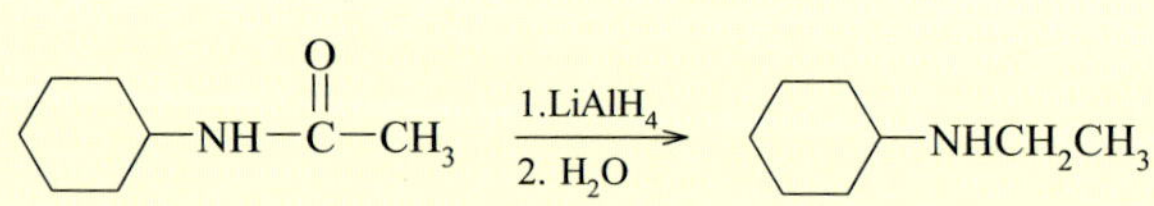

(4) 카보닐 화합물의 환원성 아미노화 반응

알데하이드 또는 케톤을 암모니아나 아민과 함께 환원제 존재 하에 반응시키면 단일 단계로 아민을 합성할 수 있는데 이를 환원성 아미노화 반응(reductive amination)이라 한다. 예를 들면 중추 신경계 자극제인 암페타민은 상업적으로 환원제로서 니켈 촉매 위에서 수소 가스를 써서 1-phenylpropan-2-one과 암모니아의 환원성 아미노화 반응으로 합성된다.

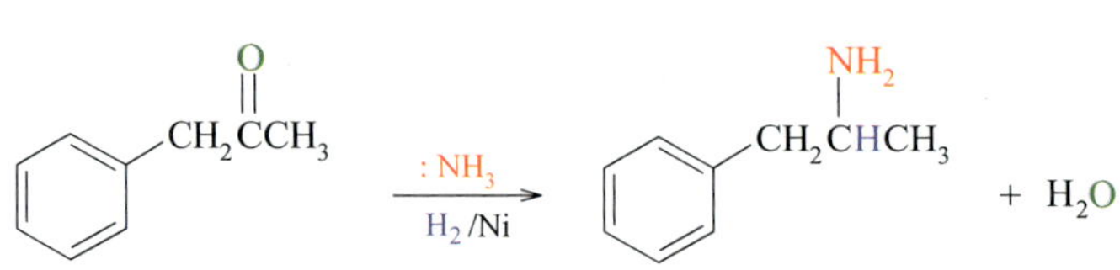

1-phenylpropan-2-one Amphetamine

환원성 아미노화반응은 다음의 반응 경로로 일어난다. 단계 1에서 암모니아는 친핵성 첨가반응으로 카보닐기를 공격하여 중간체인 카비놀아민을 생성한다. 단계 2에서 중간체는 물을 잃고 이민을 형성한다. 단계 3에서 이민은 니켈 촉매 위에서 환원되어 아민 생성물을 생성한다. 암모니아, 일차 아민 및 이차 아민 모두가 환원성 아미노화반응을 하며 각각 일차, 이차 및 삼차 아민으로 생성된다.

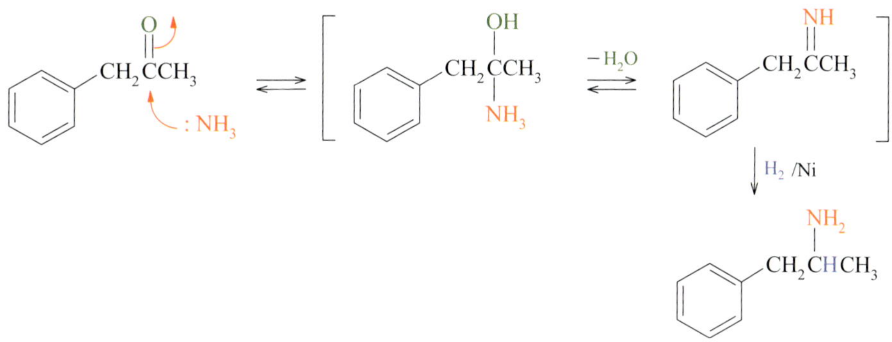

카보닐 화합물을 이차 아민과 반응시키면 엔아민(enamine)을 형성한다. 엔아민을 촉매 수소화반응을 시키면 포화된 삼차 아민이 만들어진다.

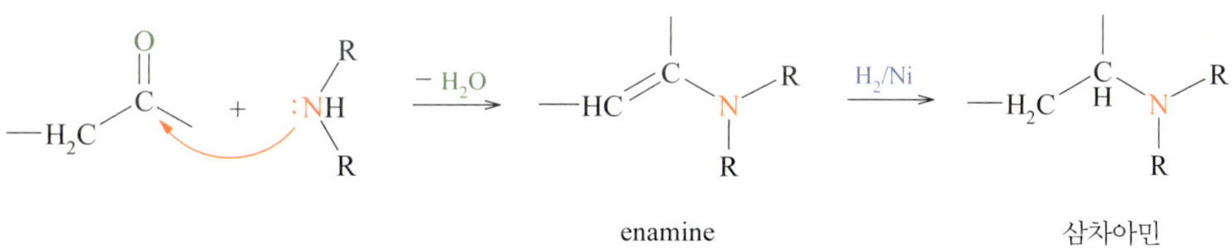

예제 11.6

환원성 아미노화반응을 이용하여 *N*-메틸-2-페닐에틸아민을 합성하라.

풀이

합성하고자 하는 분자의 질소에 붙어 있는 치환기를 확인한다. 치환기 중 하나는 알데하이드나 케톤 성분에서 유래되어야 하고 다른 것은 아민 성분에서 유래되어야 한다. *N*-메틸-2-페닐에틸아민의 경우에 생성물이 되는 두 가지 조합이 있는데 페닐아세트알데하이드와 메틸아민 또는 폼알데하이드와 2-페닐에틸아민이다. 일반적으로 보다 간단한 아민 성분, 이 경우에는 메틸아민을 시약으로서 과량 사용한다.

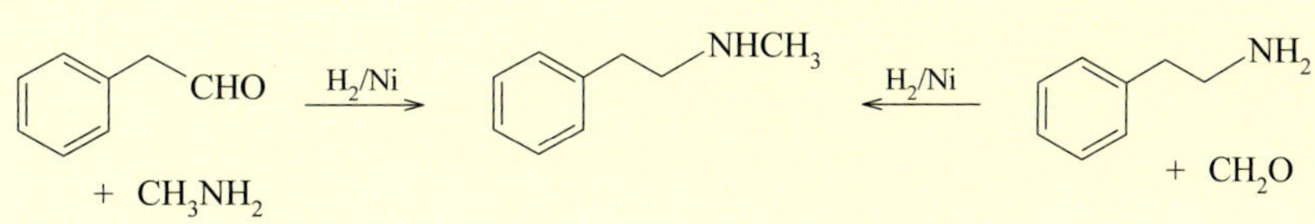

11.4 아민의 반응

(1) 아민의 염기도

암모니아와 아민은 비공유 전자쌍을 가진 질소를 가지므로 염기로 행동하여 양성자를 받아들여 암모늄이온을 형성한다. 암모니아와 아민은 물보다 센 염기이며 무기산 수용액 속에서 암모늄염을 만든다.

$$R-NH_2 \;+\; HCl \longrightarrow R-NH_3^+ \;+\; Cl^-$$

암모니아와 아민은 수산화 알킬보다는 약한 염기이며, 이것들은 수산화 알칼리 수용액에서 유리된다.

$$R-NH_3^+ \;+\; OH^- \longrightarrow R-NH_2 \;+\; H_2O$$

아민의 염기도는 아민과 물의 평형반응에서 물로부터 양성자를 받아들이는 세기에 비례한다.

$$R-NH_2 \;+\; H_2O \longrightarrow R-NH_3^+ \;+\; OH^-$$

아민의 염기도 상수는 이 평형으로 나타낸다.

$$K_b = \frac{[RNH_3^+]\,[OH^-]}{[RNH_2]}$$

방향족 아민($K_b = 10^{-9}$)은 지방족 아민($K_b \sim 10^{-4}$)보다 약한 염기이며 지방족 아민은 암모니아($K_b = 1.8 \times 10^{-5}$)보다 더 센 염기이다. 알킬기는 전자를 주는 유발효과가 있으므로 탄소양이온을 안정화 시킨다. 이와 같이 알킬기는 질소 원자에 있는 양전하를 분산시키므로 알킬암모늄이온을 안정하게 한다. 유리 아민에서는 알킬기가 질소 원자 쪽으로 전자를 줌으로써 질소의 비공유 전자쌍이 양성자와 공유하는 것을 돕는다.

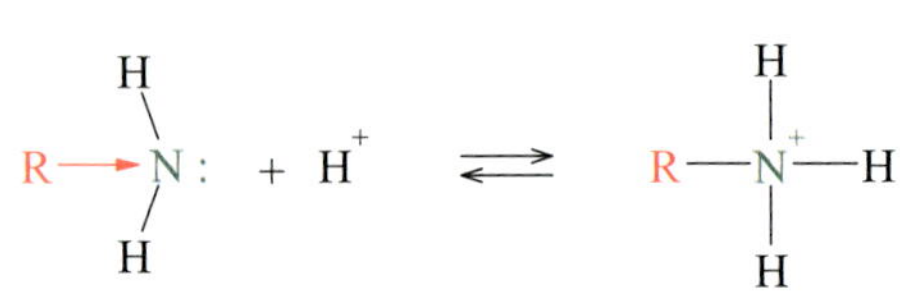

비공유전자쌍이 활성화되어
양성자와의 반응성이 높아진다.

이러한 효과로 지방족 아민의 염기성이 암모니아보다 더 크다. 질소 원자에 결합되어 있는 알킬기가 많을수록 아민의 염기성도 더 크게 된다. 따라서 이차 아민은 일차 아민보다 염기성이 크다(표 11.1). 그러나 3차 아민은 물과 용매화가 잘 일어나지 않고 또 양성자 첨가가 입체적인 방해를 받기 때문에 2차 아민보다 염기도가 작다.

아닐린의 질소 원자의 비공유 전자쌍은 양성자뿐만 아니라, 벤젠 고리에 있는 여섯 개의 π 전자와도 상호작용을 하므로 공명에 의한 안정화는 증가된다.

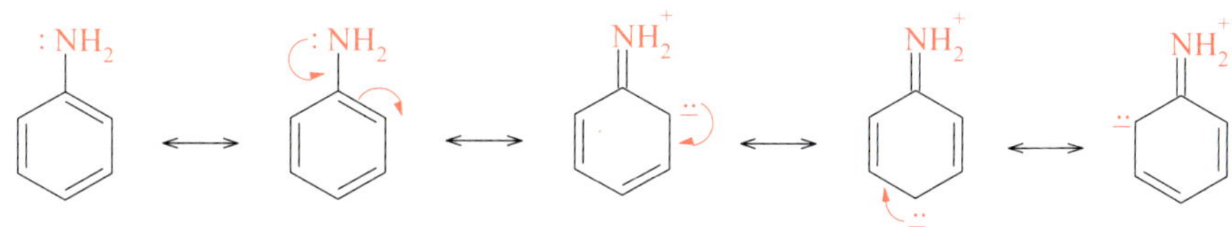

아닐린에 양성자가 첨가되어 생긴 아닐리늄이온은 비공유 전자쌍을 가지고 있지 않기 때문에 아닐린보다는 불안정하다.

암모니아와 아민의 양성자 첨가는 에너지를 필요로 한다. 아닐린은 공명으로 인하여 아닐리늄 이온보다 안정하기 때문에 아닐린의 양성자 첨가반응은 암모니아의 양성자 첨가반응보다 더 많은 에너지를 필요로 한다. 그러므로 방향족 아민은 암모니아와 지방족 아민보다 약한 염기이다. 아닐린의 벤젠 고리에 전자를 주는 치환기 R이 있으면 아미노기에 있는 비공유 전자쌍을 활성화하여 양성자첨가를 쉽게 하고 양전하를 분산시켜 아닐리늄 이온을 안정화한다. 예로 *p*-페닐렌아닐린은 아닐린보다 염기성이 더 세다.

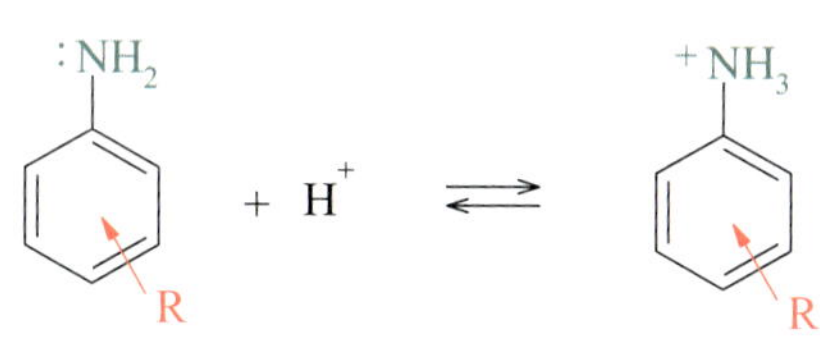

R : $-CH_3$, $-NH_2$, $-NR_2$, $-OCH_3$, $-C_6H_6$

아닐린의 벤젠고리에 있는 전자를 당기는 치환기 W는 아미노기의 비공유 전자쌍을 비활성화하여 아미노기의 양성자첨가를 방해하며, 암모늄 질소의 양전하를 크게 하므로 아닐리늄 양이온을 불안정하게 한다. 예로 *p*-나이트로아닐린은 아닐린보다 더 약한 염기이다.

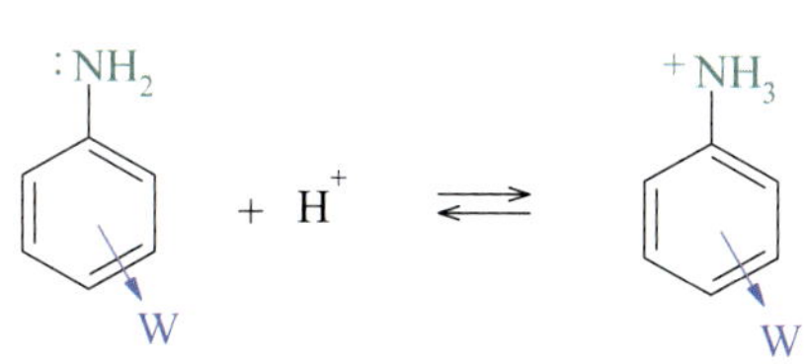

W : $-NH_3$, $-NO_2$, $-COOH$,

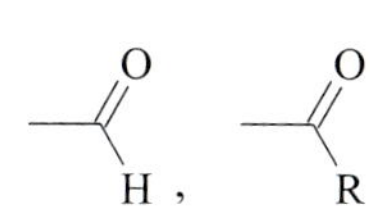

, $-Cl$

표 11.2 p-치환된 aniline의 염기도에 대한 치환기 효과

치환기	pK_a
$-NH_2$	6.15
$-OCH_3$	5.34
$-CH_3$	5.08
$-H$	4.63
$-Cl$	3.98
$-Br$	3.86
$-CN$	1.74
$-NO_2$	1.00

예제 11.7

다음 화합물을 염기도가 증가하는 순서로 나열하시오.

p-Nitroaniline, *p*-aminobenzaldehyde, *p*-bromoaniline

풀이

아닐린의 치환기인 Br, COH, NO_2는 벤젠고리의 전자를 잡아당기기 때문에 아미노기의 비공유 전자쌍을 비활성화한다. 따라서 아미노기 양성자첨가를 방해한다. 이 중에서도 비활성화 정도는 NO_2가 가장 크며 COH, Br의 순서이다.

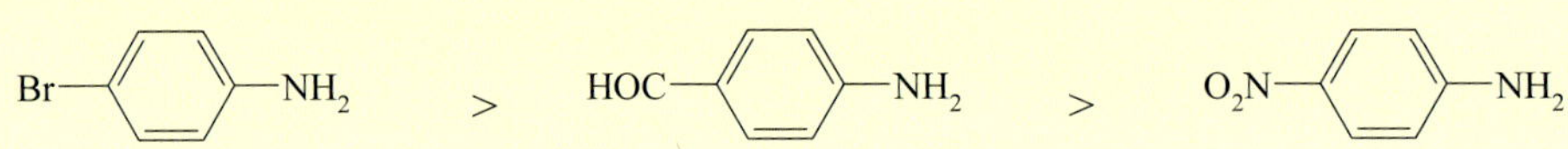

p-bromoaniline　　*p*-aminobenzaldehyde　　*p*-Nitroaniline

(2) 아질산에 대한 아민의 반응성

1차 지방족 아민과 방향족 아민은 아질산과 반응하여 다이아조늄염으로 된다. 알킬 다이아조늄염은 생성된 후 자발적으로 분해하여 질소와 알코올 및 알켄의 혼합물로 된다. 아질산 소듐의 무기산 용액을 가했을 때 질소가 발생하면 지방족 일차 아민이 있음을 뜻한다. 아릴다이아조늄염은 더 안정한데, 이러한 아릴다이아조늄염은 유기합성에서 매우 중요한 중간생성물이다.

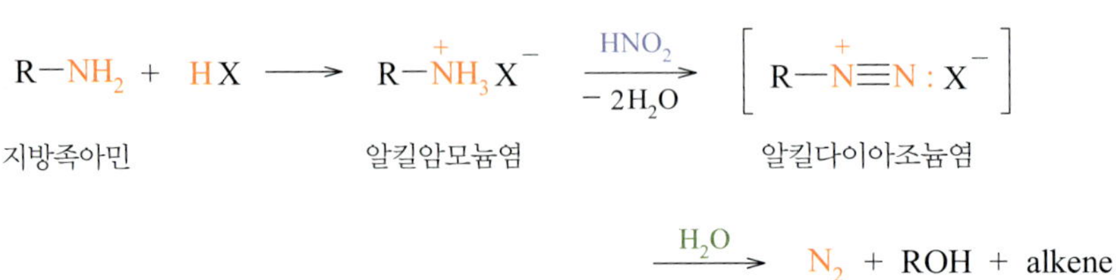

이차 지방족 아민과 방향족아민을 아질산과 반응시키면 *N*-나이트로소아민이 생기는데, *N*-나이트로소아민은 노란색이며, 무기산에 녹지 않는다. 아민에 무기산과 아질산 소듐을 가했을 때 노란 기름상의 침전이 생기는 것은 이차 아민이 있음을 의미한다.

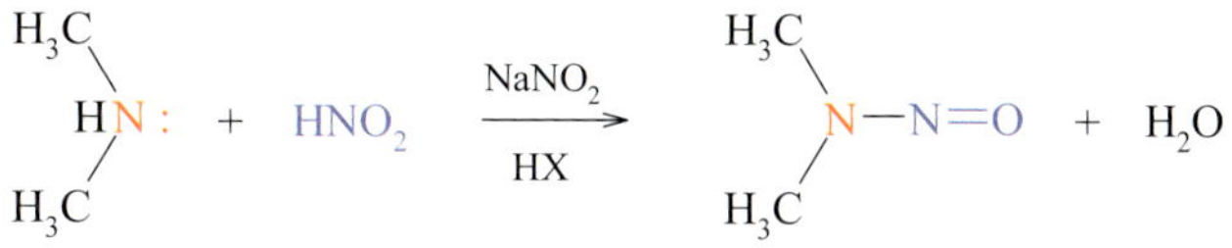

N-nitrosodimethylamine

삼차 지방족 아민은 아질산에 의하여 산화되어 *N*-나이트로소다이알킬아민과 알데하이드의 혼합물로 된다.

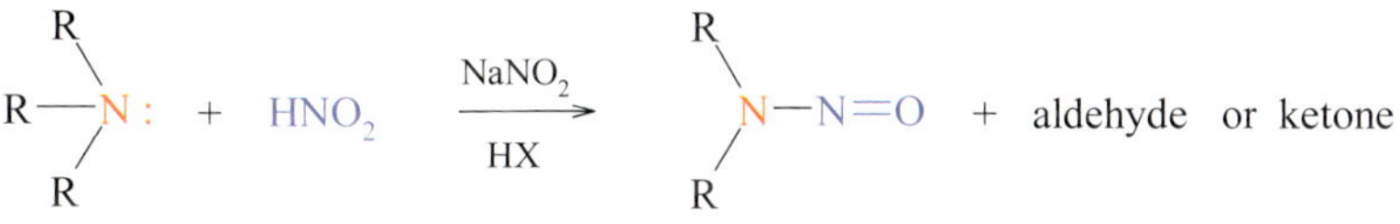

그러나 삼차 방향족 아민은 벤젠 고리에 친전자성 나이트로소화 반응을 한다. 예를 들면 *N*,*N*-다이메틸아닐린과 아질산이 반응하여 *p*-나이트로소-*N*,*N*-다이메틸아닐린이 생성된다.

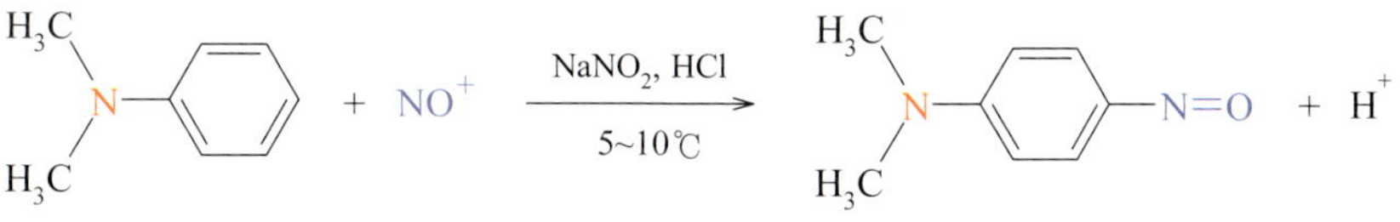

Nitrosonium 이온 *p*-Nitroso-*N*,*N*-dimethylaniline

친전자체인 나이트로소늄 이온은 아질산에 무기산의 양성자가 첨가되어 생긴다.

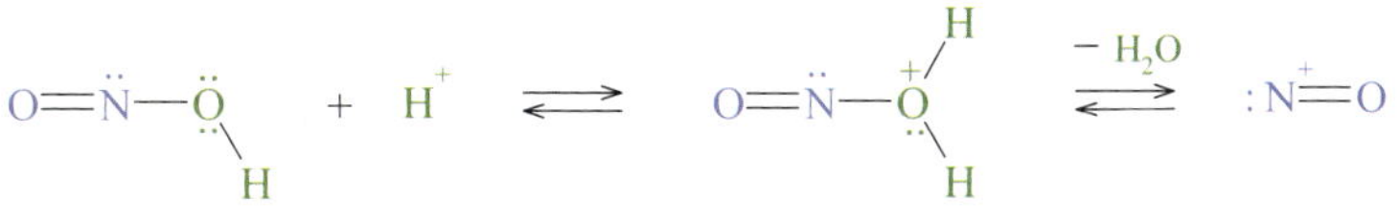

(3) 아민의 아실화 반응

일차나 이차 아민은 카복실산이나 설폰산의 할로젠화물 존재 하에서 질소에 치환된 산아마이드나 또는 설폰아마이드를 생성한다.

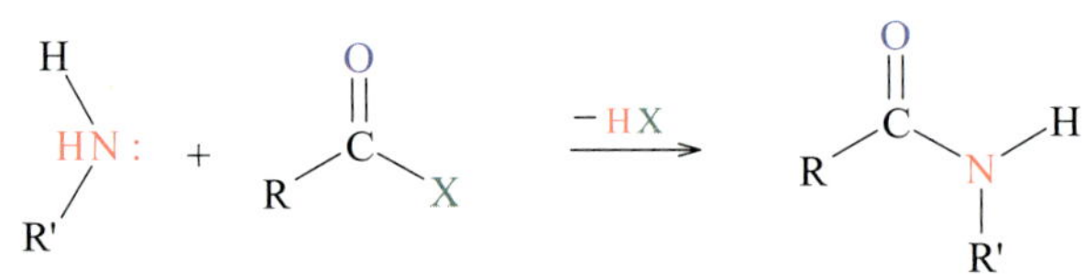

일차 아민 산할로젠화물 *N*-알킬산아마이드

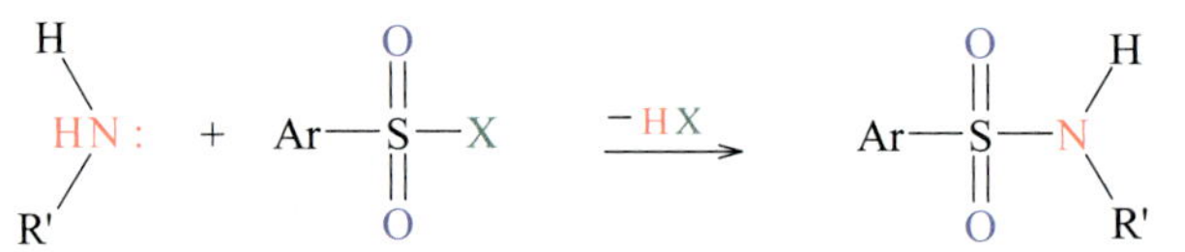

할로젠화아릴설포닐 *N*-알킬아릴설폰아마이드

삼차 아민의 질소에는 수소가 없으므로 아실화반응이 일어나지 않는다. 바로 옆의 전자를 당기는 카보닐기나 설포닐기 때문에 *N*-알킬산아마이드와 설폰아마이드의 NH기는 산성이다. 이러한 화합물들은 염을 형성하므로 수산화 소듐 수용액에 녹지만, *N*,*N*-다이알킬산아마이드와 *N*,*N*-다이알킬아릴설폰아마이드는 NH의 양성자가 없기 때문에 수산화 소듐 수용액에 녹지 않는다.

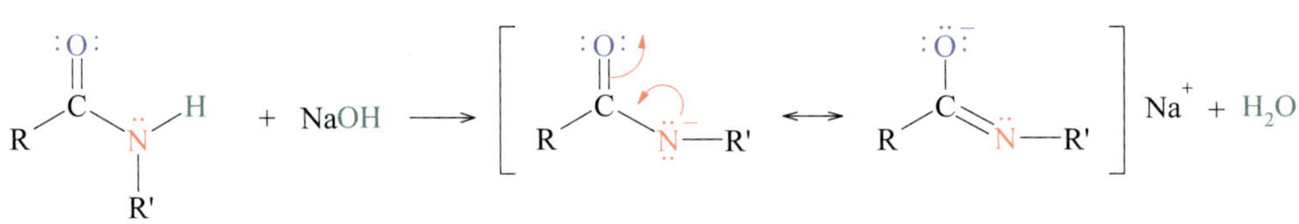

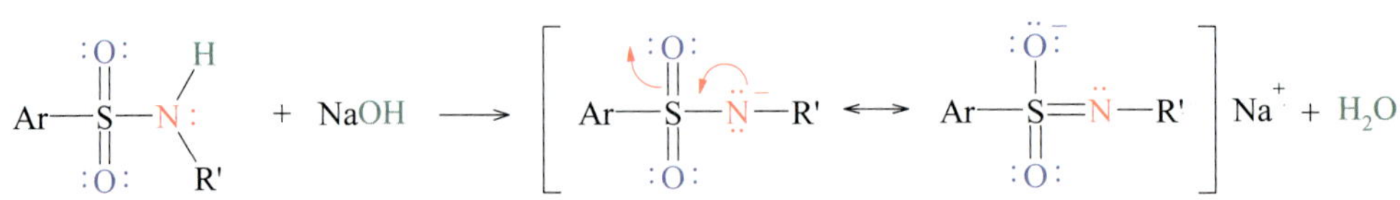

일차, 이차, 삼차 아민을 구별하는 Hinsberg 반응은 이러한 성질을 이용한 것이다. 일차 아민은 염화벤젠설포닐과 반응하여 수산화 소듐 수용액에 녹는 *N*-알킬벤젠설폰아마이드를 만드나 이차 아민은 수산화 소듐 수용액에 녹지 않는 *N*,*N*-다이알킬벤젠 설폰아마이드가 된다. 삼차 아민은 염화벤젠설포닐과 반응하지 않는다.

(4) 아민의 알킬화반응

일차 아민을 할로젠화 알킬과 반응시키면 이차, 삼차, 및 사차 암모늄염으로 된다.

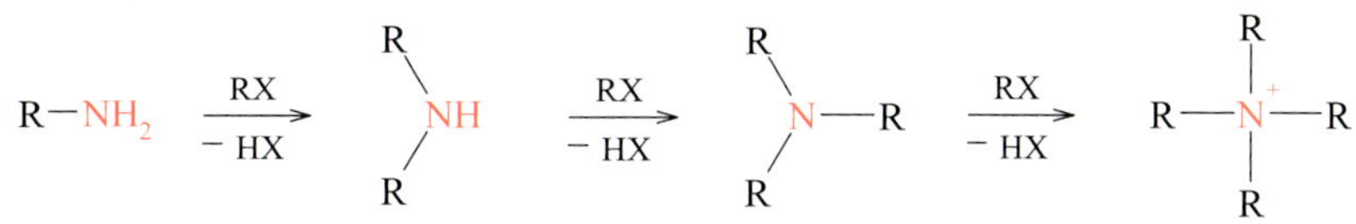

일차아민 이차아민 삼차아민 사차 암모늄

아민의 알킬화반응에서는 아민이 뒤쪽에서 할로젠화 알킬의 탄소를 친핵성 공격하여 할로젠 음이온으로 치환된다.

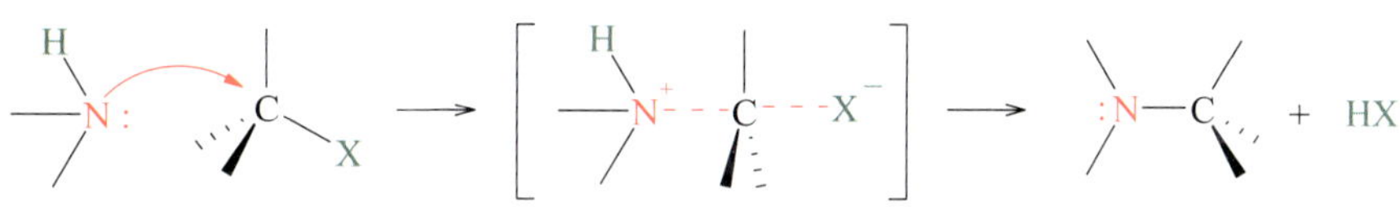

모든 아민의 알킬화반응의 최종 생성물은 사차 암모늄염이다. 아민이 테트라알킬암모늄염으로 되는 반응을 완전 알킬화반응(exhaustive alkylation)이라고 한다. 완전 메틸화반응에는 보통 과량의 아이오딘화 메틸을 사용한다. 사차 암모늄염은 수산화 은과 같은 센 염기와 반응하여 수산화 사차 알킬암모늄 용액과 할로젠화은의 침전을 만든다.

$$R_4N^+X^- + AgOH \longrightarrow R_4N^+OH^- + AgX(s)$$

수산화테트라알킬암모늄은 실온에서 안정하다.

(5) 제거반응

암모늄 질소에 대하여 β-수소 원자를 가지고 있는 수산화테트라알킬암모늄을 가열하면 알켄, 삼차 아민 및 물이 생긴다.

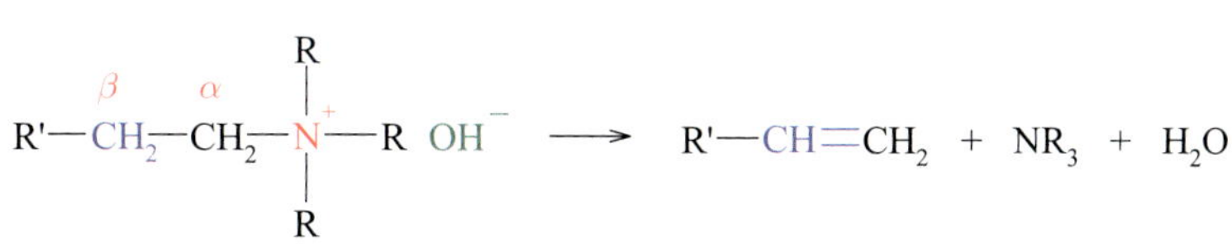

β 양성자를 가진 수산화테트라알킬암모늄 알켄 삼차아민

이 반응을 Hofmann 제거반응이라고 한다. 이 반응은 수산화 음이온에 의하여 암모늄 이온의 양성자 하나가 제거되는 이분자 β-제거반응에 의해 일어난다.

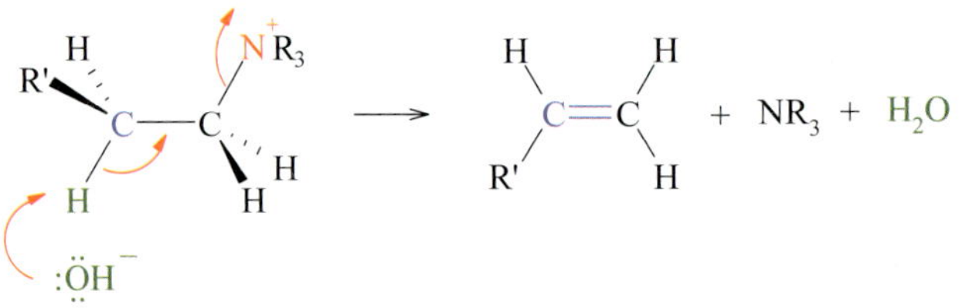

알킬기에 의해 입체장애가 작은 탄소 원자에서 양성자가 제거된다. 그러므로 β-양성자는 $R-CH_2-$기나 R_2CH-기보다 CH_3-기에서 잘 제거된다(Hofmann규칙).

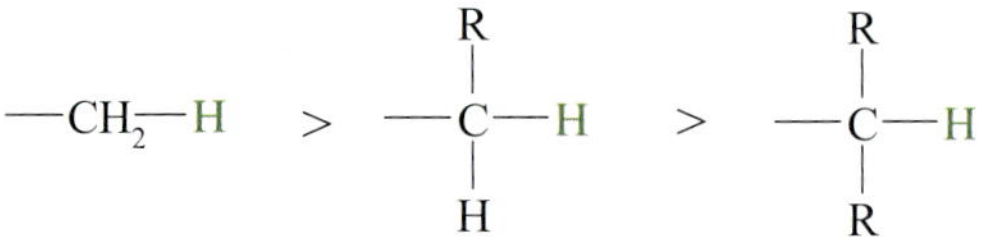

이러한 이유 때문에 이차 뷰틸 아민의 완전 메틸화반응에 의하여 얻어진 수산화 *sec*-뷰틸트라이메틸암모늄의 Hofmann 제거반응은 but-2-ene보다 but-1-ene을 우선적으로 생성한다.

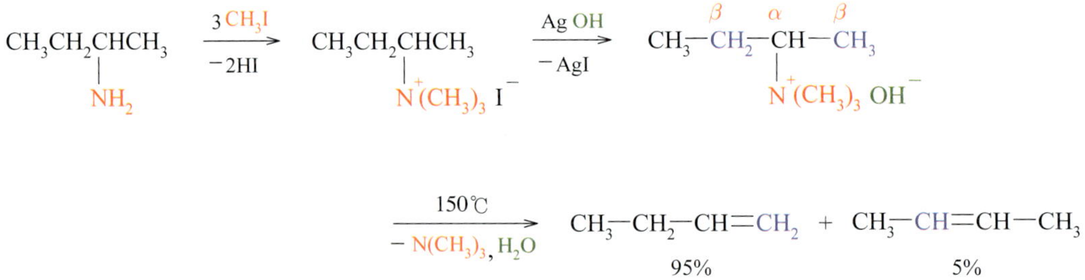

(6) 방향족 아민의 친전자성 치환반응

아릴암모늄 이온에 있는 암모늄기를 제외한 $-NH_2$, $-NHR$, $-NR_2$의 아미노기는 벤젠 고리를 활성화하여 친전자성 치환반응을 쉽게 한다. 이들 치환기는 비공유 전자쌍을 벤젠 고리로 밀어준다.

아미노기는 오쏘와 파라 지향기이다. 친전자체 Y^+가 오쏘 또는 파라 위치를 공격할 때 생기는 양전하를 분산함으로써 탄소양이온을 안정화시킨다. 그러므로 방향족 아민의 친전자성 치환반응은 아주 쉽게 일어나며 때로는 촉매 없이도 가능하다.

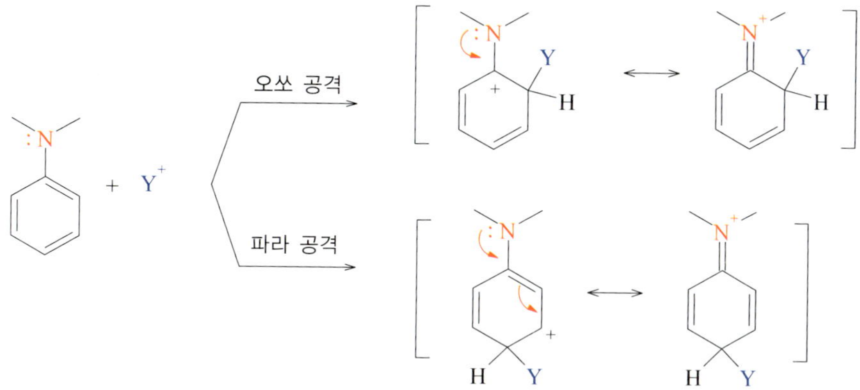

전자를 주는 유발효과 때문에 알킬기는 비공유 전자쌍을 활성화하여 벤젠 고리의 전자밀도를 크게 하므로 방향족 아민의 친전자성 치환반응은 아미노기에 결합되어 있는 알킬기의 수가 증가할수록 반응성은 커진다.

$$-NH_2 \quad < \quad -NHR \quad < \quad -NR_2$$

아닐린의 할로젠화 반응은 촉매가 필요 없으며, 보통 2,4,6-트라이할로아닐린이 생성된다.

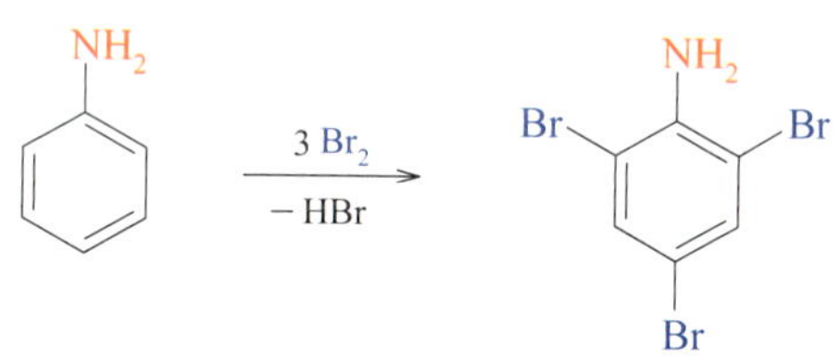

2,4,6-Tribromoaniline

11.5 방향족 다이아조염

일차 방향족아민이 산성용액 속에서 아질산과 반응하면 방향족다이아조늄염 $Ar-N_2Cl$으로 된다. 이러한 반응을 다이아조화 반응이라고 한다. 아닐린의 경우에는 첫 단계에서 아민과 무기산으로부터 염산염인 염화 아닐리늄이 생성된다. 두 번째 단계는 염산염과 아질산이 반응하여 염화 벤젠다이아조늄이 생긴다. 벤젠다이아조늄 양이온은 공명으로 안정화되어 있다. 양전하는 두 질소 간에 분산되어 있다.

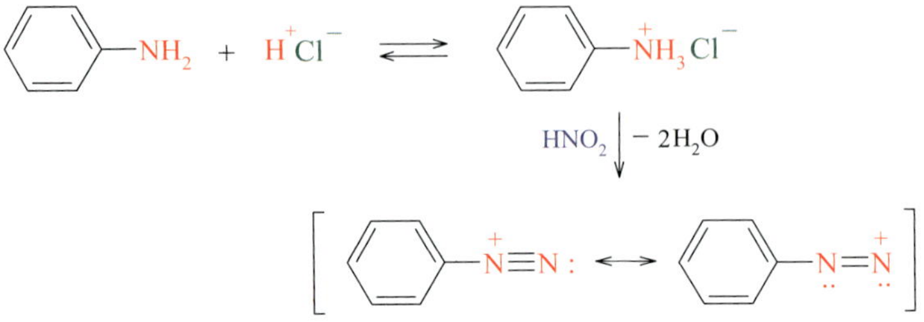

염화 벤젠다이아조늄

화합물의 명명은 아릴기 이름에다 다이아조늄을 붙이고 그 다음에 음이온의 이름을 붙인다.

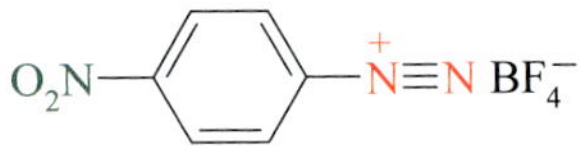

p-Nitrobenzene diazonium tetrafluoroborate

일반적으로 방향족다이아조늄염은 만든 후에 분리하지 않고 용액상태로 사용한다. 이러한 다이아조늄염은 고체로서 분리할 수 있지만 그 대부분은 불안정하거나 폭발성이 있다.

(1) 라디칼 치환반응

염화벤젠다이아조늄은 염화 구리(I)가 있으면 분해되어 질소와 클로로벤젠으로 된다.

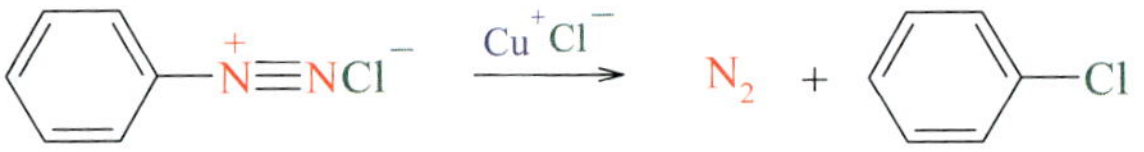

Sandmeyer 반응은 위와 같이 Cu^+ 이온이 촉매로 작용하는 한 예이다. 염화 구리(I)는 다음 메커니즘과 같이 촉매로서 작용하여 벤젠 라디칼을 만드는 데에 필요한 전자를 공급해 준다.

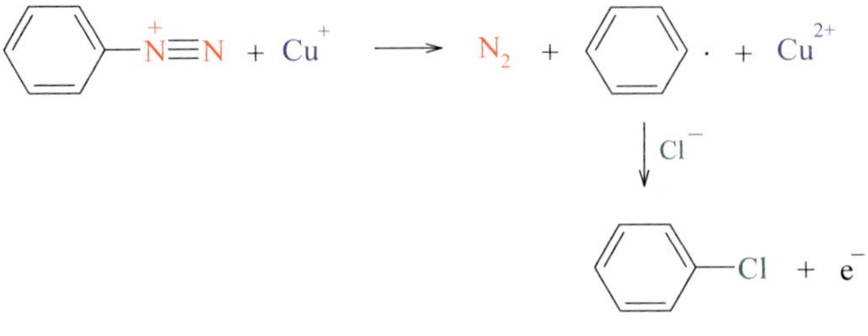

o-싸이오사이아네이토벤즈알데하이드의 합성은 Sandmeyer 반응을 이용한 좋은 예이다.

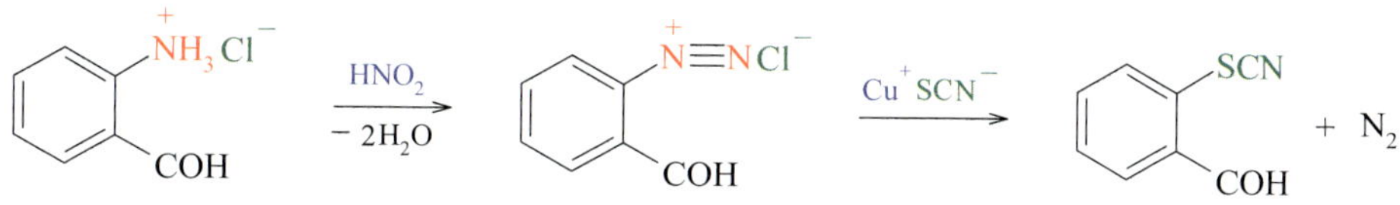

o-Thiocyanatobenzaldehyde

염화 벤젠다이아조늄과 벤젠은 수산화 소듐의 존재 하에서 다이페닐로 된다.

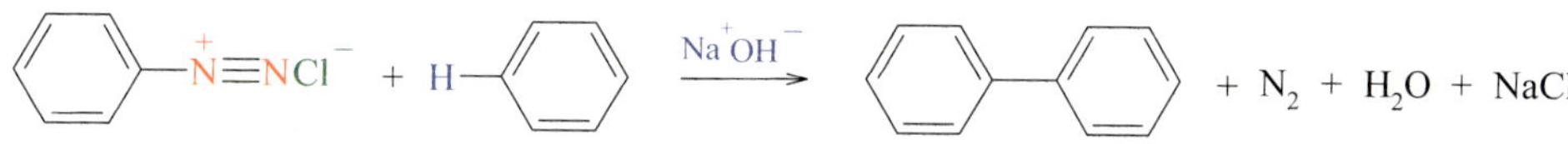

벤젠다이아조늄염은 수용액속에서 하이포아인산에 의하여 환원되어 방향족 탄화수소로 된다.

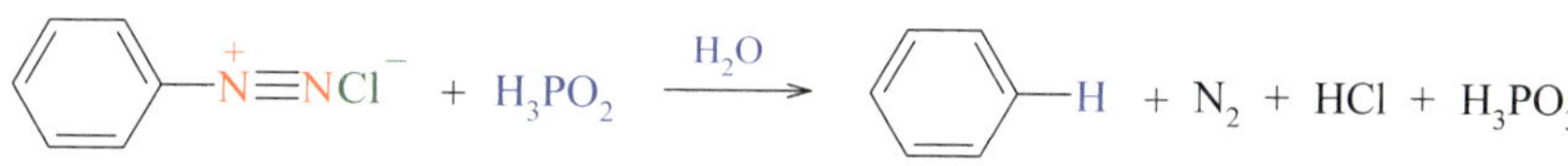

(2) 친핵성 치환반응

이 반응의 일반적인 과정은 벤젠다이아조늄 이온으로부터 질소가 떨어져 나가면서 벤젠 양이온이 생기고 이 양이온이 친핵체(카보음이온, 염기)의 공격을 받아 치환 벤젠을 생성한다.

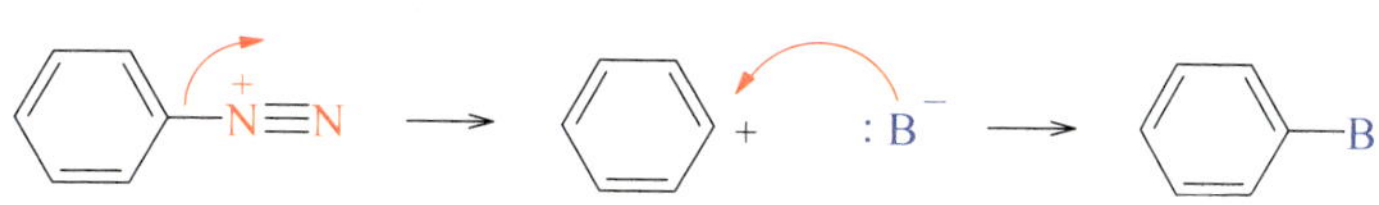

다이아조늄염은 그 수용액을 가열하면 페놀로 된다. 이 방법을 이용하면 페놀의 친전자성 염소화반응으로는 얻을 수 없는 *m*-클로로페놀을 합성할 수 있다.

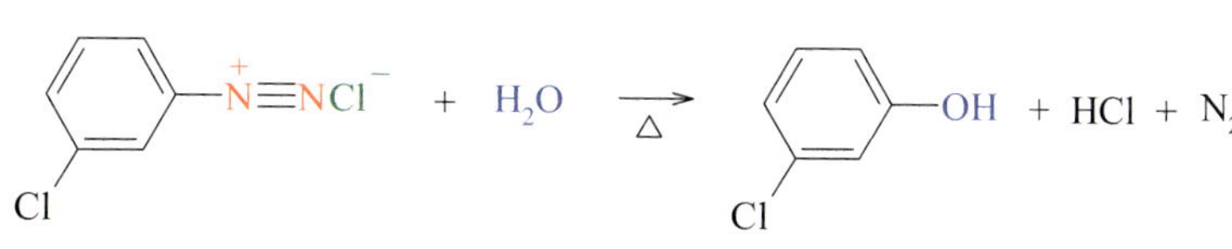

테트라플루오로붕소산 벤젠다이아조늄을 열분해하면 질소, 삼플루오로붕소 및 플루오로벤젠으

로 된다.

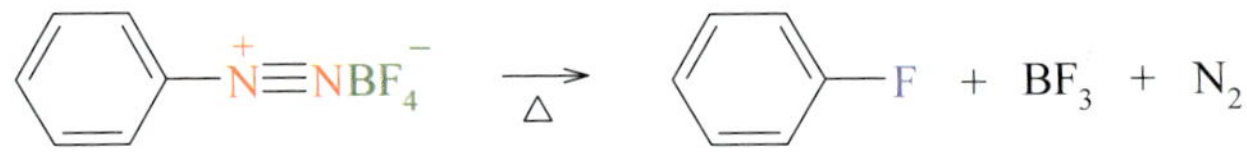

$^{-}:\ddot{\underset{..}{F}}-BF_3$ 중의 플루오린 이온 하나는 친핵체로 작용한다.

아자이드 음이온은 친핵체로 작용한다. 즉, 염화벤젠다이아조늄과 아자이드화 소듐이 반응하여 폭발성이 있는 아자이드화 페닐을 만든다.

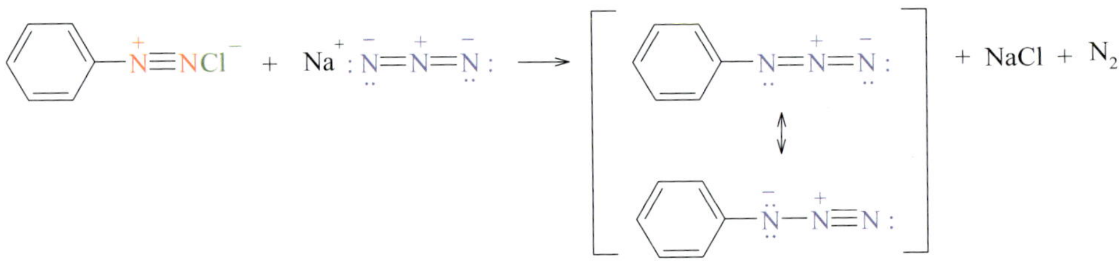

공명안정화된 phenylazide

(3) 짝지음 반응

다이아조늄염의 양으로 하전된 질소는 친전자체이다. 그러므로, 방향족 다이아조늄염은 어떤 방향족 화합물과 반응하여 질소를 그대로 가지고 있는 일반식이 Ar−N=N−Ar' 인 아조화합물을 만든다. 이러한 반응을 짝지음(coupling)이라고 한다.

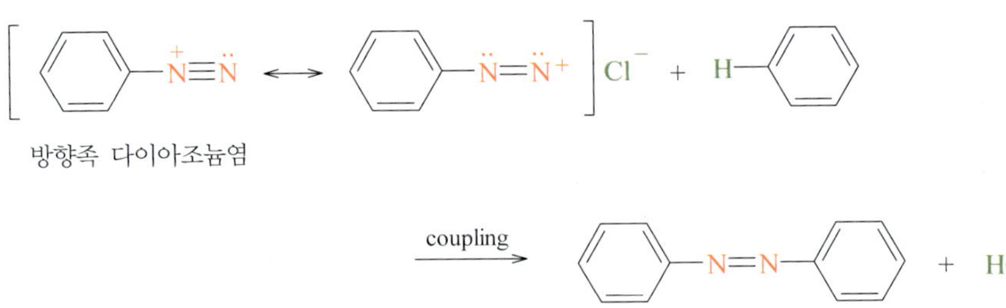

Azo 화합물

방향족 고리가 다이아조늄 이온의 공격을 받으려면 OH, OR(페놀, 페놀에테르), NH_2, NHR, NR_2(방향족 아민)과 같은 강하게 전자를 주는 치환기가 있어야 한다. 오쏘 위치는 입체장애 때문에 다이아조늄 이온에 의한 친전자성 치환은 일어나지 않고 활성화된 파라 위치에만 일어난다. 방향족 아민의 짝지음 반응은 중성이나 또는 약한 산성 용액에서만 일어난다.

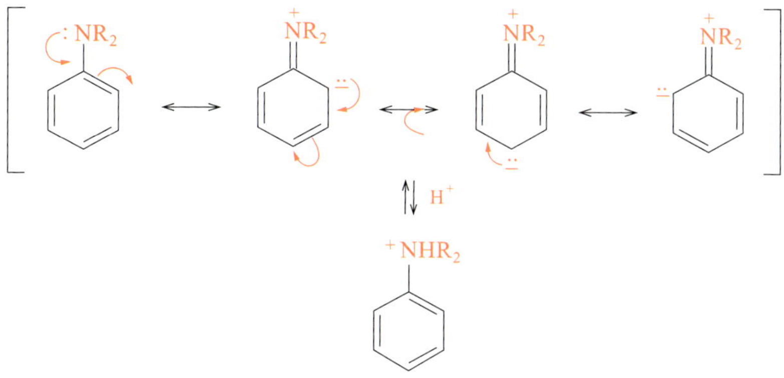

짝지음반응을 하지 않음

1차와 2차 방향족 아민의 짝지음 반응은 맨 처음 아미노기의 질소에 있는 여분의 전자쌍에 다이아조늄 이온의 친전자성 공격에 의하여 다이아조아미노화합물이 만들어진다. 예를 들면, 아래에 나타낸 *p*-아미노아조벤젠의 합성이다.

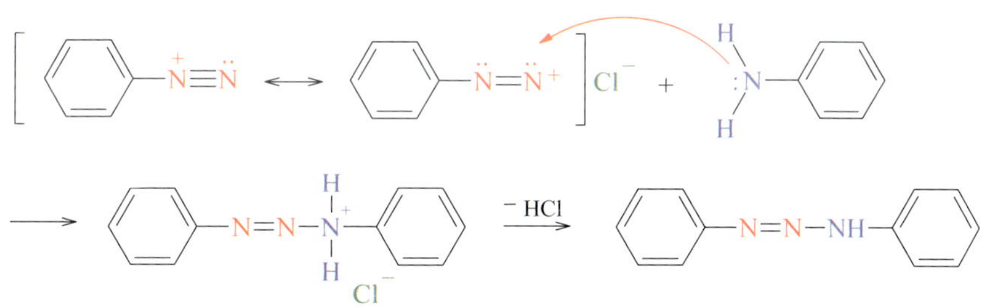

Diazoaminobenzene(무색)

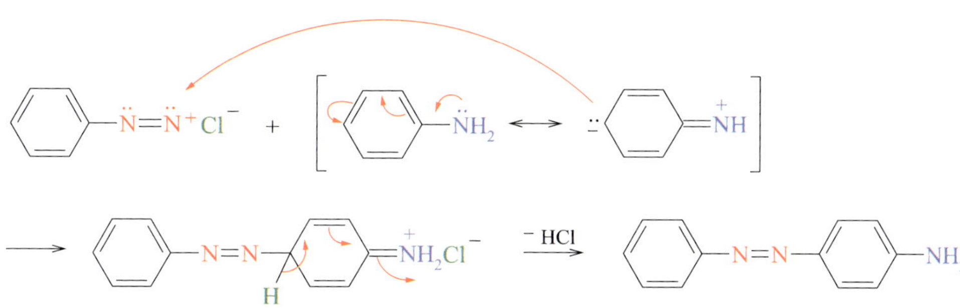

p-Aminoazobenzene(오렌지색)

연습문제

01. 화학식이 $C_4H_{11}N$인 아민 이성질체가 여덟 개 있다. 그들의 구조를 그리고 명명하라. 그리고 1차, 2차, 또는 3차로 분류하라.

02. 다음 IUPAC 명에 해당하는 구조를 그려라.

(a) *N,N*-다이메틸아닐린
(b) *N*-메틸사이클로헥실아민
(c) (사이클로헥실메틸)아민
(d) (2-메틸사이클로헥실)아민
(e) 3-(*N,N*-다이메틸아미노)프로판산

03. IUPAC 규칙에 따라 다음 화합물을 명명하라.

(a)
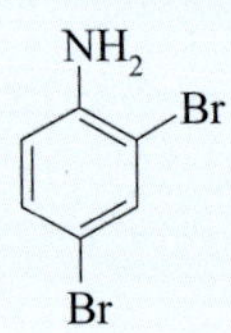

(b)
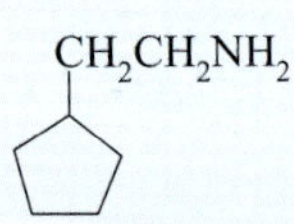

(c)
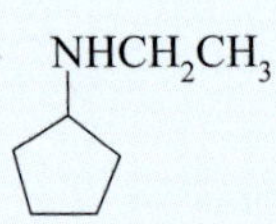

(d)
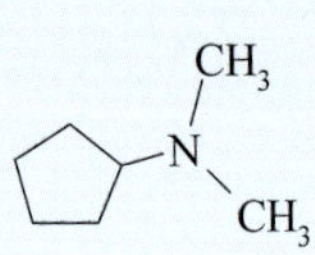

(e)
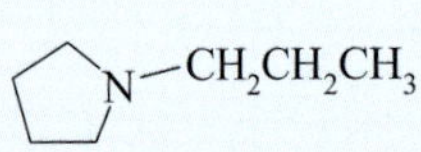

(f) $H_2NCH_2CH_2CH_2CN$

04. 다음 화합물의 구조식을 써라.

(a) 사이클로프로페인
(b) *tert*-뷰틸아민
(c) 2-아미노에테인싸이올
(d) β-페닐에틸아민
(e) *N,N*-다이에틸아닐린
(f) *N*-메틸-*o*-톨루이딘

05. 다음 아민을 염기성이 큰 것부터 나열하고, 그 이유를 설명하라.

(a) 에틸아민, 다이에틸아민, 트라이에틸아민
(b) β-브로모-n-뷰틸아민, γ-브로모-n-뷰틸아민
(c) $o-$, $m-$, $p-$클로로아닐린

06. 다음 화합물을 합성하라.

(a) 벤질아민
(b) 사이클로헵틸아민
(c) 다이사이클로헥실아민
(d) *N,N*-다이메틸사이클로헥실아민

07. 다음 반응의 생성물을 써라.

(a) $CH_3CH_2CH_2NH_2 \xrightarrow{CH_3Br}$

(b)
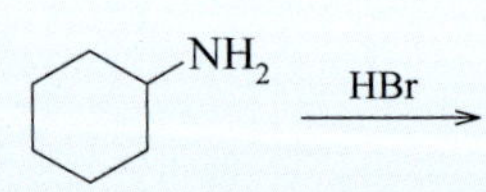

(c) $CH_3CH_2\overset{O}{\overset{\|}{C}}NH_2 \xrightarrow[2.H_2O]{1.\ LiAlH_4}$

(d)
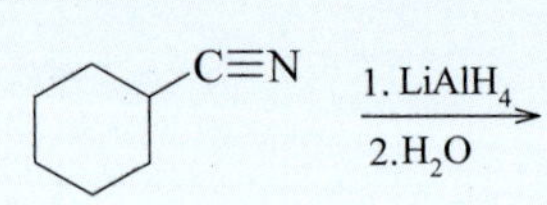

08. 지시한 대로 답하라.

(a) 브로민화 에틸의 가암모니아분해반응
(b) (a)에서 얻어진 혼합물을 분리하라.

09. 암모니아와 적절한 할로젠화 알킬로부터 다음 아민을 어떻게 합성할 수 있겠는가?

(a) $CH_3CH_2CH_2CH_2CH_2CH_2NH_2$

(b) $(CH_3)_4N^+I^-$

(c)

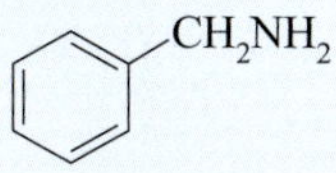

(d)

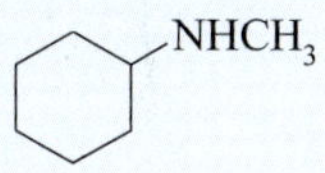

10. $CH_3CH_2NH_2$와 $CCl_3CH_2NH_2$ 중 어느 화합물이 더 염기성인가? 설명하라.

11. 다음의 각 시약을 사이클로헥실아민과 반응시켰을 때의 반응식을 쓰고 주생성물을 명명하라.

(a) 염화 벤조일
(b) 클로로폼산 벤질
(c) 과량의 아이오딘화메틸
(d) 과산화아세트산
(e) 염소의 수산화 소듐 수용액
(f) 염화 벤젠설포닐
(g) 벤즈알데하이드
(h) 다이아세틸

12. 다음과 같은 제 1 치환기가 벤젠 고리에 치환되어 있을 때 친전자성 브로민화 반응의 주생성물을 써라.

(a) $—N(CH_3)_2$

(b) $—N^+(CH_3)_2$

(c)

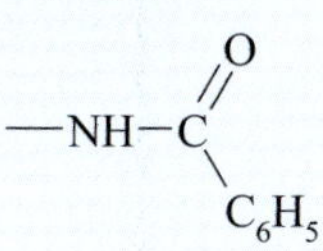

(d)

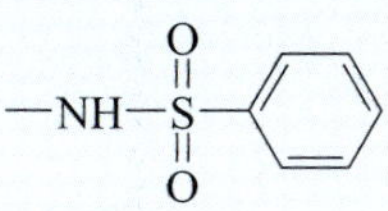

13. 다음 화합물을 가열하였을 때 생성물을 써라.

(a) 수산화트라이메틸-*n*-프로필암모늄
(b) 수산화트라이메틸아이소프로필암모늄
(c) 수산화트라이메틸아이소뷰틸암모늄

14. 완전메틸화 반응과 Hofmann 분해를 이용하여 다음 아민 이성질체의 구조를 결정하라.

(a) 사이클로헥실아민

(b) 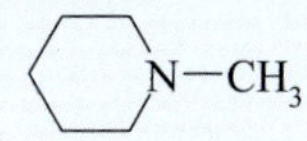 (N-메틸피페리딘)

(c) 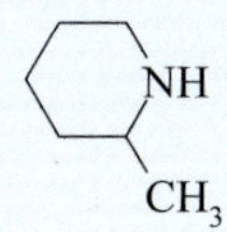 (2-메틸피페리딘)

15. 다음의 각 화합물에 아질산 소듐의 염산 수용액을 가했을 때 어떤 반응이 일어날 것인가를 예측하라.

(a) 아닐린
(b) *N*-메틸아닐린
(c) *N,N*-다이메틸아닐린
(d) 메틸벤질아민

16. 벤젠을 출발 물질로 써서 다이아조늄염의 방법을 사용하여 3-클로로-4-나이트로페놀의 5단계 합성법을 써라.

17. 벤젠을 출발 물질로 다이아조늄염의 방법을 사용하여 다음 각 화합물을 합성하는데 가능한 모든 단계를 적어라.

(a) 페닐하이드라진
(b) 아이오도벤젠
(c) 벤조나이트릴
(d) 플루오로벤젠

18. 다음 각 화합물과 염화 벤젠다이아조늄의 짝지음 반응의 반응 메커니즘을 설명하고, 반응의 조건과 부반응을 써라.

(a) 아닐린
(b) *N*-메틸아닐린
(c) *N,N*-다이메틸아닐린
(d) 페놀

12 생화학

생화학은 최근에 들어서 가장 활발히 연구되고 있는 화학의 한 분야로서 생명체 내에서 일어나고 있는 여러 가지 화학적 반응을 다루는 분야이다. 현대의 생화학자들은 생명체를 그 주위나 다른 분자들과 반응하는 유기분자들의 집합체로서 생각하고 있다. 이러한 생체 분자들은 생명체내에서 분리되면 그 생명성을 결여하게 된다. 그들은 또한 모든 화학의 법칙과 열역학 등의 법칙에 따라서 작용하며, 이들 분자의 기능과 상호간의 작용에 의해 형성되는 생명 현상을 파악하는 것이 현대 생화학자들의 궁극적인 목적이라 하겠다.

이 장에서는 생명체를 구성하는 기본적인 분자들을 소개하고 이 분자들에 대한 화학적 특성을 공부할 것이다. 네 가지 중요한 생체 고분자들 즉, 단백질, 탄수화물, 핵산 및 지질의 구조와 생물학적 기능을 알아보며, 특히 세포내에서 일어나는 모든 반응을 조절하는 생물학적 촉매인 효소의 역할과 유전정보를 저장시켜 놓고 발현시키는 핵산의 기능을 알아볼 것이다.

12.1 생명조직

생화학(biochemistry)이란 생명체의 구성, 구조, 물질의 반응을 연구하는 학문이다. 생명체 중 인간의 신체는 크게 혈액, 뼈, 여러 가지 장기로 구성되어 있지만, 모든 화학반응은 세포 내에서 일어난다. 그림 12.1에서 보는 바와 같이 인간은 유기체이며, 그 유기체는 소화계통, 신경계통, 골격계통 등과 같은 여러 가지 계통(system)으로 이루어져 있다. 예를 들어 소화계통은 위, 십이지장, 소장, 대장과 같은 기관(organ)으로 이루어져 있으며, 다시 그 기관은 조직(tissue)으로 구성되어 있다. 조직 내에서 수많은 세포가 있으며, 이 세포 내에서 모든 화학반응이 일어나는 것이다.

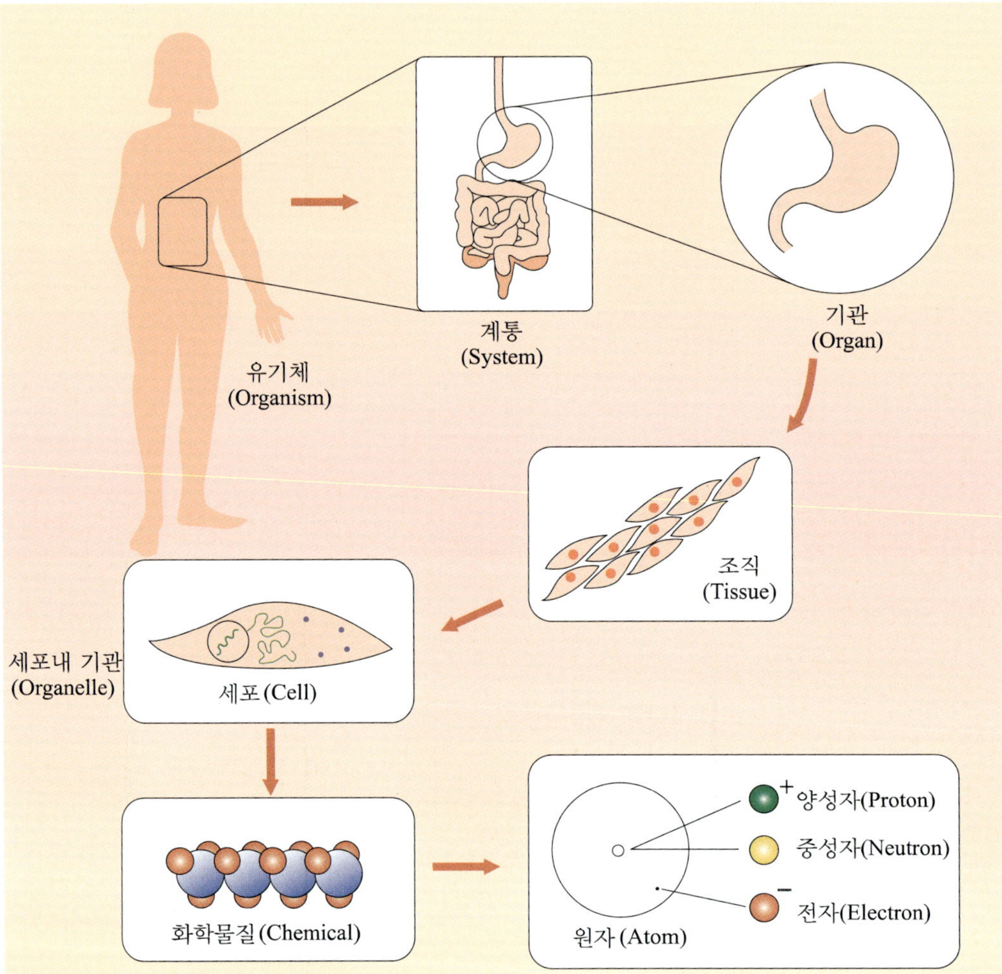

그림 12.1 유기체 구성의 기본요소

세포(cell)는 생명활동을 위한 기본체로서 성장능력, 물질 및 에너지 전이능력, 외부자극에 대한 반응력 그리고 재생산 능력을 가지고 있다. 우리 눈으로 볼 수 있는 대부분의 동물이나 식물들은 다세포 생명체이다. 다세포 생명체에서 세포는 그 고유의 기능을 가지고 있으며 세포의 기능에 따라서 근육세포, 혈액세포, 신경세포 등으로 분류할 수 있다. 세포의 구성성분에는 다양한 분자들이 있는데 이들 성분을 크게 두 가지로 분류하면 첫째가 분자량이 작은 유기화합물 또는 무기물 종류이고, 둘째는 분자량이 큰 고분자 물질이다. 이들 고분자물질을 생체고분자라고 하며 단백질, 탄수화물, 지방 및 핵산으로 대별되고 있다. 주로 이 분자들은 세포 자체내에서 생산되는데 동물 세포의 경우 보통 음식물로부터 필요한 유기물 및 무기물을 섭취하고 이들을 이용하여 필요한 생체고분자 물질을 만들게 되며, 녹색식물의 경우 간단한 무기물로부터 필요한 유기물질을 생산하여 생명활동에 이용하게 된다.

대사(metabolism)란 세포내에 흡수된 유기분자들을 더욱 큰 분자로 만들어 주는 합성과정과 작은 분자로 분해시켜주는 분해과정으로 이루어지며, 이 과정들은 효소에 의한 촉매작용으로 진행되는 것이다. 효소란 촉매작용을 하는 단백질로서 세포내에 존재하는 대부분의 단백질들이 효소라고 생각해도 과언이 아니다. 효소에 의한 일련의 촉매 반응 묶음을 신진대사 경로라고 한다. 이 반응들은 효소의 활성도 변화에 따라 빠르게 일어날 수도 있고 천천히 일어날 수도 있다. 다시 말해서 세포는 생체분자들의 합성이나 분해 속도를 필요에 따라 임의로 조절할 수 있게 된다.

생체분자(biological molecule)란 생명체가 생명활동을 하는데 필요한 모든 분자를 말한다. 인간의 생체분자는 여러 가지 화합물로 이루어져 있으나 그 구성을 원자의 측면으로 살펴보면 0.1%를 넘는 원자는 10여종에 불과하다(표 12.1) 그 중에서 93% 이상을 차지하는 산소, 수소, 탄소는 고유결합 상태로 인간의 신체를 구성하지만, 나트륨, 칼륨, 칼슘, 염소 등은 이온 상태로 존재한다.

생체분자 중 원자의 구성비가 반드시 높아야 중요한 역할을 하는 것은 아니다. 요오드는 갑상선의 기능을 위해 반드시 필요하고, 코발트는 비타민 B_{12}에 포함되어 있으며, 아연, 구리, 망간은 효소를 구성하는 중요한 미량 원소이다. 생체분자들은 저분자와 고분자로 나눠어지며 저분자의 대표적인 것들로서는 물, 비타민류, 기타 무기물질 또는 유기물질 등이 있고, 고분자 물질로는 네 가지를 들 수 있는데 단백질, 탄수화물, 지방 그리고 핵산이다.

표 12.1 신체의 구성원소

원소	비율(%)
산소	65
탄소	18
수소	10
질소	3
칼슘	2
인	1.1
칼륨	0.3
황	0.2
소듐	0.1
크롬	0.1
마그네슘	0.05
철	미량
아이오딘	미량
브로민	미량

12.2 단백질

단백질(protein)은 모든 생명 세포에 존재하는 거대 분자의 물질로서 동물 조직을 구성하는 주된 성분이다. 즉 단백질 분자는 동물의 피부, 근육 또는 손톱과 같은 각질의 부위를 구성하고 있는 주요 성분이다. 또한 생명체 내에서 일어나고 있는 모든 생화학적 반응의 촉매작용을 하는 효소가 단백질이라는 사실도 중요하다. 이 밖에도 단백질은 생체내의 생리작용에 필요한 물질을 운반해 주는 운반체이며 면역에서 중요한 항체도 역시 단백질이다. 이와 같은 단백질들의 분자량은 대개 10,000에서부터 5천만까지로 다양하며, 대부분의 간단한 단백질은 아미노산만으로 구성되어 있는데, 그러나 단백질이 다른 종류의 생화학분자들과 결합하고 있는 경우도 많다. 보통 단순한 단백질은 아미노산의 선형 고분자 물질인데 고분자 결합의 특징은 아마이드 결합으로서 다음과 같은 구조를 가진다.

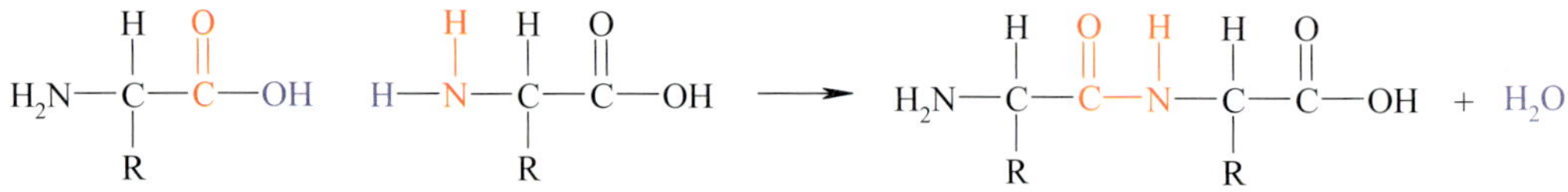

펩타이드 결합

아미노산의 카보닐기와 아미노기가 결합하여 형성된 결합을 **펩타이드 결합**(peptide linkage)이라 하며, 단백질을 때때로 **폴리펩타이드**(polypeptide)라고도 부른다. 그러나 보통 폴리펩타이드라고 불리는 단백질의 경우는 분자량 10,000 이하인 아미노산의 고분자를 말한다. 아미노산의 결합으로 형성된 펩타이드 결합을 알기 위해서는 아미노산의 구조를 알아야 할 것이다.

(1) 아미노산

아미노산은 분자 속에 아미노기($-NH_2$)와 카복실기($-COOH$)를 가지고 있다. 이 두 종류의 작용기는 이온화($-NH_3^+$, $-CO_2^-$)되거나 이온화되지 않은 상태($-NH_2$, $-COOH$)로 존재하는데, 양이온과 음이온을 동시에 가지는 이온을 **쯔비터 이온**(zwitter ion)이라고 한다. 그림 12.2(c)에 가장 간단한 아미노산인 알라닌(alanine)의 구조를 나타내었다.

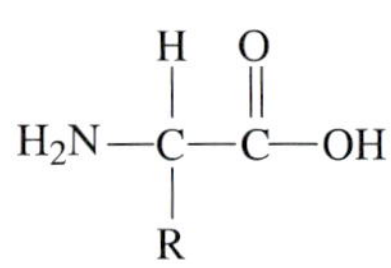

(a) α-아미노산의 일반식

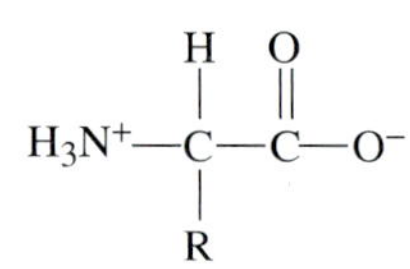

(b) α-아미노산의 쯔비터 이온

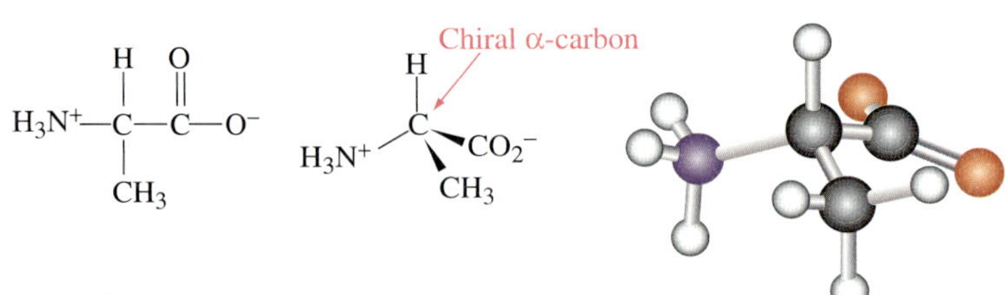

(c) 알라닌

그림 12.2 α-아미노산의 일반식과 알라닌의 구조

단백질의 가수분해로 분리된 아미노산은 모두 α-아미노산인데, 구조상 아미노기와 카복실기가 똑같은 탄소에 결합한 것을 α-아미노산이라 하고, 이웃탄소에 결합된 것을 β-아미노산이라 한다.

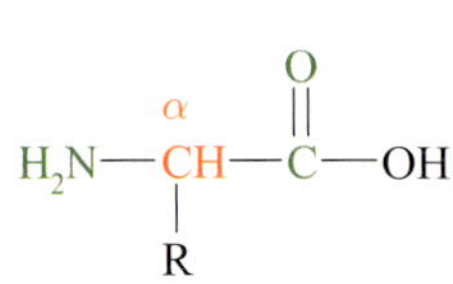

α-아미노산

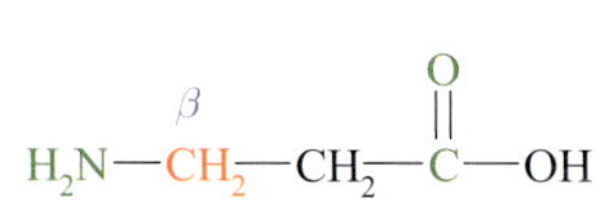

β-아미노산

표 12.2에 20여 종류의 아미노산의 약자와 구조를 나타내었다. 이중 10종은 인체 내에서 합성할 수 없기 때문에 식품에서 얻을 수밖에 없다. 이들을 **필수아미노산**이라 한다.

(2) 단백질 구조

단백질분자에서는 여러 개의 아미노산이 서로 연결되어 긴 사슬을 이루는 데 두 개의 아미노산이 결합할 때에는 한 분자의 아미노기가 두 번째 아미노산의 카복실기와 탈수축합하여 펩타이드결합이 형성된다. 이때의 생성물을 다이펩타이드(dipeptide)라고 부르는데 이 분자의 한 끝에는 카복실기를, 다른 한 끝에는 아미노기를 가지며 이것은 다른 아미노산들과 계속 축합하여 폴리펩타이드(polypeptide)의 긴 사슬을 이룬다. 따라서 폴리펩타이드를 가수분해하면 역으로 아미노산이 생성된다. 같은 종류의 단백질은 아미노산들의 결합서열이 일정하다. 폴리펩타이드 사슬에서는 같은 종류의 아미노산이 여러 번 쓰일 수 있고 단백질이 수많은 아미노산기를 가지기 때문에 비록 아미노산의 종류가 20여종에 불과하지만 수없이 많은 서로 다른 서열이 가능하다.

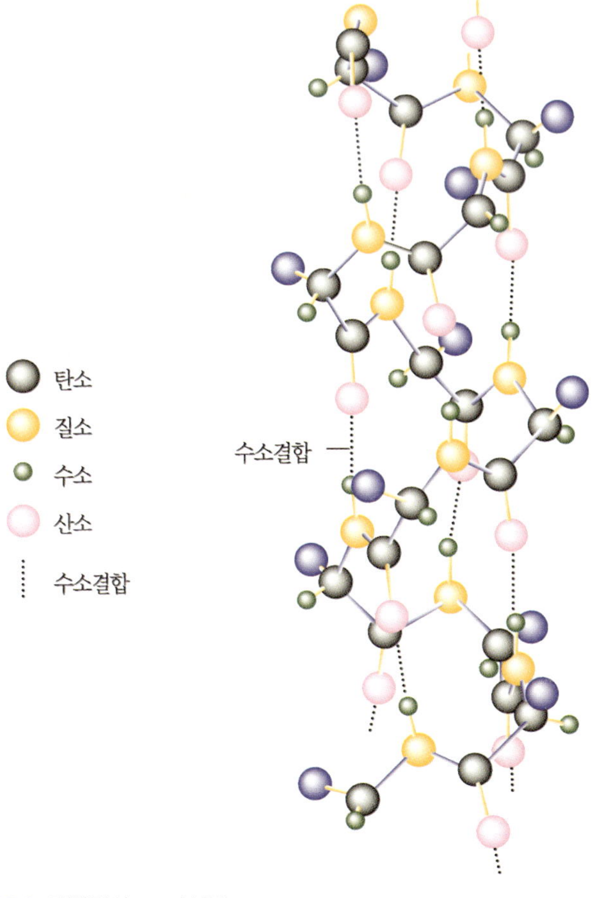

그림 12.3 단백질의 α-나선구조

표 12.2 단백질을 구성하는 20가지 아미노산

이름	약어(등전점)	MW	구조
중성아미노산			
Alanine	Ala (6.0)	89	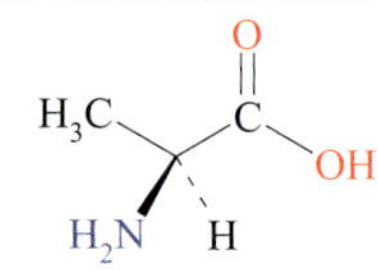
Asparagine	Asn (5.4)	132	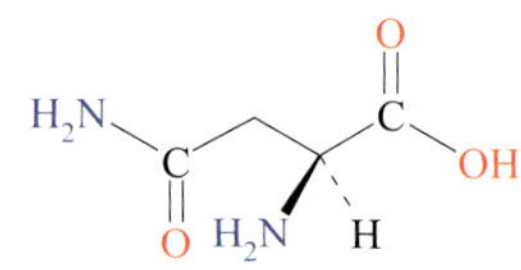
Cysteine	Cys (5.0)	121	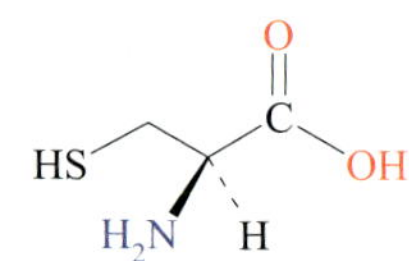
Glutamine	Gln (5.7)	146	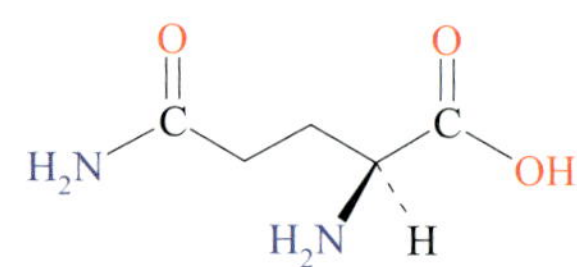
Glycine	Gly (6.0)	75	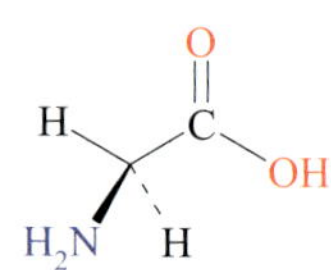
Isoleucine	Ile (6.0)	131	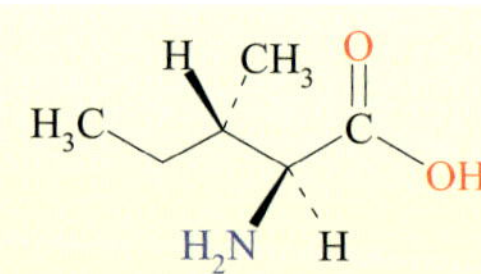
Leucine	Leu (6.0)	131	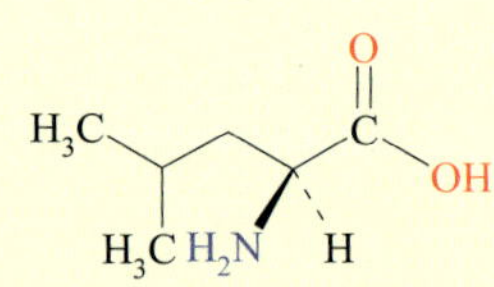
Methionine	Met (5.7)	149	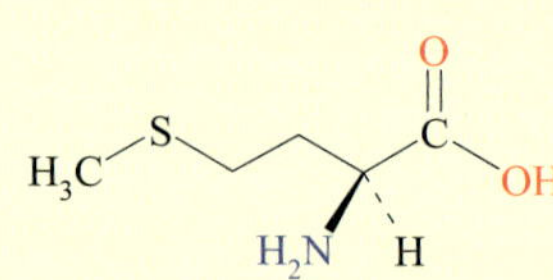
Phenylalanine	Phe (5.5)	165	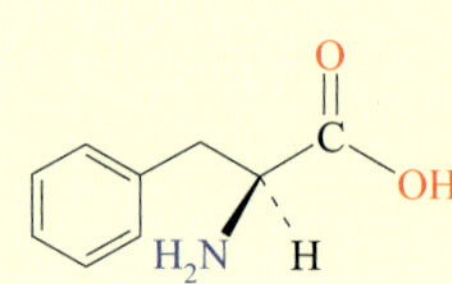
Proline	Pro (6.3)	115	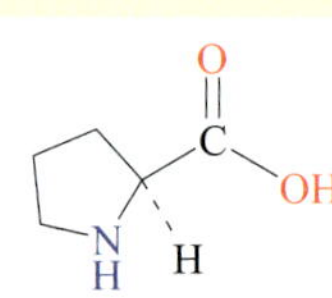

이름	약어(등전점)	MW	구조
Serine	Ser (5.7)	105	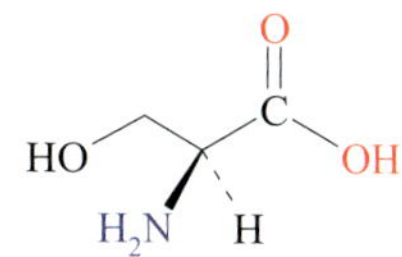
Threonine	Thr (5.6)	119	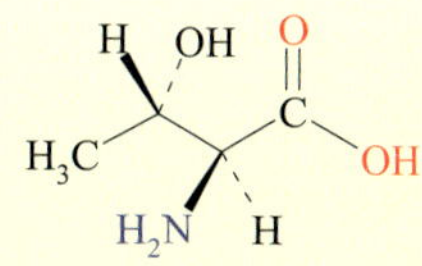
Tryptophan	Trp (5.9)	204	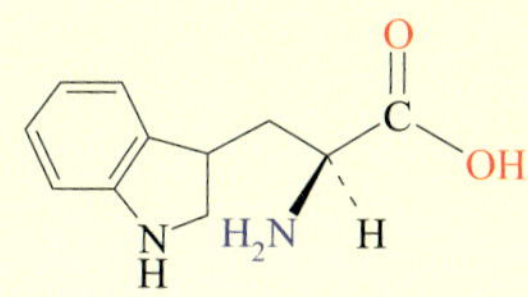
Tyrosine	Tyr (5.7)	181	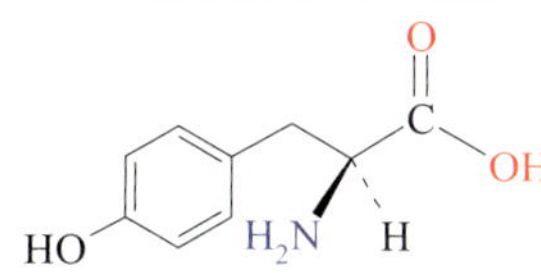
Valine	Val (6.0)	117	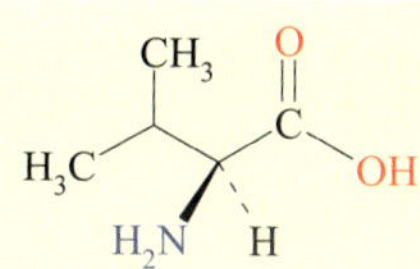
산성 아미노산			
Aspartic acid	Asp (3.0)	133	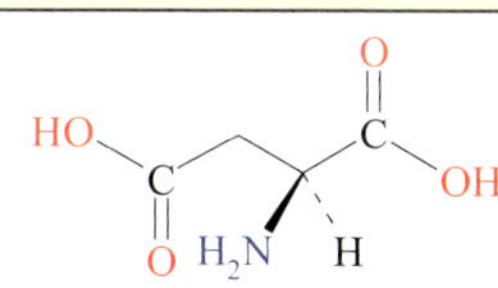
Glutamic acid	Glu (3.2)	147	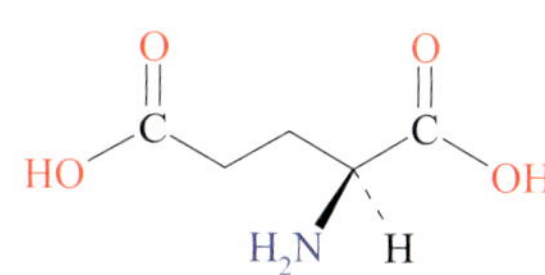
염기성 아미노산			
Arginine	Arg (10.8)	174	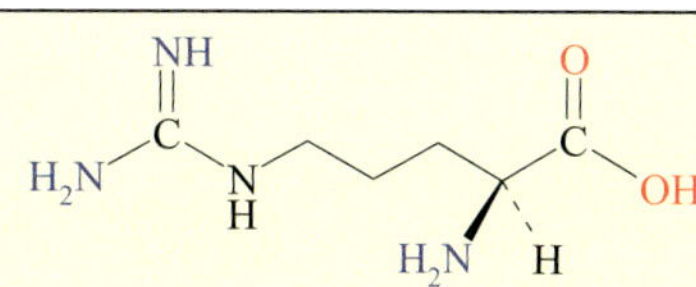
Histidine	His (7.6)	155	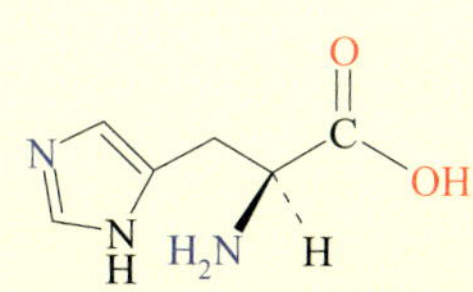
Lysine	Lys (9.7)	146	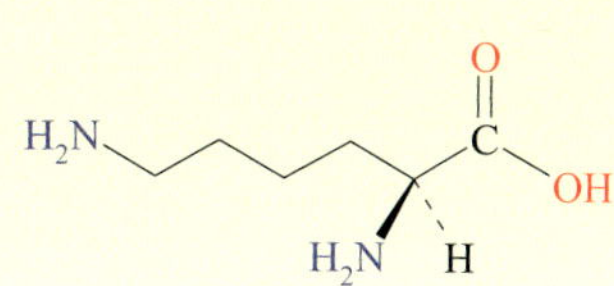

주) 필수아미노산은 노란음영으로 처리하였다.

단백질에 있어서 아미노산 결합 순서를 가리켜 단백질의 1차구조라 한다. 단백질이 공간에서 어떠한 배열을 하는 지를 가리키는 것을 단백질의 2차구조라고 한다. 가장 중요한 배열은 **알파 나선구조**(α-helix)이다. α-나선구조는 스프링처럼 나사모양으로 감겨있는 형태인데 한 회전 당 36개의 아미노산잔기를 가지고 있다. 나사선의 각 코일들은 수소결합에 의해 서로 붙어 있다. 이 수소결합은 한 펩타이드기에 있는 $-NH$기의 H 원자가 다른 펩타이드기의 $C=O$기에 있는 O 원자 간에 이루어지는데 각 펩타이드기들은 앞쪽 네 번째와 뒤쪽 네 번째의 펩타이드기들과 수소결합을 하고 분자구조는 그림 12.3과 같다.

단백질의 3차구조는 아미노산 잔기에 들어있는 $-R$기의 상호작용으로 2차구조가 또 한 번 배열한 것이다. 나사모양의 사슬분절들이 치밀한 3차구조를 형성하는 것은 펩타이드결합 때문이 아니고 다음과 같이 아미노산 잔기 중에 있는 $-R$ 치환기들이 상호작용하기 때문이다.

① 어떤 $-R$기는 $-COOH$기를, 다른 $-R$기들에는 $-NH_2$기를 각각 가질 수 있다. 이때 서로 다른 분절에 있는 $-NH_2$기와 $-COOH$기는 서로 반응할 수 있다.
② 사슬의 다른 분절에 있는 $-SH$기가 완만한 산화에 의해 이황화결합을 형성할 수 있다.
③ 치환기들이 서로 수소결합을 할 수도 있다.

이러한 상호작용들은 코일이 서로 겹쳐지는 부분에서 일어난다. 1차, 2차 및 3차구조는 단일펩타이드 사슬의 배열을 나타내는 것인데, 경우에 따라서는 둘 상의 사슬을 가지는 단백질도 있

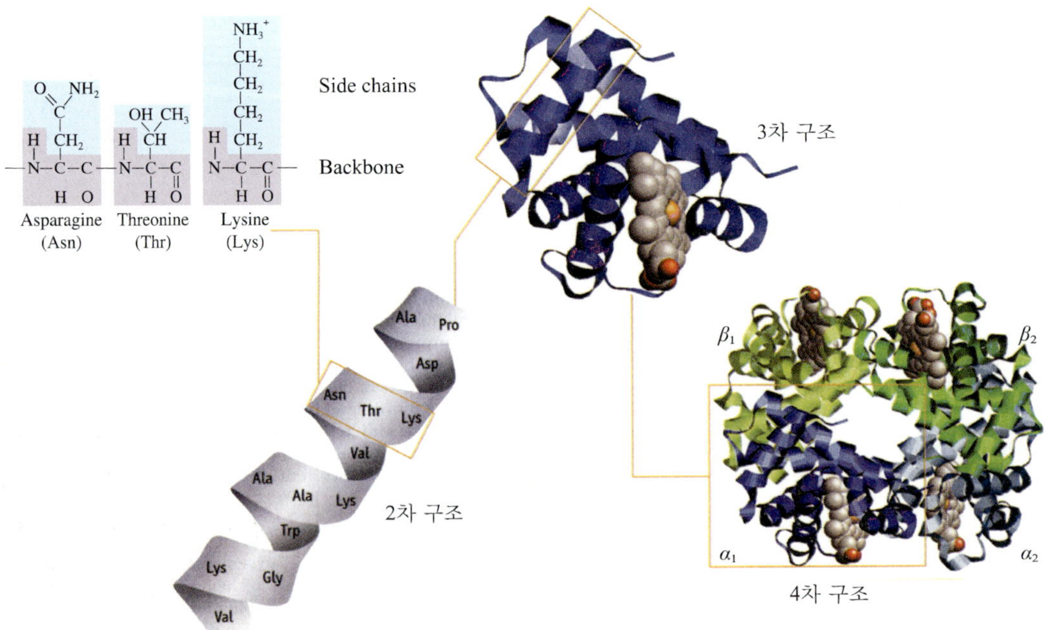

그림 12.4 단백질의 구조

다. 즉 여러 개의 사슬들이 적당한 방법으로 배열하여 4차구조라 불리는 완성된 하나의 단백질을 형성한다. 혈액중에 산소운반체인 헤모글로빈은 두 종류인 네 개의 사슬로 이루어져 있다. 그 중 두 개의 사슬은 각기 141개의 아미노산잔기를 가지고 있으며 다른 두 사슬은 146개씩 아미노산 잔기를 가지고 있다. 네 사슬이 모두 철을 함유하고 있는 헴(heme)기와 결합하고 있으며, 그림 12.4와 유사한 3차구조로 되어 있다. 그림 12.5에 헤모글로빈의 구조를 나타내었다.

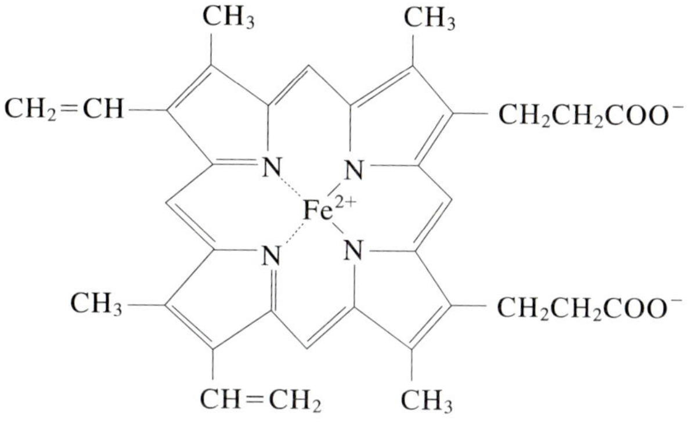

그림 12.5 헤모글로빈의 구조

(3) 효소

인체의 내부에서는 매우 복잡한 화학반응이 일어나고 있는데 이 반응은 잘 조절된 속도로 일어나고 있다. 이와 같은 반응속도의 조절을 위해서는 **효소**(enzyme)라고 하는 촉매에 의하여 많은 화학성분이 적당한 농도로 유지되고 반응계는 생성물의 수요에 대응할 수 있는 능력을 가지고 있어야 한다. 생명계에서 일어나는 수많은 화학 반응을 보통의 화학방정식으로 표시할 수 있다. 인체 내에서 일어나는 글루코오스의 산화반응은 24단계 이상의 생화학적 반응을 거쳐 진행되는데 각 반응 단계의 촉매역할을 해주는 것이 효소라는 단백질이다. 이 효소는 살아있는 세포내에서 형성되는 천연 단백질로서 대개 그 분자량은 10,000에서부터 1백만 정도에 달한다. 효소는 한 개의 단백질 사슬로 구성되어 있거나 몇 개의 다른 단백질 사슬들이 약하게 결합되어 있다.

효소의 어떤 특정한 자리에서 촉매 역할을 하는 반응이 일어나는데 이 자리를 활성자리(active site)라고 한다. 이 자리에서 반응에 참여하는 기질 이외의 물질을 **보조인자**(cofactor) 또는 **보조효소**(coenzyme)라 한다. 예를 들면 효소는 반응을 진행시키기 위해서 기질 이외에 Mg^{2+}이나 다른 금속이온을 필요로 한다. 대부분의 효소 촉매반응에서 필요로 하는 보조인자는 비타민 중의 하나이다. 필요한 보조인자가 없는 효소를 **결손효소**(apoenzyme)라 하고 결손효소와 보조인자가 결합되어 있을 때 **완전효소**(holoenzyme)라 한다.

$$\text{결손효소} + \text{보조인자} \rightarrow \text{완전효소}$$

효소는 보통의 촉매와 달리 몇 가지 특징을 가지고 있다

첫째, 효소의 활성도는 온도에 매우 민감하고 최대의 활성도를 나타내는 온도는 보통 생체조직의 온도 부근이다. 그림 12.6은 효소의 활성도와 온도와의 관계로, 온도가 올라가면 효소의 활성도가 증가하다가 어느 온도 이상에서는 다시 감소하기 시작한다. 온도 증가에 따라 효소의 활성도가 감소하기 시작한다는 사실은 단백질인 효소가 변성(denaturation)되기 시작한다는 것을 말해준다.

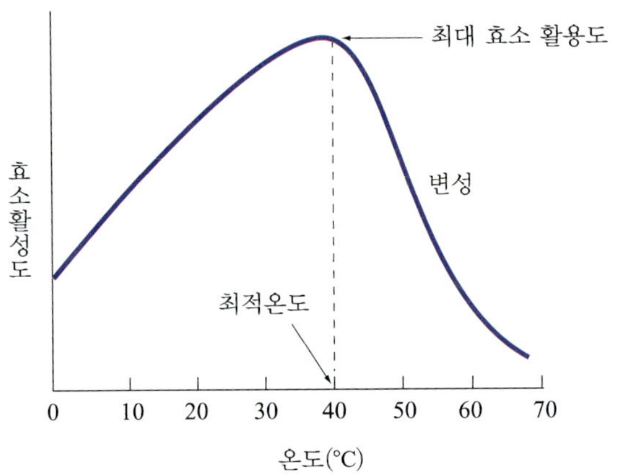

그림 12.6 온도변화에 따른 효소의 활성도

둘째, 효소가 녹아있는 용매의 산성 또는 염기성에 따라 그 효소의 활성도는 민감한 변화를 나타낸다. 이 사실은 효소에 의한 촉매 반응에서 산과 염기 반응이 매우 중요함을 말해준다.

셋째, 특정 효소는 어떤 특정한 반응만의 촉매 역할을 할 뿐이다. 예를 들면 카복시펩티다제(carboxypeptidase)라는 효소는 폴리펩타이드를 아미노산으로 분해시키는 반응에서 촉매 역할을 할 뿐이다. 이 효소는 펩타이드 결합을 끊어주며 특히 사슬의 카복실 말단의 아마이드기만을 공격하여 끊어주는 특징을 가지고 있다.

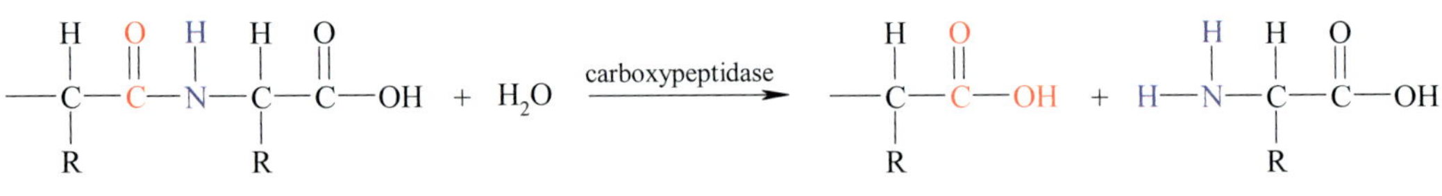

마지막으로 보통의 촉매와 비교할 때 효소는 반응속도가 엄청나게 빠르다. 효소의 활성자리가 기질로 완전히 포화되어 있을 때 한 효소 분자에 의해서 1초 동안에 생성물로 전환되는 기질분자의 수를 **전환수**(turnover number)라 하는데, 보통 1/sec~10^4/sec의 범위에 있다. 이처럼 큰 전환수를 가지는 것으로 보아 효소가 촉매로 작용하는 반응은 활성화에너지가 매우 낮다는 것을 알 수 있다.

12.3 탄수화물

탄수화물은 식물과 동물의 생명유지에 필요한 생체분자의 일종으로 탄소, 수소 및 산소의 화합물이다. 대부분의 탄수화물의 실험식은 CH_2O이며 당(Sugar, saccharide)라고도 한다. 탄수화물은 편의상 단당류(monosaccharide), 이당류(disaccharides) 및 다당류(polysaccharides)로 분류된다. 단당류는 더 이상 간단한 탄수화물로 분해될 수 없는 것을 말하며, 이당류는 1몰의 탄수화물이 2몰의 단당류로 가수분해되는 탄수화물, 그리고 3몰 이상의 단당류로 가수분해되는 것을 다당류라 한다.

12.3.1 단당류

알데하이드기(－CHO)를 갖고 있는 탄수화물을 aldose라고 하며 keto기(－CO－)를 갖고 있으면 ketose라고 명명한다. 접미사 －ose는 탄수화물을 가리키며, 접두사 aldo－와 keto－는 분자 내 존재하는 카보닐기의 종류가 알데하이드인지 혹은 케톤인지를 나타낸다.

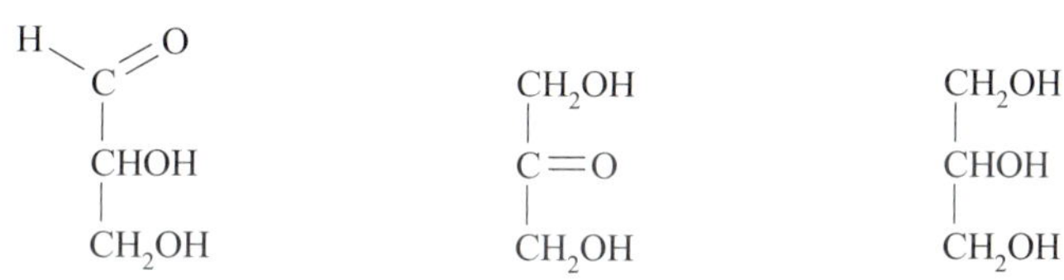

Glyceraldehyde (aldose) Dihydroxyacetone (ketose) Glycerol

예로 글루코오스는 탄소수가 여섯 개인 알데하이드 당으로 aldohexose이다. 그리고 fructose는 탄소수가 여섯 개인 케토 당으로 ketohexose이다. Ribose는 탄소수가 다섯 개인 알데하이드 당으로 ketoheptose이다. 흔히 볼 수 있는 대부분의 간단한 당류는 pentose이거나 hexose이다.

(1) 단당류의 비대칭성 : Fischer투영식

가장 간단한 단당류의 하나인 glyceraldehyde는 한 개의 비대칭탄소를 가지므로 두 개의 거울상이성질체가 존재한다.

R-(+)-Glyceraldehyde $[\alpha]_D^{25}$ +8.7 *S*-(−)-Glyceraldehyde $[\alpha]_D^{25}$ −8.7

$R-S$ 명명법이 사용되기 전에는 비대칭에 대한 명명체계가 탄수화물 화학자들에 의하여 고안되었으며 아직도 사용되고 있다. 19세기에 탄수화물의 구조를 밝히기 위해서 많은 노력을 기울인 독일의 화학자 Emil Fischer는 현재의 Fischer 투영식을 제안하였다.

탄소사슬에서 가장 많이 산화된 탄소를 위(glyceraldehyde에서는 CHO)에 가장 많이 환원된 탄소를 아래(glyceraldehyde에서는 CH_2OH)에 배열하고 이 투영식에서 수평선은 보는 사람쪽을 향하여 종이 면의 위쪽으로 튀어나온 작용기를 나타내고 수직선은 보는 사람쪽에서 반대로 종이 면의 아래쪽으로 처진 작용기를 나타낸다.

D-(+)-Glyceraldehyde L-(−)-Glyceraldehyde

Fischer 투영식에서는 비대칭 탄소에 대한 표시가 생략되어 있으며 이렇게 생략된 것은 일반구조식이 아니라 Fischer 투영식이라는 것을 말해준다. Glyceraldehyde의 배열은 Fischer 투영식에서 비대칭탄소에 하이드록시기가 오른쪽에 있으면 D로 표시되며 왼쪽에 있으면 L로 표시된다.

(2) 부분입체이성질체

화합물이 하나의 비대칭 탄소를 가질 때는 두 개의 입체이성질체가 가능하며 이들은 서로 거울상이성질체 관계에 있다. Glyceraldehyde는 하나의 비대칭탄소를 가지며 따라서 한 쌍의 거울상이성질체로 존재하며 두 개의 비대칭 탄소를 가질 때는 네 개의 입체이성질체($2n$개의 이성질체 : n = 비대칭 탄소 수)가 가능하다. 그러므로 두개의 비대칭탄소를 가지는 aldotetrose는 네 개의 입체이성질체를 갖는다.

네 개의 입체이성질체인 aldotetrose

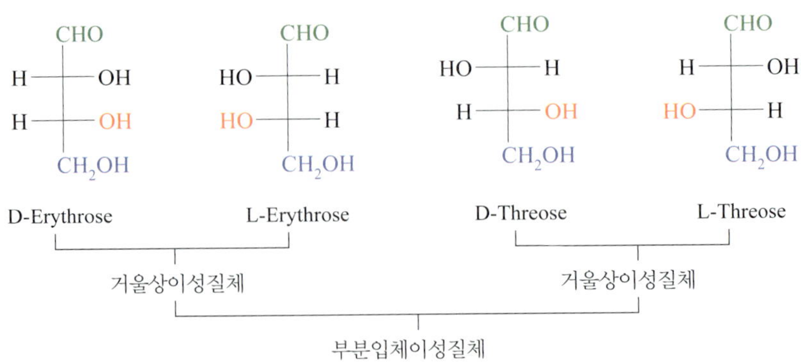

D-Erythrose와 L-Erythrose 혹은 D-Threose와 L-Threose는 서로 거울상이성질체 관계이며, D-거울상이성질체들이 아니다. 즉, 이들은 거울상이 아니다. 이와 같이 거울상이성질체가 아닌 한 쌍의 입체이성질체를 부분입체이성질체(diastereomer)라고 한다.

한 쌍의 거울상이성질체들은 거의 모든 화학적－물리적 성질들이 같다. 거울상이성질체들은 단지 편광면을 회전시키는 방향(회전시키는 양은 같다)과 다른 카이랄성 화합물과의 반응만이 다르다. 그러나 부분입체이성질체들은 용해도, 녹는점, 화학 반응성 등 물리적－화학적 성질이 다른 화합물이다.

(3) 단당류의 D와 L계

D와 L계에서는 (＋)-glyceraldehyde의 배열에서 2번 탄소에 있는 OH기가 Fischer 투영식에서 오른쪽에 있는 것으로 임의로 정하였다. 만일 1번 탄소에서 가장 멀리 떨어진 비대칭탄소 원자의 OH기가 Fischer 투영식에서 오른쪽에 있으면, 이 단당류는 D-계열에 속한다. (거의 모든 천연산 탄수화물들은 D-계열에 속한다.) 또한 각 단당류에는 그 나름의 이름이 주어진다. 예로, 다음의 두 부분입체이성질체인 aldopentose는 D-lyxose와 D-ribose라고 한다.

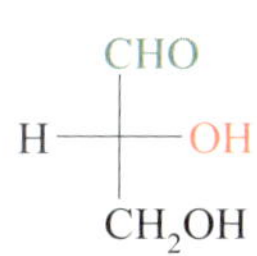

D－(＋)－Glyceraldehyde

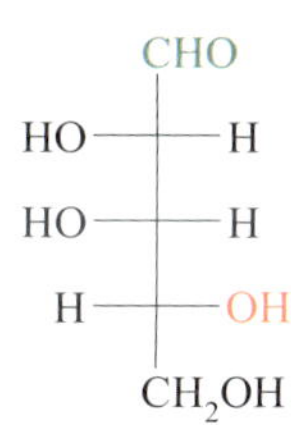

D-Lyxose

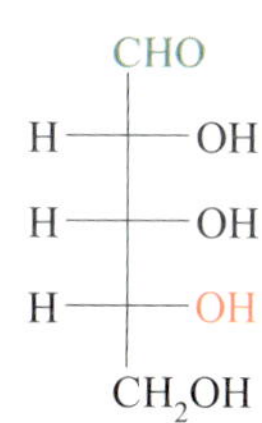

D-Ribose

만일 마지막 비대칭탄소 원자에 있는 OH기가 왼쪽에 있으면, 이 화합물은 L-계열에 속한다. 다음의 두 예는 D-lyxose와 D-ribose의 거울상이성질체이다.

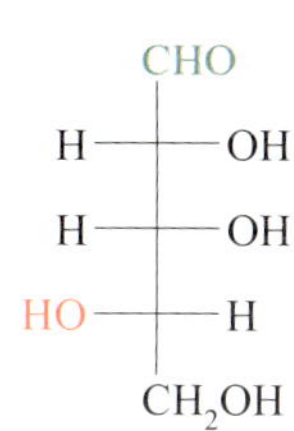

L-Lyxose

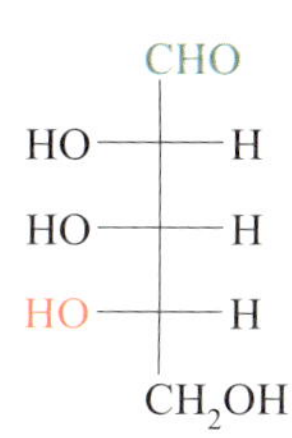

L-Ribose

예제 12.1

다음의 단당류를 D와 L로 분류하여라.

(1) 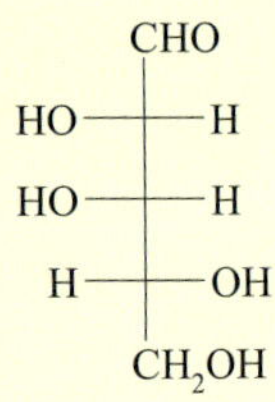

(2) 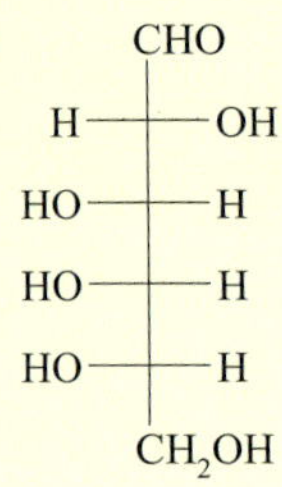

(3) 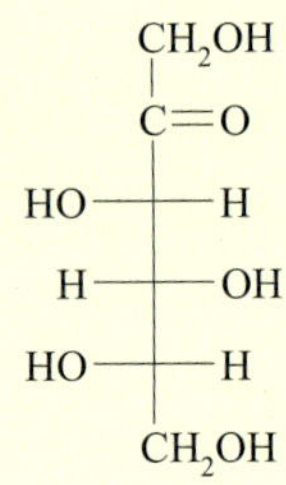

풀이 (1) D형 (2) L형 (3) L형

(4) Aldohexose

Aldohexose는 여섯 개의 탄소를 가지는 알데하이드당으로 글루코오스가 여기에 속하며 네 개의 비대칭탄소를 가지고 있어서 열여섯 개의 입체이성질체가 존재한다. 이 열여섯 개의 입체이성질체 중에서 절반은 D-계열에 속하며, 이 중에서 D-glucose, D-galactose 및 D-mannose가 많이 존재한다.

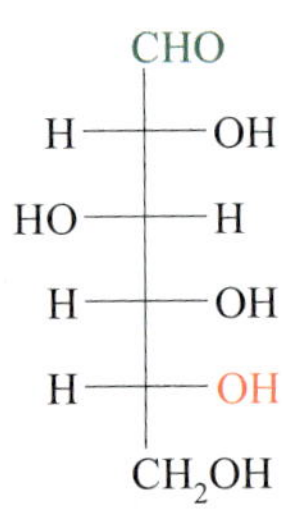

D-Glucose

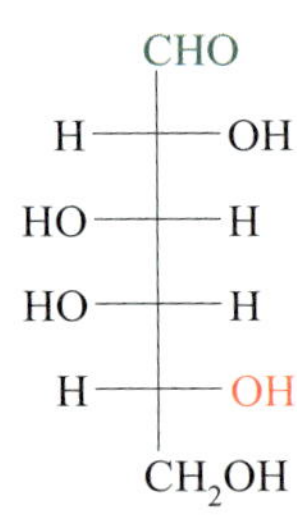

D-Galactose

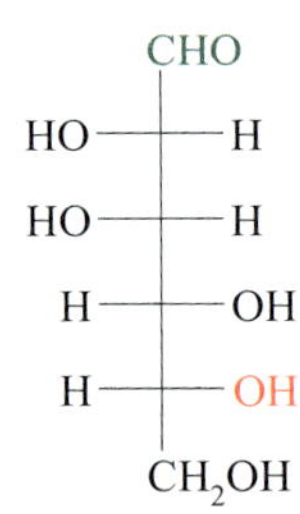

D-Mannose

(5) Ketohexose

Ketohexose는 여섯 개의 탄소를 가지는 케토당으로 fructose가 여기에 속하며 glucose와 달리 분자 중에 카복실기를 가지고 있어 ketose라고 한다. 대표적 ketohexose인 fructose는 과일이나 벌꿀 등에 존재하고 설탕을 가수분해하여 얻을 수 있으며 glucose에 비해 단맛이 훨씬 강하다.

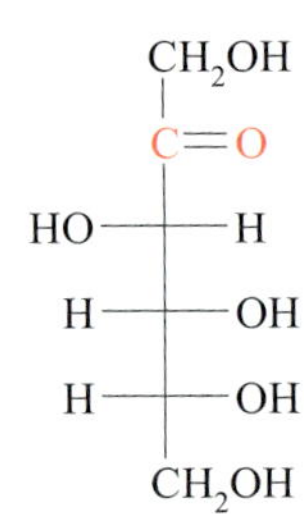

D-Fructose

(6) Epimer

단지 하나의 비대칭탄소의 배열만이 다른 부분입체이성질체를 에피머라 부른다. D-Glucose와 D-Galactose는 4번 탄소에서의 하이드록시기의 배열만이 다르기 때문에 에피머이다.

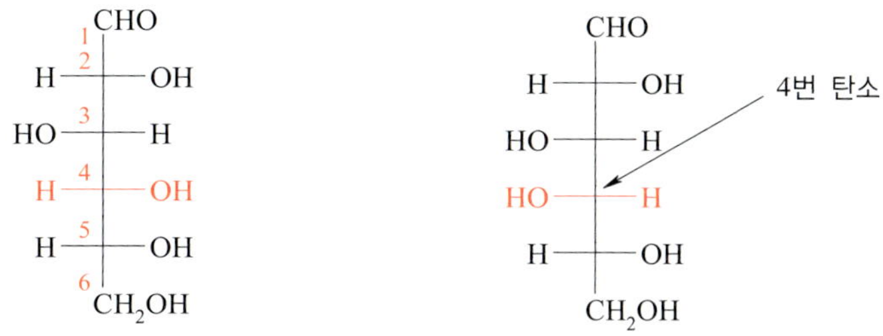

D-Glucose D-Galactose

한 쌍의 epimer (단지 하나의 비대칭탄소 배열만이 다른 부분입체이성질체)

D-Galactose와 D-mannose는 부분입체이성질체이나 두 번째와 네 번째의 두 비대칭탄소 배열이 다르기 때문에 에피머는 아니다. D-Fructose와 어떤 aldohexose는 그들의 구조에서 원자들의 배열이 다르고 다만 같은 분자식을 가지고 있어서 구조이성질체일 뿐이다.

12.3.2 단당류의 고리형 구조: 아노머

(1) 단당류의 고리화 반응

글루코오스는 1번 탄소에 알데하이드기를 갖고 나머지 2, 3, 4, 5, 6번 탄소는 하이드록시기를 갖는데, 알데하이드는 알코올과 반응하여 헤미아세탈을 형성한다.

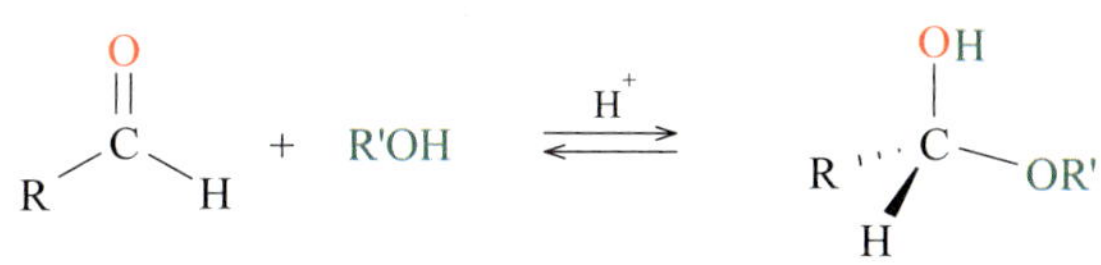

Hemiacetal

글루코오스는 수용액에서 분자내의 반응을 하여 고리형 아세탈을 형성한다. 이때 5원자고리 헤미아세탈(4번 탄소의 하이드록시기를 사용)이나 6원자고리 헤미아세탈(5번 탄소의 하이드록시기를 사용)을 형성할 수 있다.

(2) Anomers

열린 사슬형의 단당류가 고리화 반응을 통하여 생성되는 비대칭탄소를 아노머탄소라고 한다. 아노머들이 단지 하나의 탄소, 즉 아노머 탄소의 배열만이 다르기 때문에 그들은 에피머이다. 예를 들면 포도당은 수용액에서 가역적으로 고리화하여 36 : 64의 비율로 두 아노머가 생성된다. C-1 하이드록시기가 C-5의 CH_2OH 치환기와 *trans*에 있는 적은 양의 아노머는 α-아노머라고 한다. 이의 완전한 이름은 α-D-Glucopyranose이다. C-1 하이드록시기가 C-5의 CH_2OH에 *cis*인 주 아노머는 β-아노머라고 하며 완전한 이름은 β-D-glucopyranose라고 한다.

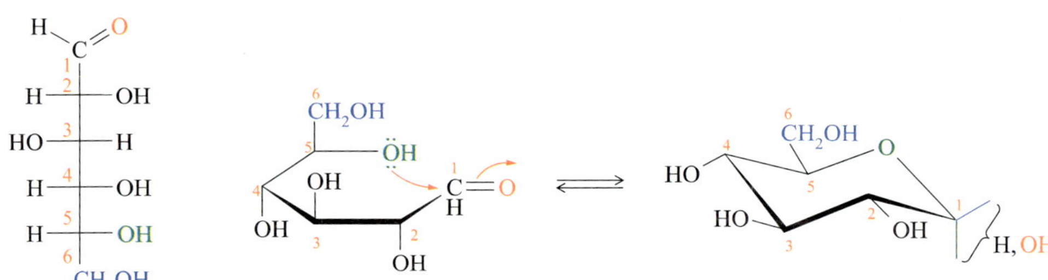

D-Glucose

β-D-Glucopyranose(64%) : OH와 CH_2OH는 *cis*
α-D-Glucopyranose(36%) : *trans*

- 구조이성질체 : 같은 분자식을 가지나 구조식이 다른 화합물
- 부분입체이성질체 : 거울상이성질체가 아닌 입체이성질체로 하나 이상의 카이랄중심에서 배열이 다른 입체이성질체
- Epimer : 단지 하나의 카이랄 중심에서 배열이 다른 부분입체이성질체
- Anomer : 당이 분자 내에 헤미아세탈 혹은 헤미케탈을 형성했을 때 카르보닐기의 탄소원자가 새롭게 비대칭중심으로 되면서 생성되는 한 쌍의 부분입체이성질체

(3) Haworth 구조식

탄수화물의 고리형 구조를 나타내기 위해 Haworth 투영식이 개발되었다. 관례에 따라

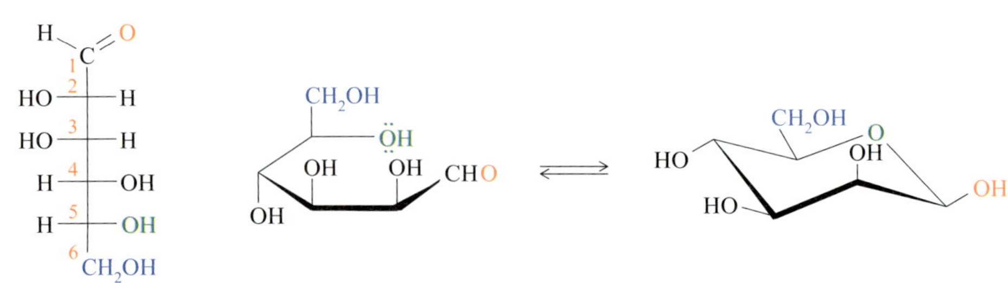

D-Mannose
(Fisher 투영식)

(Haworth 투영식)

Pyranose form
(형태구조식)

Haworth식에서는 고리에 있는 산소는 고리의 먼 쪽에 나타내고 1번 탄소는 고리의 오른쪽에 그린다. D-계열에서 CH_2OH기(6번 탄소의 하이드록시기)는 고리의 위에 위치하는 반면, L-계열에서는 아래쪽에 위치한다. 1번 탄소인 헤미아세탈 탄소는 구조식의 오른쪽에 위치한다.

Fischer 투영식과 Haworth 식을 써서 프룩토오스의 고리화 반응식을 써보자. Fischer 투영식에서 오른쪽에 있는 기들은 Haworth 식에서 아래쪽에 있고, Fischer 투영식에서 왼쪽에 있는 기들은 Haworth 식에서 위쪽에 위치한다. 프룩토오스는 6원자 고리형 헤미케탈을 형성할 수 있지만, furanose라 불리는 오원자 고리형 헤미아세탈 형태로도 존재한다.

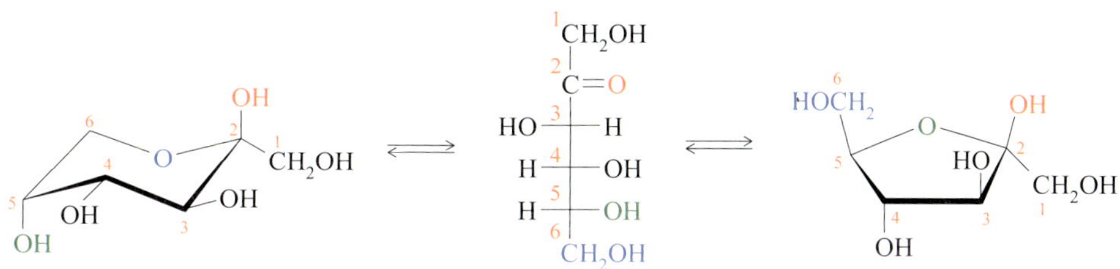

β-D-Fructopyranose(70%) D-Fructose (Fisher 투영식) β-D-Fructofuranose(23%)

(4) 변광회전(Mutarotation)

α-D-Glucose와 β-D-glucose는 부분입체이성질체이다. 순수한 β-D-glucose의 녹는점은 146 ℃이며 고유 광회전도는 112°이다. β-D-Glucose의 녹는점은 150℃이고 고유 광회전도는 18.7°이다. 이중 하나는 화합물이 수용액에 있을 때 36%의 α-이성질체와 64%의 β-이성질체 그리고 소량인 0.02%의 D-glucose aldehyde가 평형을 이루게 된다. 평형이 두 아노머에서 각각 똑같이 이루어지기 때문에 용액의 초기 고유 광회전도도 평형이 되어 52.7°로 바뀐다. 이러한 광회전의 변화를 변광회전이라고 한다. 변광회전은 중성용액에서는 매우 느리나 산이나 염기가 존재할 때는 수초 내에 이루어진다.

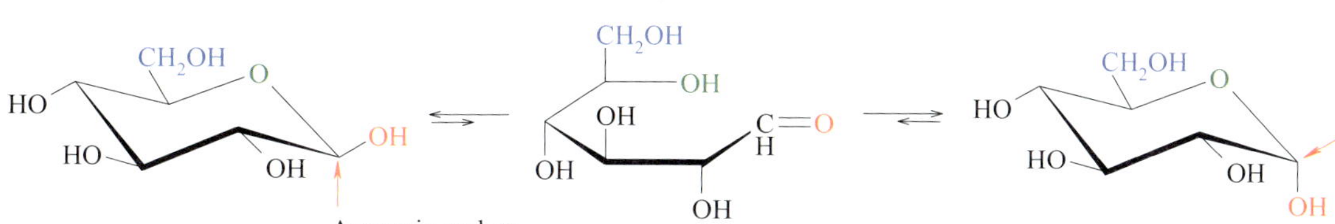

α-D-Glucose(36%) (mp 146℃) [α]+112°

D-Glucose (aldehyde form)

β-D-Glucose(64%) (mp 150℃) [α]+19°

12.3.3 이당류

이당류는 한 단당류의 1번 탄소와 다른 단당류의 OH가 glucoside 결합으로 연결된 탄수화물이다. 이당류는 산이나 효소촉매를 가지고 올리고당류나 다당류의 가수분해에 의해서 형성되며 천연에 존재하는 대표적인 이당류는 수크로오스이다. 대표적인 이당류는 다음과 같다.

Sucrose	→	Glucose	+	Fructose
Maltose	→	Glucose	+	Glucose
Lactose	→	Galactose	+	Glucose

(1) Sucrose

천연에 존재하는 가장 흔한 이당류의 하나인 수크로오스는 보통 식탁용 설탕으로 광합성 식물에 있으며, 사탕수수나 사탕무우에서 다량으로 얻는다. 수크로오스의 분자식은 $C_{12}H_{22}O_{11}$이고 한 분자의 글루코오스와 한 분자의 프룩토오스로 이루어져 있다.

전화당(invert sugar)은 수크로오스의 산가수분해나 효소가수분해로 얻어지는 D-glucose와 D-fructose의 혼합물이다. 전화당이라는 이름은 수크로오스를 가수분해 하였을 때, 고유 광회전도의 부호가 반전되는데서 비롯된 것으로 이때 수크로오스의 고유 광회전도(+66.5°)가 양의 값에서 음의 값으로 변한다.

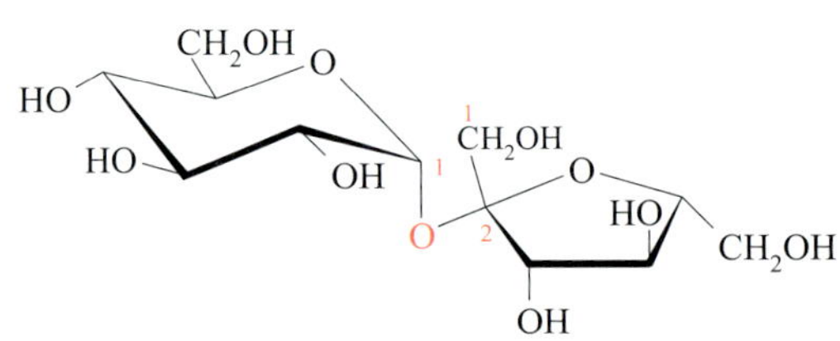

Sucrose, 1→2-glucoside
[2-*O*-(α-D-glucopyranosyl)-β-D-fructofuranoside]

(2) Maltose

말토오스는 녹말의 부분적인 가수분해에 의하여 얻어지는 이당류이며, 좀 더 가수분해하면 D-glucose로 된다. 그러므로 말토오스는 두개의 글루코오스 단위로 구성되어 있다.

$$\text{녹말} \xrightarrow[\text{H}^+ \text{ 혹은 효소}]{H_2O} \text{maltose} \xrightarrow[\text{H}^+ \text{ 혹은 효소}]{H_2O} \text{D-glucose} \xrightarrow[\text{효소}]{} CH_3CH_2OH$$

한 글루코오스 단위의 아노머 탄소는 다른 글루코오스 단위의 C-4 하이드록시기에 연결되어 있으며 처음 아노머 탄소에서의 배열은 α이다. 그리고 결정형태에서 두 번째 단위는 β배열이다. 두 단위는 모두 pyranose형으로 존재한다. 말토오스에 대한 계통적인 이름은 각 단위의 이름, 고리크기, 아노머 탄소의 배열 그리고 glucoside 결합을 하고 있는 하이드록시기를 포함하여 그 구조를 상세히 나타낼 수 있다.

말토오스에 있는 glucopyranose의 두 번째 단위체의 아노머 탄소는 헤미아세탈의 한 부분이다. 결과적으로 말토오스는 두가지형($\alpha-$와 $\beta-$)이 있는데, 이것들은 수용액에서 서로 평형에 있다. 말토오스는 변광회전을 하고, 환원당이며, 그리고 브롬수에 의해 카복실산으로 산화될 수 있다.

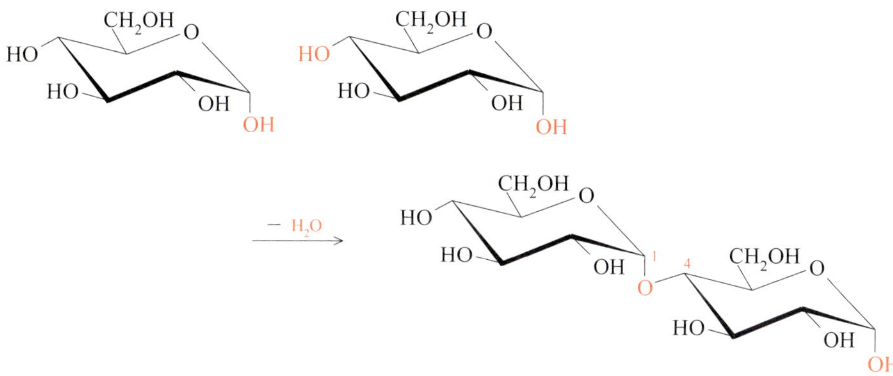

Maltose, 1→4-α-glucoside
[4-*O*-(α-D-glucopyranosyl)-α-D-glucopyranose]

(3) Lactose

락토오스는 우유와 모유의 중요한 성분으로 α- 혹은 β-D-glucose의 4번과 β-D-lactose의 1번이 결합하여 이루어진다. 락토오스를 가수분해하면 같은 양의 D-galactose와 D-glucose가 생긴다. 갈락토오스 단위의 아노머 탄소(C-1)는 β-배열을 하고 있고 글루코오스 단위의 C-4에 있는 하이드록시기에 결합되어 있다. 치즈의 유청(whey)으로부터 만들어진 결정형 α-아노머(글루코오스 단위)는 아래 그림과 같다.

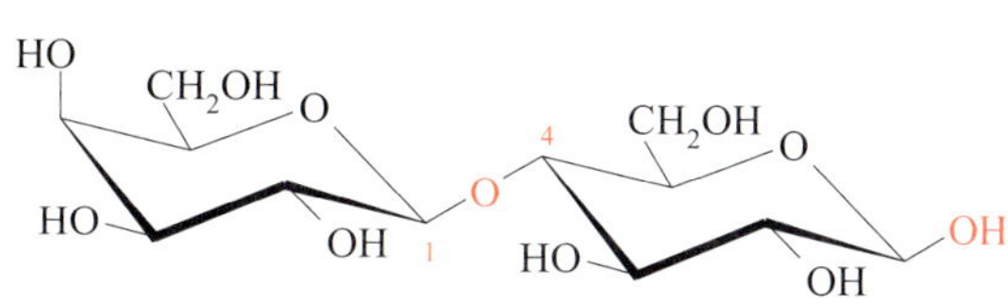

Maltose, 1→4-β-glucoside
[4-*O*-(β-D-galactopyranosyl)-β-D-glucopyranose]

Galactosemia(갈락토오스혈증 ; 혈액 속에 갈락토오스가 있다는 의미)라는 유전병을 가지는 유아들은 갈락토오스를 글루코오스로 바꾸는 효소를 인체 내에서 만들어 내지 못한다. 따라서 피 속에 갈락토오스가 유입되어 왜소발육증, 정신장애증, 그리고 사망의 원인이 된다. 이 병을 치료하기 위해서는 우유와 갈락토오스를 포함하는 음식을 먹지 말아야 한다. 이 병을 가진 어린이가 성인이 되었을 때는 다른 경로를 통해 갈락토오스를 대사한다.

(4) Cellobiose

셀로비오스는 셀룰로오스의 부분적인 가수분해를 통해 생성되는 이당류로서 말토오스와 유사하다. 셀로비오스는 두 개의 글루코오스로 구성되나 셀로비오스의 두 글루코오스를 연결하는 결합은 말토오스의 α-glucoside 결합과는 달리 β-glucoside 결합이다. 셀로비오스에 있는 glucoside 결합을 β-결합, 1,4′→ β 결합 혹은 β, 1 → 4′결합이라 한다.

셀로비오스의 형태식에서 글루코오스 분자의 하나는 뒤쪽과 다른 하나는 앞쪽에 연결된다. 이러한 방법으로 셀룰로오스 사슬은 존재한다.

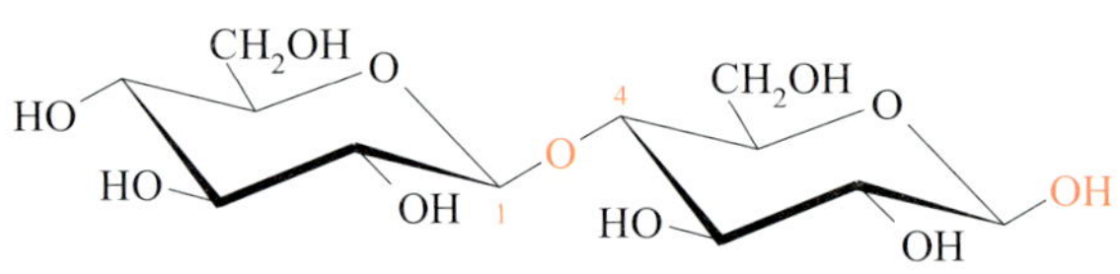

Cellobiose, 1→4-β-glucoside
[4-*O*-(β-D-glucopyranosyl)-β-D-glucopyranose]

12.3.4 다당류

다당류는 glucoside의 결합으로 이루어지는 단당류의 중합체이다. 녹말과 글라이코겐은 α 결합을 갖는 글루코오스로부터 생성되고 셀룰로오스는 β 결합을 갖는 글루코오스에서 생성된다. 다당류는 생체계에서 세 가지 목적을 수행하는데, 구조물, 영양분, 그리고 특수한 물질로 사용된다. 전형적인 구조물용 다당류는 셀룰로오스로, 식물의 줄기와 가지에 힘을 주며, chitin은 곤충의 갑각의 구조물 성분이다. 전형적인 영양분인 다당류는 녹말(밀과 감자에서 발견되는)과 글라이코겐인데, 후자는 동물 내부에 저장되어 쉽게 사용할 수 있는 탄수화물이다. 특수물질의 한 예인 heparin은 혈액응고를 막는 다당류이다. 다당류는 당단백질(glycoprotein ; 다당류-단백

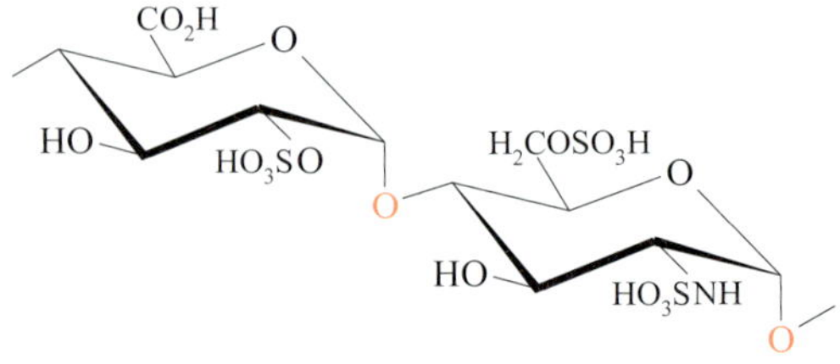

Heparin

질 복합체와 당지질(glycolipid ; 다당류-지질 복합체)과 같이 다른 형태의 분자들과 결합할 수도 있다.

(1) Cellulose

셀룰로오스는 지상에서 가장 풍부한 유기화합물로서 식물의 구조를 이루는 주요한 다당류이다. 목화의 약 90%가 셀룰로오스고 나무는 셀룰로오스와 리그닌의 혼합물로 이루어지는데 리그닌은 코니페릴알코올(침엽수)의 산화물이나 혹은 코니페릴알코올과 시린게닌(낙엽성의 나무)의 혼합물의 산화물로부터 형성되는 중합체이다.

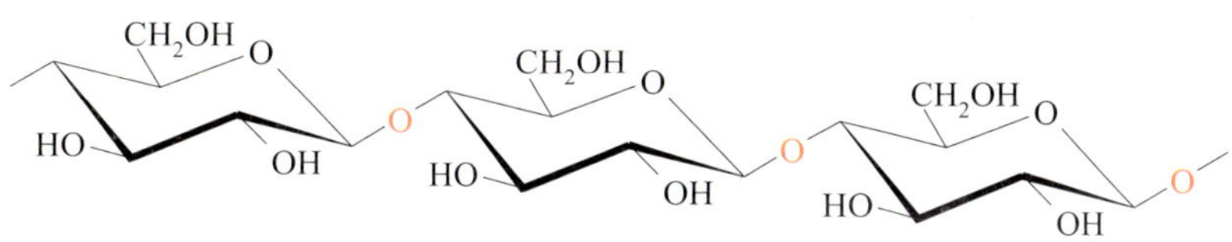

Cellulose, 1→4-*O*-(β-D-glucopyranoside) 중합체

셀룰로오스의 한 개 분자는 1,4′-β-D-glucose의 선형중합체이다. 40% HCl 수용액에서 가수분해하면 D-glucose만을 생성한다. 셀룰로오스의 부분가수분해에서 분리한 이당류는 셀로비오스인데, 이것은 산촉매나 효소 에멀젼으로 D-glucose까지 더 가수분해할 수 있다. 셀룰로오스 자체는 헤미아세탈 탄소를 갖지 않는다. 따라서 변광회전을 할 수 없고, Tollens 시약과 같은 시험시약에 의해 산화되지도 않는다(각 셀룰로오스 분자의 한쪽 끝에 헤미아세탈이 있을 수 있다. 그러나, 이것은 전체 분자의 작은 부분에 지나지 않고 관측할 수 있을 만한 반응을 하지 못한다).

(2) 녹말

녹말(starch)은 많은 식물 중에 들어있는 저장탄수화물로서 곡류, 감자, 옥수수 및 쌀에 다량 함유되어 있다. 현미경으로 관찰하면 녹말입자의 모양은 이들 원료에 따라 형태와 크기가 다르다. 그러나 화학적으로는 모두 유사하다. 녹말의 두 가지 중요한 형태는 아밀로오스와 아밀로펙틴이며, 이중 아밀로오스의 용해도가 아밀로펙틴보다 더 낮다.

아밀로오스는 α, 1→4′ 결합으로 이루어지는 글루코오스의 긴 사슬이다. 사슬의 길이는 대개 100개에서 100,000개의 글루코오스 단위체로 이루어져 있다. 수용액에 분산되어 있는 아밀로오스는 micelle을 형성한다. 이때 아밀로오스는 나선형 형태를 가지며 요오드와 결합하여 푸른색을 나타낸다. 아밀로오스와 같이 아밀로펙틴은 α, 1→4′ 결합을 가지는 글루코오스의 중합체이다.

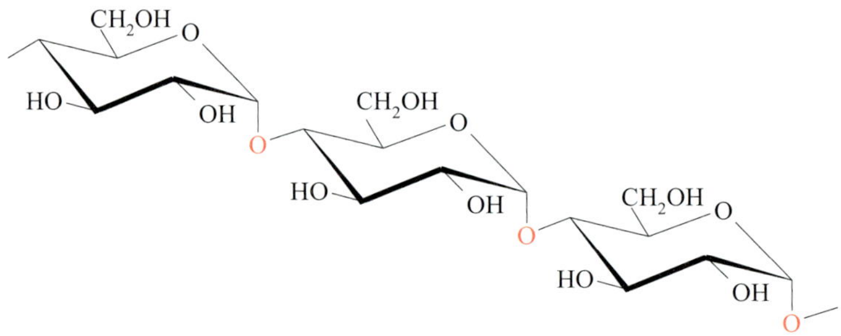

Amylose, 1→4-*O*-(α-D-glucopyranoside) 중합체

아밀로오스와 달리, 아밀로펙틴은 가지를 가지고 있으며 이때 α, 1→6′ 결합으로 가지가 이루어진다. 가지는 아밀로펙틴의 사슬에 따라서 24~30개의 글루코오스 단위마다 있다. 또 각 가지는 20~25개의 글루코오스로 이루어지며, 주골격사슬의 길이는 400,000 단위의 글루코오스로 이루어진다.

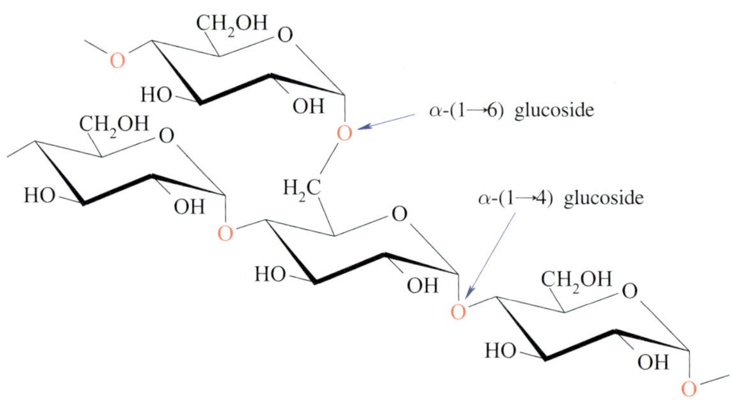

Amylopectin, α-(1→6)가지를 가진 α-(1→4) 결합

(3) Glycogen

글라이코겐은 동물의 중요한 에너지 저장원으로 간과 근육에 있으며 녹말과 같이 1,4와 1,6으로 결합된 글루코오스 단위들로 이루어져 있다. 글라이코겐은 매우 큰 분자량을 가지며(약 100,000개의 글루코오스 단위), 글라이코겐구조는 아밀로펙틴의 구조보다 더 많은 가지를 가지고 있어 8~12 글루코오스 단위마다 한 개의 가지를 가지고 있다. 글루코오스는 장에서 혈액으로 흡수되고 간, 근육 등으로 운반되어 효소에 의하여 중합되어 글라이코겐이 된다. 글라이코겐은 소화된 음식에서 나온 과량의 글루코오스를 옮겨서 저장하든지 또는 체세포가 에너지를 필요로 할 때에는 혈액쪽으로 공급함으로써 혈액 내에는 언제나 알맞은 양의 글루코오스가 함유되도록 조절하는데 큰 역할을 하고 있다.

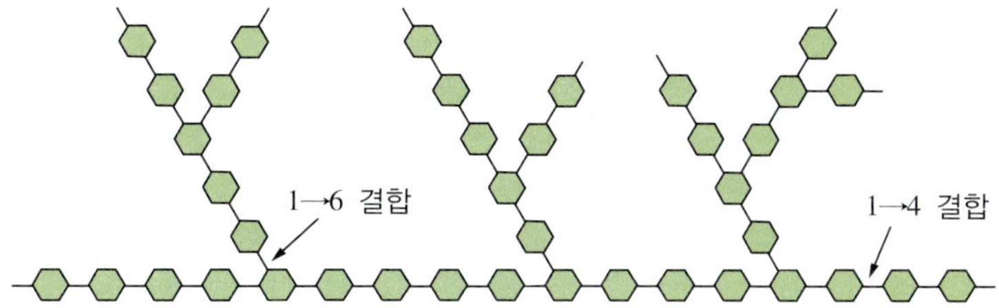

Glycogen의 구조

12.4 지방

식물이나 동물과 같은 생명체는 에너지의 저장 수단이 필요하다. 저장된 에너지는 필요에 따라 자신을 생존시키는데 쓰인다. 주로 에너지는 화학에너지의 형태로 저장되어 있다. 에너지 저장을 위한 가장 중요한 화합물 중의 하나가 지방이다. 이 물질은 상당히 긴 탄화수소의 사슬을 가지고 있는 카복실산과 글리세린이 에스테르결합으로 연결되어 있는 트라이글리세라이드(triglyceride)이다. 일반적인 구조식은 그림 12.7과 같다

R_1, R_2, R_3는 탄소수가 3~21개까지의 탄화수소 사슬이다. 이 사슬은 완전히 포화(단일결합)되어 있거나 하나 이상의 *cis*-올레핀기(이중결합)를 가지고 있다. 그림에서 R_1, R_2, R_3기는 같을 수도 있고 다를 수도 있다. 실온에서 액체인 경우에는 기름(oil)이라고 하며 고체인 경우에는 지방(fat)이라고 한다. 지방이나 기름은 가수분해시키면 글리세린과 R_1, R_2, R_3의 사슬을 가지는 카복실산으로 된다. 이 산을 지방산이라 하는데 대부분의 지방산은 보통 12~22개의 탄소원자를 함유하고 있다. 지방이나 기름은 음식물로부터 제공되는 중요한 에너지 자원이며, 체내에서 글리세린과 카복실산으로 가수분해되는데 리파아제(lipase)라는 효소의 작용으로 이루어진다.

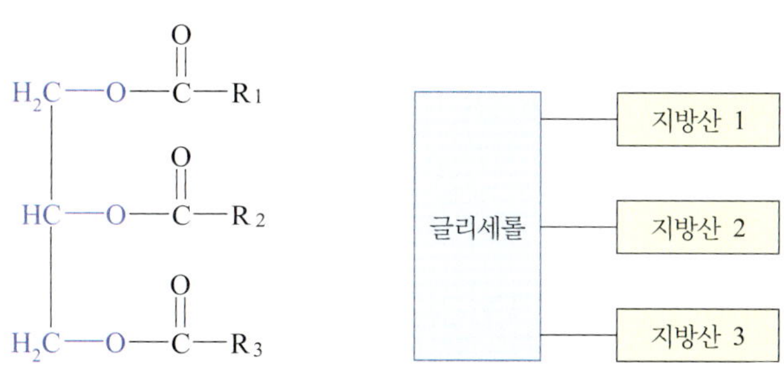

그림 12.7 트라이글리세라이드의 구조

12.5 핵산

핵산은 거의 모든 세포에 존재하는 생체고분자 중의 하나이다. 이들은 **DNA** (deoxyriboncleic acid)와 **RNA** (riboncleic acid)의 두 종류로 구분된다. DNA 분자는 매우 크며 분자량은 대개 6백만에서 1천 6백만 정도이다. RNA 분자는 이에 비해 상당히 작으며 분자량은 2,500~400,000 정도이다. DNA는 주로 세포의 핵 속에 존재하고, RNA는 주로 핵 밖의 주위에 있는 액체물질인 cytoplasm이라는 세포액 속에 존재한다. DNA나 RNA는 모두 **뉴클레오타이드**(nucleotide)라고 불리는 기본 물질을 단위로 하여 구성되는 고분자 물질이다. 뉴클레오타이드는 (1) 인산분자 (2) 오각형 고리 모양의 푸라노오스형의 당분자 (3) 방향족분자와 비슷한 고

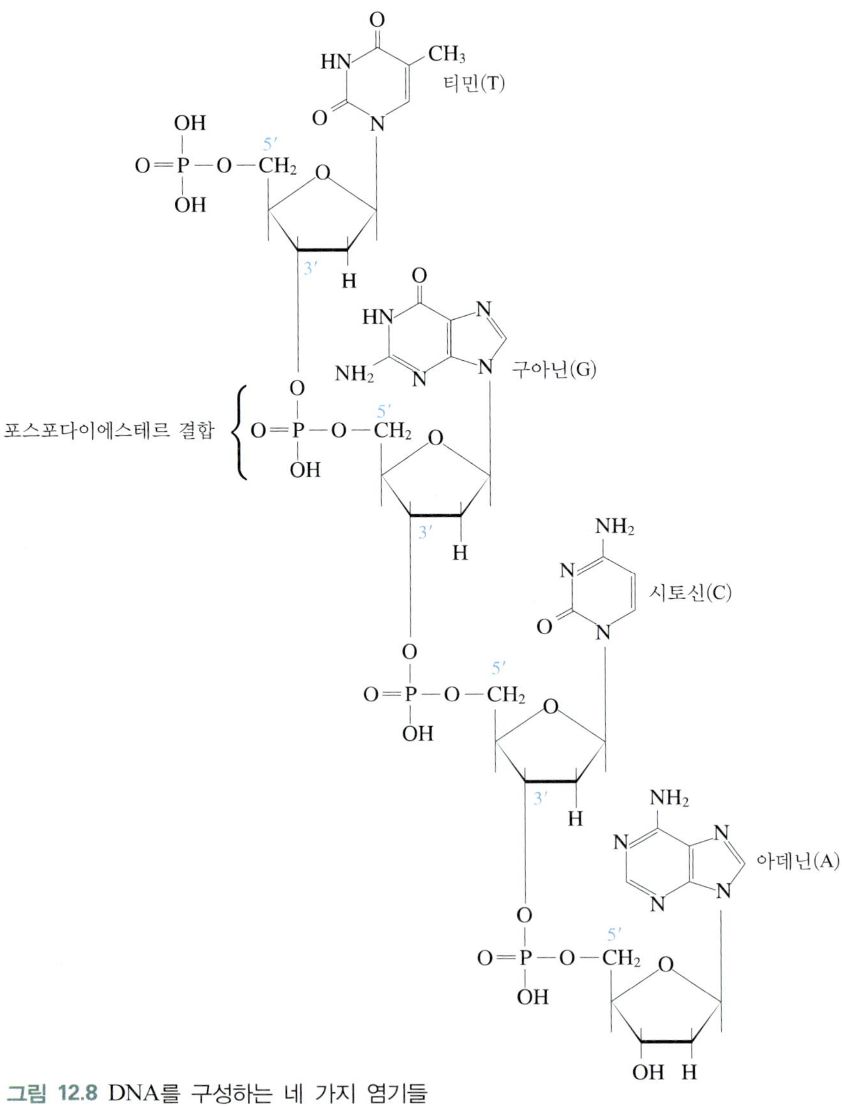

그림 12.8 DNA를 구성하는 네 가지 염기들

리 구조를 가지고 질소를 함유하는 염기 분자로 구성되어 있다. RNA에서 발견되는 당분자는 리보오스(ribose)이고 DNA에서 발견되는 당분자는 데옥시리보오스(deoxyribose)이며 RNA의 리보오스고리 중 하나의 탄소에 붙어 있는 −OH기 대신 수소 원자가 치환되어 있다.

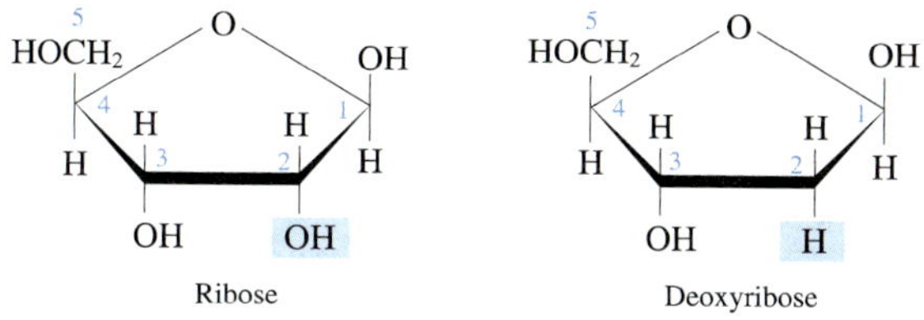

DNA 중의 염기 분자들의 결합상태는 그림 12.8에 표시되어 있으며, 이중나선 구조는 그림 12.9와 같다.

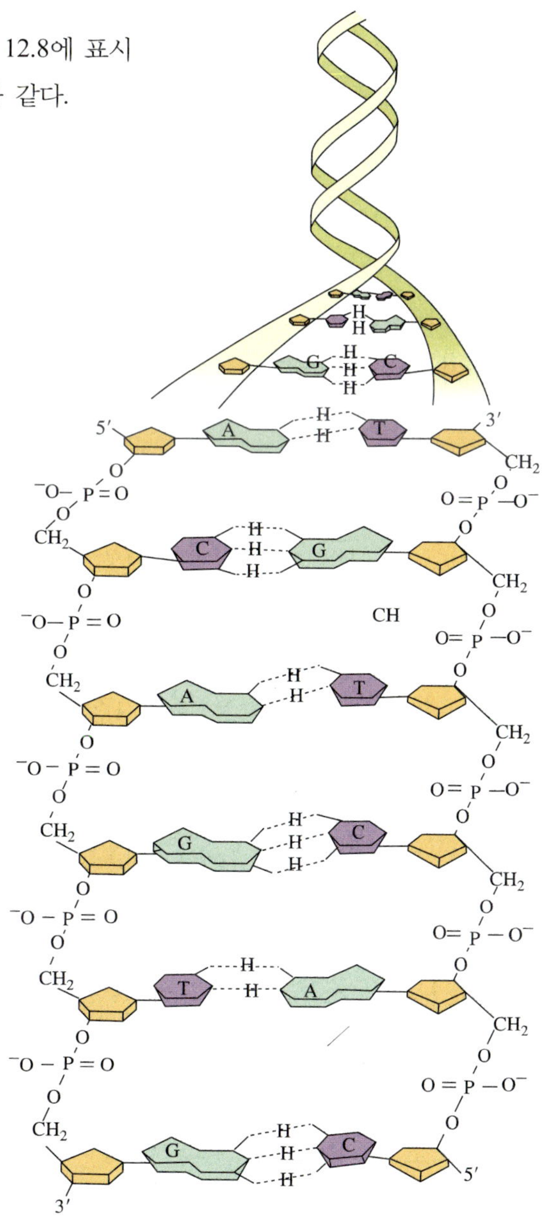

그림 12.9 DNA의 이중나선 구조

12.6 대사

세포내에서 일어나는 모든 화학반응을 대사(metabolism)라고 한다. 음식물의 삼대 요소인 탄수화물, 지방, 단백질 등은 우리 몸에서 일어나는 소화(digestion) 과정에서 모두 분해하여 더 작은 분자로 변화되어 장의 벽이나 세포막을 통하여 흡수된다. 녹말과 같이 탄수화물은 포도당으로 분해되고 지방은 글리세린과 지방산으로 가수분해되며, 단백질은 아미노산으로 분해된다.

녹말은 침 속에 있는 프티알린(tyalin)이라는 효소로 소화되는데, 주로 소장에서 분해되어 포도당으로 된다.

지방은 주로 소장에서 소화되는데 담낭에서 나오는 담즙 중의 담즙산염에 의해 유화된 후 췌장(이자)액 중의 리파아제(lipase)에 의해 소화된다. 지방은 일부만이 가수분해되고 나머지는 지방의 유탁액이 되어 림프계로 들어가 혈액을 따라 순환한다. 단백질은 몸의 조직을 구성하고 효소를 만들어 주며 몇 가지 호르몬을 합성하는데 필요한 물질을 공급하여 주는 등 신진대사를 거쳐 조직을 만드는 데 필요한 물질이다.

연습문제

01. 다음 용어를 정의하시오.

(a) 글루코오스
(b) 셀룰로오스
(c) 지방산
(d) 과당
(e) 아미노산
(f) 펩타이드
(g) 녹말
(h) 단백질
(i) 트라이글리세라이드

02. 탄수화물이란 무엇인가?

03. 단당류, 이당류, 다당류를 구분 설명하시오.

04. α-나선 구조와 이중나선 구조의 차이는 무엇인가?

05. RNA와 DNA의 구조를 설명하시오.

06. 효소의 특성에 대해 설명하시오.

07. 단백질, 탄수화물, 지방의 신진대사과정을 기술하시오.

08. 생체분자란?

09. 다음의 염기 순서 ACTCGA의 단면을 가진 하나의 DNA나선을 생각할 때 완성된 나선의 염기순서는 무엇인가?

10. (a) -아미노산이란 무엇인가?
(b) 단백질을 형성하기 위하여 아미노산이 어떻게 반응하는가?

11. 올레산의 트라이글리세라이드의 구조를 그려라

12. 변성이란 무엇을 말하는가? 온도의 증가에 의해 어떻게 변성이 일어나는가를 설명하시오.

부 록 유기화합물의 명명요약

IUPAC 명명체계는 다음과 같다.

치환기의 자리와 명칭 – 주작용기자리 – 모체 – 주작용기명칭

1. 모체 탄화수소를 찾는다. 분자 내에 탄소 원자의 가장 긴 연속된 사슬을 찾는다.
2. 첫 번째 곁가지 점에 더 가까운 쪽 말단에서부터 시작하여 모체 사슬 각 탄소 원자에 번호를 붙인다. 만일 곁가지 위치가 모체 사슬의 양끝으로부터 같은 거리만큼이라면, 두 번째 곁가지 점이 더 가까운 끝에서부터 번호를 붙인다.

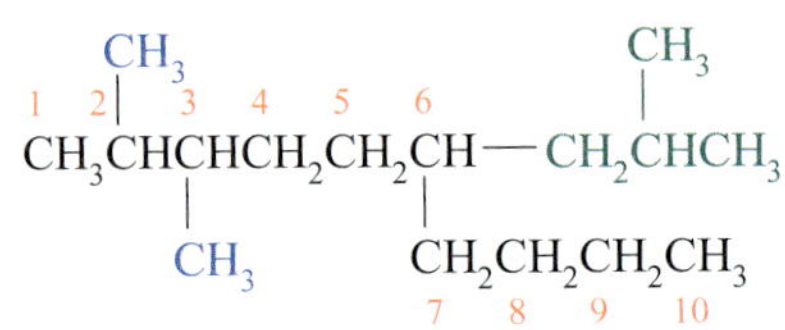

2,3-Dimethyl-6-(2-methylpropyl)decane

3. 치환기를 확인하고 번호를 붙이되 알파벳 순위가 우선하는 치환기를 먼저 명명한다. 예로, ethyl기가 methyl기보다 알파벳 순위가 우선하므로 ethyl기를 먼저 명명한다.

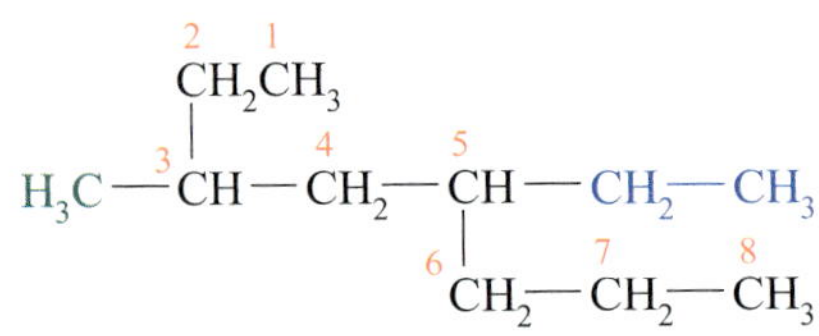

5-Ethyl-3-methyloctane

직선-사슬 알킬기의 명명

알케인	이름	알킬기	이름
CH_4	Methane	$-CH_3$	Methyl (메틸)
CH_3CH_3	Ethane	$-CH_2CH_3$	Ethyl (에틸)
$CH_3CH_2CH_3$	Propane	$-CH_2CH_2CH_3$	Propyl (프로필)
$CH_3CH_2CH_2CH_3$	Butane	$-CH_2CH_2CH_2CH_3$	Butyl (뷰틸)
$CH_3CH_2CH_2CH_2CH_3$	Pentane	$-CH_2CH_2CH_2CH_2CH_3$	Pentyl (펜틸)

4. 만일 둘 또는 그 이상의 치환기가 존재하면, 접두사인 di, tri, tetra 등의 접두사를 사용한다. 그러나 이들 접두사들은 알킬기 이름의 일부로 간주되지 않으므로 알파벳 순위에서 고려되지 않는다.

5. 몇 가지 가지달린-사슬 알킬기는 관용명을 가지고 있으며, 일반적으로 사용되는 관용명은 IUPAC에서도 사용을 허용하고 있다.
   이때 하이픈에 들어있지 않는 접두사 iso-는 알파벳 순서로 나열할 때 알킬기 이름의 일부로 고려해야 한다. 하지만 하이픈과 이탤릭체로 표시되는 접두사 *sec*- 및 *tert*-는 그렇지 않다.

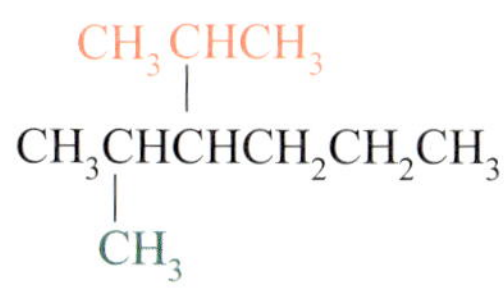

3-Isopropyl-2-methylhexane

일반적으로 허용되는 알킬기의 관용명

		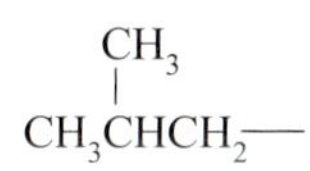	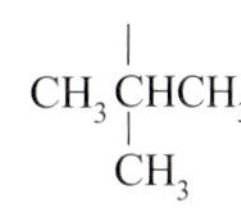
Isopropyl	*sec*-Butyl	Isobutyl	*tert*-Butyl
	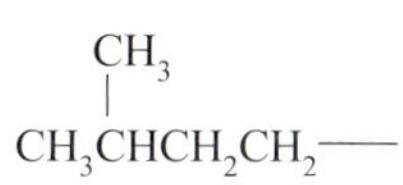	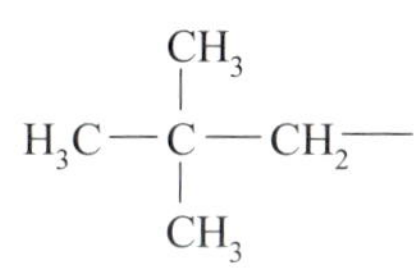	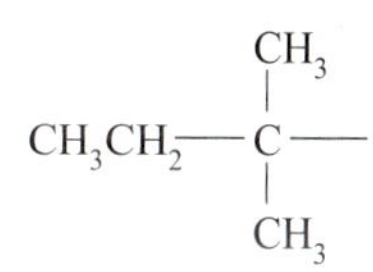
	Isopentyl	Neopentyl	*tert*-Pentyl

6. 사이클로알케인은 치환기가 붙어있는 곳을 1번으로 하고 두 번째 치환기는 가능한 한 낮은 번호가 되도록 한다.

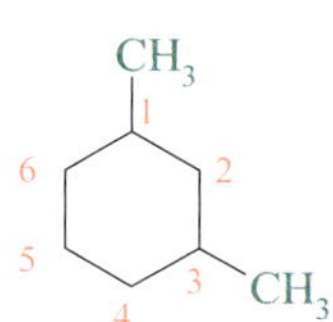

1,3-Dimethylcyclohexane

7. 작용기가 포함된 가장 긴 탄소사슬을 찾아 작용기의 이름을 사용하여 명명한다. (예. 알켄)

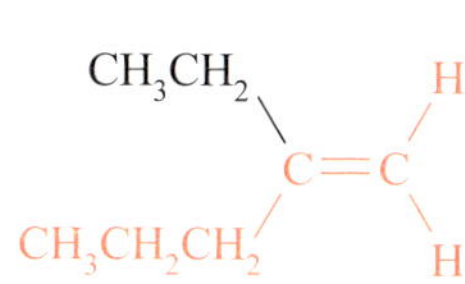

2-Ethylpent-1-ene

작용기의 종류 및 명명

작용기 구조	화합물 종류	명명	예
$>C=C<$	Alkene	−ene	$H_2C=CH_2$ (ethene)
$-C\equiv C-$	Alkyne	−yne	$HC\equiv CH$ (ethyne)
−X (X= F, Cl, Br, I)	Halide		CH_3Cl (chloromethane)
−OH	Alcohol	−ol	CH_3OH (methanol)
−O−	Ether	−ether	CH_3OCH_3 (dimethyl ether)
$-NH_2$	Amine	−amine	CH_3NH_2 (methylamine)
$-C\equiv N$	Nitrile	−nitrile	$CH_3C\equiv N$ (ethanenitrile)
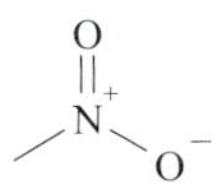	Nitro	Nitro−	CH_3NO_2 (nitromethane)
−SH	Thiol	−thiol	CH_3SH (methanethiol)
−S−	Sulfide	−sulfide	CH_3SCH_3 (dimethyl sulfide)
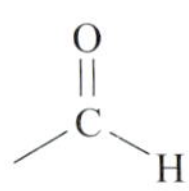	Aldehyde	−al	CH_3COH (ethanal)
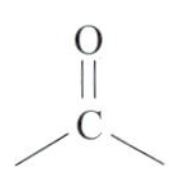	Ketone	−one	CH_3COCH_3 (propanone)
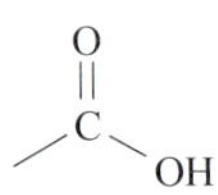	Carboxylic acid	−oic acid	CH_3COOH (ethanoic acid)
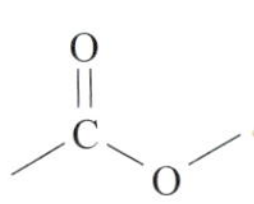	Ester	−oate	CH_3COOCH_3(methyl ethanoate)
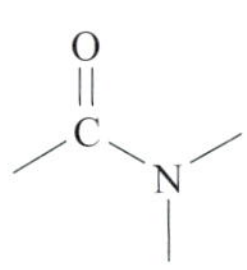	Amide	−amide	CH_3CONH_2 (ethanamide)

카복실산과 아실기의 관용명

화학식	관용명	아실기의 관용명
HCOOH	Formic acid	Formyl
CH_3COOH	Acetic acid	Acetyl
CH_3CH_2COOH	Propionic acid	Propionyl

8. 이중결합이 한 개 이상이면 각각의 위치를 번호로 표시하고, 이중결합의 수에 따라 접미사 −diene, −triene 등을 사용한다. 이때 골격의 어간에 −a를 붙인다.

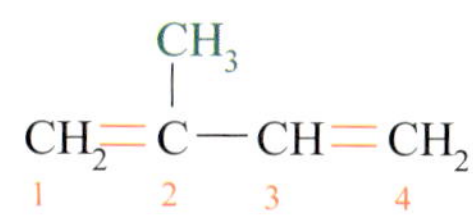

2-Methylbuta-1,3-diene

알코올의 경우 한 개 이상의 하이드록시기가 있을 경우에는 ol 앞에 di-, tri- 등을 붙이는데 이때 알케인, 알켄, 알카인의 −e는 자음 d 앞에 사용되므로 그대로 사용한다.

CH_3CH_2-OH
Ethanol

$HO-CH_2CH_2-OH$
Ethane-1,2-diol

일반적으로 허용되는 알켄과 알카인의 관용명

화합물	IUPAC명	관용명
$H_2C=CH_2$	Ethene	Ethylene
$HC\equiv CH$	Ethyne	Acetylene
$CH_3CH=CH_2$	Propene	Propylene
CH_3 $CH_3C=CH_2$	2-Methylpropene	Isobutylene

9. 할로젠 알킬의 경우 양끝의 번호가 같을 경우 알파벳순으로 우선하는 치환기가 가까운 쪽에서부터 시작한다.

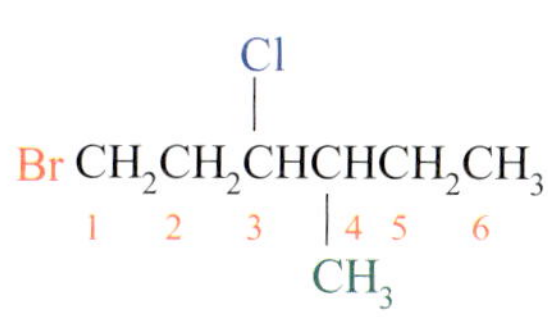

1-Bromo-3-chloro-4-methylhexane

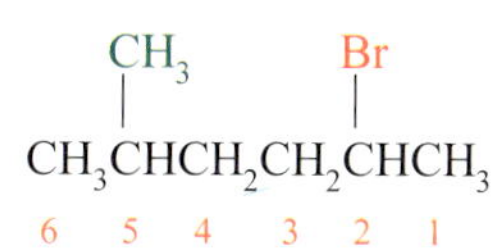

2-Bromo-5-methylhexane

10. 일치환 벤젠의 이름은 모체인 "벤젠"(benzene) 앞에 치환기의 이름을 붙인다.

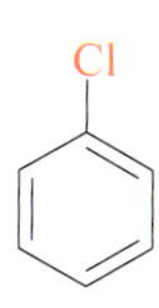

Chlorobenzene

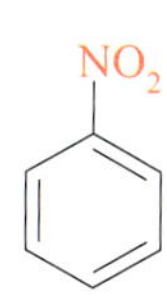

Nitrobenzene

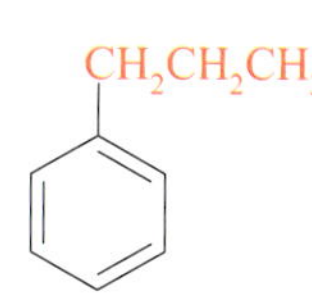

Propylbenzene

11. 알킬-치환 고리화합물은 알킬 치환기가 고리에 비해 더 크다면 페닐-치환 알케인으로 명명된다. 벤젠 고리가 치환기일 때 **phenyl**이라 명명하며, 벤젠 고리에 메틸기가 붙은 $C_6H_5CH_2-$는 **benzyl**이라 명명한다.

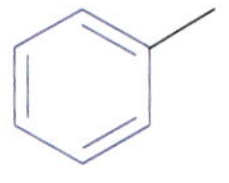

Phenyl기

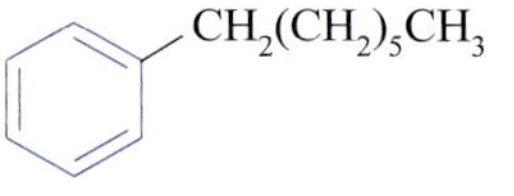

Phenylheptane

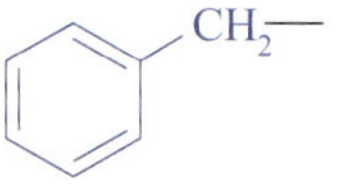

Benzyl기

12. 두 개의 치환기를 가진 벤젠 유도체의 이성질체는 벤젠고리에 있는 치환기의 위치를 표시하기 위해서 오쏘($o-$), 메타($m-$), 그리고 파라($p-$) 라는 접두사를 사용한다.

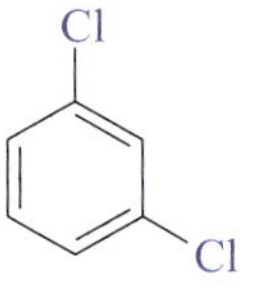

m-Dichlorobenzene
(1,3-Dichlorobenzene)

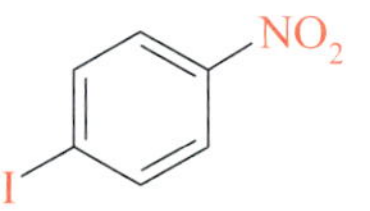

p-Iodonitrobenzene
(4-Iodonitrobenzene)

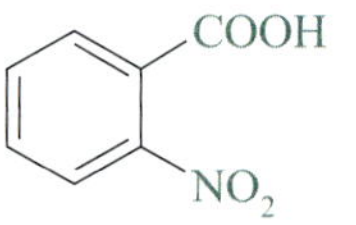

o-Nitrobenzoic acid
(2-Nitrobenzoic acid)

방향족 화합물의 관용명

구조식	관용명 (IUPAC명)	구조식	관용명 (IUPAC명)
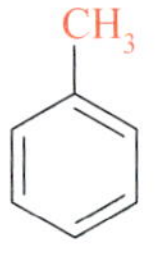	Toluene (Methylbenzene)	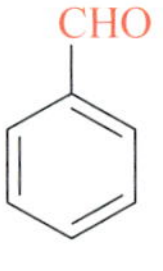	Benzaldehyde (Benzene aldehyde)
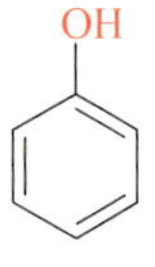	Phenol (Hydroxybenzene)	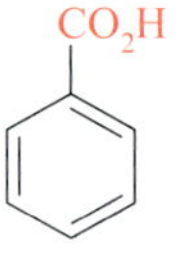	Benzoic acid (Benzene carboxylic acid)
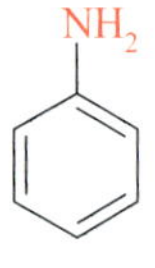	Aniline (Aminobenzene)	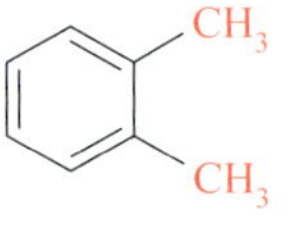	ortho-Xylene (1,2-DimethylBenzene)
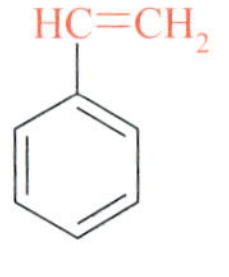	Styrene (Vinylbenzene)	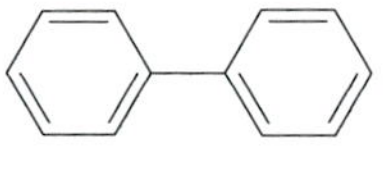	Biphenyl (Phenylbenzene)

13. 한 분자 내에 작용기가 여러 개인 경우 명명 우선순위가 높은 순으로 한다.

카복실산 〉 카복실산 유도체 〉 나이트릴 〉 알데하이드 〉 케톤 〉 알코올 〉 아민 〉 에터

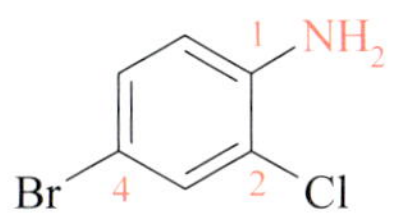

2-Chloro-4-bromoaniline

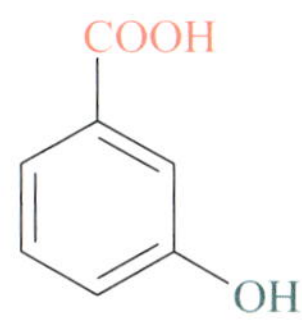

3-Hydroxybenzoic acid

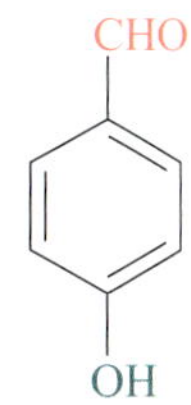

p-Hydroxybenzaldehyde

14. 에터는 알킬이나 알릴기의 이름을 알파벳 순서로 쓰고 에터(ether)를 붙인다. 한 분자 내에 명명 우선순위가 더 큰 작용기가 있는 경우에는 alkoxy－를 쓴다.

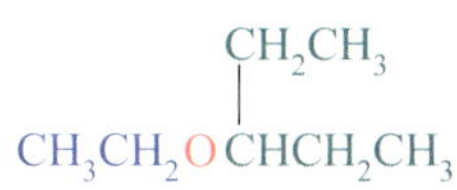

Ethyl 1-ethylpropyl ether

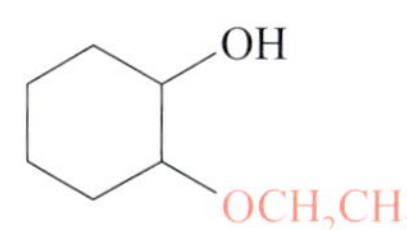

2-Ethoxycyclohexanol

15. 알데하이드(카복실산)는 명명의 토대가 될 가장 긴 탄소사슬은 반드시 알데하이드기(카복실기)를 포함하여야 하며 카복실 탄소가 1번이 된다.

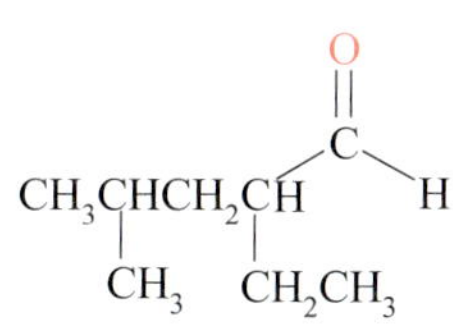

2-Ethyl-4-methylpentanal

16. 고리에 －CHO가 붙은 알데하이드에는 －carbaldehyde를 붙인다. (카복실산, 나이트릴도 마찬가지이다)

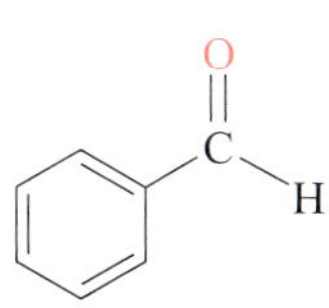

Benzenecarbaldehyde

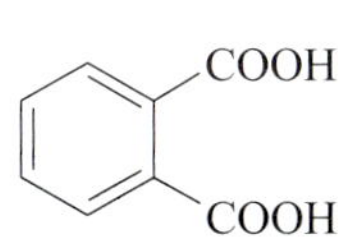

Benzene-1,2-dicarboxylic acid

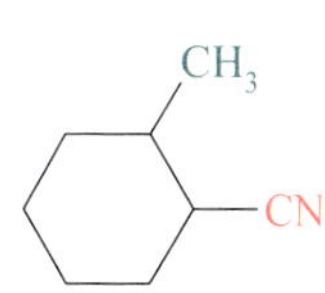

2-Methylcyclohexanecarbonitrile

헷갈리기 쉬운 유기화합물의 한글명

Alkane	알케인	Dehydro	데하이드로
Alkene	알켄	Deoxy	데옥시
Alkyne	알카인	Diacetamide	다이아세트아마이드
Acetal	아세탈	Diazo	다이아조
Acetic acid	아세트산	Epoxy	에폭시
Acetyl	아세틸	Ester	에스터
Acrylic acid	아크릴산	Ether	에터
Acyl halide	아실할라이드 (할로젠화 아실)	Ethoxy	에톡시
Alcohol	알코올	Ethylene	에틸렌
Aldehyde	알데하이드	Formic acid	폼산
Alkoxy	알콕시	Formyl	폼일
Alkyl	알킬	Glycine	글라이신
Allene	알렌	Glycol	글라이콜
Allyl	알릴	Hydrazine	하이드라진
Amide	아마이드	Hydro	하이드로
Amine	아민	Hydroxide	수산화물
Amino	아미노	Hydroxy	하이드록시
Anhydride	안하이드라이드	Ioide	아이오드화
Aniline	아닐린	Mercapto	머캅토
Anthracene	안트라센	Nitrile	나이트릴
Aryl	아릴	Phenanthrene	페난트렌
Azide	아자이드	Pyrrole	피롤
Benzyl	벤질	Sulfamic acid	설팜산
Biphenyl	바이페닐	Sulfamide	설프아마이드
Borane	보레인	Sulfide	설파이드 (황화합물)
Butyl	뷰틸	Sulfido	설피도
Butyric acid	뷰티르산	Sulfonic acid	설폰산
Carbaldehyde	카브알데하이드	Thio	싸이오
Carbamic acid	카밤산	Thiol	싸이올
Carbonyl	카보닐	Threonine	트레오닌
Carboxy	카복시	Vinyl	바이닐
Chloroform	클로로폼	Xylene	자일렌
Cyanate	사이아네이트 (시안산)		

찾아보기

유기화학 Organic Chemistry 정가 20,000원

발 행 2018년 7월 10일 2판 1쇄
저 자 대학화학교재연구회
발행인 정우용
발행처 도서출판 동화기술
경기도 파주시 광인사길 201(문발동, 파주출판도시)
Tel (031)955-4211~6 donghwapub@nate.com
Fax (031)955-4217 www.donghwapub.co.kr
(등록) 1977년 12월 19일/9-16호

ISBN 978-89-425-9175-6

PERIODIC TABLE OF THE ELEMENTS

Metals
Nonmetals
Metalloids

	1	2	3	4	5	6	7	8	9	10	11	12	13	14	15	16	17	18
1	1 **H** 1.0079																1 **H** 1.0079	2 **He** 4.0026
2	3 **Li** 6.941	4 **Be** 9.0122											5 **B** 10.811	6 **C** 12.011	7 **N** 14.0067	8 **O** 15.9994	9 **F** 18.9984	10 **Ne** 20.1797
3	11 **Na** 22.9898	12 **Mg** 24.3050											13 **Al** 26.9815	14 **Si** 28.0855	15 **P** 30.9738	16 **S** 32.065	17 **Cl** 35.453	18 **Ar** 39.948
4	19 **K** 39.0983	20 **Ca** 40.078	21 **Sc** 44.9559	22 **Ti** 47.87	23 **V** 50.9415	24 **Cr** 51.9961	25 **Mn** 54.9380	26 **Fe** 55.85	27 **Co** 58.9332	28 **Ni** 58.6934	29 **Cu** 63.546	30 **Zn** 65.38	31 **Ga** 69.723	32 **Ge** 72.64	33 **As** 74.9216	34 **Se** 78.96	35 **Br** 79.904	36 **Kr** 83.80
5	37 **Rb** 85.4678	38 **Sr** 87.62	39 **Y** 88.9059	40 **Zr** 91.224	41 **Nb** 92.9064	42 **Mo** 95.96	43 **Tc** (98)	44 **Ru** 101.07	45 **Rh** 102.9055	46 **Pd** 106.42	47 **Ag** 107.8682	48 **Cd** 112.411	49 **In** 114.82	50 **Sn** 118.710	51 **Sb** 121.76	52 **Te** 127.60	53 **I** 126.9045	54 **Xe** 131.29
6	55 **Cs** 132.9055	56 **Ba** 137.327	57 **La** 138.9055 *	72 **Hf** 178.49	73 **Ta** 180.9479	74 **W** 183.84	75 **Re** 186.207	76 **Os** 190.2	77 **Ir** 192.22	78 **Pt** 195.08	79 **Au** 196.9665	80 **Hg** 200.59	81 **Tl** 204.3833	82 **Pb** 207.2	83 **Bi** 208.9804	84 **Po** (209)	85 **At** (210)	86 **Rn** (222)
7	87 **Fr** (223)	88 **Ra** (226)	89 **Ac** (227) **	104 **Rf** (267)	105 **Db** (268)	106 **Sg** (271)	107 **Bh** (272)	108 **Hs** (270)	109 **Mt** (276)	110 **Ds** (281)	111 **Rg** (280)	112 **Uub** (285)	113 **Uut** (284)	114 **Uug** (289)	115 **Uup** (288)	116 **Uuh** (293)		118 **Uuo** (294)

*Lanthanide Series

58 **Ce** 140.116	59 **Pr** 140.9076	60 **Nd** 144.24	61 **Pm** (145)	62 **Sm** 150.36	63 **Eu** 151.964	64 **Gd** 157.25	65 **Tb** 158.9253	66 **Dy** 162.50	67 **Ho** 164.9303	68 **Er** 167.26	69 **Tm** 168.9342	70 **Yb** 173.054	71 **Lu** 174.967

** Actinide Series

90 **Th** 232.0381	91 **Pa** 231.0359	92 **U** 238.0289	93 **Np** (237)	94 **Pu** (244)	95 **Am** (243)	96 **Cm** (247)	97 **Bk** (247)	98 **Cf** (251)	99 **Es** (252)	100 **Fm** (257)	101 **Md** (258)	102 **No** (259)	103 **Lr** (262)

Note: Atomic masses are IUPC values (up to four decimal places). More accurate values for some elements are given on the facing page.